普通高等教育“十二五”规划教材

电路分析基础

于宝琦　孙　禾　于桂君　主编

陈亚光　王　静　王燕锋　副主编

化学工业出版社

·北京·

本书注重电路的基本理论和基本分析方法的系统讲述，在保证基础的前提下，突出理论在实践中的应用，使学生在电路分析方面获得基本的知识和技能，并为以后学习各专业课程、科学研究和接受更高层次的学习打下良好的基础。

全书共11章，主要包括电路的基本概念与定律、电阻电路的等效变换、电路的基本分析方法、正弦稳态电路的分析、三相交流电路、非正弦周期电流电路的分析、互感耦合电路与变压器、动态电路的时域分析、线性动态电路的复频域分析、二端口网络、磁路与铁芯线圈。为了使读者更好地掌握和理解课程内容，书中配有较多贴近实际的例题、习题；本书最后附有部分习题的参考答案。另外，还有与本书配套的《电路实验指导》教材（书号：978-7-122-23230，化学工业出版社出版）。

本书可作为高等工科院校电气、电子信息类和部分非电类专业本科生、专科生的教材，也可供相关专业工程技术人员学习使用。

图书在版编目(CIP)数据

电路分析基础/于宝琦，孙禾，于桂君主编．—北京：化学工业出版社，2015.3 （2019.1重印）

普通高等教育“十二五”规划教材

ISBN 978-7-122-22902-1

Ⅰ．①电…　Ⅱ．①于…②孙…③于…　Ⅲ．①电路分析-高等学校-教材　Ⅳ．①TM133

中国版本图书馆CIP数据核字（2015）第020021号

责任编辑：王听讲　　装帧设计：关　飞

责任校对：吴　静

出版发行：化学工业出版社（北京市东城区青年湖南街13号　邮政编码100011）

印　　刷：三河市延风印装有限公司

装　　订：三河市宇新装订厂

787mm×1092mm　1/16　印张13　字数390千字　　2019年1月北京第1版第2次印刷

购书咨询：010-64518888　　售后服务：010-64518899

网　　址：http：//www.cip.com.cn

凡购买本书，如有缺损质量问题，本社销售中心负责调换。

定　　价：30.00元

前 言

电路分析基础是高等工科院校电气、电子信息类专业的一门重要的技术基础课，是一门理论性和实践性很强的课程。本书在编写的过程中本着以“必需、够用”的原则，针对应用型本科和高职高专院校的教学实际情况，注重电路分析课程的基本理论和基本分析方法的系统讲述，在保证基础的前提下，突出理论在实践中的应用，使学生在电路分析方面获得基本的知识和技能，并为以后学习各专业课程、科学研究和接受更高层次的学习打下良好的基础。

全书共11章，主要包括电路的基本概念与定律、电阻电路的等效变换、电路的基本分析方法、正弦稳态电路的分析、三相交流电路、非正弦周期电流电路的分析、互感耦合电路与变压器、动态电路的时域分析、线性动态电路的复频域分析、二端口网络、磁路与铁芯线圈。为了使读者更好地掌握和理解课程内容，书中配有较多贴近实际的例题、习题；本书最后附有部分习题的参考答案。另外，还有与本书配套的电路实验指导教材。书中标有“*”号的部分为选讲内容，教师可根据学时或专业需要自行取舍。

本书可作为高等工科院校电气、电子信息类和部分非电类专业本科生、专科生的教材，也可供相关专业工程技术人员学习使用。我们将为使用本书的教师免费提供电子教案等教学资源，需要者可以到化学工业出版社教学资源网站 http：//www. cipedu. com. cn 免费下载使用。

本书由辽宁科技学院的于宝琦、孙禾、于桂君担任主编，并负责全书内容的组织和定稿；由辽宁科技学院的陈亚光、王静和湖州师范学院的王燕锋担任副主编，辽宁科技学院的符永刚、辽宁对外经贸学院的毕丛娣也参加了编写工作。第1、10章由陈亚光编写；第2、6章由孙禾编写；第3、5章由王静编写；第4、7章由于宝琦编写；第8、9章由于桂君编写；第11章由王燕锋和于宝琦编写。

东北大学的吴春俐老师审阅了全书，对全书的内容提出了许多宝贵意见。此外，本书在编写过程中得到了辽宁科技学院和湖州师范学院许多领导和老师的支持和帮助，在此一并表示感谢。

由于编者水平有限，加之时间仓促，书中难免有错漏之处，恳请广大读者批评指正，以便帮助我们不断改进和提高。

编者

2015年1月

目 录

第 1 章

电路的基本概念与定律

【内容提要】

本章介绍了电路、电路模型以及电路中的基本物理量，阐述了电路的基本概念及基本定律，定义了电阻、理想电压源、理想电流源并讨论了它们的特性，最后介绍了受控电源。

在生活中，人们可以看到各种各样的电路，例如照明电路、电视机、手机、计算机等，这些电路都是由物理实体组成的，作用和特性都各不相同，这样的电路称为实际电路。下面讨论一下电路的相关问题。

1.1 电路及电路模型

1.1.1 电路的组成与功能

实际电路是指由电工、电子器件或一些电气设备按一定方式连接起来，能完成某种特定任务的电流通路。复杂的电路也称为网络。

有些实际电路特别复杂，例如传输、分配电能的电力电路；转换、传输信息的通信电路；它们都是非常庞大而复杂的电路；而有些电路又特别简单，例如手电筒的照明电路，如图 1-1(a) 所示。无论电路是复杂还是简单，都可以分成 3 部分，即电源、负载及中间环节。

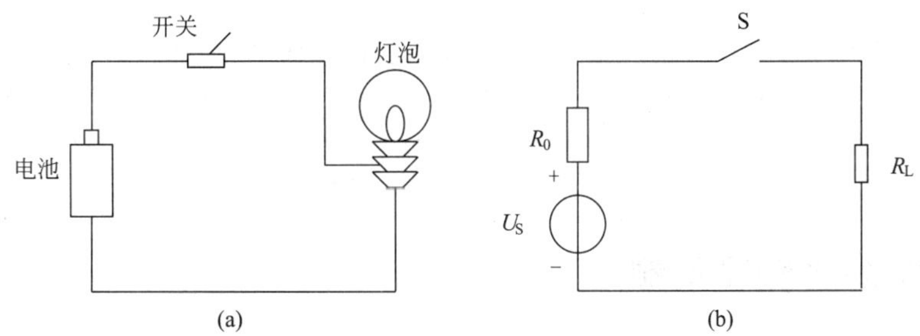

图 1-1　手电筒照明电路及电路模型

向电路提供电能或电信号的发生器称为电源，如发电机、蓄电池等；用电设备称为负载，如照明灯、电视机等；将电源和负载连接起来构成电路或控制电路的部分称为中间环节，如导线、开关、保护装置等。由于在电源的作用下，电路才会产生电压、电流，因此电源又称为激励，由激励所产生的电压和电流统称为响应。根据激励与响应之间的因果关系，有时把激励称为输入，把响应称为输出。

在生产和生活中，实际电路的种类繁多。根据电路的作用，可以大致分为两类：一类是实现能量的转换和传输，如电力网络，传输、分配和使用电能；另一类是实现信号的传递和处理，如由信源、信号处理装置、通信电缆等构成的通信网络，将信号进行传输、变换和处理。

1.1.2 电路模型

分析实际电路时有两种办法，一种办法是用电工仪表对实际电路进行测量；另一种办法是将实际电路抽象为电路模型，然后用电路理论进行分析计算。将实际电路抽象为电路模型，需要将实际电路中各组成部分的电磁性能进行科学的抽象和概括。

由于实际电路的情况非常复杂，所以其电磁性能也十分复杂。例如，给一个 N 匝线圈通入交流电时，线圈将电能转换为磁场能量储存，同时线圈的电阻又会使其发热，线圈匝间还存在电容。因此，分析实际电路时，首先抓住其主要的电磁性能，在一定条件下忽略其次要的电磁性能。而理想电路元件正是将实际电路的主要电磁性能进行科学抽象后得到，简称元件。例如，用电阻元件来反映电路消耗电能的电磁性质，如图 1-2(a) 所示；用电感元件来反映电路储存磁场能量的电磁性质，如图 1-2(b) 所示；用电容元件来反映电路储存电场能量的电磁性质，如图 1-2(c)所示；用电源元件（电压源和电流源）来反映电能量，分别如图 1-2(d)、(e) 所示。

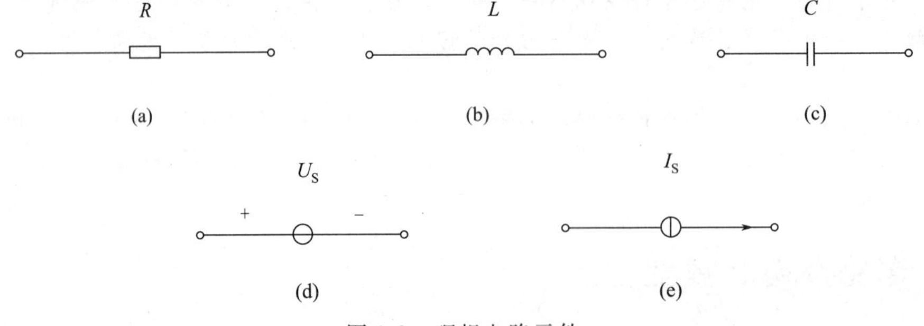

图 1-2 理想电路元件

理想电路元件及其组合的相互连接就构成了实际电路的电路模型。电路理论中研究的电路是电路模型的简称。图 1-1(a) 所示的电路模型如图 1-1(b) 所示。若无特殊说明，本书所提到的元件均为理想电路元件，电路即为电路模型。

值得注意的是，用电路模型近似地表示实际电路是有条件的，如果条件变了，电路模型也要做相应的改变。理想电路元件是抽象的模型，没有体积大小，其特性集中表现在空间的一个点上，因而称为集总参数元件。由集总参数元件组成的电路称为集总参数电路，简称集总电路。确定集总电路的依据是电路本身的几何尺寸 l 远远小于电路工作频率所对应波长 λ，所以在分析电路时可以忽略元件和电路本身的几何尺寸；而电路本身的几何尺寸 l 相对于工作频率所对应波长 λ 不可忽略的电路，称为分布参数电路。集总电路又按其元件参数是否为常数，分为线性电路和非线性电路。本书重点学习集总参数线性电路的分析方法。例如工频 50Hz 情况下，波长 $\lambda=6000\text{km}$，因而多数电路满足 l 远远大于 λ，可认为是集总电路。

1.2 电路的主要物理量

电路中的主要物理量有电流、电压、电功率、电能以及磁通等，其中常用的是电流、电压和电功率等基本物理量。

1.2.1 电流及其参考方向

带电粒子有规则地定向移动形成了电流，如导体中的自由电子、电解液和电离气体中的自由离子、半导体中的电子和空穴，都属带电粒子。电流大小用电流强度来表示。在工程上，电流强度简称电流，等于单位时间内通过导体横截面的电荷量，即

$$i=\frac{\mathrm{d}q}{\mathrm{d}t} \tag{1-1}$$

大小和方向都不随时间变化的电流称为恒定电流或直流电流，简写为 DC，即

$$I=\frac{Q}{t}$$

大小或方向随时间变化的电流称为变动电流。若变动电流在一个周期内电流的平均值为零，则又称为交变电流，简称交流，简写为 AC。

在国际单位制（SI）中，电流的单位是安培，简称安（A）。此外，电流的单位还有千安（kA）、毫安（mA）、微安（μA）等，换算关系为 $1\text{A}=10^{-3}\text{kA}$，$1\text{A}=10^{3}\text{mA}$，$1\text{mA}=10^{3}\mu\text{A}$。

电路中，习惯上把正电荷运动的方向作为电流的实际方向。但在电路分析中，有时不容易直接判断电流的方向，比如复杂的直流电路，交流电路等；而要计算电流的大小，必须先确定电流的方向，所以引入了电流的参考方向这个概念。

电流的参考方向，是人们任意假定的电流方向，在电路图中用箭头或双下标表示。引入参考方向后，电流就变成代数量。当电流的参考方向与实际方向一致，电流为正值（$i>0$）；反之，电流为负值（$i<0$），如图 1-3 所示。

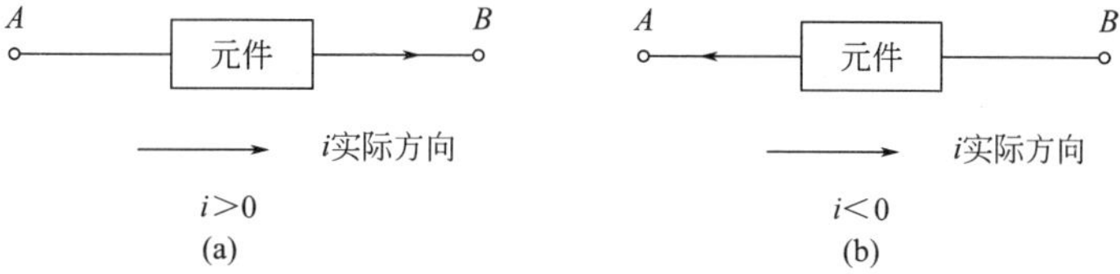

图 1-3　电流的参考方向

1.2.2　电压及其参考方向

电场力将单位正电荷从某点移动到另一点所做的功定义为两点间的电压，若电荷 $\mathrm{d}q$ 在电路中从某一点移到另一点电场力所做功为 $\mathrm{d}W$，则两点间的电压为

$$u=\frac{\mathrm{d}W}{\mathrm{d}q} \tag{1-2}$$

恒定电压或直流电压可表示为

$$U=\frac{W}{Q}$$

在 SI 中，电压的单位是伏特，简称伏（V）。此外，电压的单位还有千伏（kV）、毫伏（mV）和微伏（μV）等，换算关系为 $1\text{V}=10^{-3}\text{kV}$，$1\text{V}=10^{3}\text{mV}$，$1\text{mV}=10^{3}\mu\text{V}$。

分析电路时，电压与电流相似，也需选取参考方向。电压的参考方向也是任意指定的方向，当电压的参考方向与实际方向一致时，电压为正值（$u>0$）；反之，电压为负值（$u<0$）。电压的参考方向可用箭头、双下标或双极性来表示，如图 1-4 所示。

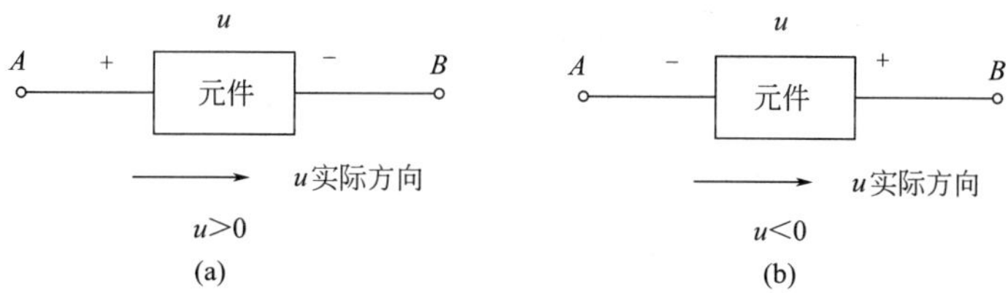

图 1-4　电压的参考方向

电压和电流的参考方向可以分别选定。通常情况下，采用关联参考方向，即将一条支路或元件的电压和电流的参考方向选择一致。换句话说，就是电流从电压的“+”参考极性流入，从“−”参考极性流出，如图 1-5 所示。若二者方向相反，则称为非关联参考方向。

参考方向是人为选定的，电压（电流）的正负值都是对应于所选定的参考方向而言的，不说明参考方向而谈论电压（电流）为正或负是没有意义的。参考方向的概念同样适用于表示电动势。

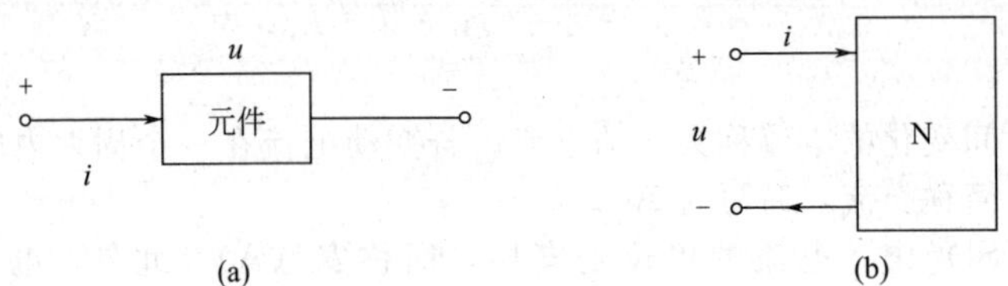

图 1-5　关联参考方向

1.2.3　电功率和电能

在电路分析中，常用到的物理量是电功率。

在实际电路中，当正电荷从元件电压的正极经过元件运动到负极时，即从高电位移到低电位，相应的电场力对电荷做功，电荷的电势能减少，元件吸收功率。反之，电路元件应发出功率。

电功率简称功率，用来描述电路中电能转换或传递的速率，是指单位时间内电场力做功的大小，用符号 p 表示。若在 $\mathrm{d}t$ 时间内，有 $\mathrm{d}q$ 电荷通过电路元件，元件的电压和电流分别为 u、i，则其能量的改变为 $\mathrm{d}W$，有

$$\mathrm{d}W=u\mathrm{d}q$$

则电功率 p 的大小为

$$p=\frac{\mathrm{d}W}{\mathrm{d}t}=u\frac{\mathrm{d}q}{\mathrm{d}t}=ui \tag{1-3}$$

当元件的电压、电流为关联参考方向时，用式（1-3）所求功率 p 为吸收功率。当 $p>0$ 时，电路实际吸收功率；当 $p<0$ 时，电路实际发出功率。反之，若电压、电流为非关联参考方向时，用式（1-3）所求的功率 p 为发出功率。当 $p>0$ 时，电路实际发出功率；当 $p<0$ 时，电路实际吸收功率。一个元件吸收 10W 功率，也可以认为该元件发出 -10W 的功率。根据能量守恒定律，整个电路的功率代数和为零，或者说发出的功率和吸收的功率相等，即功率平衡。

在 t_0 到 t 的时间内，元件吸收的电能为

$$W=\int_{t_0}^{t}p\mathrm{d}t \tag{1-4}$$

在 SI 中，功率的单位是瓦特，简称瓦（W）。此外，功率的单位还有千瓦（kW）、兆瓦（MW）等，换算关系为 $1\mathrm{W}=10^{-3}\mathrm{kW}$，$1\mathrm{kW}=10^{-3}\mathrm{MW}$。电能的单位是焦耳，简称焦（J）。常用单位有千瓦时（kW·h），简称度。

$$1\mathrm{kW\cdot h}=10^3\mathrm{W}\times3600\mathrm{s}=3.6\times10^6(\mathrm{J})$$

【例 1-1】如图 1-6 所示为某电路中的一部分，3 个元件中流过相同电流，$I=-2\mathrm{A}$，$U_1=4\mathrm{V}$，$U_2=5\mathrm{V}$。求：(1) 元件 A 的功率 P_1，并说明是吸收还是发出功率；(2) 元件 B 功率 P_2，并说明是吸收还是发出功率；(3) 元件 C 发出功率为 8W，求 U_3。

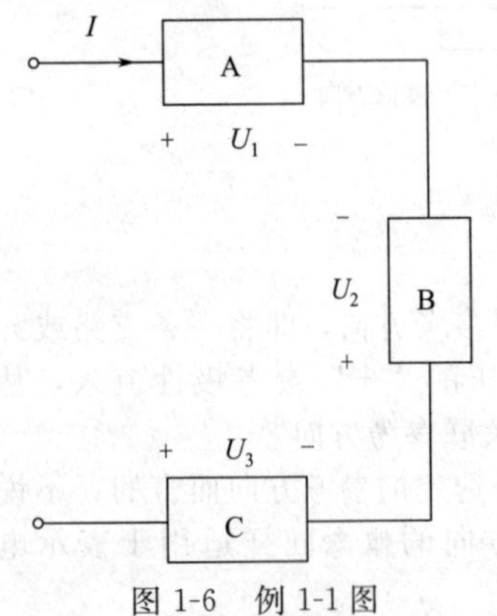

图 1-6　例 1-1 图

解：(1) 元件 A，U_1、I 为关联参考方向，所以

$$P_1=U_1I=4\times(-2)=-8(\mathrm{W})$$

说明元件 A 吸收功率 -8W 或者发出功率 8W。

(2) 元件 B，U_2、I 为非关联参考方向，所以

$$P_2=U_2I=5\times(-2)=-10(\mathrm{W})$$

说明元件 B 吸收功率 10W 或者发出功率 -10W。

或者 U、I 关联参考方向前提下，U_2、I 为非关联参考方向时，

$$P_2=-U_2I=-5\times(-2)=10(\mathrm{W})$$

因为 $p>0$，所以元件 B 吸收功率 10W。

(3) 元件 C，U_3、I 为非关联参考方向，所以

$$U_3=\frac{P_3}{I}=\frac{8}{-2}=-4(\mathrm{V})$$

1.3 电路的基本定律

欧姆定律和基尔霍夫定律是电路的基本定律，是电路分析计算的基础和依据。电路构成的元件性质不同，因而有线性、非线性，时变、非时变之分。由独立电源、线性时不变元件和受控源构成的电路称为线性非时变电路。除非特别说明，本书所涉及的电路均属线性非时变电路。

1.3.1 欧姆定律

对电阻元件来说，流过其电流与其端电压成正比，这就是欧姆定律。欧姆定律确定了电阻元件的电压与电流的关系，如图 1-7 所示，在关联参考方向下，有

$$I=\frac{U}{R}$$

或

$$R=\frac{U}{I}$$

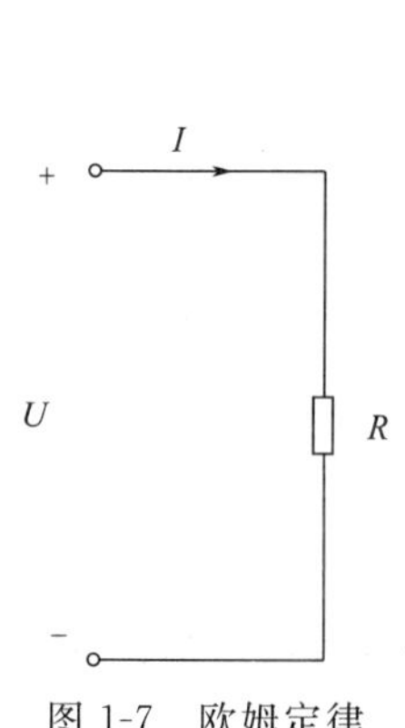

图 1-7　欧姆定律

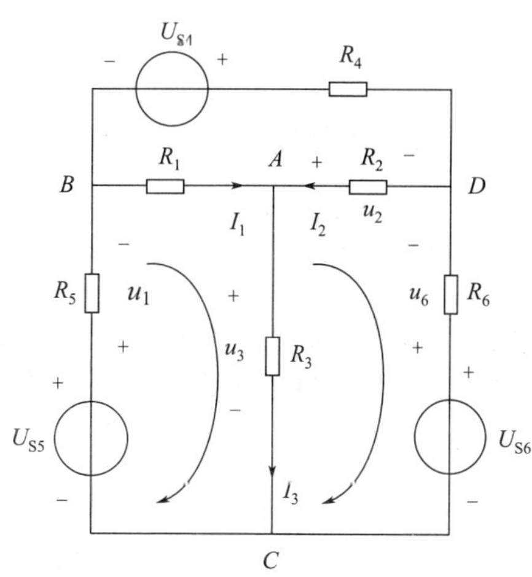

图 1-8　基本术语

基尔霍夫定律包括基尔霍夫电流定律和基尔霍夫电压定律。基尔霍夫电流定律描述了针对电路中某节点的各支路电流之间的关系，基尔霍夫电压定律描述了针对电路中某回路的各部分电压之间的关系。在介绍基尔霍大定律之前，先了解电路的一些基本术语，电路如图 1-8 所示。

(1) 支路：电路中每一个二端元件就是一条支路。为了分析方便，常把电路中流过同一电流的几个元件构成的分支也称为一条支路，用 b 表示。图 1-8 中有 6 条支路。

(2) 节点：元件之间的连接点就是节点。但是如果以分支为支路，则三条或三条以上支路的连接点称为节点，用 n 表示。图 1-8 中有 4 个节点。

(3) 回路：由若干条支路所组成的闭合路径称为回路，用 l 表示。图 1-8 所示电路中有 $ABCA$、$ACDA$、$ABCDA$ 等回路。

(4) 网孔：平面电路中，内部不包含其他支路的回路称为网孔，用 m 表示。图 1-8 所示电路中有 3 个网孔：$ABCA$、$ACDA$、$ABDA$。

1.3.2 基尔霍夫电流定律

基尔霍夫电流定律简写为 KCL，其内容是：在集总电路中，任一时刻，对任一节点，所有支路电流的代数和恒等于零，即

$$\sum i=0 \tag{1-5}$$

电路如图 1-8 所示，规定流入节点电流为正，流出节点电流为负，根据 KCL，对节点 A，有

$$i_1+i_2-i_3=0 \tag{1-6}$$

整理式（1-6），有

$$i_1+i_2=i_3$$

即对节点 A，流入节点的电流等于流出节点的电流。推广到任一节点，可以写成

$$\sum i_{流入}=\sum i_{流出} \tag{1-7}$$

KCL 是电流连续性的表现，不仅适用于电路的节点，还可以推广应用到电路中任意假设的闭合面，电路如图 1-9 所示。若用图中虚线所示的闭合面将电路包围起来，根据 KCL，可得

$$i_1+i_2+i_3=0$$

若两个网络之间只有一条连接线，如图 1-10 所示，则该连接线上的电流必为零。这说明了两个网络之间输送电能，至少要有两根导线，只有这样才能形成回路。

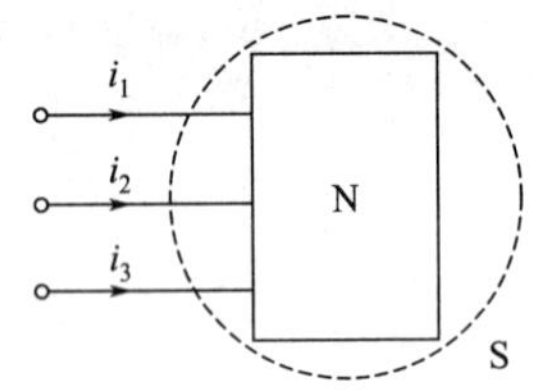

图 1-9　闭合面

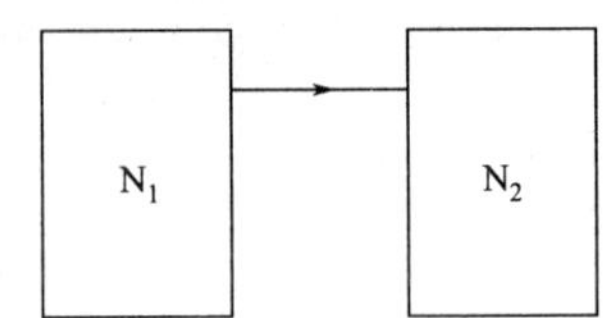

图 1-10　一条支路连接两个网络

1.3.3　基尔霍夫电压定律

基尔霍夫电压定律简写为 KVL，其内容是：在集总电路中，任一时刻，沿任一闭合回路绕行一周，各部分元件电压的代数和等于零，即：

$$\sum u=0 \tag{1-8}$$

电路如图 1-8 所示，选择回路 $ADCA$，设回路绕行方向为顺时针，当元件电压方向与回路绕行方向一致时取“+”号，相反时取“−”号，根据 KVL，有

$$u_2-u_6+U_{S6}-u_3=0$$

整理上式，有

$$u_2+U_{S6}=u_3+u_6$$

对于回路 $ADCA$，支路电压降之和等于支路电压升之和。推广到任一回路，可以写成

$$\sum u_{升}=\sum u_{降} \tag{1-9}$$

KVL 是电位单值性在电路中的体现，不仅适用于闭合回路，还可应用于电路中的虚拟回路。电路如图 1-11 所示，设回路绕行方向为顺时针，根据 KVL 列方程，整理可得

$$U=U_{S1}-U_{S2}-u_1$$

总而言之，基尔霍夫定律与构成电路的元件性质无关，只与电路的连接方式有关，这种连接关系称为拓扑约束。

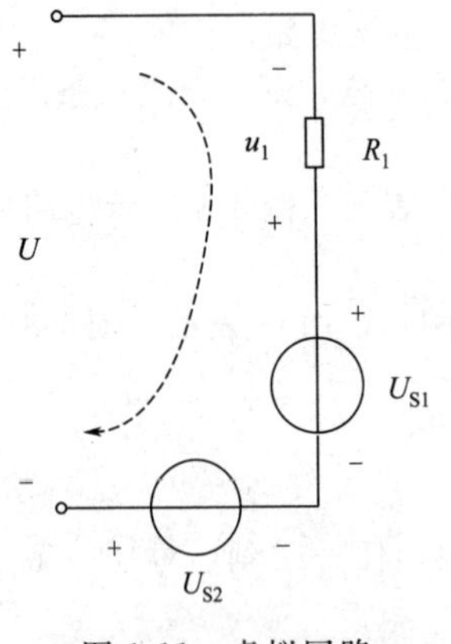

图 1-11　虚拟回路

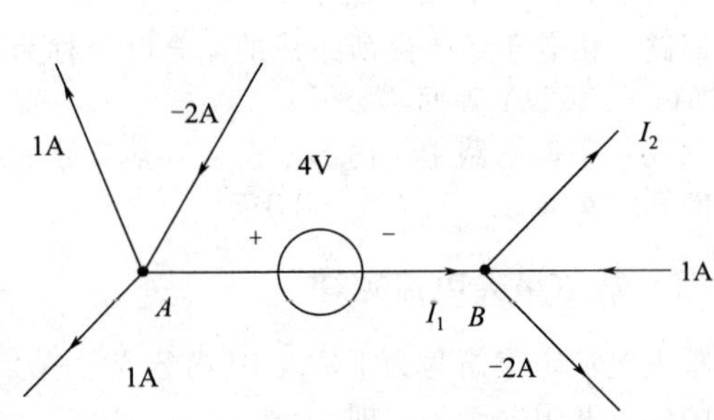

图 1-12　例 1-2 图

【例 1-2】电路如图 1-12 所示，求电流 I_1、I_2。

解：根据 KCL，对节点 A，有

$$-I_1+(-2)-1-1=0$$

或

$$I_1+1+1=-2$$

解得

$$I_1=-4(\text{A})$$

同理，对节点 B，有

$$I_1+1=I_2+(-2)$$

解得

$$I_2=-1(\text{A})$$

【例 1-3】电路如图 1-13 所示，若 $U_1=-10\text{V}$，$U_3=5\text{V}$，$U_4=-8\text{V}$，试求电压 U_2。

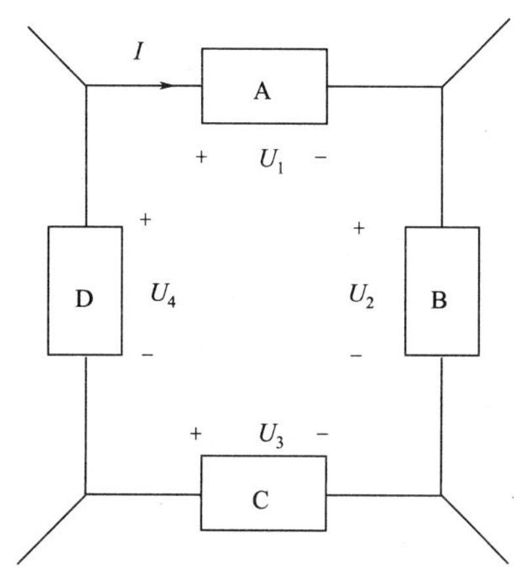

图 1-13　例 1-3 图

解：根据 KVL，回路方向选择顺时针，有

$$U_2=U_3+U_4-U_1$$

解得

$$U_2=7(\text{V})$$

1.4 基本电路元件

电路元件是实际电气元件的理想模型，掌握电路元件的特性是研究电路的基础，本节仅介绍电阻元件、独立电源和受控电源。

1.4.1 电阻元件

电路中，有两个端子与外部相连的元件称为二端元件。若一个二端元件在任一时刻的电压与电流的关系，可由 u-i 平面的一条曲线确定，则此二端元件称为二端电阻元件，即电阻元件。u-i 平面上的电压-电流关系曲线也称为伏安特性曲线。

若电阻元件的伏安特性曲线不随时间变化，则该元件为时不变电阻，否则为时变电阻；若电阻元件的伏安特性曲线为一条经过原点的直线，则称为线性电阻，否则为非线性电阻。二端非线性电阻、线性时变电阻和非线性时变电阻的伏安特性曲线分别如图 1-14(a)、(b)、(c) 所示。本书主要讨论的是二端线性时不变电阻元件，简称电阻元件。

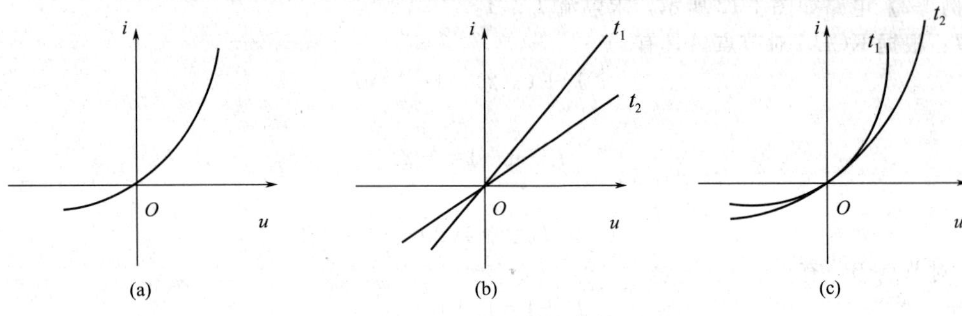

图 1-14　电阻的伏安特性

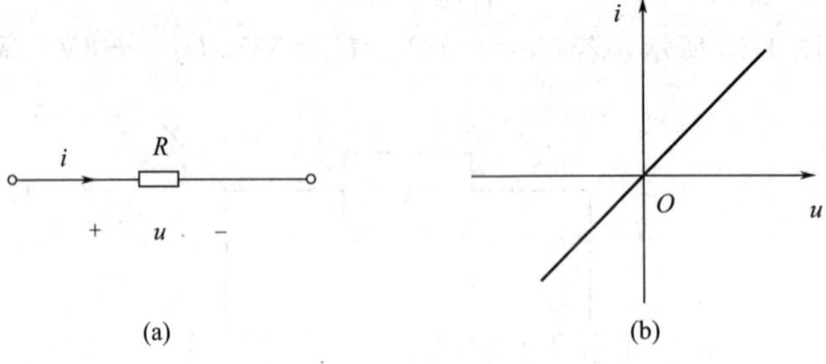

图 1-15　线性电阻

如图 1-15 所示，在关联参考方向下，线性电阻在任何时刻都服从欧姆定律，有

$$u=Ri \tag{1-10}$$

式中，R 称为元件的电阻，单位为欧姆，简称欧（Ω）。

令

$$G=\frac{1}{R}$$

式（1-10）可变为

$$i=Gu$$

G 称为元件的电导，单位为西门子，简称西（S）。

在非关联参考方向下，有

$$u=-Ri$$
$$i=-Gu$$

R 和 G 均为电阻元件的参数。

当一个电阻元件的端电压无论为何有限值时，电流恒等于零，此时电阻元件处于开路状态，$R=\infty$ 或 $G=0$。当一个电阻元件的电流无论为何有限值时，端电压恒等于零，此时电阻元件处于短路状态，$R=0$ 或 $G=\infty$。这是电阻元件的两种极限状态。

关联参考方向下，电阻元件吸收的功率为

$$p=ui=i^2R=\frac{u^2}{R} \tag{1-11}$$

或

$$p=ui=Gu^2=\frac{i^2}{G}$$

式（1-11）表明：无论是关联参考方向，还是非关联参考方向，电阻元件的功率 p 总是正值，所以电阻元件总是吸收功率，因此电阻元件既是耗能元件，也是无源元件。

电阻元件从 t_1 到 t_2 的时间内吸收的电能为

$$W=\int_{t_1}^{t_2} Ri^2(\xi)\,\mathrm{d}\xi \tag{1-12}$$

电阻元件是耗能元件的理想化模型，但在某些特定场合，电阻元件又有其特定的用途。如利用某些材料的电阻值随温度变化的特性通过测量阻值来测量温度、通过测量电阻应变片的阻值来得到物体因受力而发生应变的程度等；不仅如此，某些电子器件（例如运算放大器等）构成的电子电路可以实现负电阻，其伏安特性位于二、四象限，电压和电流的实际方向总是相反，发出功率，它向外提供的能量来自电子电路工作时所需的电源。

1.4.2 电感元件

电感元件是表征磁场储能的一种理想电路元件。

在任一时刻，如果一个二端元件的磁通链 ψ 与通过它的电流 i 之间的关系（韦安关系）可用 ψ-i 平面上的一条曲线来确定，则此二端元件称为电感元件。如果 ψ-i 平面上的特性曲线是通过原点的一条直线，且不随时间变化，该元件称为线性时不变电感元件，简称电感元件。

电感元件的图形符号、参数及其韦安特性曲线如图 1-16 所示。

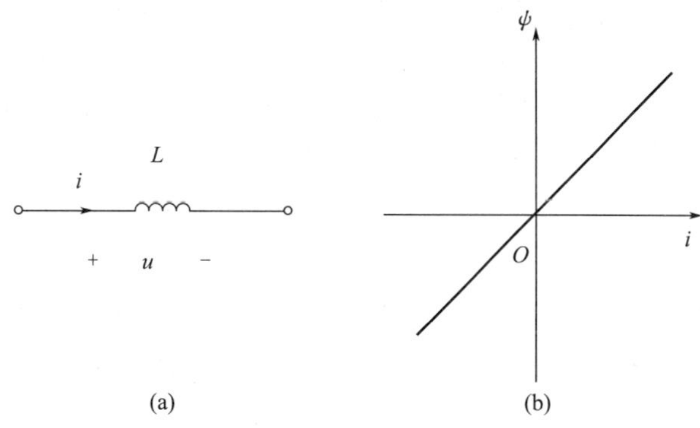

图 1-16　线性电感元件

电感元件的韦安关系为

$$L=\frac{\psi}{i} \tag{1-13}$$

式（1-13）表明磁通链与电流的比值为正常数，称为自感系数或电感系数，简称自感或电感；所以 L 既表示电感元件，又表示电感元件的参数。

在 SI 中，电感的基本单位是亨利，简称亨（H）。常用的单位还有毫亨（mH）和微亨（μH），换算关系为 $1\text{H}=10^3\text{mH}$，$1\text{mH}=10^3\mu\text{H}$。

当通入电感的电流 i 随时间变化时，磁通链 ψ 也相应发生变化，于是在电感两端会产生感应电压。若电压和电流取关联参考方向、电流和磁通的参考方向符合右手螺旋定则，根据电磁感应定律，可得电感元件的伏安关系为

$$u=-e=\frac{\mathrm{d}\psi}{\mathrm{d}t}=L\ \frac{\mathrm{d}i}{\mathrm{d}t} \tag{1-14}$$

式（1-14）中，e 为电流 i 变化时，在电感两端产生的感应电动势。电感电压的大小与其电流变化率成正比，与电流大小无关，体现了电感元件的动态特性，所以电感元件也称为动态元件。在直流稳态情况下，电感中电流恒定，则其电压为零，相当于短路。如果某时刻电感的电压为有限值，则其电流变化率必然为有限值，即电流在该时刻必然连续，而不能跃变。

同样，已知电感电压可求得电流

$$i=\frac{1}{L}\int_{-\infty}^{t}u\mathrm{d}\xi=\frac{1}{L}\int_{-\infty}^{t_0}u\mathrm{d}\xi+\frac{1}{L}\int_{t_0}^{t}u\mathrm{d}\xi=i(t_0)+\frac{1}{L}\int_{t_0}^{t}u\mathrm{d}\xi \tag{1-15}$$

式（1-15）中，$i(t_0)=\frac{1}{L}\int_{-\infty}^{t_0}u\mathrm{d}\xi$ 称为电感的初始电流。式（1-15）说明电感元件在 t 时刻的电流与 t 时刻以前电压变化的全部历史有关，即电感元件的电流记录了电压变化的全部信息，所以电感元件也称为记忆元件。

关联参考方向下，电感元件的瞬时功率为

$$p=ui=L\frac{\mathrm{d}i}{\mathrm{d}t}i$$

根据式（1-4），电感元件从 t_1 到 t_2 时间段内存储的能量为

$$W_L=\int_{t_1}^{t_2}p\,\mathrm{d}t=\int_{t_1}^{t_2}L\frac{\mathrm{d}i}{\mathrm{d}t}i\,\mathrm{d}t=\int_{i(t_1)}^{i(t_2)}Li\,\mathrm{d}i=\frac{1}{2}Li^2(t_2)-\frac{1}{2}Li^2(t_1)$$

若 $i(t_0)=0$，即电感无初始储能，从 t_0 到 t 这段时间内电感吸收的电能即为电感的储能，电感元件也称储能元件。值得注意的是，电感能够释放的能量总是等于它原来储存的能量，因此电感元件也是无源元件。

1.4.3 电容元件

电容元件是表征电场储能的一种理想电路元件。

在任一时刻，如果一个二端元件的电荷 q 与其端电压 u 之间的关系（库伏关系）可用 q-u 平面上的一条曲线来确定，则此二端元件称为电容元件。如果 q-u 平面上的特性曲线是通过原点的一条直线，且不随时间变化，则该元件称为线性时不变电容元件，简称电容元件。

电容元件的符号、参数及其库伏特性曲线如图 1-17 所示。

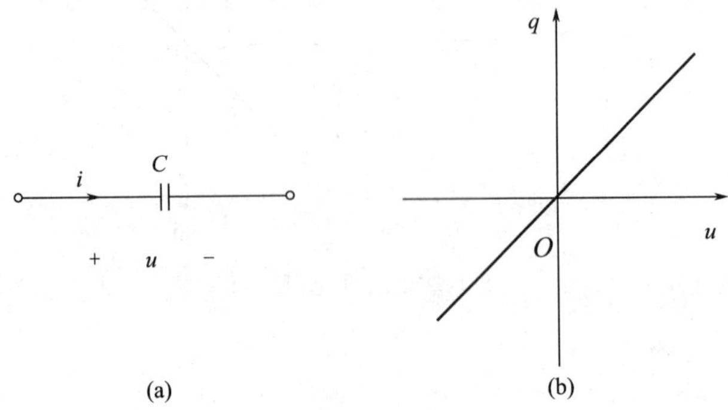

图 1-17　线性电容元件

电容元件的库伏关系为

$$C=\frac{q}{u} \tag{1-16}$$

式（1-16）表明电荷与电压的比值为正常数，称为电容；所以 C 既表示电容元件，又表示元件的参数。

在 SI 中，电容的基本单位是法拉，简称法（F）。常用的单位还有微法（μF）和皮法（pF），换算关系为 $1\text{F}=10^6\mu\text{F}$，$1\mu\text{F}=10^6\text{pF}$。

关联参考方向下，电容元件的伏安关系为

$$i=\frac{\mathrm{d}q}{\mathrm{d}t}=C\frac{\mathrm{d}u}{\mathrm{d}t} \tag{1-17}$$

式（1-17）表明，电容电流的大小与其电压的变化率成正比，与电压的大小无关，体现了电容元件的动态特性，所以电容元件也称为动态元件。在直流稳态情况下，电容上电压恒定，则其电流为零，相当于开路。如果某时刻电容的电流为有限值，则其电压变化率必然为有限值，即电压在该时刻必然连续，而不能跃变。

同样，已知电容电流可求得电压

$$u=\frac{1}{C}\int_{-\infty}^{t}i\,\mathrm{d}\xi=\frac{1}{C}\int_{-\infty}^{t_0}i\,\mathrm{d}\xi+\frac{1}{C}\int_{t_0}^{t}i\,\mathrm{d}\xi=u(t_0)+\frac{1}{C}\int_{t_0}^{t}i\,\mathrm{d}\xi \tag{1-18}$$

式（1-18）中，$u(t_0)=\frac{1}{C}\int_{-\infty}^{t_0}i\,\mathrm{d}\xi$ 称为电容的初始值。式（1-18）说明电容元件在 t 时刻的电压与 t 时刻以前电流变化的全部历史有关，即电容元件的电压记录了电流变化的全部信息，所以电容

元件也称为记忆元件。

关联参考方向下，电容元件的瞬时功率为

$$p = ui = uC\frac{\mathrm{d}u}{\mathrm{d}t}$$

根据式（1-4），电容元件从 t_1 到 t_2 时间段内存储的能量为

$$W_{\mathrm{C}} = \int_{t_1}^{t_2} p\,\mathrm{d}t = \int_{t_1}^{t_2} uC\frac{\mathrm{d}u}{\mathrm{d}t}\mathrm{d}t = \int_{u(t_1)}^{u(t_2)} Cu\,\mathrm{d}u = \frac{1}{2}Cu^2(t_2) - \frac{1}{2}Cu^2(t_1)$$

若 $u(t_0)=0$，即电容无初始储能，从 t_0 到 t 这段时间内电容吸收的电能即为电容的储能，电容元件也称为储能元件。值得注意的是，电容能够释放的能量总是等于它原来储存的能量，因此电容元件也是无源元件。

1.4.4 独立电源

电路中有耗能元件存在，工作时，要想维持电流，必须有电源。常用的电源有电池、发电机和各种信号源，它们都是二端有源元件。为了得到各种实际电源的电路模型，下面介绍理想电路元件——独立电源，“独立”是相对于“受控”而言的，包括独立电压源和独立电流源。

1）独立电压源

独立电压源，也称理想电压源，简称电压源，具有恒定的电压 U_{S} 或是给定的时间函数 $u_{\mathrm{S}}(t)$，流过它的电流由与其连接的外电路确定。电压源的图形符号和伏安特性如图 1-18 所示，其伏安特性是一条平行于横轴的直线，表明其端电压与电流的大小及方向无关。

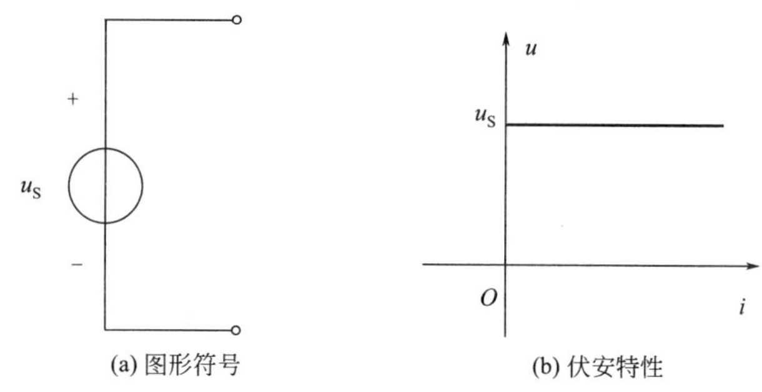

图 1-18 电压源的图形符号和伏安特性

当电压源 $U_{\mathrm{S}}=0$ 时，电压源的伏安特性曲线与电流轴重合，相当于短路；当电压源不接外电路时，流过其电流为零，相当于开路。电压源作为一个电路元件，可以向外电路发出功率，也可以从外电路吸收功率。

2）独立电流源

独立电流源，也称理想电流源，简称电流源，具有恒定的电流 I_{S} 或是给定的时间函数 $i_{\mathrm{S}}(t)$，其端电压由与其相连的外电路确定。电流源的图形符号和伏安特性如图 1-19 所示，其伏安特性是一条平行于纵轴的直线，表明电流与其端电压的大小及方向无关。

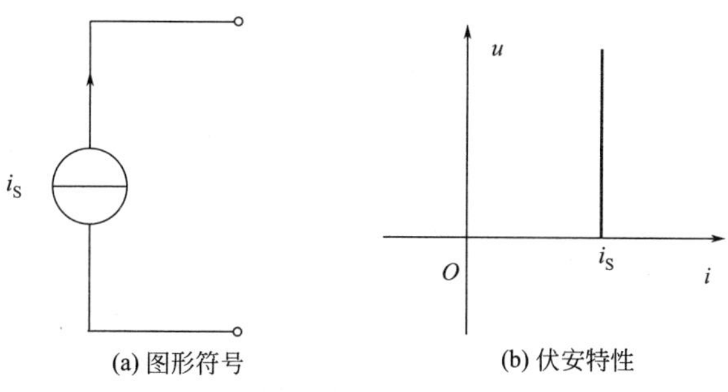

图 1-19 电流源的图形符号和伏安特性

当电流源 $i_S=0$ 时，电流源的伏安特性曲线与电压轴重合，相当于开路；当电流源两端短接时，其端电压为零，而流过电流为 i_S。同样，电流源作为一个电路元件，可以向外电路发出功率，也可以从外电路吸收功率。

1.4.5 受控电源

与独立电源相对应的电源称为受控电源。受控电源可以提供电压或电流，但该电压或电流不是独立的，而是受电路中某个电压或电流控制的。受控电源可以表征某些电子器件，如晶体管、运算放大器等。本节仅讨论线性受控电源。

由于控制量有电压和电流，所以受控电源有 4 种，分别是电压控制的电压源（VCVS）、电流控制的电压源（CCVS）、电压控制的电流源（VCCS）和电流控制的电流源（CCCS），如图 1-20所示。图中 U_1 和 I_1 分别表示控制电压和控制电流，μ、r、g 和 β 分别是有关的控制系数，其中 μ 和 β 没有量纲，r 具有电阻的量纲，g 具有电导的量纲。这些系数为常数时，被控制量和控制量成正比，这种受控电源即为线性受控源。

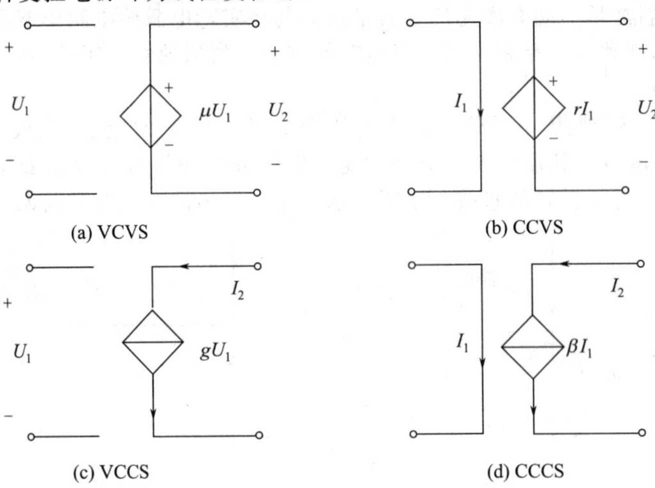

图 1-20　受控电源的种类

受控电源与独立电源在电路中的作用不同，独立电源在电路中可以直接起激励作用；而受控源不能脱离控制量而独立存在。在分析和计算含有受控电源的电路时，可以把受控电源当作独立电源处理，但需要具体问题具体分析。比如对含有受控电源电路的等效变换时，应保持含有控制变量的支路不变，否则控制变量将受到影响。

【例 1-4】电路如图 1-21 所示，$I_S=3\text{A}$，$U_2=0.2U_1$，求电流 I。

解： 控制电压

$$U_1=5I_S=15(\text{V})$$

所以

$$U_2=0.2U_1=3(\text{V})$$

$$I=\frac{U_2}{2}=1.5(\text{A})$$

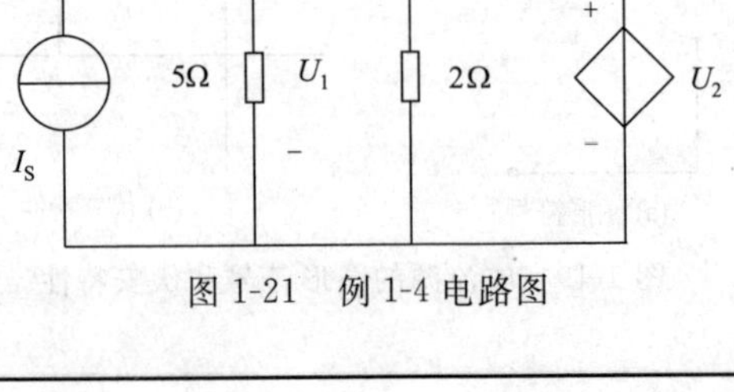

图 1-21　例 1-4 电路图

本章小结

（1）电路模型是对实际电路的电磁性质进行科学抽象的结果，是理想电路元件的组合。

（2）进行电路分析时，首先标出电压、电流的参考方向，才能对电路进行分析计算。在规定参考方向的条件下，功率有正负之分。任一时刻，整个电路功率平衡。

（3）基尔霍夫定律和欧姆定律是电路分析的基本定律。欧姆定律体现了电阻元件的伏安关系（VAR），基尔霍夫定律体现了电路拓扑约束关系。

（4）独立电源是忽略实际电源内阻损耗的结果。电压源的电压为给定的时间函数，其电流由外电路决定；而电流源的电流也为给定的时间函数，其电压由外电路决定。

（5）受控电源的电压或电流受到其他支路的电压或电流控制，通常有4种类型：VCVS、VCCS、CCVS和CCCS。

习题1

1-1　电路如图1-22所示，求各元件的端电压或通过的电流。

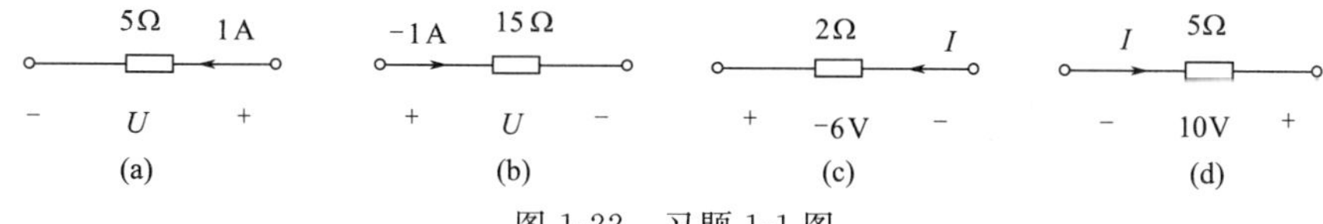

图1-22　习题1-1图

1-2　(a) 电路如图1-23(a) 所示，已知 $U_1=2\text{V}$，$U_2=3\text{V}$，$U_3=-6\text{V}$，求 U_4 和 U_{AC}。

(b) 电路如图1-23(b) 所示，已知 $I_1=2\text{A}$，$I_2=3\text{A}$，$I_3=-6\text{A}$，求 I_4。

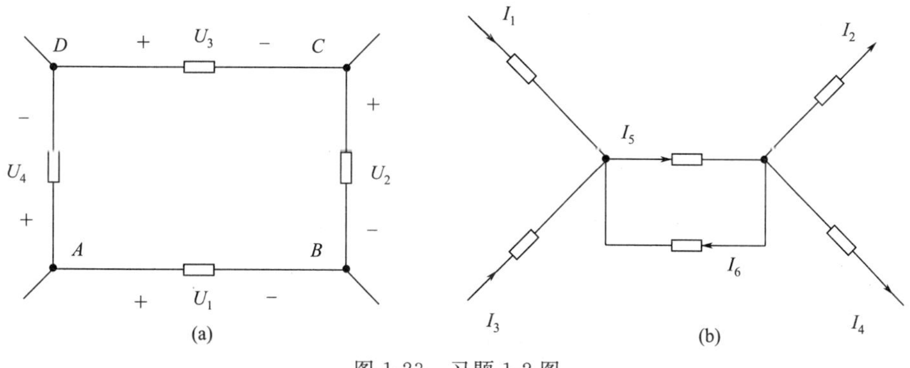

图1-23　习题1-2图

1-3　电路如图1-24所示，求各电源的功率并判断功率性质。

1-4　电路如图1-25所示，求各元件的功率并判断功率性质。

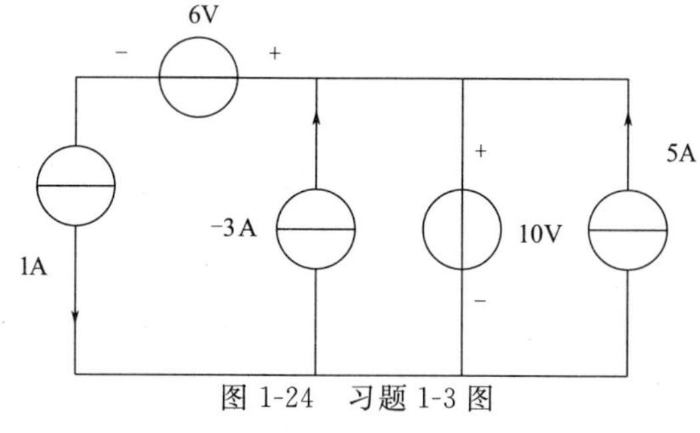

图1-24　习题1-3图

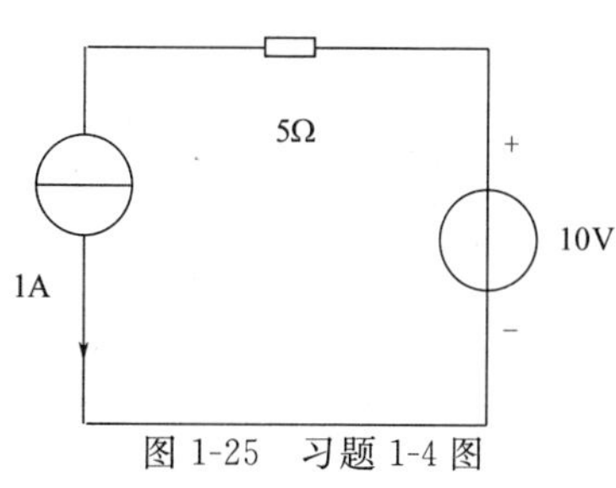

图1-25　习题1-4图

1-5 电路如图 1-26 所示，求各图中的未知量。

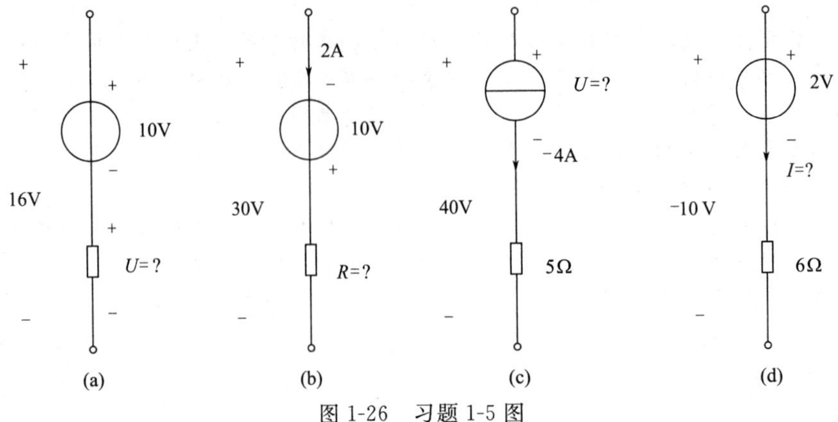

图 1-26　习题 1-5 图

1-6 电路如图 1-27 所示，求：

(a) 若元件 A 吸收功率为 5W，求 I_a；

(b) 若元件 B 产生功率为（-20W），求 U_b；

(c) 若元件 C 吸收功率为（-15W），求 I_c；

(d) 求元件 D 吸收的功率 P_d。

1-7 电路如图 1-28 所示，求电压 U_{ab}。

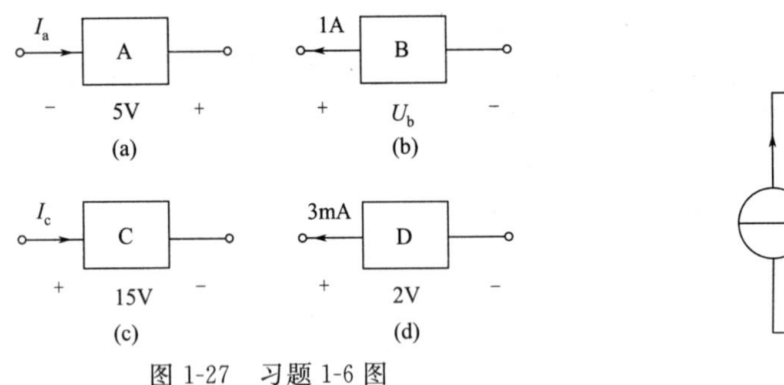

图 1-27　习题 1-6 图

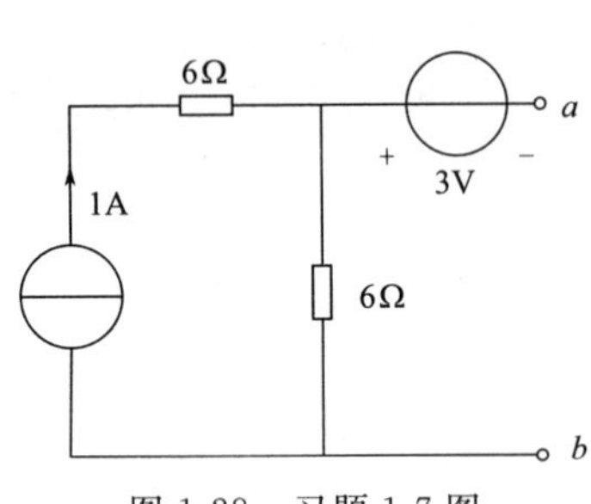

图 1-28　习题 1-7 图

1-8 已知 1F 电容的电压分别为（1）$4\sin 10\pi t$ V，（2）$-10e^{-3t}$ V，（3）$6t$ V，（4）10V，电压、电流参考方向一致，求通过电容的电流。

1-9 已知 0.2H 电感的电流为 $i=10(1-e^{-10t})$ A，电压、电流参考方向一致，求电感两端的电压。

1-10 6μF 电容的电压波形如图 1-29 所示，求：（1）绘出电容电流波形图；（2）分别确定 $t=2\mu s$ 和 $t=10\mu s$ 时电容的储能。

1-11 已知 2H 电感电压、电流参考方向一致，如图 1-30（a）所示，流过电感的电流波形如图 1-30（b）所示，求：（1）电感两端电压 u；（2）$t=2s$ 时电感的储能。

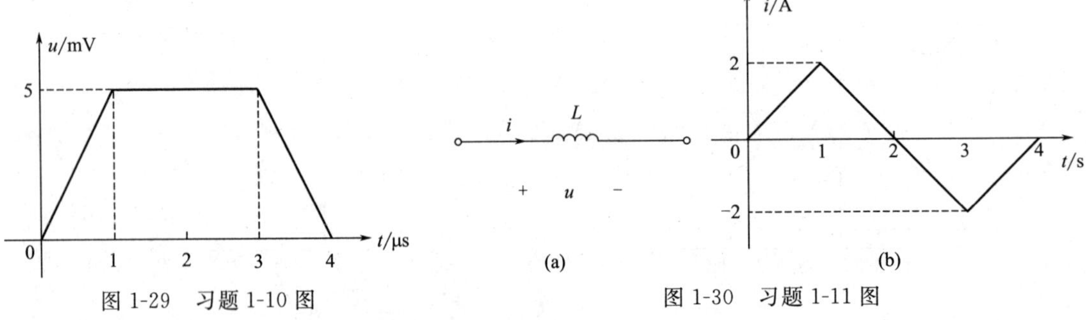

图 1-29　习题 1-10 图

图 1-30　习题 1-11 图

1-12　如图 1-31 所示，求：(1) 电路中各元件的电压、电流；(2) 判断 A、B、C 中哪个元件是电源？

1-13　电路如图 1-32 所示，求电压 U。

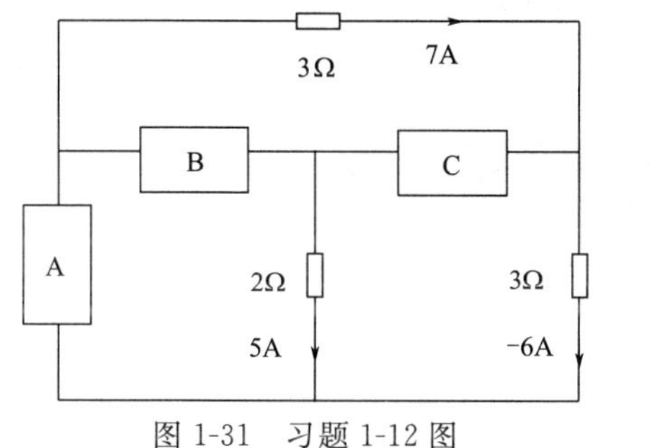

图 1-31　习题 1-12 图

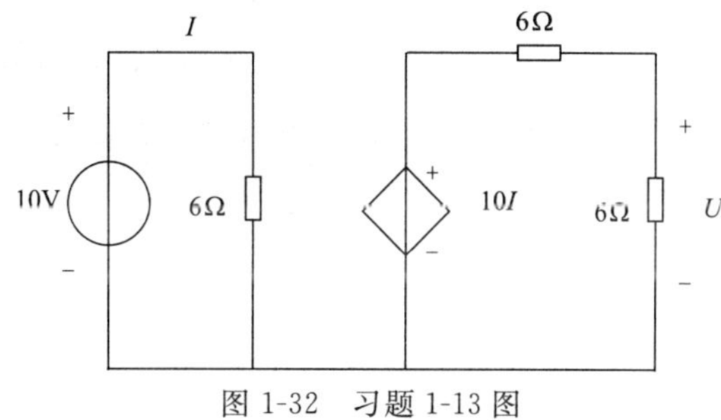

图 1-32　习题 1-13 图

1-14　电路如图 1-33 所示，求 a、b 端的等效电阻。

1-15　电路如图 1-34 所示，求 a、b 端的等效电阻。

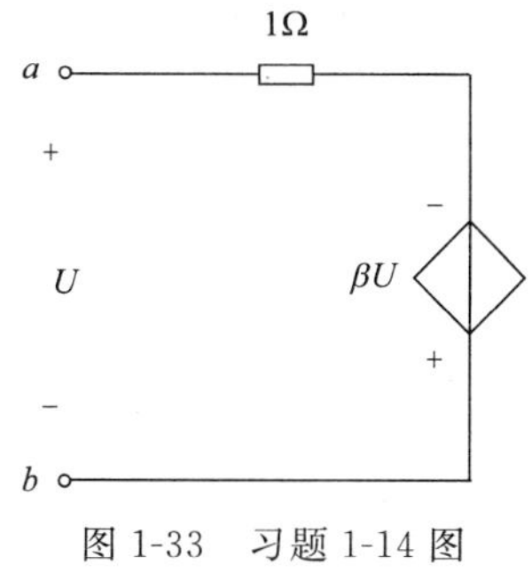

图 1-33　习题 1-14 图

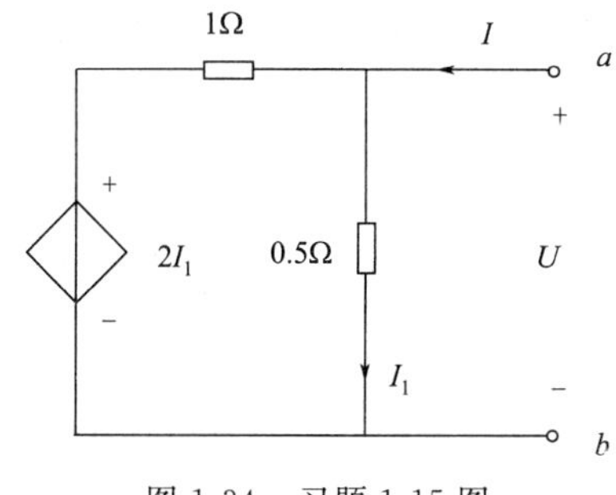

图 1-34　习题 1-15 图

第2章 电阻电路的等效变换

【内容提要】

仅由电源和线性电阻构成的电路称为电阻电路，欧姆定律和基尔霍夫定律是分析电阻电路的依据。本章介绍电阻电路等效变换的概念与方法。内容包括电阻的串联、并联；电阻的星形连接（Y）与三角形连接（△）之间的等效变换；理想电源的串联、并联；实际电源模型及其等效变换等。

由时不变线性无源元件、线性受控源和独立电源组成的电路，称为时不变线性电路，简称线性电路。本书所研究的内容主要是针对线性电路的分析。

如果构成电路的无源元件均为线性电阻，则称为线性电阻性电路，简称电阻电路。电路中电压源的电压或电流源的电流，可以是直流，也可以随时间按某种规律变化；当电路中的独立电源都是直流电源时，这类电路简称为直流电路。

电阻电路的分析依据是欧姆定律和基尔霍夫定律，在此基础上、本章进行电路等效及等效变换的学习，主要研究电阻电路的等效变换分析法。在分析电阻电路时，有些情况下可以直接根据电路的不同连接方式将电路进行等效变换，化简电路得到其解。常用的等效变换方法有电阻的串、并联及其等效电阻；电阻的星形连接（Y）和三角形连接（△）之间的等效变换；实际电压源与电流源的等效变换；含受控源的一端口网络的等效变换等内容。

2.1 电路等效变换的基本概念

等效变换在研究深层次的电路理论问题及电路简化分析中有着重要的应用。本节首先介绍电路等效变换的相关基本概念。

2.1.1 一端口网络

电路也称为网络，任何一个电路如果向外引出两个端子则被称为二端口网络。若二端口网络满足从一个端子的流入电流等于从另一端子的流出电流，则称该网络为一端口网络，如图 2-1(a)、(b) 所示。若一端口网络内部不含独立电源，称为无源一端口网络。本章所接触的由电阻或电阻与受控源组合构成的网络均属于无源一端口网络。此外，在电路分析中还会遇到三端口网络（如 2.2.2 节的 Y、△形电路）、二端口网络（将在第 10 章中学习）等。本章介绍一端口网络和三端口网络的等效电路。

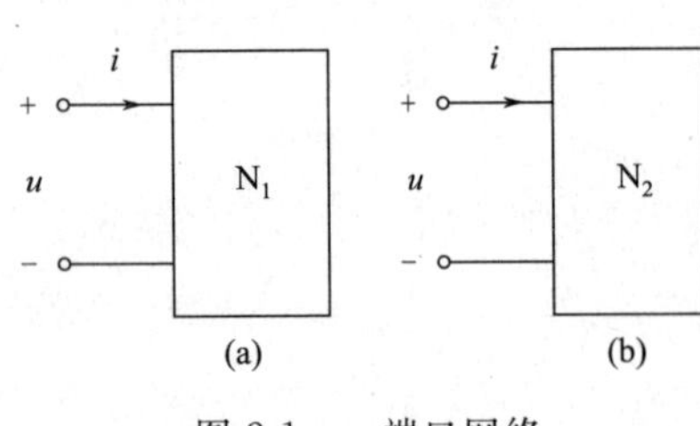

图 2-1 一端口网络

2.1.2 等效电路与等效变换

对于如图 2-1(a)、(b) 所示的内部结构和参数完全不相同的两个一端口网络 N_1 和 N_2，当它们的端口具有相同伏安关系时，则称 N_1 和 N_2 互为等效电路。将电路的某一部分用其等效电路来替代的过程称为电路的等效变换。

等效的条件是等效网络的端口具有相同的伏安关系，而电路中未被等效部分的电压与电流均保持不变。注意：等效只是对外电路而言，N_1 和 N_2 的内部并不等效。电路等效变换的目的，一方面可以简化电路的分析计算；另一方面是为了进一步研究更深层次的电路理论。

如图 2-2(a) 所示，右方虚线框中由几个电阻构成的电路可以用一个电阻 R_{eq} 替代，如图 2-2(b) 所示，使整个电路得以简化。进行替代的条件是使图 2-2(a)、(b) 中端子 1-1′以右的部分有相同的伏安特性。电阻 R_{eq} 称为等效电阻，其值决定于被替代的原电路中各电阻的值以及它们的连接方式。

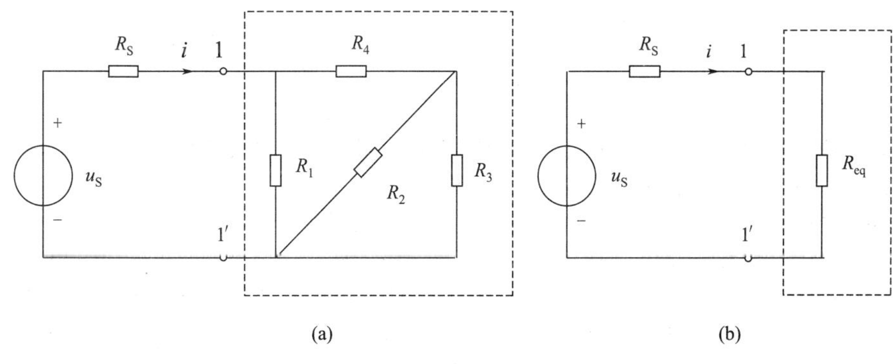

图 2-2　等效电阻

另一方面，当图 2-2(a) 中端子 1-1′以右的电路被 R_{eq} 替代后，1-1′以左部分电路的任何电压和电流都将维持与原电路相同。这就是电路的等效概念。更一般地说，当电路中某一部分用其等效电路替代后，未被替代部分的电压和电流均应保持不变。用等效电路的方法求解电路时，电压和电流保持不变的部分仅限于等效电路以外，这就是“对外等效”的概念。等效电路与被它代替的那部分电路显然是不同的，将图 2-2(a) 所示电路简化后，即可按图 2-2(b) 求得端子 1-1′以左部分的电流 i 和端子 1-1′的电压 u，它们分别等于原电路中的电流 i 和电压 u。如果要求得图 2-2(a) 中虚线方框内的各电阻的电流，就必须回到原电路，根据已求得的电流 i 和电压 u 求解。可见，对外等效是对外部特性的等效。

2.2 电阻的等效变换

电阻的常用等效变换方法有电阻的串、并联及其等效电阻；电阻的星形连接（Y）和三角形连接（△）之间的等效变换；平衡电桥的特点及分析方法等。

2.2.1 电阻的串、并联

1）电阻的串联

将电路中各元件首尾依次相连成一串，则称为串联电路。串联是电路元件一种常见的连接方式。如图 2-3(a) 所示的电路为 n 个电阻 R_1、R_2、…、R_n 的串联组合，电阻串联时，每个电阻中的电流为同一电流。

应用 KVL，有 $u=u_1+u_2+\cdots+u_n$

由于每个电阻的电流均为 i，将 $u_1=iR_1$，$u_2=iR_2$，…，$u_n=iR_n$ 代入上式，可得

$$R_{eq}=R_1+R_2+\cdots+R_n=\sum_{k=1}^{n}R_k \tag{2-1}$$

式中，R_{eq} 是这些串联电阻的等效电阻。显然，等效电阻必大于任一个串联电阻。

电阻串联时，各电阻上的电压为

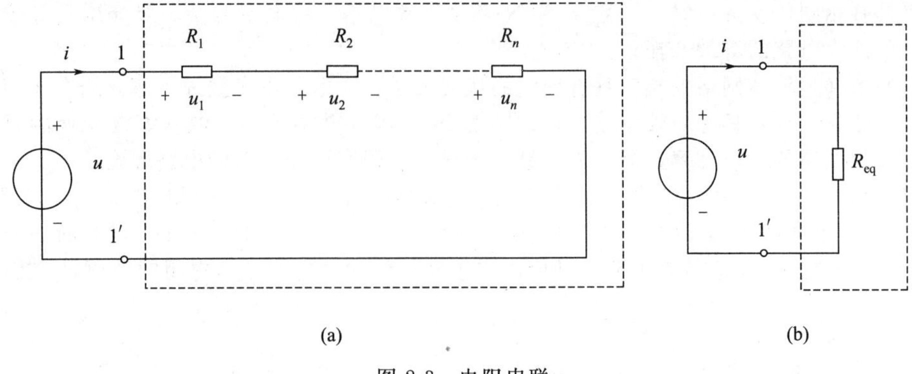

图 2-3　电阻串联

$$u_k = iR_k = \frac{R_k}{R_{eq}}u\ (k=1,2,\cdots,n) \tag{2-2}$$

可见，串联的每个电阻，其电压与电阻值成正比。或者说，总电压根据各个串联电阻的值进行分配。式（2-2）称为电压分配公式，简称分压公式。

2）电阻的并联

将电路中各元件首尾两端分别接在一起，连成一排，称为并联电路。并联也是电路元件一种常见的连接方式，如图 2-4(a) 所示的电路为 n 个电阻的并联组合。电阻并联时，各电阻的电压为同一电压。由于电压相等，总电流 I 可根据 KCL 写作：

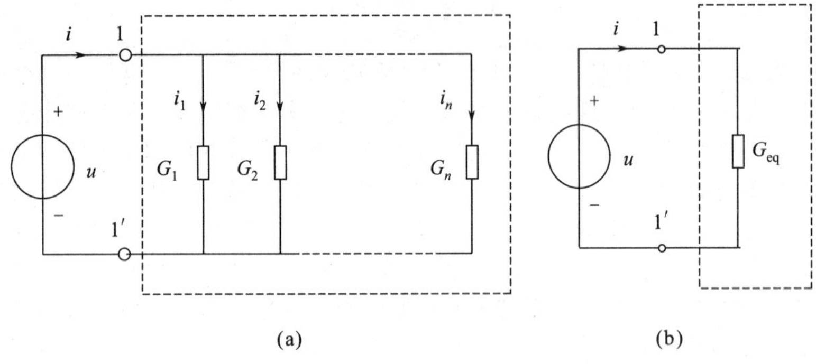

图 2-4　电阻并联

$$\begin{aligned} i &= i_1 + i_2 + \cdots + i_n = G_1 u + G_2 u + \cdots + G_n u \\ &= (G_1 + G_2 + \cdots + G_n)u = G_{eq}u \end{aligned} \tag{2-3}$$

式中，G_1、G_2、…、G_n 为电阻 R_1、R_2、…、R_n 的电导，而

$$G_{eq} = \frac{i}{u} = G_1 + G_2 + \cdots + G_n = \sum_{k=1}^{n} G_k \tag{2-4}$$

G_{eq} 是 n 个电阻并联后的等效电导。并联后的等效电阻 R_{eq} 为

$$R_{eq} = \frac{1}{G_{eq}} = \frac{1}{\sum\limits_{k=1}^{n} G_k} = \frac{1}{\sum\limits_{k=1}^{n} \frac{1}{R_k}}$$

即

$$\frac{1}{R_{eq}} = \sum_{k=1}^{n} \frac{1}{R_k} \tag{2-5}$$

可见，并联电路的等效电阻小于任一个并联的电阻。

电阻并联时，各电阻中的电流为

$$i_k = G_k u = \frac{G_k}{G_{eq}} i\ (k=1,2,\cdots,n) \tag{2-6}$$

因此，并联电路中各个并联电阻的电流与它们各自的电导值成正比。式（2-6）称为电流分配公式，简称分流公式。

当 $n=2$ 时，即 2 个电阻的并联，如图 2-5 所示。

等效电阻为

$$R_{eq}=\frac{1}{\dfrac{1}{R_1}+\dfrac{1}{R_2}}=\frac{R_1R_2}{R_1+R_2} \tag{2-7}$$

两并联电阻的电流分别为

$$\begin{aligned}i_1&=\frac{G_1}{G_{eq}}i=\frac{R_2}{R_1+R_2}i\\ i_2&=\frac{G_2}{G_{eq}}i=\frac{R_1}{R_1+R_2}i\end{aligned} \tag{2-8}$$

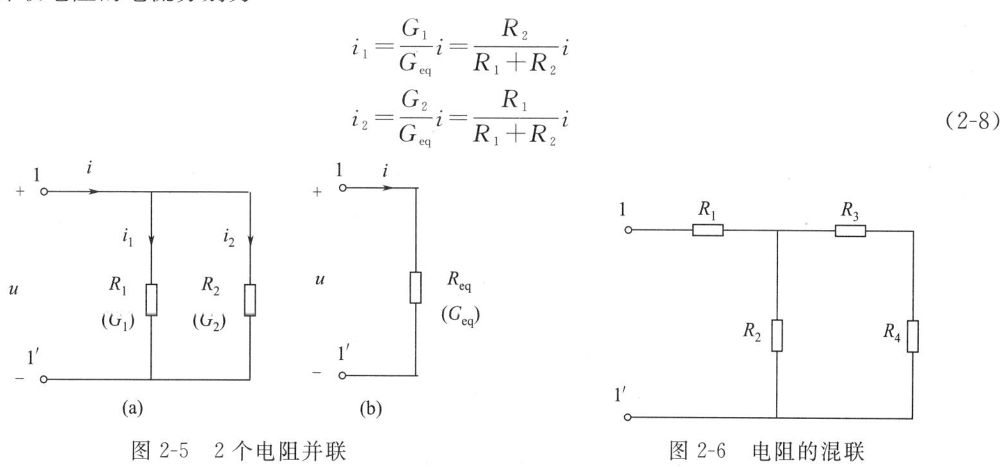

图 2-5　2 个电阻并联　　　　图 2-6　电阻的混联

3）电阻的混联

当电阻的连接中既有串联又有并联时，称为电阻的串、并联，简称混联。如图 2-6 所示的电路即为混联电路。

在图 2-6 中，R_3 与 R_4 串联后与 R_2 并联，再与 R_1 串联。故有

$$R_{eq}=R_1+[R_2//(R_3+R_4)]=R_1+\frac{R_2(R_3+R_4)}{R_2+R_3+R_4}$$

2.2.2　平衡电桥的特点及分析方法

1）电桥电路的结构与作用

电桥电路是测量中常用电路，一般用于检测微弱信号的变化，然后提供给放大电路放大后进行测量。

电桥是由 4 个二端元件接成四边形形成的具有桥形结构的电路，如图 2-7 所示。构成四边的电阻 R_1、R_2、R_3、R_4 被称为电桥电路的桥臂。激励源 U_S 接到桥臂的一条对角线 ac 上，另一对角线 bd 接电桥的负载 R_5 或电桥的输出电路。

2）平衡电桥

当电桥电路 4 个臂的电阻 R_1、R_2、R_3、R_4 达到平衡时，称电桥达到平衡。

即

$$\frac{R_1}{R_2}=\frac{R_3}{R_4} \tag{2-9}$$

此时，平衡电桥的对角线 bd 支路具有 b 点电位与 d 点电位相等，流经负载 R_5 的电流 $I=0$，这两个重要特点。

我们知道：电位相等的点可以短接，电流为零的支路可以断开。因此，平衡电桥的特点常常用于电阻电路的计算。

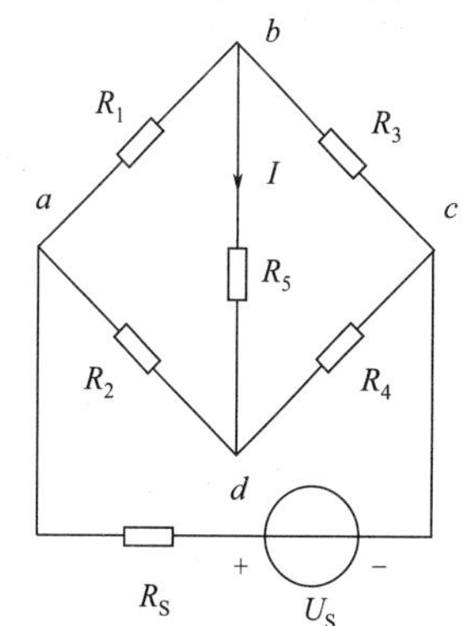

图 2-7　电桥电路

【例 2-1】电桥电路如图 2-7 所示，已知电阻 $R_1=R_3=2\Omega$，$R_2=$

$R_4=1\Omega$。求电路中对角线 ac 上的等效电阻 $R_{ac}=?$

解： 这是一个含有电桥的电路，因为 $\frac{R_1}{R_2}=\frac{R_3}{R_4}=2$

所以此时电桥平衡，可以用电位相等的点短接或电流为零的支路断开来求解。

方法一：视 bd 支路开路，如图 2-8(a) 所示。

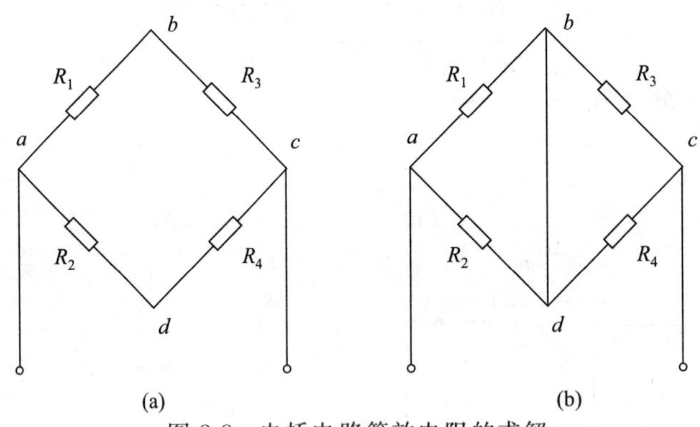

图 2-8　电桥电路等效电阻的求解

$$R_{ac}=(R_1+R_3)//(R_2+R_4)=\frac{4}{3}(\Omega)$$

方法二：视 bd 支路短路，如图 2-8(b) 所示。

$$R_{ac}=(R_1//R_2)+(R_3//R_4)=\frac{4}{3}(\Omega)$$

2.2.3　电阻 Y 连接和△连接的等效变换

1）电阻的 Y 连接和△连接

在 Y 连接中，各个电阻都有一端接在一个公共结点上，另一端则分别接到 3 个端子上；在△连接中，各个电阻分别接在 3 个端子的每两个之间。这两种连接方式中的电阻既非串联又非并联。例如，在图 2-7 所示的电桥电路中，电阻 R_1、R_3、R_5 构成一个 Y 连接（或星形连接）；电阻 R_1、R_2、R_5 构成一个△连接（或三角形连接）。

2）Y-△连接的等效变换

Y 连接和△连接都是通过 3 个端子与外部相连。如图 2-9(a)、(b) 所示分别表示出接于端子 1、2、3 的 Y 连接和△连接的 3 个电阻，端子 1、2、3 与电路的其他部分相连，但在该图中并没有画出电路的其他部分。当两种连接的电阻之间满足一定关系时，它们在端子 1、2、3 以外的特性可以相同，就是说它们可以互相等效变换。如果在它们的对应端子之间具有相同的电压 u_{12}、u_{23} 和 u_{31}，而流入对应端子的电流分别相等，即 $i_1=i_1'$，$i_2=i_2'$，$i_3=i_3'$。在这种条件下，它们彼此等效。这就是 Y-△等效变换的条件。

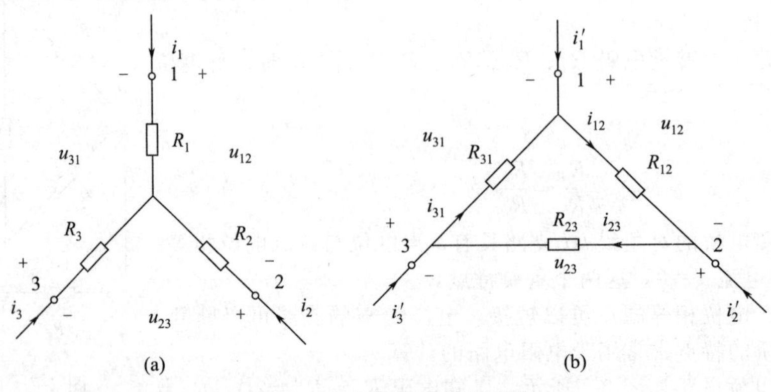

图 2-9　Y-△连接的等效变换

对于△连接电路，各电阻中的电流为

$$i_{12}=\frac{u_{12}}{R_{12}},i_{23}=\frac{u_{23}}{R_{23}},i_{31}=\frac{u_{31}}{R_{31}}$$

根据 KCL，端子的电流分别为

$$\begin{cases}i_1'=i_{12}-i_{31}=\dfrac{u_{12}}{R_{12}}-\dfrac{u_{31}}{R_{31}}\\[2ex] i_2'=i_{23}-i_{12}=\dfrac{u_{23}}{R_{23}}-\dfrac{u_{12}}{R_{12}}\\[2ex] i_3'=i_{31}-i_{23}=\dfrac{u_{31}}{R_{31}}-\dfrac{u_{23}}{R_{23}}\end{cases}\tag{2-10}$$

对于 Y 连接电路，应根据 KCL 和 KVL 列出端子电压与电流之间的关系，为

$$\begin{cases}i_1+i_2+i_3=0\\ R_1i_1-R_2i_2=u_{12}\\ R_2i_2-R_3i_3=u_{23}\end{cases}$$

联立求解，得出 3 个端子的电流为

$$\begin{cases}i_1=\dfrac{R_3u_{12}}{R_1R_2+R_2R_3+R_3R_1}-\dfrac{R_2u_{31}}{R_1R_2+R_2R_3+R_3R_1}\\[2ex] i_2=\dfrac{R_1u_{23}}{R_1R_2+R_2R_3+R_3R_1}-\dfrac{R_3u_{12}}{R_1R_2+R_2R_3+R_3R_1}\\[2ex] i_3=\dfrac{R_2u_{31}}{R_1R_2+R_2R_3+R_3R_1}-\dfrac{R_1u_{23}}{R_1R_2+R_2R_3+R_3R_1}\end{cases}\tag{2-11}$$

由于不论 u_{12}、u_{23}、u_{31} 为何值，两个等效电路的对应的端子电流均相等，这两种连接才等效。故式（2-10）与式（2-11）中的电压 u_{12}、u_{23} 和 u_{31} 前面的系数对应相等，可得

$$\begin{cases}R_{12}=\dfrac{R_1R_2+R_2R_3+R_3R_1}{R_3}\\[2ex] R_{23}=\dfrac{R_1R_2+R_2R_3+R_3R_1}{R_1}\\[2ex] R_{31}=\dfrac{R_1R_2+R_2R_3+R_3R_1}{R_2}\end{cases}\tag{2-12}$$

式（2-12）就是根据 Y 连接的电阻确定△连接的电阻的公式。

将式（2-12）中的 3 个式相加，并在右方通分可得

$$R_{12}+R_{23}+R_{31}=\frac{(R_1R_2+R_2R_3+R_3R_1)^2}{R_1R_2R_3}$$

代入 $R_1R_2+R_2R_3+R_3R_1=R_{12}R_3=R_{31}R_2$ 就可得到 R_1 的表达式，同理可求得 R_2 和 R_3，有

$$\begin{cases}R_1=\dfrac{R_{12}R_{31}}{R_{12}+R_{23}+R_{31}}\\[2ex] R_{23}=\dfrac{R_{23}R_{12}}{R_{12}+R_{23}+R_{31}}\\[2ex] R_{31}=\dfrac{R_{31}R_{23}}{R_{12}+R_{23}+R_{31}}\end{cases}\tag{2-13}$$

式（2-13）就是根据△连接的电阻确定 Y 连接的电阻的公式。

为了便于记忆，以上互换公式可归纳为

$$\text{Y 电阻}=\frac{\text{△连接相邻电阻的乘积}}{\text{△连接电阻之和}}$$

$$\text{△电阻}=\frac{\text{Y 连接电阻两两乘积之和}}{\text{Y 连接不相邻电阻}}$$

若 Y 连接中的 3 个电阻相等，即 $R_1=R_2=R_3=R_Y$，则等效△连接中的 3 个电阻也相等，它们之间的关系为

$$R_{\Delta}=3R_Y \quad 或 \quad R_Y=\frac{1}{3}R_{\Delta}$$

【例 2-2】电路如图 2-10(a) 所示，已知电阻 $R_1=R_3=2\Omega$，$R_2=R_4=R_5=R_6=1\Omega$。求电路中端子 a、b 上的等效电阻 $R_{ab}=$？

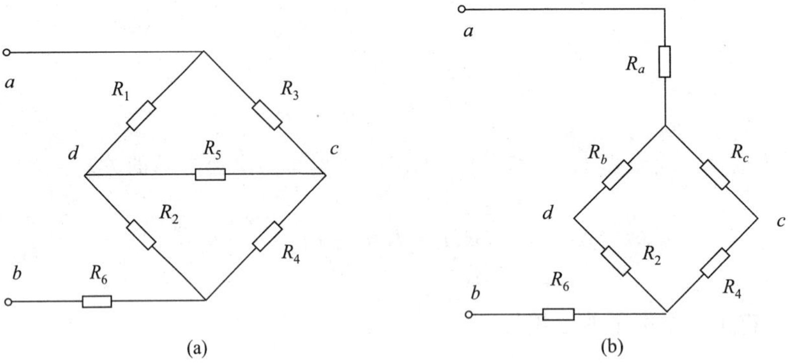

图 2-10　例 2-2 电路图

解　方法一：这是一个含有电桥的电路，因为

$$\frac{R_1}{R_3}=\frac{R_2}{R_4}=1$$

所以此时电桥平衡，可以用电位相等的点短接或电流为零的支路断开来求解。

若视 cd 支路开路，如图 2-10(a) 所示：

$$R_{ab}=(R_1+R_2)//(R_3+R_4)+R_6=2.5(\Omega)$$

若视 cd 支路短路，如图 2-10(a) 所示：

$$R_{ab}=(R_1//R_3)+(R_2//R_4)+R_6=2.5(\Omega)$$

方法二：将 R_1、R_3、R_5 构成的△连接电路用等效的 Y 连接电路替代，得到如图 2-10 (b) 所示的电路，其中：

$$R_a=\frac{R_1R_3}{R_1+R_3+R_5}=\frac{2\times 2}{2+2+1}=0.8(\Omega)$$

$$R_b=\frac{R_1R_5}{R_1+R_3+R_5}=\frac{2\times 1}{2+2+1}=0.4(\Omega)$$

$$R_c=\frac{R_3R_5}{R_1+R_3+R_5}=\frac{2\times 1}{2+2+1}=0.4(\Omega)$$

再用电阻串并联等效方法，可得

$$R_{ab}=R_a+(R_b+R_2)//(R_c+R_4)+R_6=2.5(\Omega)$$

2.3 电源网络的等效变换

类似于 2.2 节的电阻等效变换，本节介绍二端网络中包含电源情况下的等效变换。

2.3.1　理想电源网络的等效变换

电路分析中经常会遇到多个理想电源串联、并联的情况，也可以运用等效的概念将其简化。

1) 理想电压源的串联

如图 2-11(a) 所示为 n 个理想电压源的串联电路。据 KVL，可以用一个电压源等效替代，如图 2-11(b)，这个等效电压源的电压为

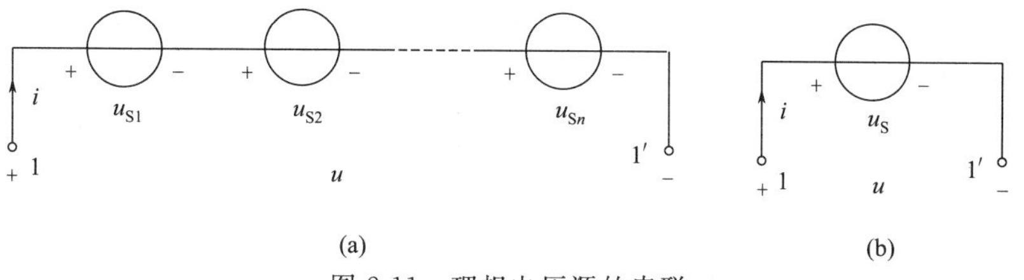

图 2-11　理想电压源的串联

$$u_S = u_{S1} + u_{S2} + \cdots + u_{Sn} = \sum_{k=1}^{n} u_{Sk} \tag{2-14}$$

如果 u_{Sk} 的参考方向与图 2-11(b) 中 u_S 的参考方向一致时，式（2-14）中 u_{Sk} 的前面取“+”号，不一致时取“−”号。

2）理想电流源的并联

如图 2-12(a) 所示为 n 个理想电流源的并联电路。据 KCL，可以用一个电流源等效替代，如图 2-12(b)，这个等效电流源的电流为

$$i_S = i_{S1} + i_{S2} + \cdots + i_{Sn} = \sum_{k=1}^{n} i_{Sk} \tag{2-15}$$

如果 i_{Sk} 的参考方向与图 2-12(b) 中 i_S 的参考方向一致时，式（2-15）中 i_{Sk} 的前面取“+”号，不一致时取“−”号。

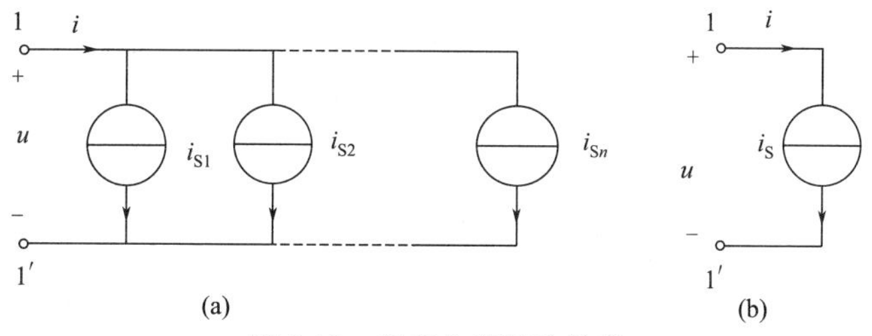

图 2-12　理想电流源的并联

注意：只有电压相等、极性一致的理想电压源才允许并联，否则违背 KVL。其等效电路为其中任一理想电压源，但是这个并联组合向外部提供的电流在各个理想电压源之间如何分配则无法确定。

同理，只有电流相等且方向一致的电流源才允许串联，否则违背 KCL。其等效电路为其中任一理想电流源，但是这个串联组合的总电压如何在各个理想电流源之间分配则无法确定。

2.3.2　实际电源的两种模型及其等效变换

如图 2-13(a) 所示为一个实际直流电源，例如一个电池；图 2-13(b) 是它的输出电压 u 与输出电流 i 的伏安特性。可见电压 u 随电流 i 增大而减少，而且不成线性关系。电流 i 不可超过一定的限值，否则会导致电源损坏。不过在一段范围内电压和电流的关系近似为直线。如果把这一条直线加以延长，如图 2-13(c) 所示，可以看出，它在 u 轴和 i 轴上各有一个交点，前者相当于 $i=0$ 时的电压，即开路电压 U_{OC}；后者相当于 $u=0$ 时的电流，即为短路电流 I_{SC}。根据此伏安特性，可以用电压源和电阻的串联组合或电流源和电导的并联组合作为实际电源的电路模型。

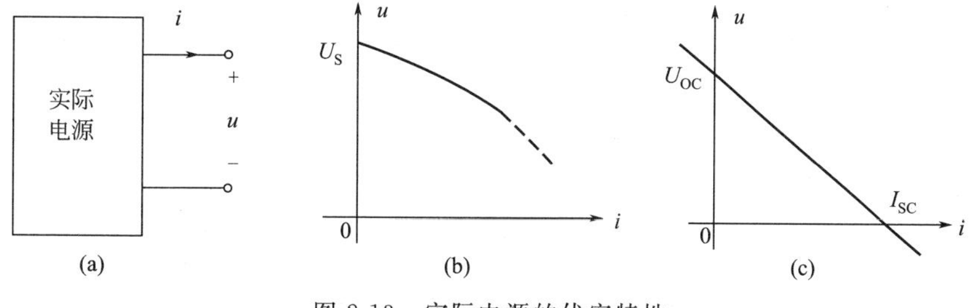

图 2-13　实际电源的伏安特性

如图 2-14(a) 所示，当实际电源用一个电压为 u_S 的电压源和一个电阻 R_S 串联组成的电路模型来表示时，据 KVL 可得

$$u=u_S-R_S i \tag{2-16}$$

其伏安特性如图 2-14(b) 所示，该模型称为实际电压源模型。

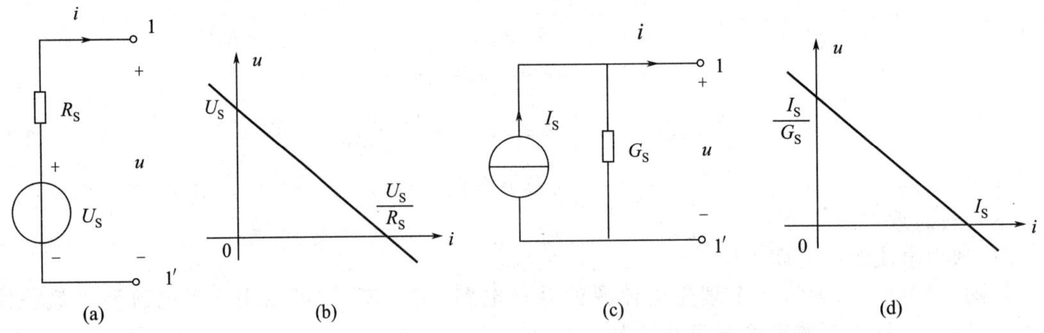

图 2-14　实际电源的两种电路模型及其伏安特性

由式（2-16）变形可得

$$i=\frac{u_S}{R_S}-\frac{u}{R_S}$$

令

$$i_S=\frac{u_S}{R_S},G_S=\frac{1}{R_S} \tag{2-17}$$

则有

$$i=i_S-G_S u \tag{2-18}$$

即可以用如图 2-14(c) 所示的一个电流为 i_S 的电流源和一个电阻 R_S（或电导 G_S）并联组成的电路模型来表示实际电源，其伏安特性如图 2-14(d) 所示，该模型称为实际电流源模型。

实际电压源模型与实际电流源模型都是实际电源的等效模型，并且这两种模型在满足式（2-17）的条件下可以进行等效互换，式（2-17）被称为实际电压源模型与实际电流源模型进行互换的等效条件。等效时一定要注意 u_S 和 i_S 的参考方向：i_S 的参考方向由 u_S 的负极指向正极。还应注意这种等效只是其对外特性的等效，即端子 1-1′处的伏安特性相同，而不是内部等效。

【例 2-3】 电路如图 2-15(a) 所示，求电路中的 I。

解： 这是一个含有电流源的电路，如果直接应用 KCL＋KVL＋元件特性分析将比较繁杂，因此本题采用电源等效变换的方法进行求解。

将 2 个实际电流源等效变换为电压源，得到的等效电路如图 2-15(b) 所示，据 KVL 可得

$$I=\frac{15-8}{3+7+4}=0.5\text{A}$$

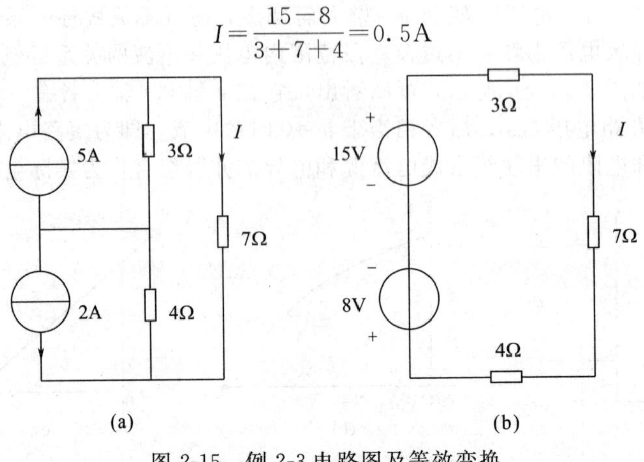

图 2-15　例 2-3 电路图及等效变换

2.3.3 受控源的等效变换

为进一步理解等效变换的概念，下面通过分析如图 2-16(a) 所示的电路的端口伏安关系，来讨论受控源的等效变换。

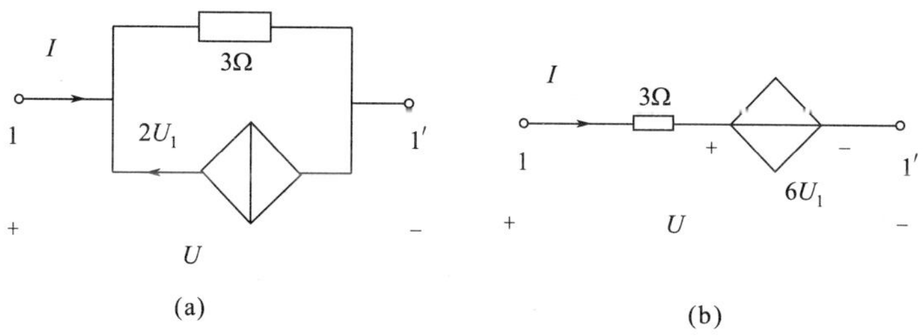

图 2-16 受控源及等效变换

图 2-16(a) 中压控电流源的控制量 U_1 在所分析的二端网络之外，对该图进行等效变换不会影响到 U_1。应用 KCL 和欧姆定律可得该电路的端口伏安关系为

$$I=\frac{U}{3}-2U_1 \tag{2-19}$$

另一方面，将图 2-16(a) 中的压控电流源看作电流为 $2U_1$ 的独立电流源，可对其进行电源等效变换，得到如图 2-16(b) 所示的等效电路。

应用 KVL 和欧姆定律可得如图 2-16(b) 所示的电路的端口伏安关系为

$$U=3I+6U_1 \tag{2-20}$$

比较式 (2-19) 与式 (2-20) 可知，图 2-16(a) 与图 2-16(b) 所示的电路在端口上的伏安关系相同，这两个电路是等效的。

因此，在保证变换前后受控源的控制量不变的前提下，能够对受控源进行等效变换。

【例 2-4】电路如图 2-17(a) 所示，求电路中的 I。

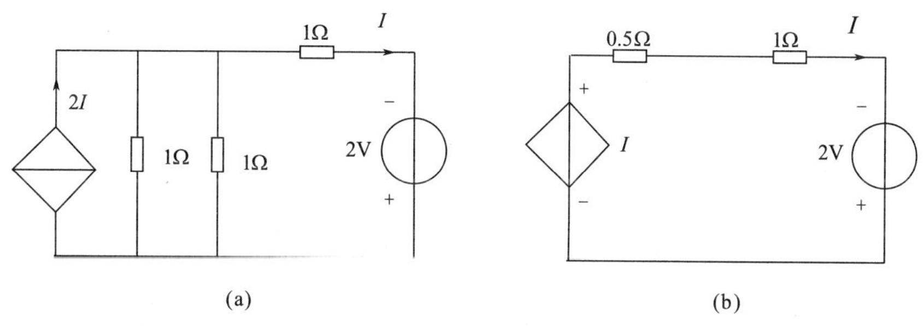

图 2-17 例 2-4 受控源等效变换分析举例

解： 根据等效变换，将 CCCS 与电阻并联组合变换为 CCVS 与电阻串联的组合，如图 2-17(b) 所示，由 KVL 可得

$$-I+(0.5+1)I-2=0$$
$$I=4\text{A}$$

本章小结

本章介绍电阻电路等效变换的概念与方法。内容包括电阻的串联、并联；电阻的星形连接 (Y) 与三角形连接 (△) 之间的等效变换；理想电源的串联、并联；实际电源的模型及其等效变换等。本章学习的重点内容是，理解“等效变换”的思想，掌握“等效变换”的方法。

在本章的学习中应注意以下三个问题。

(1) 从电路结构上讲，所谓几个电阻（或其他元件）串联，就是它们一个连一个，其中通过相同的电流；所谓几个电阻（或支路）并联，就是它们连在两个公共节点之间，且电压相同。

电阻串联起分压作用，电阻并联起分流作用；尤其要注意两个电阻串联的分压关系式和两个电阻并联的分流关系式。

(2) 任何一个实际电源都可以等效为电压源或电流源这两种电路模型。两者对外部电路的等效反映在两者的外特性是一样的，但两者的电源内部则是不等效的。至于理想电压源和理想电流源，它们是不等效的。注意，理想电压源和理想电流源实际上并不存在，只是抽象出来的一种元件模型。

(3) 所谓两个电路等效是指以下说法。

① 两个结构参数不同的电路在端子上有相同的电压、电流关系，因而可以互相置换。

② 置换的效果是不改变外电路（或电路中未被置换部分）中的电压、电流和功率。

由此得出电路等效变换的条件是：相互置换的两部分电路具有相同的伏安特性。等效的对象是外接电路（或电路未变化部分）中的电压、电流和功率。

习题 2

2-1 电路如图 2-18 所示，已知 $U_S=100$V，$R_1=2$kΩ，$R_2=8$kΩ。

试求下列三种情况下的电压 U_2 和电流 I_2、I_3。

(1) $R_3=8$kΩ；(2) $R_3=\infty$（R_3 处开路）；(3) $R_3=0$（R_3 处短路）。

2-2 有人打算将 110V 100W 和 110V 40W 两只白炽灯串联后接在 220V 的电源上使用，是否可以，为什么？

2-3 如图 2-19 所示的两个电路中，要在 12V 的直流电源上使 6V/50mA 的电珠正常发光，应该采用哪一个连接电路？

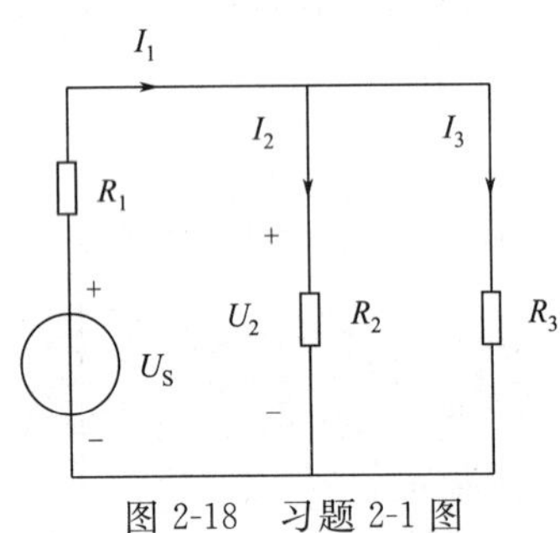

图 2-18　习题 2-1 图

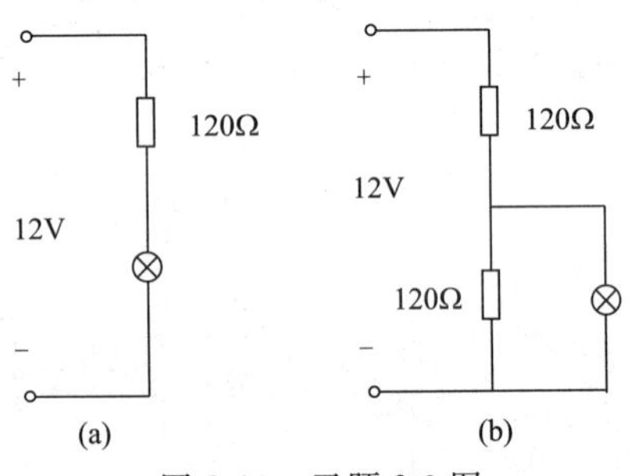

图 2-19　习题 2-3 图

2-4 求如图 2-20 所示的各电路的等效电阻 R_{ab}。

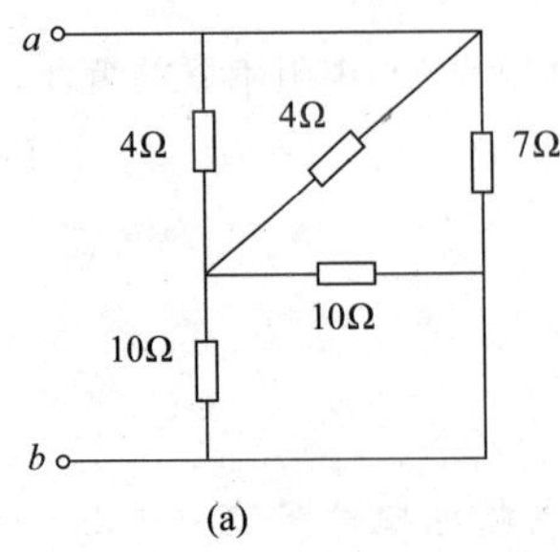

(b)

图 2-20　习题 2-4 图

2-5 求如图 2-21 所示各电路的等效电阻 R_{ab}。

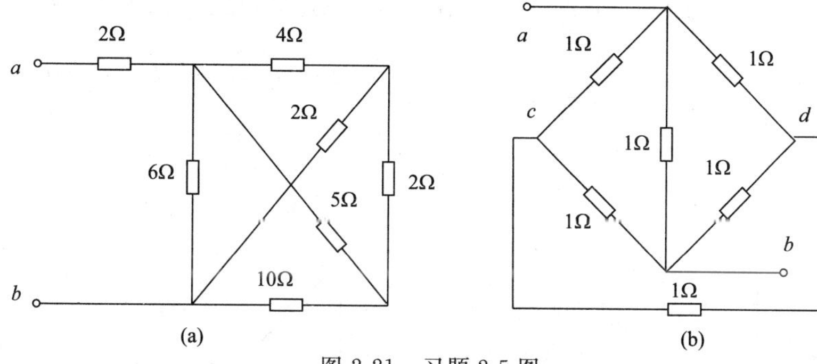

图 2-21 习题 2-5 图

2-6 如图 2-22 所示各电阻值均为 R，求该电路的等效电阻 R_{ab}。

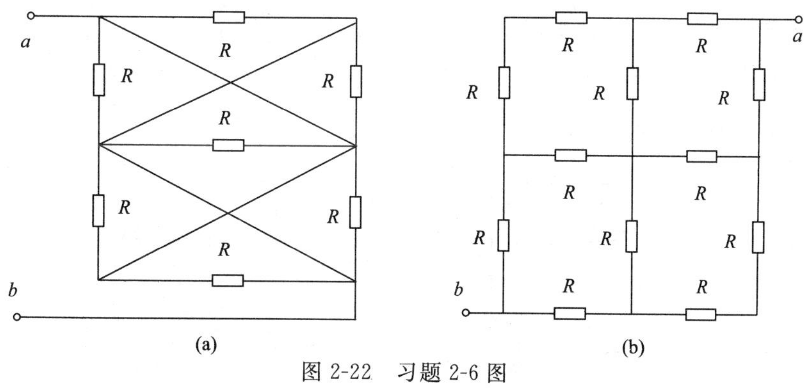

图 2-22 习题 2-6 图

2-7 对图 2-23 所示电桥电路，应用 Y-△等效变换求解：

(1) 对角线电压 U；(2) 电压 U_{ab}。

2-8 如图 2-24 所示各电阻值 R 均为 1Ω，将电路变换为等效星形连接，三个等效电阻均为多少？

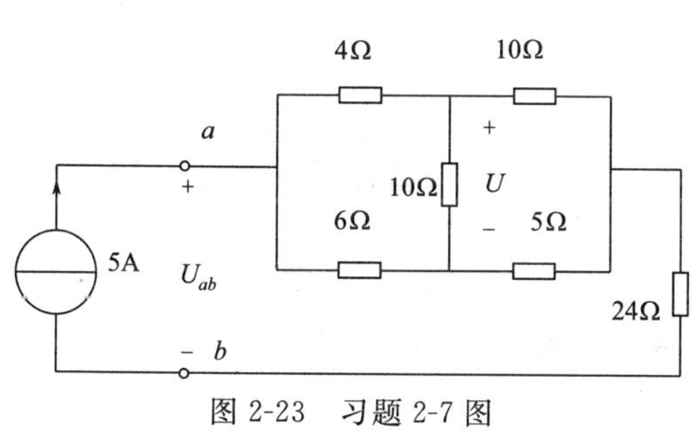

图 2-23 习题 2-7 图

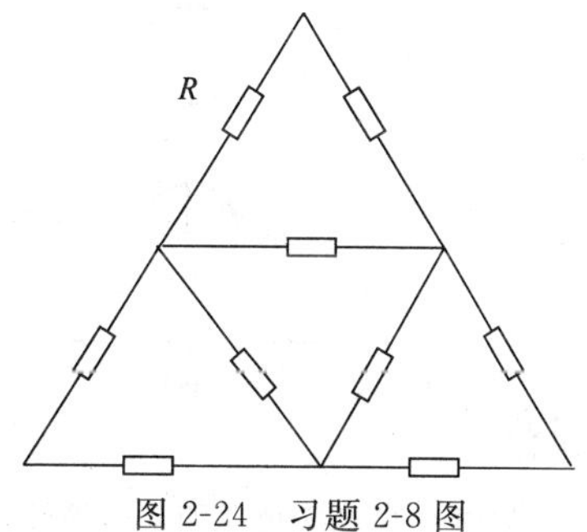

图 2-24 习题 2-8 图

2-9 求如图 2-25 所示电路的等效电流源模型。

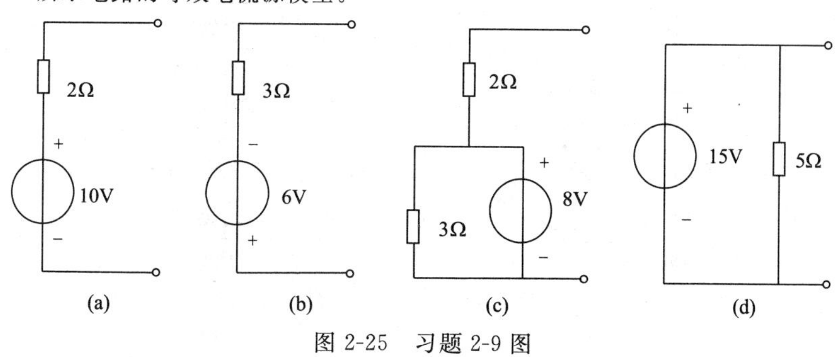

图 2-25 习题 2-9 图

2-10　在如图 2-26 所示的电路中，$U_{S1}=8V$，$U_{S2}=2V$，$R=2\Omega$，矩形框内为一实际有源元件，供出电流 $I=1A$。当 U_{S2} 的方向与图示方向相反时，电流 $I=0$。求此实际有源元件的电压源与内阻串联组合模型。

2-11　如图 2-27 所示，已知 $R_1=R_2=5\Omega$，$R_3=10\Omega$，（1）当 R_4 为何值时，输出电压 $U=0$？（2）$R_4=20\Omega$ 时，$U=3V$，此时 $U_S=$？

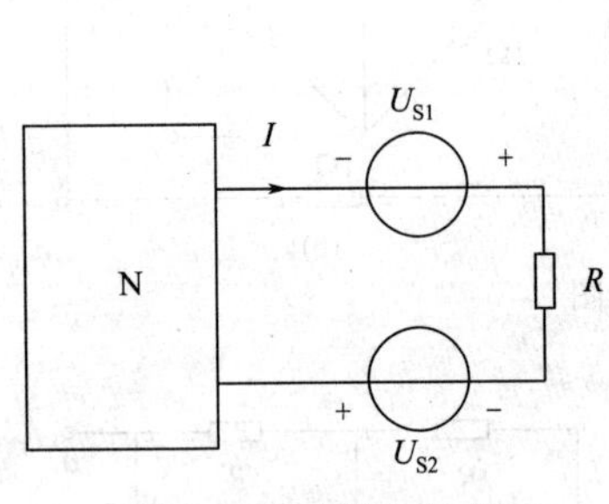

图 2-26　习题 2-10 图

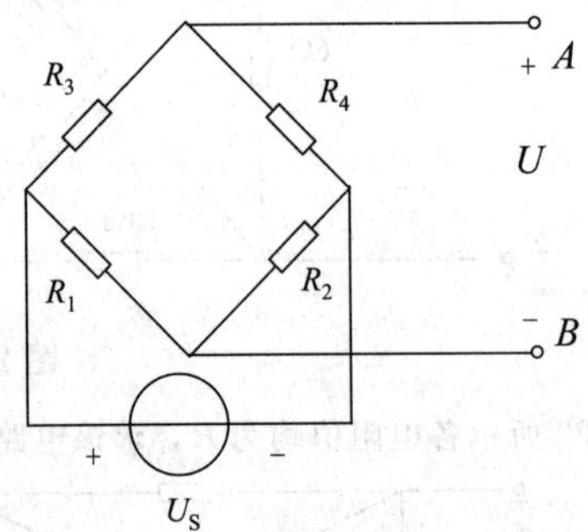

图 2-27　习题 2-11 图

2-12　如图 2-28 所示电路的等效电压源模型。

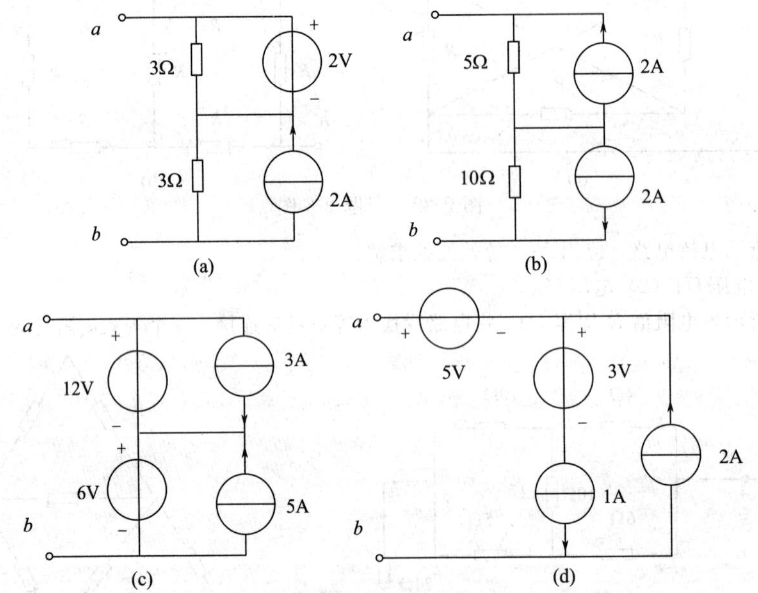

图 2-28　习题 2-12 图

2-13　求如图 2-29 所示电路的最简等效电源模型。

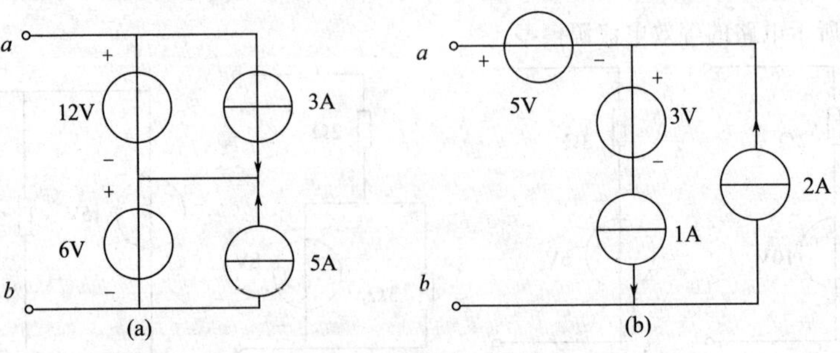

图 2-29　习题 2-13 图

2-14 试用等效变换法计算如图 2-30 所示电路中 2Ω 电阻中的电流 I。

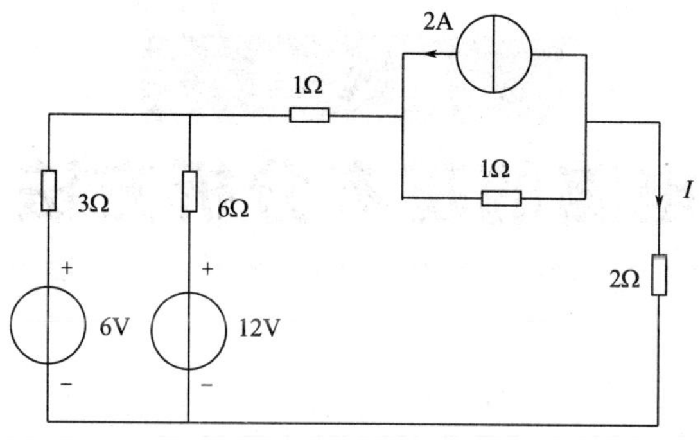

图 2-30 习题 2-14 图

2-15 在如图 2-31 所示的电路中，$R_1=R_3=R_4$，$R_2=2R_1$，CCVS 的电压 $u_C=4R_1i_1$，利用电源等效变换法求电压 u。

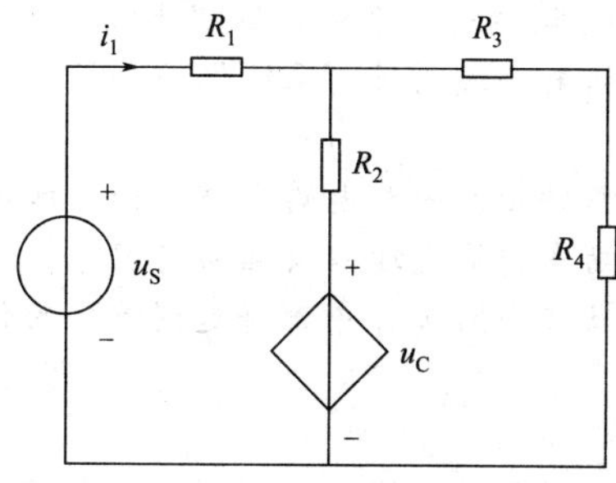

图 2-31 习题 2-15 图

第 3 章

电路的基本分析方法

●【内容提要】●

本章以线性电阻电路为对象，介绍电路分析的基本方法。首先介绍一些系统化的分析法，如支路电流法、网孔电流法和节点电压法。这类方法的主要特点是求解一组变量，且一般不改变电路的结构。其基本思路是：选取适当的一组变量，依据 KCL、KVL 和元件的 VAR 建立电路方程，求得这组变量后再确定所求的电流或电压。系统化的分析法不仅适用于手工计算，更被广泛应用于电路的计算机辅助分析中。

其次介绍由电路的特性总结归纳出的一些电路定理，如叠加定理、齐次定理、等效电源定理（戴维南定理和诺顿定理）、最大功率传输定理以及互易定理等。这些定理是电路分析的重要组成部分，对进一步学习后续课程以及在今后工作中都将起到重要的作用，也为求解电路问题提供了另一类分析方法。

上一章中介绍了分析电阻电路的等效变换法，通过逐步化简电路来求出待求的电压和电流，这种方法适用于不太复杂的电路。对于复杂电路来说，需要采用另一种分析方法，它不要求改变电路的结构，而是选择电路变量（电流或电压），根据基尔霍夫定律，列出电路方程联立求解。由于这种方法的计算步骤有规律，且对任何线性电路都适用，故称为系统化的分析法。其中最基本的方法是支路电流法。

3.1 支路电流法

基尔霍夫定律是分析电路问题的基本定律。但是，盲目地列写 KCL、KVL 方程不一定都能解决问题，这里涉及 KCL、KVL 方程独立性的问题。下面先研究这个问题。

1）KCL 和 KVL 的独立方程数

在如图 3-1 所示的电路中，为了简便，这里把电压源 u_{S1} 与电阻 R_1 的串联、电压源 u_{S2} 与电阻 R_2 的串联、电阻 R_3 与电阻 R_4 的串联分别视为一条支路，则该电路有两个节点（a、b）和 3 条支路。对于这两个节点可列出两个电流方程

节点 a　　$i_1-i_2-i_3=0$

节点 b　　$i_3+i_2-i_1=0$

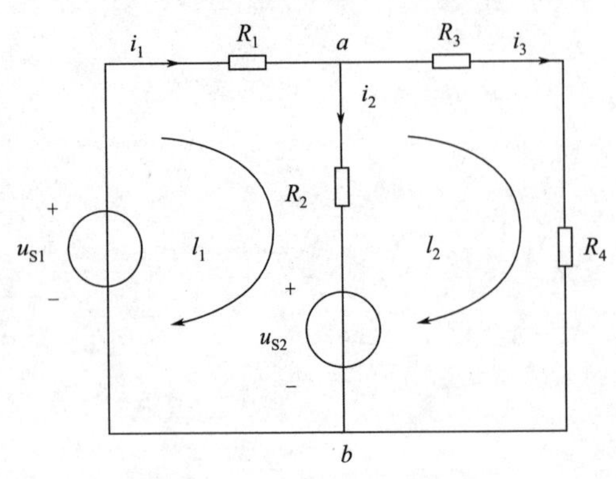

图 3-1　一个简单电路

以上两个方程中，每一支路电流都出现两次，一次为正，一次为负。因此这两个方程只有一个是独立的。这个结果可推广到一般情形：在含有 n 个节点的电路中，按 KCL 可列写（$n-1$）个独立的方程，或者说，电路的独立节点数为（$n-1$）个。

观察图 3-1 中的两个回路 l_1 和 l_2，按照所设

定的回路绕行方向，可列 KVL 方程为

$$\text{回路 } l_1 \qquad i_1R_1+i_2R_2+u_{S2}-u_{S1}=0 \tag{3-1}$$

$$\text{回路 } l_2 \qquad i_3R_3+i_3R_4-i_2R_2-u_{S2}=0 \tag{3-2}$$

该电路还有一个回路，即 u_{S1}、R_1、R_3与 R_4构成的大回路，它的 KVL 方程为

$$i_1R_1+i_3R_2+i_3R_4-u_{S1}=0 \tag{3-3}$$

观察可知，式（3-3）可由式（3-1）和式（3-2）相加得到，所以式（3-3）不是独立的，而式（3-1）和式（3-2）是互相独立的。也就是说，该电路的两个网孔所对应的 KVL 方程是互相独立的。

一般而言，如果电路有 b 条支路、n 个节点，则独立的 KVL 方程数为 $m=b-n+1$ 个。这（$b-n+1$）个回路称为独立回路。在平面电路中（即可以画在平面上而没有任何支路相互交叉的电路），网孔数恰等于（$b-n+1$）个，这些网孔也称为独立网孔。

归纳起来，对于有 n 个节点和 b 条支路的电路一定有（$n-1$）个独立的 KCL 方程，（$b-n+1$）个独立的 KVL 方程。联立求解这些方程，可得各支路电流和电压。

2）支路电流法

以支路电流作为电路变量，根据 KCL、KVL 建立电路方程，联合求解电路方程从而解出各支路电流的电路分析方法，称为支路电流法。现以如图 3-2 所示的电路为例说明具体方法。

若把流过同一电流的串联元件作为一条支路，在图 3-2 中共有三条支路和两个节点。若选节点 b 为参考点，则对节点 a 有一个独立的 KCL 方程，即

$$i_1+i_2-i_3=0$$

选网孔为独立回路，并按 m_1和 m_2的绕行方向可列两个独立的 KVL 方程。注意，电阻上电压与其电流取关联参考方向，当元件电压与绕行方向一致时取正，反之取负。从而有

$$i_1R_1-i_2R_2+u_{S2}-u_{S1}=0$$

$$i_2R_2+i_3R_3-u_{S2}=0$$

与电流方程联立，得方程组

$$\begin{cases} i_1+i_2=i_3 \\ i_1R_1-i_2R_2+u_{S2}-u_{S1}-0 \\ i_2R_2+i_3R_3-u_{S2}=0 \end{cases} \tag{3-4}$$

式（3-4）即为以支路电流 i_1、i_2和 i_3为求解变量的一组独立方程，其中电阻上的电压按欧姆定律代入。通常电源和电阻参数为已知量，从而可解得各支路电流。各支路的电流求解出来后，各支路对应的电压、功率也就迎刃而解了。

由此可得出，支路电流法一般采用以下步骤。

（1）选定各支路电流的参考方向和回路的绕行方向。

（2）根据 KCL，对（$n-1$）个独立节点列出节点电流方程。

（3）选取（$b-n+1$）个独立回路，根据 KVL，对所选定的独立回路列出回路电压方程。

（4）联立求解上述 b 个独立方程，得待求的支路电流，进而求出其他所需的量。

【例 3-1】如图 3-2 所示，若设 $u_{S1}=130\text{V}$，$u_{S2}=117\text{V}$，$R_1=1\Omega$，$R_2=0.6\Omega$，$R_3=24\Omega$，求各支路电流。

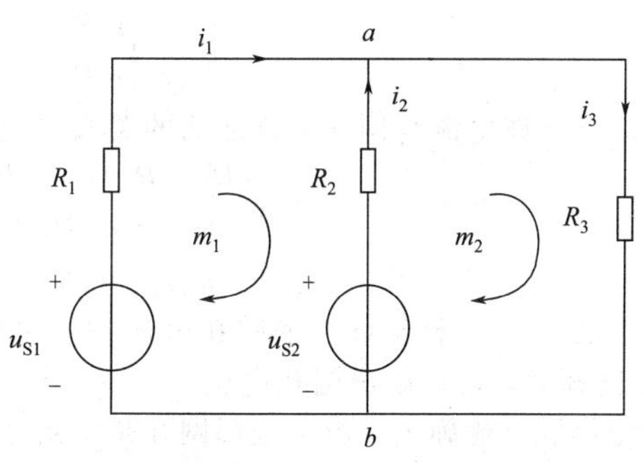

图 3-2　支路电流法举例

解： 此电路有三条支路，两个节点，即 $n=2$，$b=3$

$$\begin{cases} i_1+i_2=i_3 \\ i_1-0.6i_2=13 \\ 0.6i_2+24i_3=117 \end{cases}$$

解得：$i_1=10\text{A}$，$i_2=-5\text{A}$，$i_3=5\text{A}$

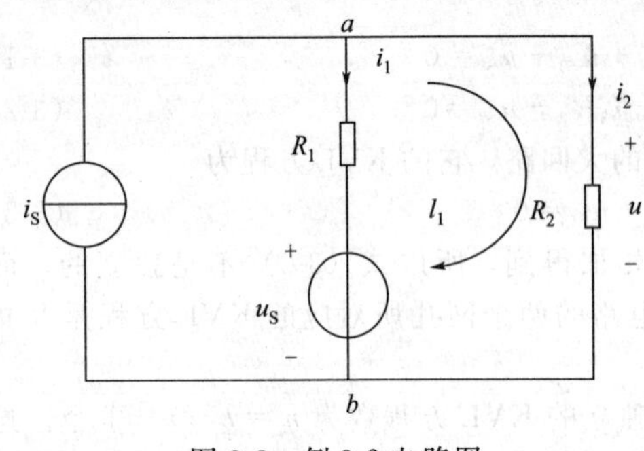

图 3-3 例 3-2 电路图

【例 3-2】如图 3-3 所示，$i_S=8A$，$u_S=4V$，$R_1=R_2=2\Omega$，求 i_1、i_2 和 u。

解：此电路有三条支路，两个节点，即 $n=2$，$b=3$

节点 a　　　$i_S+i_1=i_2$

回路 l_1　　　$u_S=i_1R_1+i_2R_2$

解方程，得　　　$i_1=-3(A)$、$i_2=5(A)$

由欧姆定律得　　　$u=i_2R_2=10(V)$

由此题可以看出，当电路中某一支路仅含有电流源时，可少列写一个 KVL 方程，且在列写 KVL 方程时要避开电流源。

用支路电流法求解电路时，必须解多元方程，求出每条支路的电流，因此该方法多用于支路数较少，求解全部支路电流的电路。对于支路数较多的电路，若只需求出某一条支路的电流时，支路电流法就显得比较繁琐，这时可选用其他方法。

3.2 网孔电流法

在平面电路中，内部没有任何支路的回路就是网孔，平面电路的网孔是一组独立回路。如何利用这些网孔分析电路，是本节要讨论的中心问题。

对于如图 3-4 所示的电路，先不理会支路电流 i_1、i_2、i_3、i_4、i_5，假想在网孔中有电流 i_{m1}、i_{m2} 和 i_{m3} 按顺时针方向流动，如图 3-4 中的虚线所示，那么各支路电流是各网孔电流的代数和，即有

$$i_1=i_{m1},i_2=i_{m1}-i_{m2},i_3=i_{m2},i_4=i_{m2}-i_{m3},i_5=i_{m3}$$

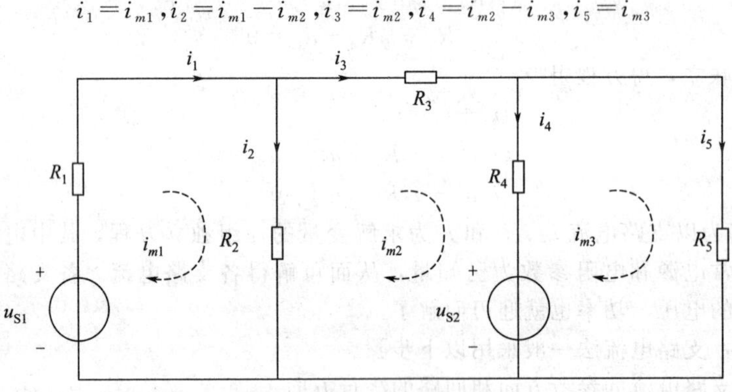

图 3-4 网孔电流法举例

取绕行方向与网孔电流的方向一致，对三个网孔，根据 KVL 列写电压方程为

$$\begin{cases} i_1R_1+i_2R_2-u_{S1}=0 \\ i_3R_3+i_4R_4-i_2R_2+u_{S2}=0 \\ i_5R_5-i_4R_4-u_{S2}=0 \end{cases} \tag{3-5}$$

将支路电流与网孔电流之间的关系式代入，整理得

$$\begin{cases} (R_1+R_2)i_{m1}-R_2i_{m2}=u_{S1} \\ -R_2i_{m1}+(R_2+R_3+R_4)i_{m2}-R_4i_{m3}=-u_{S2} \\ -R_4i_{m2}+(R_5+R_4)i_{m3}=u_{S2} \end{cases} \tag{3-6}$$

式（3-6）就是以三个网孔电流作为未知量的网孔电流方程。R_1、R_2、R_3、R_4、R_5 和 u_{S1}、u_{S2} 已知时，可以解出网孔电流 i_{m1}、i_{m2} 和 i_{m3}。一旦求出电路的网孔电流，则各支路的真实电流可由网孔电流确定。由于全部网孔是一组独立回路，针对每个网孔列写的网孔电流方程也将是独立的，且独立方程的个数与电路变量数均为全部网孔数，因此足以解出网孔电流，这种方法就是

网孔电流法。但需要指出的是，网孔电流在相应网孔中环流一周是假想的，网孔电流的方向可以任意假设。

下面归纳网孔电流法的一般规律。

设平面电路有 b 条支路，n 个节点，则网孔数 $m=b-n+1$。以网孔电流为未知量，根据KVL，可以列出 m 个网孔方程（这里不需要再列出节点电流方程，因为对于每一个节点，网孔电流自动满足 KCL）。根据式（3-6）的规律，可写出运用网孔电流法列写 KVL 方程的一般形式为

$$\begin{cases} R_{11}i_{m1}+R_{12}i_{m2}+\cdots+R_{1m}i_{mm}=\sum\limits_{m1}u_S \\ R_{21}i_{m1}+R_{22}i_{m2}+\cdots+R_{2m}i_{mm}=\sum\limits_{m2}u_S \\ R_{m1}i_{m1}+R_{m2}i_{m2}+\cdots+R_{mm}i_{mm}=\sum\limits_{mm}u_S \end{cases} \tag{3-7}$$

式（3-7）中 $R_{ii}(i=1、2、\cdots、m)$ 称为网孔 i 的自电阻，等于网孔 i 的各电阻之和，恒为正；$R_{ij}(i、j=1，2，\cdots，m，i\neq j)$ 称为网孔 i、j 之间的互电阻，等于网孔 i、j 公共支路上的电阻之和。当网孔 i、j 的网孔电流流经公共支路时，方向一致，则互电阻为正，反之，互电阻为负。式（3-7）的方程右边是各个网孔中电压源电压的代数和，即电压源电压升高的方向与网孔方向一致时取正，反之取负。

由以上分析，可归纳出采用网孔电流法，应遵循以下步骤。

（1）选定一组网孔，并假设各网孔电流的参考方向。

（2）以网孔电流的方向为网孔的绕行方向，按式（3-7）的形式列写各网孔的 KVL 方程。

（3）由网孔方程解出网孔电流。原电路非公共支路的电流就等于网孔电流，公共支路的电流等于网孔电流的代数和。

【例 3-3】电路如图 3-5 所示，试求各支路电流。

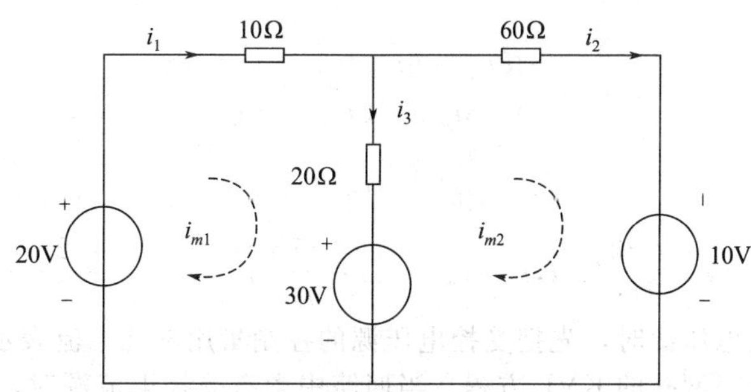

图 3-5 例 3-3 电路图

解：设网孔电流为 i_{m1} 和 i_{m2}，由 KVL 写出网孔方程为

$$\begin{cases} 30i_{m1}-20i_{m2}=20-30 \\ -20i_{m1}+80i_{m2}=30-10 \end{cases}$$

整理，得

$$\begin{cases} 30i_{m1}-20i_{m2}=-10 \\ -20i_{m1}+80i_{m2}=20 \end{cases}$$

解得网孔电流　　$i_{m1}=-0.2(\mathrm{A}),i_{m2}=0.2(\mathrm{A})$

支路电流　　$i_1=i_{m1}=-0.2(\mathrm{A}),i_2=i_{m2}=0.2(\mathrm{A}),i_3=i_{m1}-i_{m2}=-0.4(\mathrm{A})$

【例 3-4】电路如图 3-6 所示，$i_S=6\mathrm{A}$，$U_S=140\mathrm{V}$，$R_1=20\Omega$，$R_2=5\Omega$，$R_3=6\Omega$，试求各支路电流。

解：先假设网孔电流 i_{m1} 和 i_{m2} 的方向。因 i_S 在非公共之路，所以网孔电流 $i_{m2}=i_2=i_S$ 为已知量。所以只要列写 i_1 所在网孔的方程即可。即

$$(R_1+R_3)i_{m1}+R_3i_{m2}=u_S$$

带入数据

$$26i_{m1}+6i_{m2}=140$$

又 $i_S=6A$，故解得 $$i_{m1}=4(\text{A})$$

所以支路电流 $$i_1=4(\text{A}),i_2=6(\text{A}),i_3=i_{m1}+i_{m2}=10(\text{A})$$

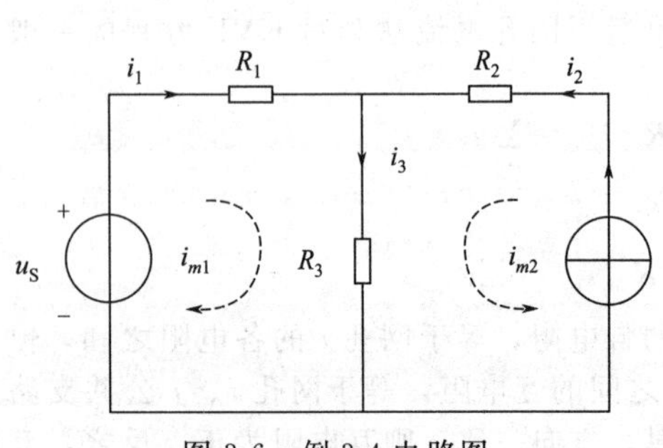

图 3-6　例 3-4 电路图

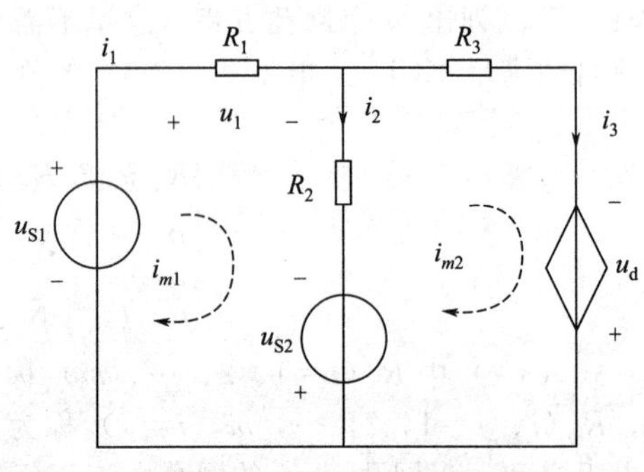

图 3-7　例 3-5 电路图

【例 3-5】电路如图 3-7 所示，$u_{S1}=5\text{V}$，$u_{S2}=10\text{V}$，$R_1=10\Omega$，$R_2=30\Omega$，$R_3=100\Omega$，$u_d=5u_1$，试求各支路电流。

解：设网孔电流 i_{m1} 和 i_{m2}，并把受控电压源的控制量用网孔电流表示，即

$$u_d=5u_1=5\times R_1\times i_{m1}=50i_{m1}$$

列 KVL 方程得

$$\begin{cases}(R_1+R_2)i_{m1}-R_2i_{m2}=u_{S1}+u_{S2}\\-R_2i_{m1}+(R_2+R_3)i_{m2}=u_d-u_{S2}\end{cases}$$

整理，得

$$\begin{cases}8i_{m1}-6i_{m2}=3\\-8i_{m1}+13i_{m2}=-1\end{cases}$$

解得网孔电流 $$i_{m1}=\frac{33}{56}(\text{A}),i_{m2}=\frac{2}{7}(\text{A})$$

支路电流 $$i_1=i_{m1}=\frac{33}{56}(\text{A}),i_2=i_{m1}-i_{m2}=\frac{17}{56}(\text{A}),i_3=i_{m2}=\frac{2}{7}(\text{A})$$

当回路中含有受控电压源时，先把受控电压源的控制量用网孔电流表示，并暂时将受控电压源视为独立电压源，列写网孔的 KVL 方程。当回路中含有受控电流源时，先把受控电流源的控制量用网孔电流表示，并暂时将受控电流源视为独立电流源，列写网孔的 KVL 方程。若受控电流源并联电阻，也可以把受控电流源先等效成受控电压源，然后按含受控电压源的方法处理。

3.3 节点电压法

对于比较复杂的电路，求解其支路电流或电压时，为了减少方程的数量，可以以网孔电流为独立变量，利用 $(b-n+1)$ 个网孔的 KVL 方程来求解。那么能否仅利用 $(n-1)$ 个独立节点的 KCL 方程来分析电路呢？答案是肯定的。本节就来介绍节点电压法。

首先介绍节点电压的概念。在电路中，当选取任一节点作为参考节点时，其他节点就是独立节点，这些节点与此参考节点之间的电压称为节点电压。节点电压的参考极性是以参考节点为负，其余独立节点为正。在如图 3-8 所示的电路中，当选择节点 3 作为参考节点时，节点 1 与节点 3 之间的电压 u_{13} 称为节点 1 的节点电压，同理节点 2 的节点电压为 u_{23}. 常简写为 u_{n1}、u_{n2}。

在具有 n 个节点的电路中，以节点电压作为未知量，对 $(n-1)$ 个独立节点列写 KCL 方程，就得到 $(n-1)$ 个独立方程，称为节点电压方程，最后由这些方程解出节点电压，从而求出所需的电压、电流，这就是节点电压法。

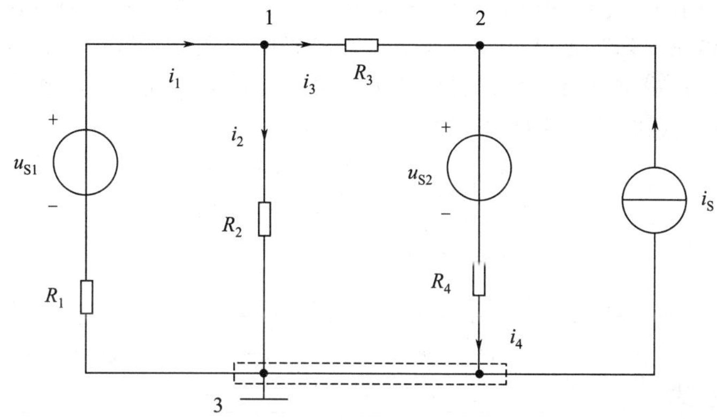

图 3-8　节点电压法举例

下面以如图 3-8 所示的电路为例，推导节点电压的一般方程。假设已知 R_1、R_2、R_3、R_4 和 u_{S1}、u_{S2}、i_S，以节点 3 为参考节点，选择各支路电流参考方向如图 3-8 所示，对独立节点 1、2 列写 KCL 方程，得到

节点 1　　$i_1-i_2-i_3=0$　　(3-8)

节点 2　　$i_3+i_S-i_4=0$　　(3-9)

其中

$$i_1=\frac{u_{S1}-u_{n1}}{R_1}=G_1(u_{S1}-u_{n1}) \tag{3-10}$$

$$i_2=\frac{u_{n1}}{R_2}=G_2u_{n1} \tag{3-11}$$

$$i_3=\frac{u_{n1}-u_{n2}}{R_3}=G_3(u_{n1}-u_{n2}) \tag{3-12}$$

$$i_4=\frac{u_{n2}-u_{S2}}{R_4}=G_4(u_{n2}-u_{S2}) \tag{3-13}$$

将式 (3-10)～式 (3-13) 分别代入式 (3-8) 和式 (3-9) 中整理，得

$$\begin{cases}(G_1+G_2+G_3)u_{n1}-G_3u_{n2}=G_1u_{S1}\\ -G_3u_{n1}+(G_3+G_4)u_{n2}=G_4u_{S2}+i_S\end{cases} \tag{3-14}$$

联立求解，可得 u_{n1}、u_{n2}。将 u_{n1} 和 u_{n2} 代入式 (3-10)～式 (3-13) 中，即得到各支路电流。式 (3-14) 可写成如下形式：

$$\begin{cases}G_{11}u_{n1}+G_{12}u_{n2}=\sum\limits_1 i_S\\ G_{21}u_{n1}+G_{22}u_{n2}=\sum\limits_2 i_S\end{cases} \tag{3-15}$$

对照式 (3-15)，可以看出节点方程有以下的规律。

(1) G_{11} 称为节点 1 的自电导，它等于与节点 1 相连的各支路电导之和，恒取正。

(2) G_{22} 称为节点 2 的自电导，它等于与节点 2 相连的各支路电导之和，恒取正。

(3) G_{12} (G_{21}) 称为节点 1、2 之间 (2、1 之间) 的互电导，它等于 1、2 两节点间各支路电导之和，恒取负。

(4) 方程右端的 $\sum\limits_1 i_S$ 和 $\sum\limits_2 i_S$ 分别为流入节点 1 和 2 的电流源代数和，流入取正，流出取负。

对于一个含有 n 个节点、b 条支路的一般电路，可对 $(n-1)$ 个独立节点列写节点电压方程

$$\begin{cases}G_{11}u_{n1}+G_{12}u_{n2}+\cdots+G_{1(n-1)}u_{n(n-1)}=\sum\limits_1 i_S\\ G_{21}u_{n1}+G_{22}u_{n2}+\cdots+G_{2(n-1)}u_{n(n-1)}=\sum\limits_2 i_S\\ G_{(n-1)1}u_{n1}+G_{(n-1)2}u_{n2}+\cdots+G_{(n-1)(n-1)}u_{n(n-1)}=\sum\limits_{n-1} i_S\end{cases} \tag{3-16}$$

利用节点电压法求解电路，既可以分析平面电路、也可以分析非平面电路，只要选定一个参考节点就可以按上述规则列写方程进行求解了。当电路中独立节点数少于独立回路数时，用节点电压法求解比较方便，特别是当电路只含两个节点时，如图 3-9 所示，求各支路电流。可以选择 b 点为参考节点，则 a 点的节点电压方程为

$$\left(\frac{1}{R_1}+\frac{1}{R_2}+\frac{1}{R_3}\right)u_a=\frac{u_{S1}}{R_1}+\frac{u_{S2}}{R_2} \tag{3-17}$$

$$u_a=\frac{\dfrac{u_{S1}}{R_1}+\dfrac{u_{S2}}{R_2}}{\dfrac{1}{R_1}+\dfrac{1}{R_2}+\dfrac{1}{R_3}}=\frac{G_1u_{S1}+G_2u_{S2}}{G_1+G_2+G_3}=\frac{\sum Gu_S}{\sum G} \tag{3-18}$$

此式为弥尔曼公式。

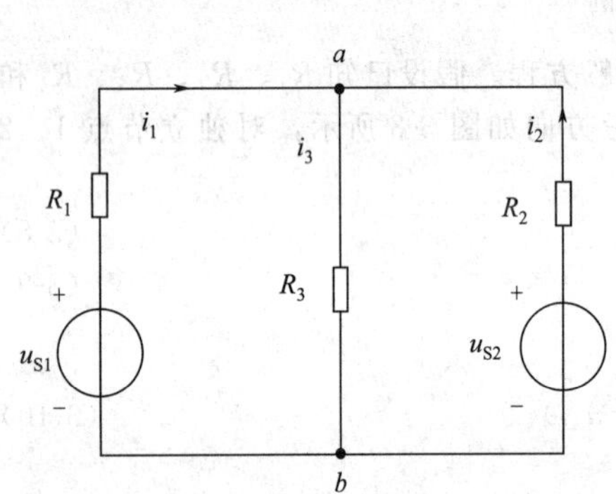

图 3-9　弥尔曼定理举例

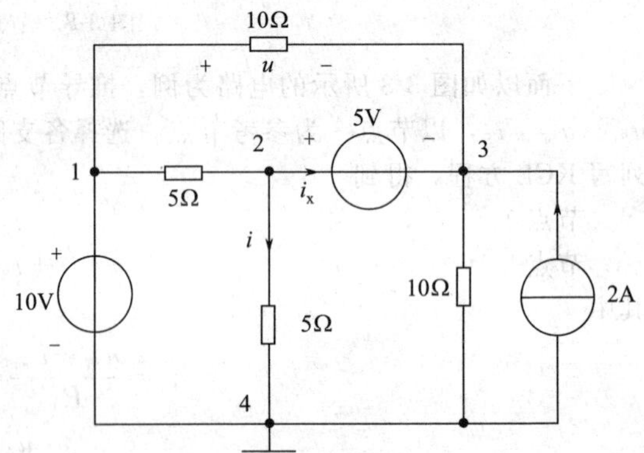

图 3-10　例 3-6 电路图

【例 3-6】电路如图 3-10 所示，试用节点电压法求电流 i 和电压 u。

解： 此电路含有两个无伴电压源（没有电阻与之串联），只能选择其中一个理想电压源的一端为参考点。设节点 4 为参考点，则 $u_{n1}=10\text{V}$ 为已知量，该节点的 KCL 方程可省去。设流过 5V 电压源的电流为 i_x，则列出节点电压方程及辅助方程为

节点 2　　$-\frac{1}{5}u_{n1}+\left(\frac{1}{5}+\frac{1}{5}\right)u_{n2}=-i_x$

节点 3　　$-\frac{1}{10}u_{n1}+\left(\frac{1}{10}+\frac{1}{10}\right)u_{n3}=i_x+2$

辅助方程　　$u_{n2}-u_{n3}=5$

联立求解以上方程可得　　$u_{n2}=10(\text{V}),u_{n3}=5(\text{V})$

故有　　$u=u_{n1}-u_{n3}=5(\text{V})$　　$i=\frac{u_{n2}}{5}=2(\text{A})$

综上所述，采用节点电压法应遵循以下步骤。

(1) 指定参考节点，其余节点与参考节点间的电压就是节点电压，节点电压均以参考节点为“—”极性。

(2) 列出节点电压方程。如果电路中有电压源和电阻串联组合，要先等效变换成电流源和电阻并联组合；如果电路中含有无伴电压源支路，可将无伴电压源支路的一端设为参考点，则它的另一端的节点电压即为已知量，等于该电压源的电压或差一个符号，此节点的电压方程可省去。

(3) 由节点电压方程解出节点电压，然后求出各支路电压或电流。

【例 3-7】电路如图 3-11 所示，试用节点电压法求电流 i 和电压 u。

解： 24 两节点之间连接有一个无伴受控电压源，设节点 4 为参考节点，则 $u_{n2}=2u$。将原图化成如图 3-11(b) 所示，则列出节点电压方程及辅助方程为

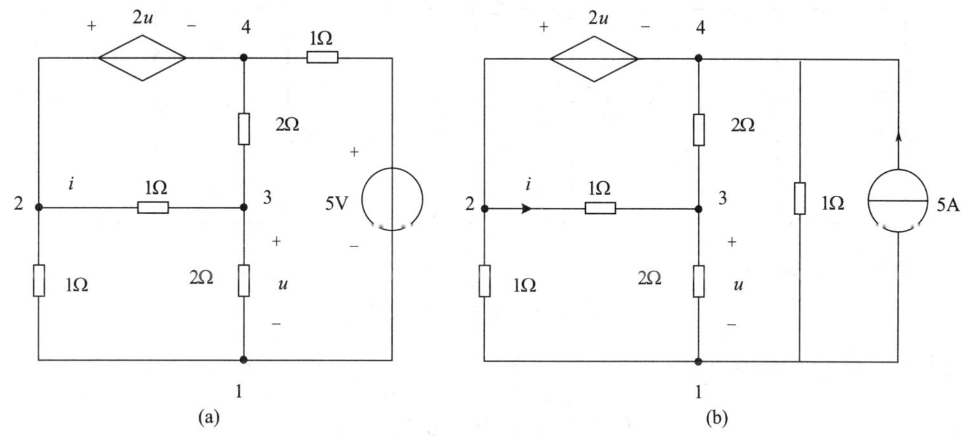

图 3-11　例 3-7 电路图

节点 1　　$\left(1+1+\frac{1}{2}\right)u_{n1}-u_{n2}-\frac{1}{2}u_{n3}=-5$

节点 3　　$-\frac{1}{2}u_{n1}-u_{n2}+\left(1+\frac{1}{2}+\frac{1}{2}\right)u_{n3}=0$

辅助方程：

$$u_{n2}=2u$$

$$u=u_{n3}-u_{n1}$$

联立求解以上方程可得　　$u_{n2}=4(\mathrm{V}),u_{n3}=2(\mathrm{V}),u_{n1}=0$

故有　　$u=\frac{u_{n2}}{2}=2(\mathrm{V})\quad i=\frac{u_{n2}-u_{n3}}{1}=2(\mathrm{A})$

当电路中含有受控源时，可将受控源按独立电源一样对待，列写节点电压方程，然后再增加相应的辅助方程，即将受控源的控制量用节点电压表示。

3.4 叠加定理和齐次定理

由线性元件和独立电源组成的电路称为线性电路。独立电源不一定是线性的，但其作为电路的输入，对电路起激励作用。电压源的电压以及电流源的电流，与其他元件的电压、电流相比，前者是激励，而后者则是由激励引起的响应。尽管电源未必是线性的，但只要电路的其他元件是线性的，电路的响应与激励之间就存在线性关系。线性关系包含“齐次性”和“叠加性”，通常称为“齐次定理”和“叠加定理”，本节将对这两个定理及其在电路分析中的应用作详细介绍。

3.4.1 叠加定理

当一个电路中存在多个独立电源时，可以用前面介绍的网孔电流法和节点电压法去分析电路中的响应。除此之外，还有另一种分析方法——叠加定理，它是线性电路分析的基本方法之一，可以使复杂激励问题简化为单一激励问题。

叠加定理：在存在多个电源的线性电路中，任一元件上产生的电压或电流，可以看成各个电源单独作用时，在该元件上产生的电压或电流的代数和。也可表述为：多个激励作用某电路产生的响应，等于各个激励单独作用于电路的响应之代数和。

现在通过一个实例来说明叠加定理。在如图 3-12(a) 所示的电路中，求电压 u。

解：设 2 为参考节点，则节点 1 的电压方程为

$$\left(\frac{1}{R_1}+\frac{1}{R_2}\right)u_1=\frac{u_S}{R_2}-i_S$$

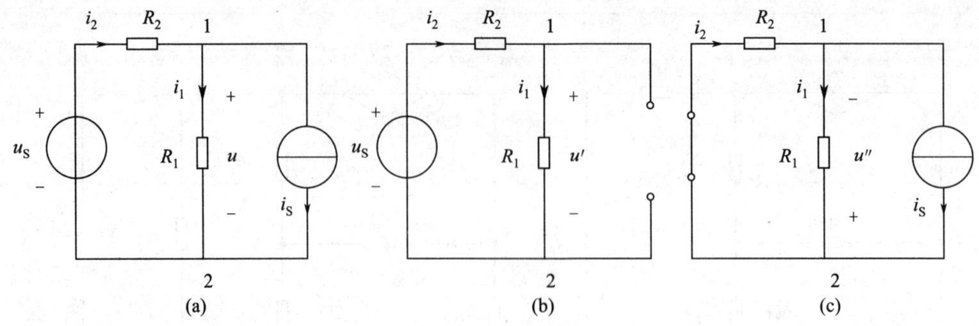

图 3-12　叠加定理举例

整理，得

$$u_1=\frac{R_1}{R_1+R_2}u_S-\frac{R_1R_2}{R_1+R_2}i_S$$

即

$$u=u_1=\frac{R_1}{R_1+R_2}u_S-\frac{R_1R_2}{R_1+R_2}i_S \tag{3-19}$$

若将式中的第一项设为

$$u'=\frac{R_1}{R_1+R_2}u_S$$

第二项设为

$$u''=\frac{R_1R_2}{R_1+R_2}i_S$$

则

$$u=u'-u'' \tag{3-20}$$

从式（3-19）和式（3-20）可以看出，u 由两项组成，而每一项只与一个激励成比例，相当于两个独立电源 u_S和 i_S分别单独作用时，在 R_1电阻两端产生的电压的代数和，如图 3-12(b）和图 3-12(c）所示。由于 u''的参考方向同 u 的参考方向相反，所以带符号。

应用叠加定理时要注意以下问题。

(1）叠加定理只适用于线性电路，不适用于非线性电路。

(2）独立电源可以作为激励源，受控源不能作为激励源。

(3）在叠加的各分电路中，置零的独立电压源用短路代替，置零的独立电流源用开路代替，受控源保留在各分电路中，但其控制量和被控制量都有所改变。

(4）功率不是电压或电流的一次函数，因此不能用叠加定理计算。

(5）电路的响应是各独立电源单独作用的分量的代数和，与原电路中电压或电流的参考方向相同的分电压或分电流前为“+”，方向相反的分量前为“−”。

(6）叠加的方式是任意的，可以一次使一个独立电源单独作用，也可以一次使几个独立电源同时作用，方式的选择取决于分析问题的方便。

【例 3-8】图 3-13(a）所示电路中，$R_1=2\Omega$，$R_2=1\Omega$，$R_3=3\Omega$，$R_4=0.5\Omega$，$u_S=4.5\text{V}$，$i_S=1\text{A}$。试用叠加定理求电压源的电流 i 和电流源的端电压 u。

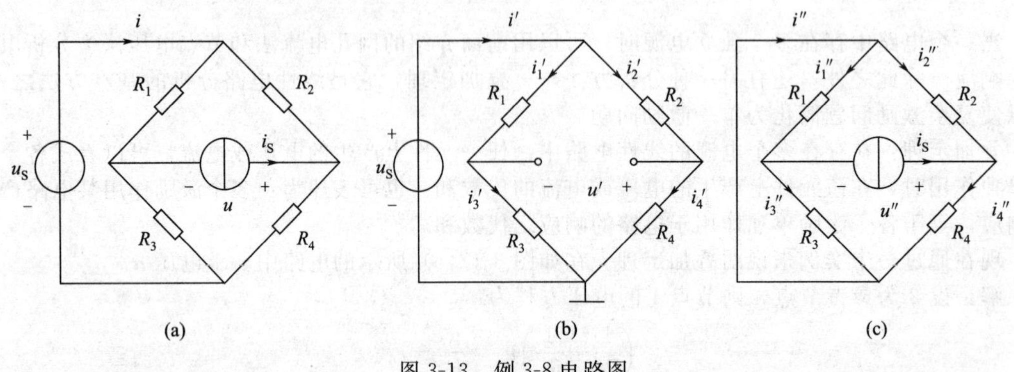

图 3-13　例 3-8 电路图

解：(1) 当电压源单独作用时，电流源开路，如图 3-13(b) 所示

$$i'=i_1'+i_2'=\frac{u_S}{R_1+R_3}+\frac{u_S}{R_2+R_4}=\frac{4.5}{2+3}+\frac{4.5}{1+0.5}=3.9(\text{A})$$

参考点如图 3-13(b) 所示

$$u'=\frac{u_S}{R_2+R_4}R_4-\frac{u_S}{R_1+R_3}R_3=\frac{4.5}{1+0.5}\times 0.5-\frac{4.5}{2+3}\times 3=-1.2(\text{V})$$

(2) 当电流源单独作用时，电压源短路，如图 3-13(c) 所示

$$i''=i_1''+i_2''=\frac{R_3}{R_1+R_3}i_S-\frac{R_4}{R_2+R_4}i_S=\frac{3}{2+3}\times 1-\frac{0.5}{1+0.5}\times 1=0.267(\text{A})$$

$$u''=R_1i_1''-R_2i_2''=\frac{R_1R_3}{R_1+R_3}i_S+\frac{R_2R_4}{R_2+R_4}i_S=\left(\frac{2\times 3}{2+3}+\frac{1\times 0.5}{1+0.5}\right)\times 1=1.533(\text{V})$$

(3) 两个独立电源共同作用时，电压源的电流为

$$i=i'+i''=3.9+0.267=4.167(\text{A})$$

电流源的端电压为

$$u=u'+u''=-1.2+1.533=0.333(\text{V})$$

【例 3-9】用叠加定理计算如图 3-14(a) 所示电路中的电流 i 和电压 u。

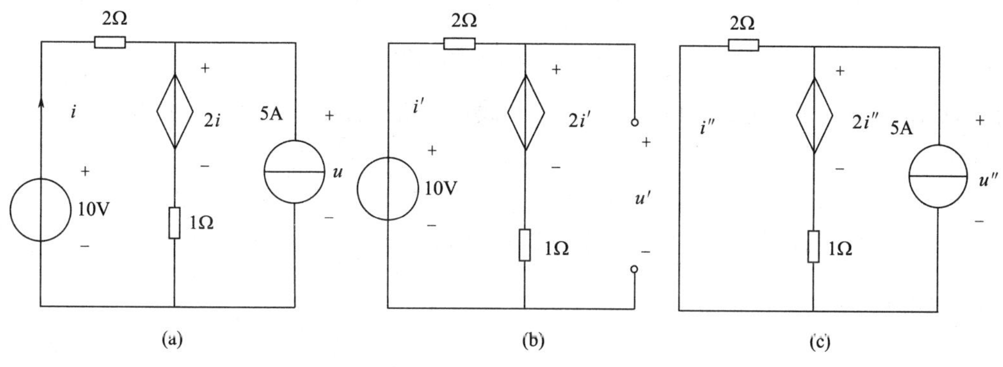

图 3-14 例 3-9 电路图

解：当 10V 电压源作用时

$$(2+1)i'+2i'-10=0$$

解得 $$i'=2\text{A},u'=2i'+1\times i'=3i'=6(\text{V})$$

当 5A 电流源作用时，对左边网孔应用 KVL

$$2i''+1\times(5+i'')+2i''=0$$

解得 $$i''=-1\text{A},u''=-2i''=2(\text{V})$$

所以 $$u=u'+u''=6+2=8(\text{V})$$

$$i=i'+i''=2+(-1)=1(\text{A})$$

注意：受控源电压的大小和方向均随分电路中的控制量 i' 和 i'' 的变化。受控源的电压或电流不是电路的激励源，不能单独作用。在运用叠加定理时，受控源和电阻一样，始终保留在电路中，但要注意控制量的大小和方向在各分电路中可能都改变。

3.4.2 齐次定理

齐次定理：在线性电路中，当输入（或“激励”）增大 k 倍时，输出（或“响应”）也增大 k 倍。

对一个电阻元件，欧姆定律约定了电流 i 与电压 u 之间的关系，即

$$u=iR \tag{3-21}$$

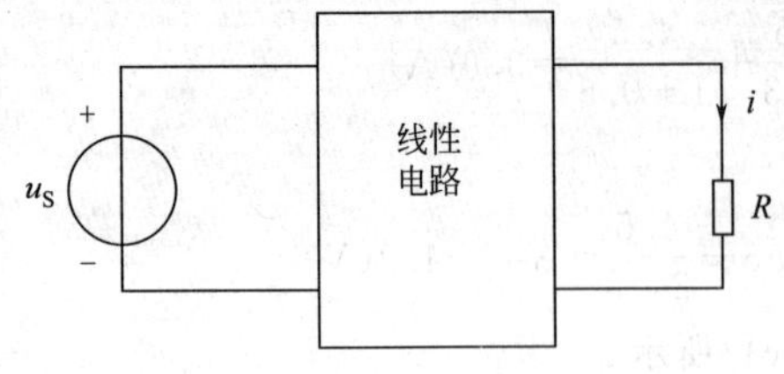

图 3-15　激励为 u_S 的线性电路

假设 i 为输入，u 为输出，则当电流 i 增大 k 倍后，电压 u 也增大 k 倍，即有

$$ku=kiR \tag{3-22}$$

由此可知，电阻的电压电流关系满足“齐次性”，即“比例性”。如图 3-15 所示，线性电路中只有电压源 u_S 一个激励，若将经过电阻 R 的电流 i 作为电路的响应，假设当 $u_S=10V$ 时，$i=2A$，则可根据线性电路的齐次性推导出以下结论：当 $u_S=1V$ 时，$i=0.2A$，当 $i=1mA$ 时，$u_S=5mV$。

【例 3-10】电路如图 3-16 所示，试求电流 i_0。

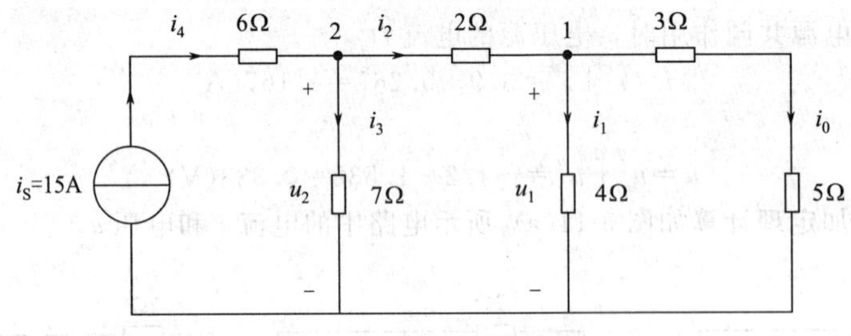

图 3-16　例 3-10 电路图

解：由图 3-16 可知该电路是由独立电流源与线性电阻元件组成，属于线性电路。假设 $i_0=1A$，则有

$$u_1=(3+5)i_0=8(V)$$

$$i_1=\frac{u_1}{4}=2(A)$$

在节点 1 运用 KCL 定律

$$i_2=i_1+i_0=3(A)$$

$$u_2=u_1+2i_2=(8+6)=14(V)$$

$$i_3=\frac{u_2}{7}=2(A)$$

在节点 2 运用 KCL 定律

$$i_4=i_2+i_3=5(A)$$

因此

$$i_S=i_4=5(A)$$

即当 $i_0=1A$ 时，有 $i_S=5A$，则根据线性电路的齐次特性可知：当 $i_S=15A$ 时，$i_0=3A$，所以，图 3-16 所示电路中的电流 i_0 等于 3A。

【例 3-11】电路如图 3-17 所示，其中 N_0 为线性电阻网络。已知当 $u_S=4V$，$i_S=1A$ 时，响应 $u=0$；当 $u_S=2V$，$i_S=0$ 时，响应 $u=1V$。求：$u_S=10V$，$i_S=1.5A$，时，$u=?$

解：根据齐次定理和叠加定理，有

$$u=k_1u_S+k_2i_S$$

根据已知条件，得

$$\begin{cases}4k_1+k_2=0\\2k_1+0=1\end{cases}$$

解得　　$k_1=0.5, k_2=-2$。

因此　　$u=0.5u_S-2i_S=0.5\times10-2\times1.5=2(V)$

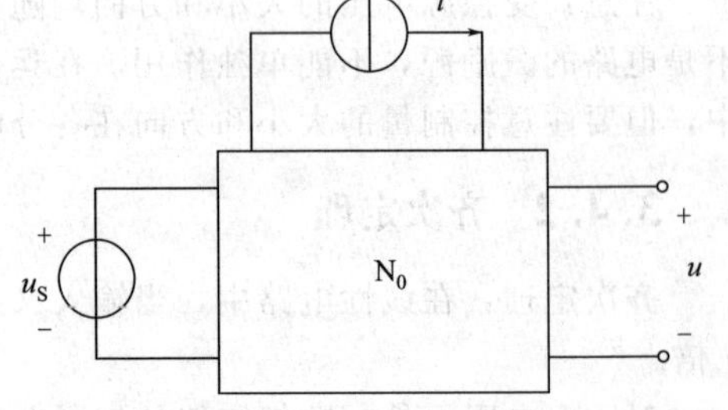

图 3-17　例 3-11 电路图

3.5 戴维南定理和诺顿定理

前面介绍的支路电流法、网孔电流法和节点电压法，都是计算线性电路的一般方法。实际工作中还经常需要只计算某一支路中的电流、电压和功率，这就需要找出一种适合这种情况的计算方法。一个复杂的电路，当把要求计算的支路划分出来，剩下的部分是一个具有两个端口的含有独立电源的网络，称为有源二端口网络（或者含源一端口）。在有源二端口网络的内部，除了含有独立电源外，还含有线性电阻和线性受控源，所以一般研究的有源二端口网络是电阻性的线性二端口网络，而且有源二端口网络与划出去的支路间无耦合关系存在，即受控源和它的控制量不能分属两者。

戴维南定理和诺顿定理给出了有源二端口网络最简化的等效电路的一般性结论，通称为等效电源定理，是有关线性电路的又一个重要定理。

戴维南定理：一个有源二端口网络的对外作用可以用一个电压源和电阻的串联组合来等效代替，等效电压源的电压等于有源二端口网络的开路电压，而等效电阻等于有源二端口网络的全部独立电源置零后端口间的等效电阻。有源二端口网络的电压源和电阻串联的等效电路（等效电源），称作戴维南等效电路。

在如图 3-18 所示的电路中，若只求支路电流 i_3，可以把这个电路划分为两部分，一部分是待求支路，另一部分是具有两个输出端的有源二端口电路，如图 3-18(b) 所示。根据戴维南定理，可以把有源二端口网络化简为一个恒压源 u_{OC}和一个内阻 R_0 相串联的电路，则复杂电路就变成一个电压源与待求支路相串联的简单电路，如图 3-18(c) 所示。该电压源的电压 u_{OC} 等于有源二端口网络的开路电压，其串联的电阻 R_0 等于该有源二端口网络中所有独立电源不作用（电压源短路，电流源开路）时无源二端口网络的等效电阻。

应该注意的是，用一个电压源代替有源二端口网络，只是指它们对外电路的作用等效，它们对内电路的电流、电压和功率一般并不等值。

利用电压源和电阻的串联组合与电流源和电阻的并联组合间的等效变换公式，可把图 3-18(c)

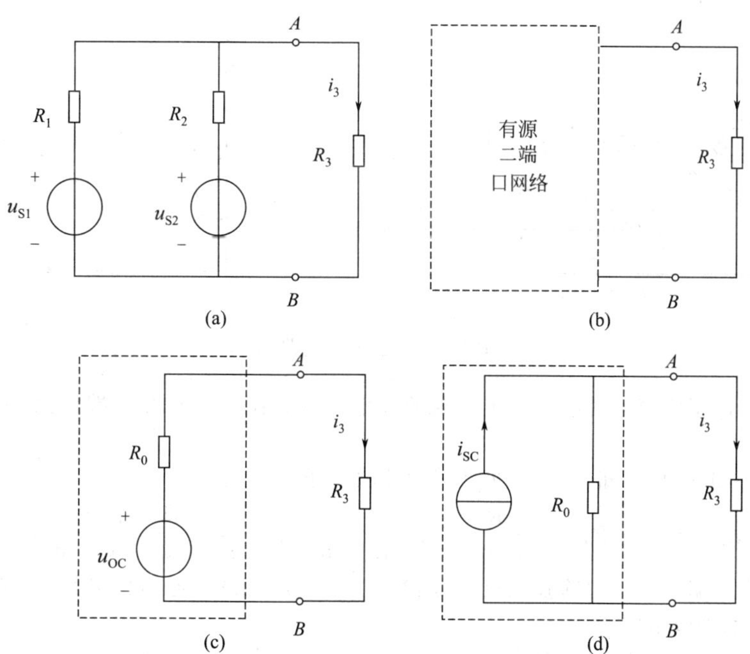

图 3-18　戴维南定理和诺顿定理

所示的串联组合等效电源变换成图 3-18(d) 所示的并联组合等效电源，其中 $i_{SC}=\dfrac{u_{OC}}{R_0}$，它是有源二端口网络的短路电流，并联电阻仍是 R_0，于是得到如下的诺顿定理。

诺顿定理：一个有源二端口网络的对外作用可以用一个电流源和电阻的并联组合来等效代替，等效电流源的电流等于有源二端口网络的短路电流，并联等效电阻等于有源二端口网络全部独立电源置零后端口间的等效电阻。这种电流源和电阻的并联的等效电路（等效电源），称作诺顿等效电路。

等效电源定理是线性电路分析中一个有力工具，应当很好地掌握和灵活应用。下面通过几个例题说明其用法。

【例 3-12】如图 3-19(a) 所示的电路为一不平衡电桥，试求检流计的读数。

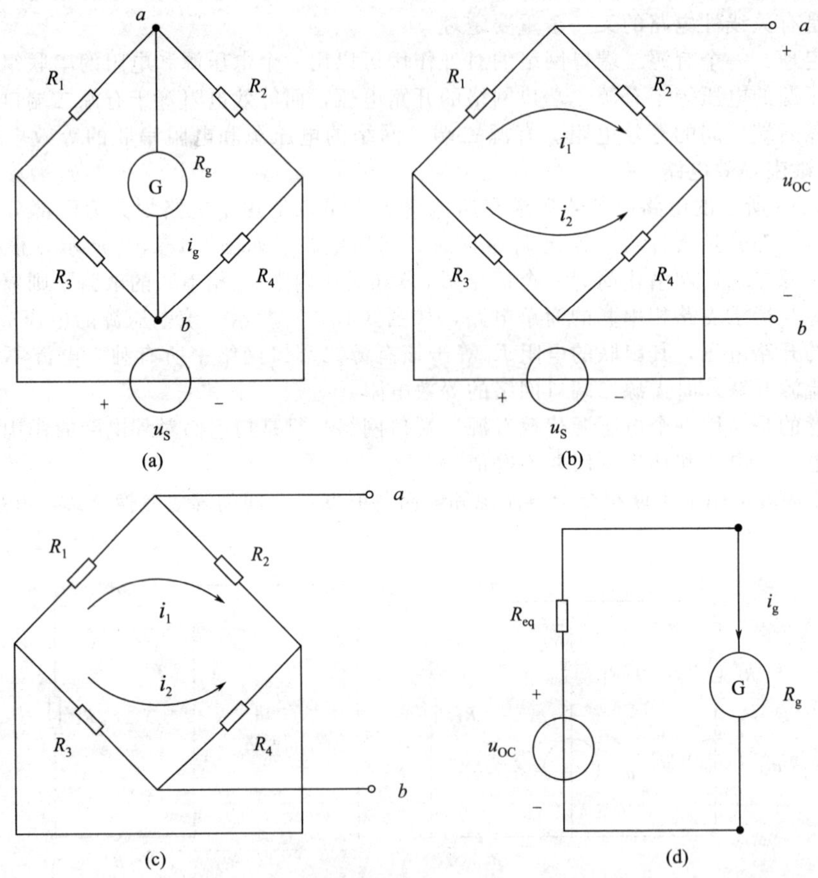

图 3-19　例 3-12 电路图

解：由于只计算检流计的电流，把电路的其他部分看作一个有源二端口网络，如图 3-19(b) 所示。

(1) 由图 3-19 (b) 可知，a、b 两点间的开路电压为

$$u_{OC}=R_2i_1-R_4i_2=\frac{R_2}{R_1+R_2}u_S-\frac{R_4}{R_3+R_4}u_S=\frac{R_2R_3-R_3R_4}{(R_1+R_2)(R_3+R_4)}u_S$$

(2) 将有源二端口网络中的独立电压源置零（电压源短路，电流源开路），则得图 3-19(c)，故 a、b 两点间的等效电阻为

$$R_0=\frac{R_1R_2}{R_1+R_2}+\frac{R_3R_4}{R_3+R_4}=\frac{(R_1+R_2)(R_3+R_4)}{R_1R_2R_3+R_1R_2R_4+R_1R_3R_4+R_2R_3R_4}$$

（3）戴维南等效电路如图 3-19(d) 所示，则

$$i_g=\frac{u_{OC}}{R_g+R_0}=\frac{(R_2R_3-R_3R_4)u_S}{R_1R_2R_3+R_1R_2R_4+R_1R_3R_4+R_2R_3R_4+(R_1+R_2)(R_3+R_4)R_g}$$

【例 3-13】用戴维南定理求图 3-20(a) 所示电路中的电流 i。

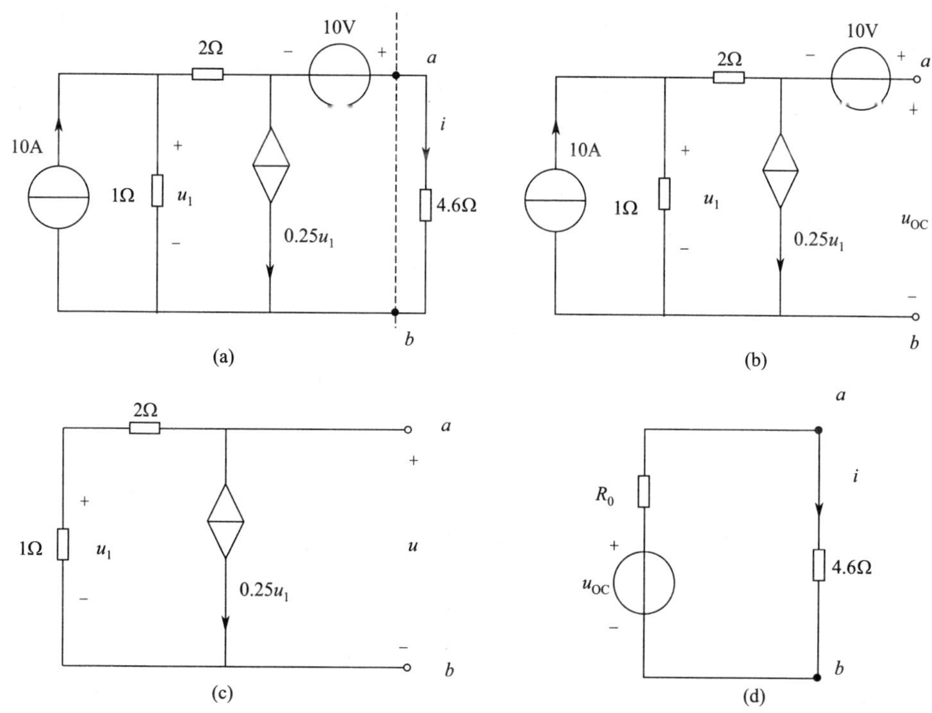

(c)

(d)

图 3-20　例 3-13 电路图

解：应用戴维南定理化简图 3-20(a) 所示虚线左边的有源二端口网络。

（1）计算有源二端口网络的开路电压 u_{OC}，如图 3-20(b) 所示，则

$$\frac{u_1}{1}+0.25u_1=10, u_1=\frac{10}{1.25}=8(\text{V})$$

$$u_{OC}=10-0.25u_1\times2+u_1=10-0.25\times8\times2+8=14(\text{V})$$

（2）把有源二端口网络中的全部独立源置零，得图 3-20(c)，在 a、b 端加电压 u，a 端流入的电流为 i，则

$$i=\frac{u_1}{1}+0.25u_1=1.25u_1=1.25\times\frac{1}{1+2}u$$

$$R_0=\frac{u}{i}=\frac{3}{1.25}=2.4(\Omega)$$

（3）戴维南等效电路如图 3-20(d) 所示，则

$$i=\frac{u_{OC}}{R_0+4.6}=\frac{14}{2.4+4.6}=2(\text{A})$$

本例题中给出了求有源二端口网络等效电阻 R_0 的一种方法，即在不含独立源的二端口网络的两个端口间加电压 u，计算电流 i，u 与 i 的参考方向是关联的，则

$$R_0=\frac{u}{i}$$

称为外加电压电流法。

【例 3-14】求如图 3-21(a) 所示电路的诺顿等效电路。

解：（1）求短路电流 i_{SC}。将 a、b 两端短路，如图 3-21(b) 所示。

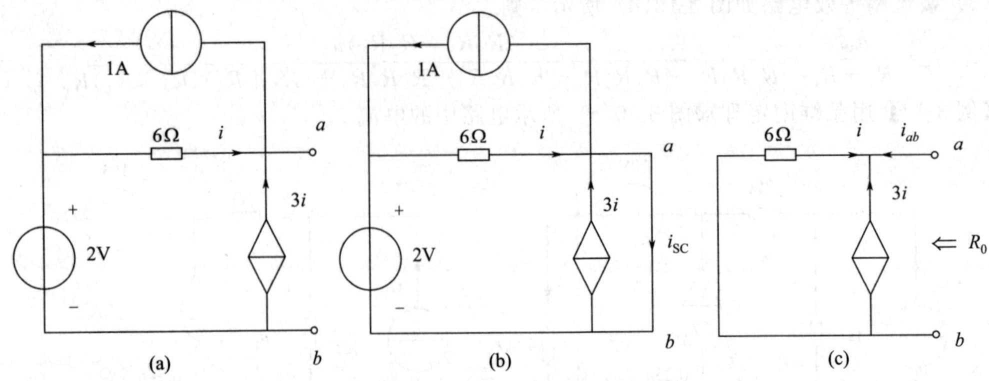

图 3-21　例 3-14 电路图

由 KVL 有

$$6\times i=2$$

$$i=\frac{1}{3}(\mathrm{A})$$

由 KCL 有

$$i+3i=i_{SC}+1$$

$$i_{SC}=4i-1=\frac{1}{3}(\mathrm{A})$$

（2）求 a、b 端口的等效电阻。把 2V 的电压源、1A 的电流源置零，受控源仍然保留，得到如图 3-21(c) 所示的电路

$$u_{ab}=6\times(-i)$$

$$i_{ab}=-i-3i=-4i$$

$$R_0=\frac{u_{ab}}{i_{ab}}=1.5(\Omega)$$

【例 3-15】用诺顿定理求如图 3-22(a) 所示电路中流过 4Ω 电阻的电流 i。

解：把原电路除 4Ω 电阻以外的部分［即图 3-22(a) 中 a、b 右边部分］简化为诺顿等效电路。

（1）计算短路电流 i_{SC}，如图 3-22(b) 所示，由叠加定理可得

$$i_{SC}=\frac{24}{10}+\frac{12}{10//2}=2.4+7.2=9.6(\mathrm{A})$$

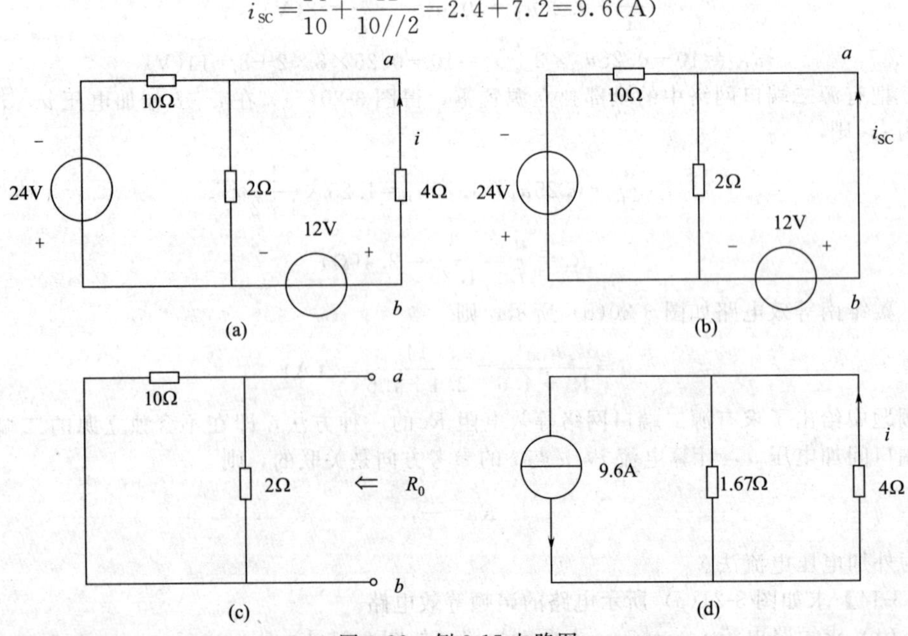

图 3-22　例 3-15 电路图

（2）将二端口网络中的电源置零（即此电路中电压源短路），如图 3-22(c) 所示，求等效电阻 R_0，可得

$$R_0=\frac{10\times 2}{10+2}=\frac{20}{12}=1.67(\Omega)$$

（3）诺顿等效电路如图 3-22(d) 所示，则

$$i=9.6\times\frac{1.67}{4+1.67}=2.78(\mathrm{A})$$

总之，等效电源定理在网络分析中十分有用，如果要求网络中某条支路的电压或电流，这时可将该支路从网络中抽出，而将网络的其余部分视为一个有源二端口网络，应用戴维南定理或诺顿定理将该有源二端口网络用相应的等效电路等效，从而把原电路简化为一个单回路或单节点电路，在此电路中计算待求支路的电压或电流就非常容易了。

因此，应用等效电源定理分析电路的基本步骤如下所示。

（1）断开待求支路或局部网络，求出二端口有源网络的开路电压 u_{OC}或短路电流 i_{SC}。

（2）将二端口网络内所有独立源置零（电压源短路，电流源开路），求等效电阻 R_0。

（3）将待求支路或局部网络接入等效后的戴维南等效电路或诺顿等效电路，求取待求量。

在这个过程中，开路电压和短路电流的求解用前面学过的方法即可解决，需要注意的是等效电阻的求解。归纳起来，其求解方法有以下几种。

（1）纯电阻网络等效变换方法。若二端口网络为纯电阻网络（无受控源），则可利用电阻串联、并联和 Y-△转换等规律进行计算。

（2）外加电源法。在无源二端口网络的端口处施加电压源 u 或电流源 i，在端口电压和电流关联参考方向下，求得端口处电流 i（或电压 u），得等效电阻 $R_0=\frac{u}{i}$。此法适用于任何线性电阻电路，尤其适用于含受控源二端口网络的等效电阻的计算，如图 3-23 所示。

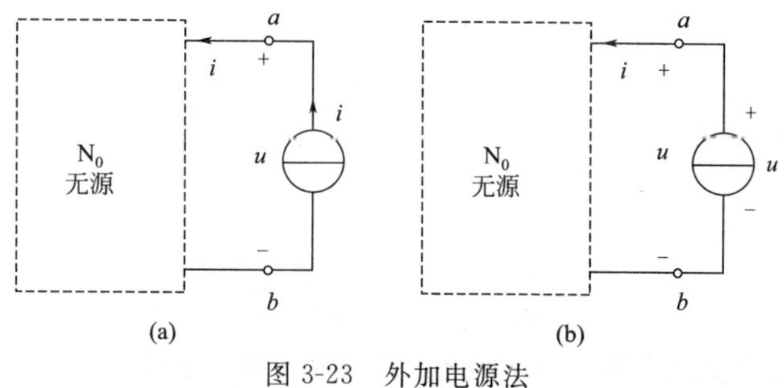

图 3-23　外加电源法

（3）开路短路法。当求得有源二端口网络的开路电压 u_{OC}后，把端口 ab 处短路，求出短路电流 i_{SC}（注意 u_{OC}和 i_{SC}的参考方向对外电路一致，如图 3-24 所示），于是等效电阻 $R_0=\frac{u_{OC}}{i_{SC}}$。此方法同样适用于任何线性电阻电路，尤其适用于含受控源的有源二端口网络的等效电阻的计算。需要注意的是，求 u_{OC}和 i_{SC}时，N_0内所有独立源均应保留。

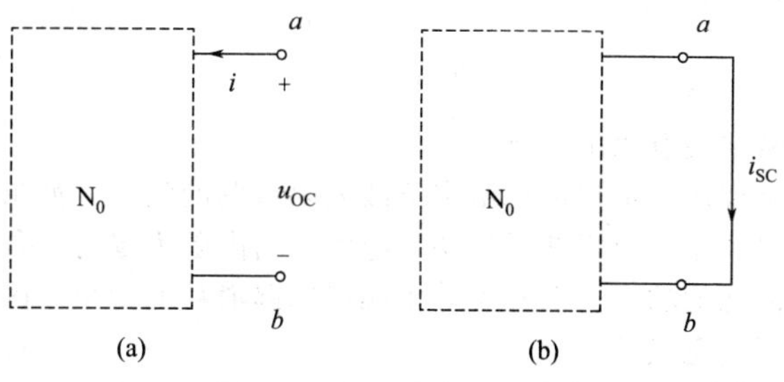

图 3-24　开路短路法

3.6 最大功率传输定理

在许多实际应用中，常设计一个电路向负载 R_L 提供能量。尤其是在通信领域，通过电信号传输信息或数据时，人们渴望传输尽可能多的功率到负载，这就是最大功率传输问题。

N_0 为供给负载能量的含源二端口网络，可用戴维南或诺顿等效电路来代替，如图 3-25(a)、(b)、(c) 所示。若接在 N_0 两端的负载的电阻阻值不同，其向负载传递的功率也不同，那么在什么情况下，负载获得的功率最大呢？如图 3-25(b) 所示，假设负载电阻 R_L 是可变的，其吸收的功率为

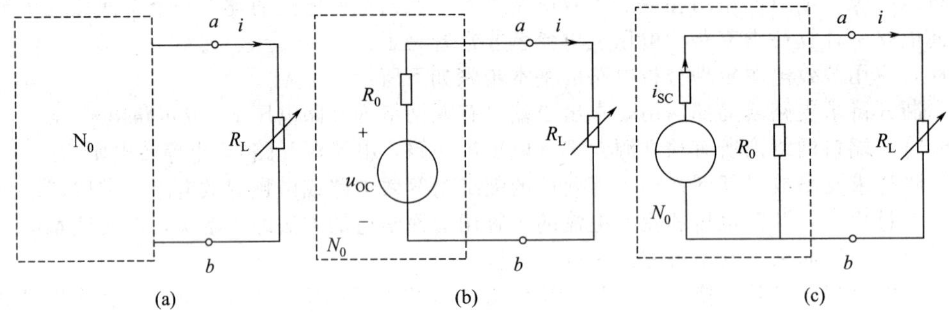

图 3-25 最大功率传输定理

$$p=i^2R_L=\left(\frac{u_{OC}}{R_0+R_L}\right)^2R_L \tag{3-23}$$

当 $\frac{dp}{dR_L}=0$ 时，p 获得最大值，即

$$\frac{dp}{dR_L}=\frac{(R_0-R_L)u_{OC}^2}{(R_0+R_L)^2}=0$$

由此求得 p 获得极值的条件是

$$R_L=R_0 \tag{3-24}$$

由于

$$\left|\frac{d^2p}{dR_L^2}\right|_{R_L=R_0}=-\frac{u_{OC}^2}{8R_L^2}<0$$

所以式 (3-24) 是负载从有源二端口网络获得最大功率的条件。

最大功率传输定理：有源线性二端口网络传递给可变电阻负载 R_L 最大功率的条件是，负载 R_L 应与二端口网络的端口等效电阻 R_0 相等。满足 $R_L=R_0$ 条件时，称为最大功率匹配，此时负载获得的最大功率为

$$p_{max}=\frac{u_{OC}^2}{4R_0} \tag{3-25}$$

若用诺顿等效电路，则有

$$p_{max}=\frac{i_{SC}^2}{4G_0} \tag{3-26}$$

计算最大功率问题需要注意以下几点。

(1) 最大功率传输定理用于单口网络给定负载电阻可调的情况。如果负载的电阻一定，而内阻可变的话，应该是内阻越小，负载获得的功率越大；当内阻为零时，负载获得的功率最大。

(2) 单口等效电阻消耗的功率一般并不等于端口内部消耗的功率，因此当负载获取最大功率时，电路的传输效率并不一定是 50%。

(3) 计算最大功率问题结合应用戴维南定理或诺顿定理比较方便。

【例 3-16】在如图 3-26(a) 所示的电路中，当为何值时能取得最大功率？该最大功率为多少？

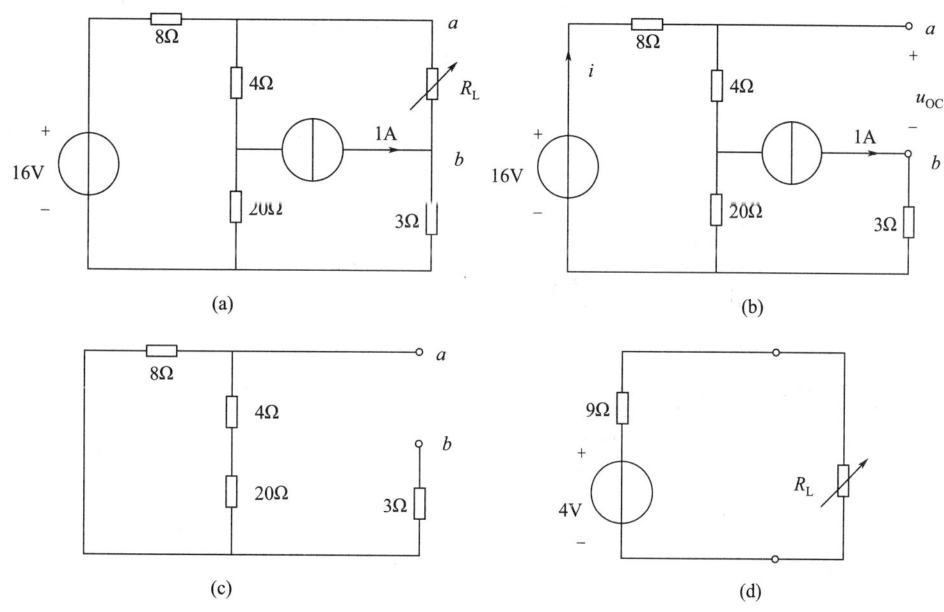

图 3-26 例 3-16 电路图

解：(1) 断开电阻 R_L，支路如图 3-26(b) 所示，求开路时的电压 u_{OC}。设左网孔电流为 i_1，列出该网孔的 KVL 方程为

$$(8+4+20)i_1-20\times1=16$$

解得
$$i_1=\frac{9}{8}(\mathrm{A})$$

由 KVL 得

$$u_{OC}=-8i_1+16-3\times1=4(\mathrm{V})$$

(2) 将独立源置零，如图 3-26(c) 所示，求等效电阻 R_0。

$$R_0=3+8//(4+20)=9(\Omega)$$

(3) 根据求出的 u_{OC} 和 R_0，作出戴维南等效电路，并接上负载，如图 3-26(d) 所示电路。根据最大功率传输定理可知，当 $R_L=R_0=9\Omega$，负载可获得最大功率，其最大功率为

$$p_{max}=\frac{u_{OC}^2}{4R_0^2}=\frac{4^2}{4\times9}=\frac{4}{9}(\mathrm{W})$$

【例 3-17】在如图 3-27(a) 所示的电路中，$r=2\Omega$，当电阻 R_L 为何值时能取得最大功率？

解：求 a、b 左端含源二端网络的戴维南等效电路，问题即可解决。

(1) 断开 ab，列出中间网孔的 KVL 方程，如图 3-27(b) 所示。

$$6\times i+4\times(i-4)-2\times i=0$$

解上述方程得
$$i=2\mathrm{A},u_{OC}=6\times i=6\times2=12(\mathrm{V})$$

(2) 断开电流源，用外施电压法求端口等效电阻 R_0，如图 3-27(c) 所示。

$$i_S=i+\frac{-2\times i+u}{4}=0.5i+\frac{u}{4}=\frac{0.5u}{6}+\frac{u}{4}=\frac{u}{3}$$

求得：$u=3\times i_S$ $R_0=3\Omega$。等效电路如图 3-27(d) 所示。

当 $R_L=6\Omega$，负载可获得最大功率，其最大功率为

$$p_{max}=\left(\frac{12}{6+6}\right)^2\times6=6(\mathrm{W})$$

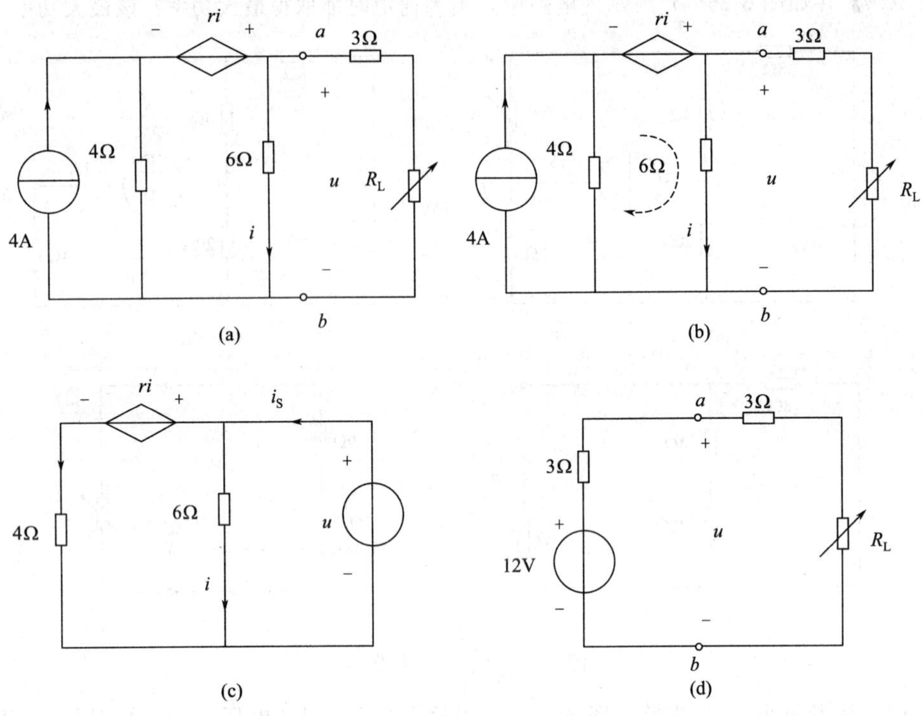

图 3-27 例 3-17 电路图

*3.7 互易定理

互易定理描述一类特殊的线性电路的互易性质，广泛应用于网络的灵敏度分析、测量技术等方面。先看一个例子。在如图 3-28(a) 所示的电路中，只含一个独立源、无受控源，在 6Ω 支路中串入一个电流表，不难算出其 6Ω 支路电流（即电流表读数）为

$$i_2=\frac{4}{2+3//6}\times\frac{3}{3+6}=\frac{1}{3}(\mathrm{A})$$

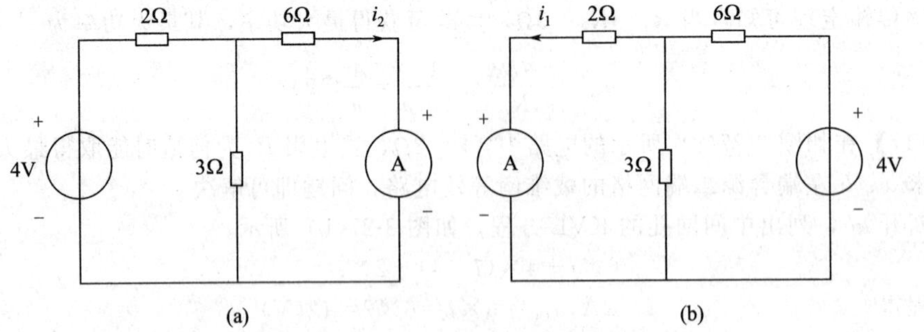

图 3-28 互易定理

现将 4V 电压源和电流表的位置互换一下，如图 3-28(b) 所示。计算 2Ω 支路电流（即电流表读数）为

$$i_1=\frac{4}{2//3+6}\times\frac{3}{3+2}=\frac{1}{3}(\mathrm{A})$$

这说明该电路当电压源和电流表的位置互换以后，电流表的读数不变，这就是互易性。互易性表明当外加激励的端和观测响应的端互换位置时，网络不改变对相同输入的响应。因此，把线

性电路的这种特性总结为互易定理。

互易定理的内容为：对于仅含线性电阻的二端口电路 N，其中一个端口加激励源，另一个端口作为响应端口（所求响应在该端口），在只有一个激励源的情况下，当激励与响应互换位置时，同一激励所产生的响应相同。

定理内容中的“二端口电路”是指具有两个端口的电路，而每个端口的一对端口进出电流相等。

根据激励源与响应变量的不同，互易定理有以下 3 种形式。

（1）形式 1：在如图 3-29 所示的电路中 N 只含有线性电阻，当端口 11′接入电压源 u_S时，在 22′端口的响应为短路电流 i_2；若将激励源移到端口 22′，在端口 11′的响应为短路电流 i_1'。在图 3-29 所示电压电流的参考方向条件下，有

$$i_2 = i_1' \tag{3-27}$$

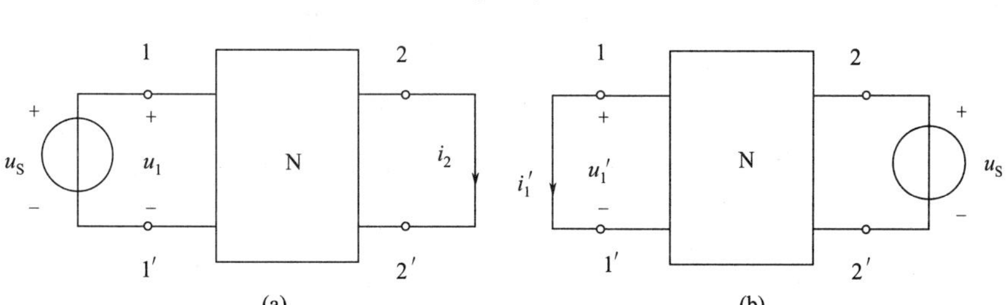

图 3-29　电路互易性形式 1（$i_1' = i_2$）

（2）形式 2：在如图 3-30 所示的电路中 N 只有线性电阻，当端口 11′接入电流源i_S时，在 22′端口的响应为开路电压 u_2；若将激励源移到端口 22′，在端口 11′的响应为开路电压 u_1'。在图 3-30所示电压电流参考方向条件下，有

$$u_2 = u'_1 \tag{3-28}$$

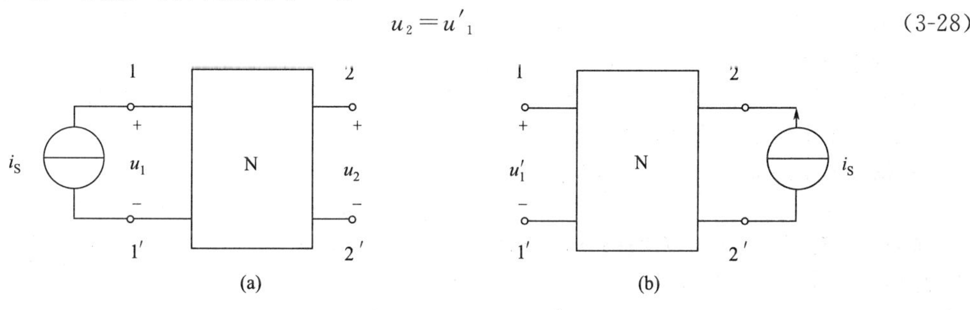

图 3-30　电路互易性形式 2（$u_1' = u_2$）

（3）形式 3：在如图 3-31 所示的电路中 N 只有线性电阻，当端口 11′接入电流源 u_S时，在 22′的响应为开路电压 u_2；若在 22′端口接入电流源 i_S时，在 11′端口的响应为短路电流 i_1'。在图 3-31 所示电压电流的参考方向条件下，有

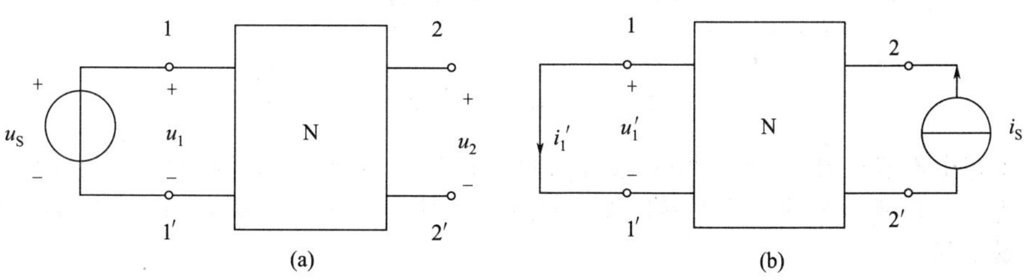

图 3-31　电路互易性形式 3

$$\frac{u_2}{u_S}=\frac{i_1'}{i_S} \tag{3-29}$$

互易定理可用网孔法或其他定理加以证明，本书从略，感兴趣的读者可参考其他教材和资料自行证明。

【例 3-18】电路如图 3-32 所示，N 只含线性电阻。已知当 $u_1=3$V，$u_2=0$ 时，$i_1=1$A，$i_2=2$A，求当 $u_1=9$V，$u_2=6$V 时，i_1的值。

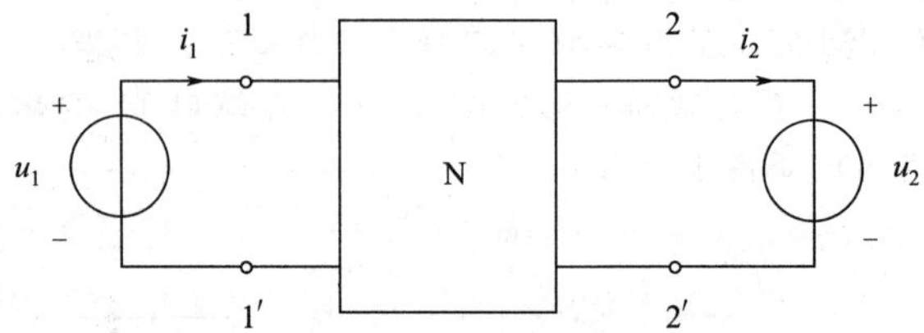

图 3-32 例 3-18 电路图

解：图 3-32 所示的电路图中有两个激励，须应用叠加定理和互易定理求响应 i_1。已知 $u_1=3$V，$u_2=0$ 时，可画出的电路如图 3-33(a) 所示（对应互易定理形式 1 电路）。

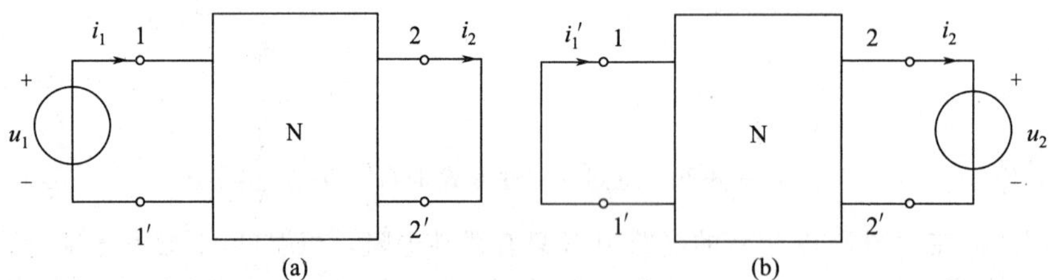

图 3-33 例 3-18 求解电路图

其中，$u_1=3$V，$i_1=1$A，$i_2=2$A。

由电路的齐次性，当 $u_1=9$V，$u_2=0$ 时，$i_1=3$A。

根据互易定理，将图 3-33(a) 所示的电路转换为图 3-33(b) 所示的电路，如 $u_2=3$V 时，$i_1=-2$A。由电路的齐次性，当 $u_2=6$V，$i'_1=-4$A。

根据叠加定理 $u_1=9$V，$u_2=6$V 时，可得

$$i_1=3-4=-1(\text{A})$$

【例 3-19】线性无源电阻网络 N，如图 3-34(a) 所示，若 $u_S=100$V 时，$u_2=20$V，求当电路改为图 3-34 (b) 时的电流 i。

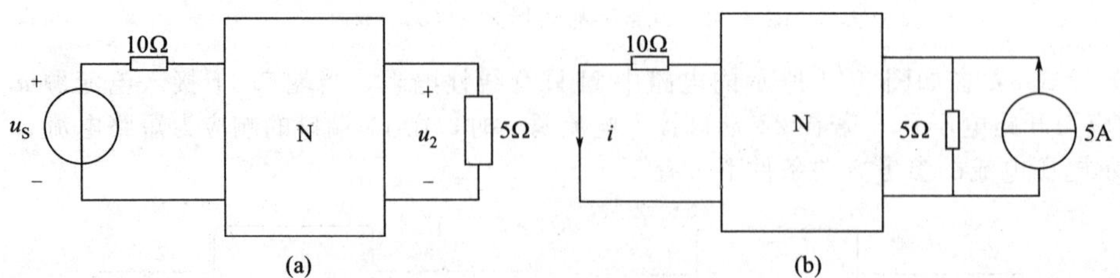

图 3-34 例 3-19 电路图

解：本题中不能在图 3-34(a) 中直接对 N 网络应用互易定理，而应将 N 与其外接的两个电阻一起作为一个新网络 N′来应用互易定理，如图 3-35 所示。其中，虚线框内的为新网络 N′，仍然满足互易定理。

图 3-35 中激励源为电压源，响应为电压变量，满足互易定理形式 3 的条件，故可将其互换位置，并将电压源 u_S改成 5A 电流源，即为图 3-34(b)。

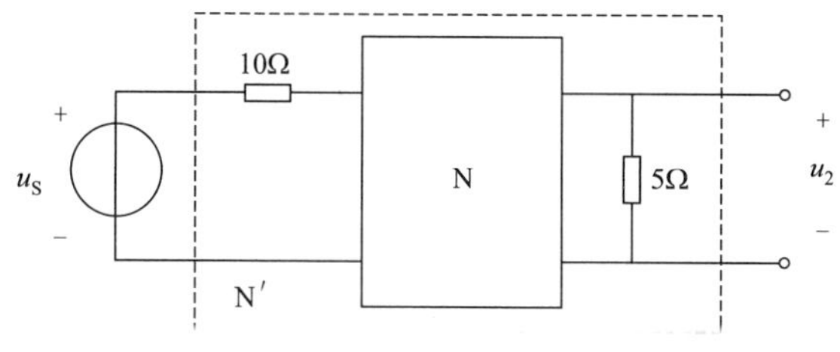

图 3-35　例 3-19 求解电路图

应用互易定理形式 3，可得

$$\frac{20}{100}=\frac{i}{5}$$

故电流 $i=1\text{A}$

应用互易定理时，需要注意以下几点。

（1）该定理只适用于一个独立电源作用下的线性互易网络，对其他网络一般不适用。需要说明的是，不包含受控源的线性电阻网络一定是互易网络；包含受控源的线性电阻网络则有可能是互易网络，也有可能不是互易网络。而常见的包含受控源的线性电阻网络不是互易网络，故互易定理一般只是针对线性电阻网络 N 而提出的。

（2）互易前后应保持网络的拓扑结构及参数不变。在定理形式 1 和形式 2 中，只需要将激励和响应位置互易即可，但在形式 3 中，除了互易位置外，还需要将电压源改为电流源，电压响应改为电流响应。

（3）以上 3 种形式中，特别要注意激励支路的参考方向。对于形式 1 和形式 2，两个电路激励支路电压、电流的参考方向关系一致，即要关联都关联，要非关联都非关联；对于形式 3，两个电路激励支路电压、电流的参考方向不一致，即一个电路的激励支路关联，而另一电路的激励支路一定要非关联。

本章小结

（1）网络就是电路（比较复杂的电路），网络分析就是分析电路。当给定电路的结构和元件参数后，由给定的电源值来计算该电路各支路的电流和电压的过程就称为网络分析。如果电路具有 n 个节点、b 条支路，那么，该电路就有 b 个支路电流和 b 个支路电压需要求解；但因 b 个支路电流和支路电压具有一定关系，所以只要求解 b 个支路电流或 b 个支路电压之一就可以了。假若以支路电流为待求量，则根据 KCL 可列写 $n-1$ 个节点电流方程，根据 KVL 可列写 $l=b-n+1$ 个回路电压方程，总共得到以支路电流为待求量的 b 个独立方程，这就是支路电流法。

如果假想在网孔中有电流流动，并设网孔电流为待求量，则对于一个具有 n 个节点 b 条支路的电路，应该有 $m=b-n+1$ 个独立回路电流，由 KVL 可列写 $m=b-n+1$ 个网孔电压方程，这就是网孔电流法。为保证 l 个网孔电压方程的各自独立性，常把网孔电压方程写成如下的普遍形式

$$\begin{aligned}R_{11}i_{m1}+R_{12}i_{m2}+\cdots+R_{1m}i_{mm}&=\sum_{m1}u_S\\R_{21}i_{m1}+R_{22}i_{m2}+\cdots+R_{2m}i_{mm}&=\sum_{m2}u_S\\R_{m1}i_{m1}+R_{m2}i_{m2}+\cdots+R_{mm}i_{mm}&=\sum_{mm}u_S\end{aligned}$$

式中，R_{ii}（$i=1$，2，…，m）为网孔 i 的自电阻，等于网孔 i 的各电阻之和，恒为正；R_{ij}（i、$j=1$，2，…，m，$i\neq j$）为网孔 i、j 之间的互电阻，等于网孔 i、j 公共支路上的电阻之和。当网孔 i、j 的网孔电流流经公共支路时，方向一致，互电阻为正，反之，互电阻为负。方程右边是各个网孔中各电压源电压的代数和，即电压源电压升高的方向与网孔方向一致时取正，反之取负。

当电路中含有无并联电阻的电流源时，用网孔电流法计算，对电流源作如下处理：①设电流源所在网孔的网孔电流就是电流源的电流，即 $i_L = i_S$，省掉一个 KVL 方程，其他网孔的电压方程列写方法不变；②设电流源的端电压为未知量，同时再补充一个方程，即只含电流源的支路电流与有关网孔电流的关系的方程。

若电路中含有受控源，用网孔电流法计算时，先看受控源是不是电流控制电压源，如果不是则先把它变换成电流控制电压源；然后将其控制电流换成网孔电流，并在列写 KVL 方程时，将电流控制电压源暂时按独立源处理。

如果电路中含有 n 个节点、b 条支路，并设节点电压为待求量，当任取一节点为参考点时，则该电路只有（$n-1$）个独立的 KCL 方程，这就是节点电压法。常把节点电压方程写成如下的普遍形式

$$\begin{cases} G_{11}u_{n1}+G_{12}u_{n2}+\cdots+G_{1(n-1)}u_{n(n-1)}=\sum\limits_{1} i_S \\ G_{21}u_{n1}+G_{22}u_{n2}+\cdots+G_{2(n-1)}u_{n(n-1)}=\sum\limits_{2} i_S \\ \qquad\vdots \\ G_{(n-1)1}u_{n1}+G_{(n-1)2}u_{n2}+\cdots+G_{(n-1)(n-1)}u_{n(n-1)}=\sum\limits_{n-1} i_S \end{cases}$$

式中，相同下标的电导，如 G_{11}、G_{22} 等，称为各节点的自电导，它等于与节点相连的各支路电导之和，恒取正；不同下标的电导，如 G_{12}、G_{13} 等，称为各节点间的互电导，它等于两节点间各支路电导之和，恒取负。方程右端 $\sum\limits_{1} i_S$ 和 $\sum\limits_{2} i_S$ 分别为各节点电流源的代数和，流入取正，流出取负。

当电路中含有无串联电阻的电压源时，用节点电压法计算，可把电压源所在支路的支路电流当作未知量，并把电压源负极相邻的节点作为参考点，同时再补充一个方程，即只含电源的电压与有关节点的节点电压的关系的方程。

若电路中含有受控源，用节点电压法计算时，先看受控源是不是电压控制电流源，如果不是，则先把它变换成电压控制电流源；然后将其控制量（电压）换成节点电压，在列写 KCL 方程时暂时将电压控制电流源按独立源处理，且参考点应取控制电压负极相邻的节点为参考点。

（2）叠加定理只适用于线性电路。叠加定理指出，在线性电路中，若有 n 个独立电源同时作用在某一支路上所产生的电流或电压，等于各个独立电源单独作用（此时其他独立源均为零值）时，在该支路上所产生的电流或电压的代数和。

（3）有源二端口网络的等效电源定理有以下两个。

① 戴维南定理，任何线性有源二端口网络，总可以用电压源与电阻的串联支路来等效。电压源的电压等于原有源二端口网络的开路电压；串联电阻等于原有源二端口网络所有独立电源均为零值时在其端口所得的等效电阻。

② 诺顿定理，任何线性有源二端口网络，总可以用电流源与电阻的并联组合来等效。电流源的电流等于原有源二端口网络在端口处的短路电流；其并联电阻等于原有源二端口网络所有独立电源均为零值时，当端口开路时在端口处的等效电阻。

当有源二端口网络除含独立源外，还含有受控源，这时，等效电源定理仍成立。只是计算开路电压或短路电流时，控制量应随着端口是开路或短路作相应改变。但在求等效电阻时，不能用电阻串、并联公式来计算，只能用：①根据外施电压 u，求出 i—u 关系式，由 $R_0=\dfrac{u}{i}$ 而得；②求出端口电路电压 u_{OC} 和短路电流 i_{SC} 后，由 $R_0=\dfrac{u_{OC}}{i_{SC}}$ 求得。

（4）最大功率传输定理：对于一个给定的线性含源二端口网络 N_0，设其戴维南等效电路中的参数为 u_{OC} 和 R_0，若接上可变负载电阻 R_L，则当 $R_L=R_0$ 时，负载电阻 R_L 从 N_0 获得的最大功率。

（5）互易定理描述一类特殊的线性电路的互易性质，广泛应用于网络的灵敏度分析、测量技术等方面，其内容为：对于仅含线性电阻的二端口电路 N，其中一个端口加激励源，另一个端口作为响应端口（所求响应在该端口），在只有一个激励源的情况下，当激励与响应互换位置时，同一激励所产生的响应相同。

习题 3

3-1 电路如图 3-36 所示，试用支路电流法求各支路电流。

3-2 电路如图 3-37 所示，试用支路电流法求各支路电流。

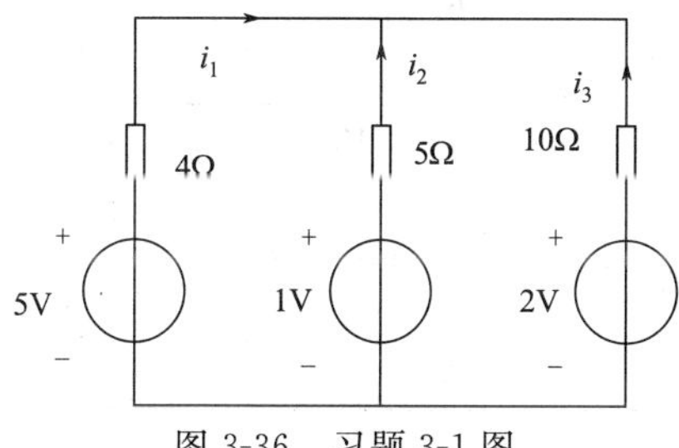

图 3-36 习题 3-1 图

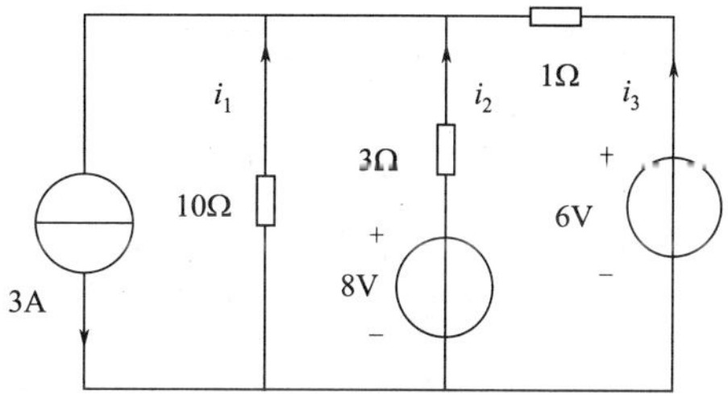

图 3-37 习题 3-2 图

3-3 用支路电流法求图 3-38 中电流 i_1。

3-4 用网孔电流法求图 3-39 所示电路中的 i_x。

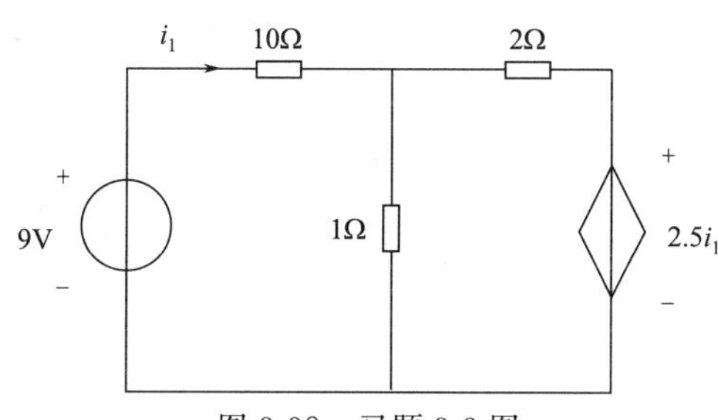

图 3-38 习题 3-3 图

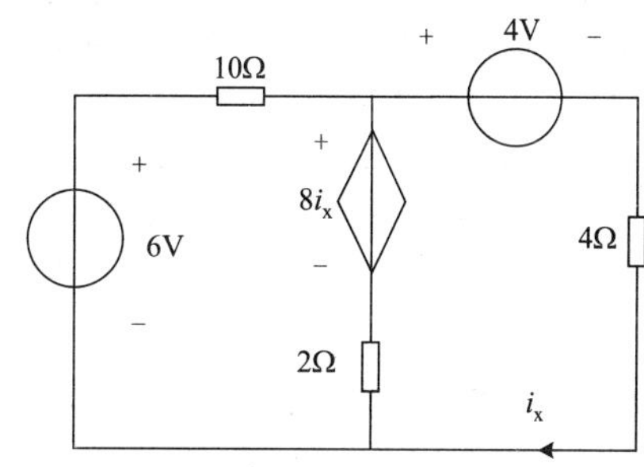

图 3-39 习题 3-4 图

3-5 电路如图 3-40 所示，试分别列出网孔方程（不必求解）。

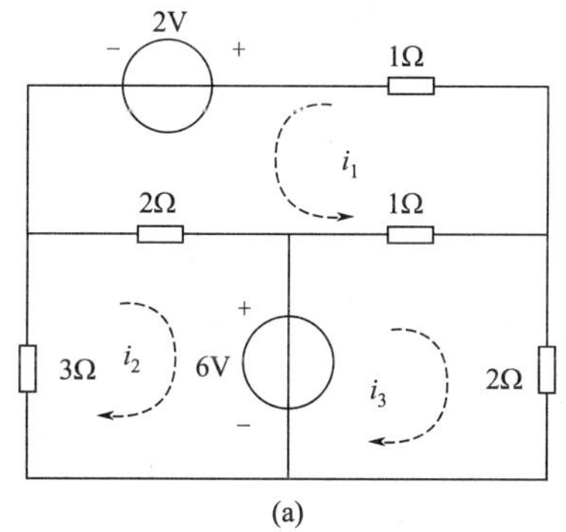

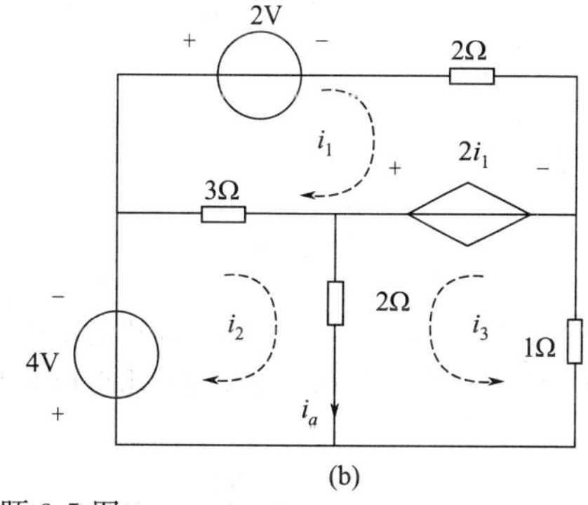

图 3-40 习题 3-5 图

3-6 电路如图 3-41 所示，试用网孔电流法和节点电压法求电压 u。

3-7 列出用网孔电流法和节点电压法分析图 3-42 所示电路所需的方程组（不必求解）。

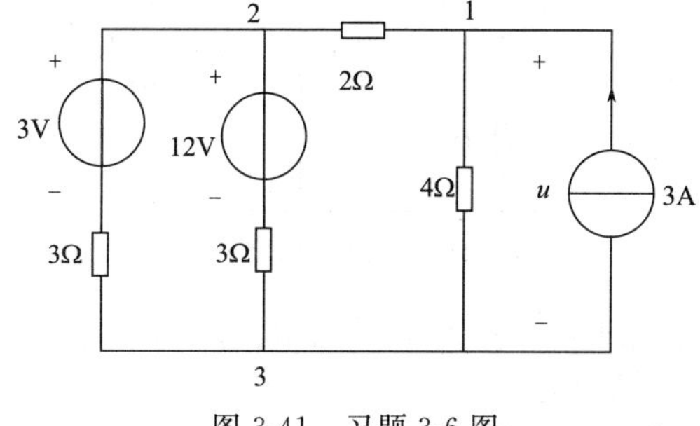

图 3-41 习题 3-6 图

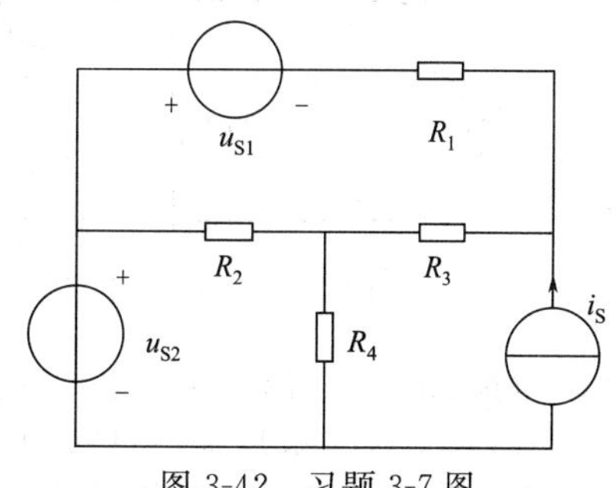

图 3-42 习题 3-7 图

3-8　求图 3-43 所示电路中 a、b 两节点的电位。

3-9　电路如图 3-44 所示，求电压 u 和电流 i。

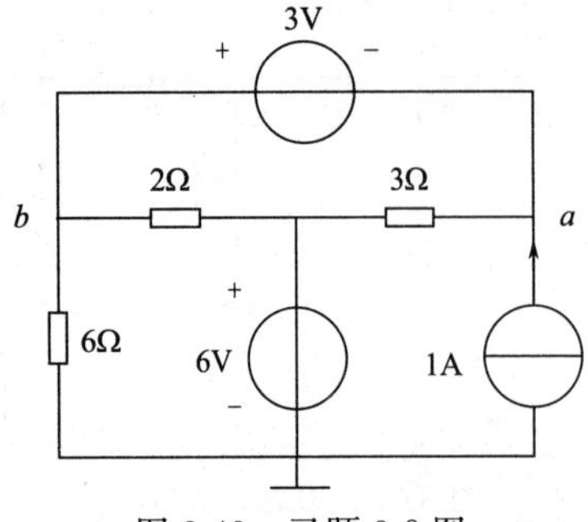

图 3-43　习题 3-8 图

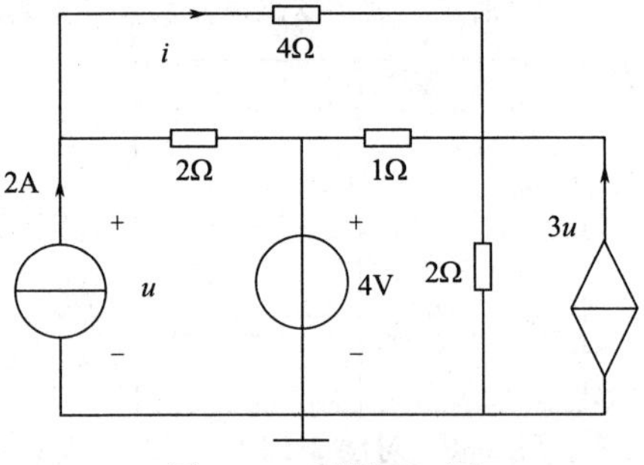

图 3-44　习题 3-9 图

3-10　电路如图 3-45 所示，试用节点电压法求电压 u。

3-11　用最少的方程求解图 3-46 所示的电路的 u_x。

(1) 若 N 为 12V 的独立电压源，正极在 a 端。

(2) 若 N 为 0.5A 的独立电流源，箭头指向 b 端。

(3) 若 N 为 $6u_x$受控电压源，正极在 a 端。

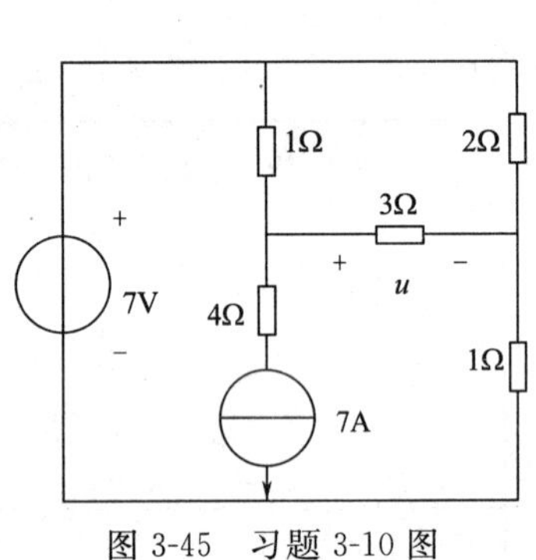

图 3-45　习题 3-10 图

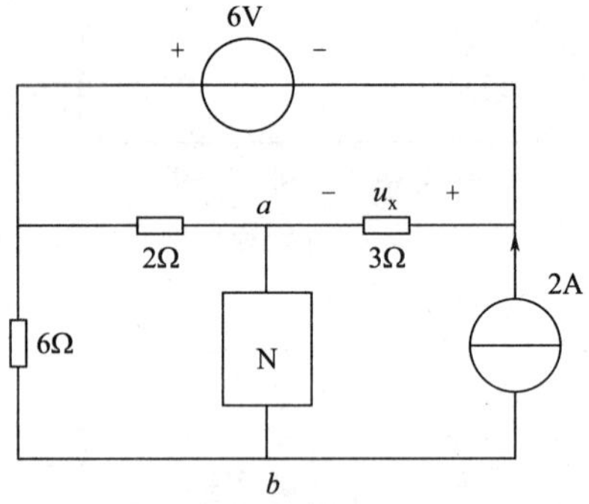

6V
+
−
a
−
u_x
+
2Ω
3Ω
2A
6Ω
N
b

图 3-46　习题 3-11 图

3-12　只用一个方程，求图 3-47 所示电路中的电压 u。

3-13　电路如图 3-48 所示，试用叠加定理求电压 u 和电流 i。

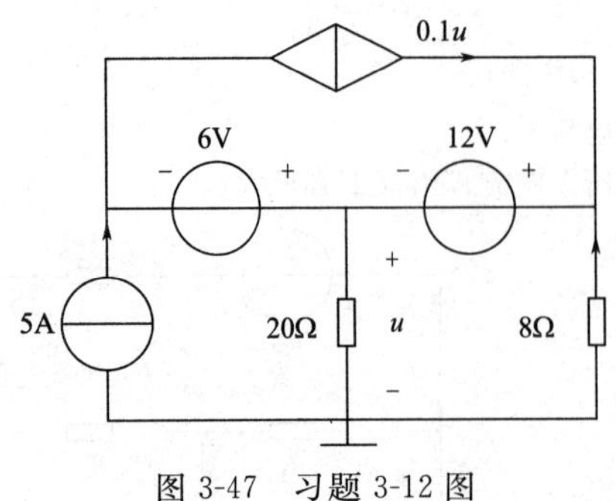

图 3-47　习题 3-12 图

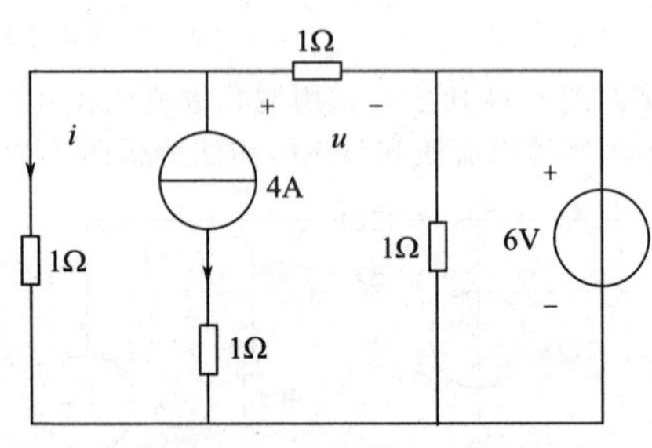

图 3-48　习题 3-13 图

3-14　电路如图 3-49 所示，N 不含独立电源的线性电阻。已知当 $u_S=12V$，$i_S=4A$ 时，$u=0$；当 $u_S=-12V$，$i_S=-2A$ 时，$u=-1V$。求当 $u_S=9V$，$i_S=-1A$ 时电压 u。

3-15　在如图 3-50 所示的电路中，已知 R_x支路的电流为 0.5A，试求 R_x。

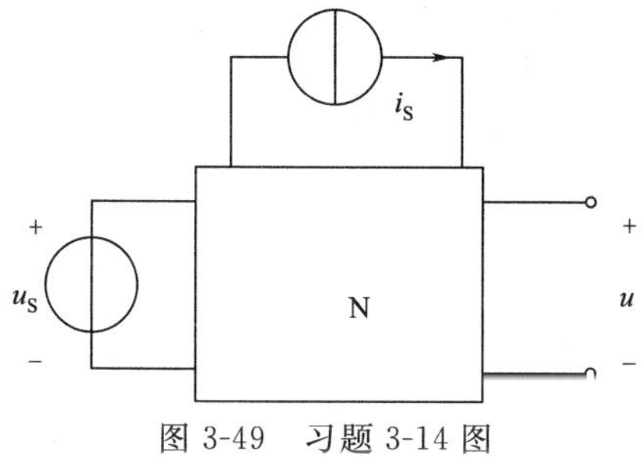

图 3-49　习题 3-14 图

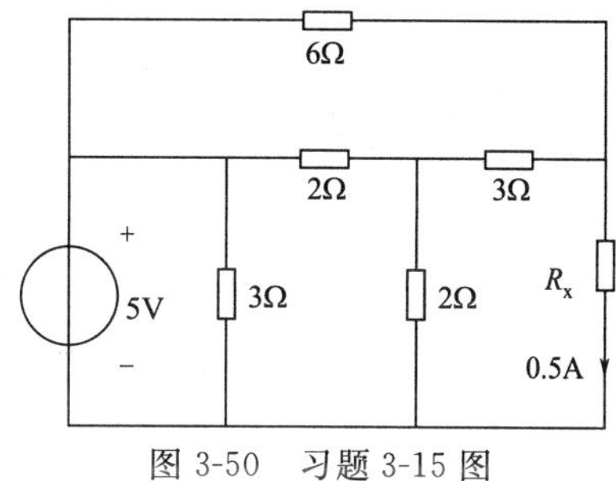

图 3-50　习题 3-15 图

3-16　直流电路如图 3-51 所示，当电压源 $u_S=18$V，$i_S=2$A 时，测得 a、b 端开路电压 $u=0$，当 $u_S=18$V，$i_S=0$ 时，测得 $u=-6$V。试求：

(1) 当 $u_S=30$V，$i_S=4$A 时，$u=$?

(2) 当 $u_S=30$V，$i_S=4$A 时，测得 a、b 端的短路电流为 1A。问在 a、b 端接 $R=2\Omega$ 的电阻时，通过电阻 R 的电流 i_{ab} 是多少？

3-17　(1) 求如图 3-52 所示电路中 a、b 端的戴维南等效电路和诺顿等效电路；(2) 当 a、b 端接可调电阻 R_L 时，问其为何值时能获得最大功率，此最大功率是多少？

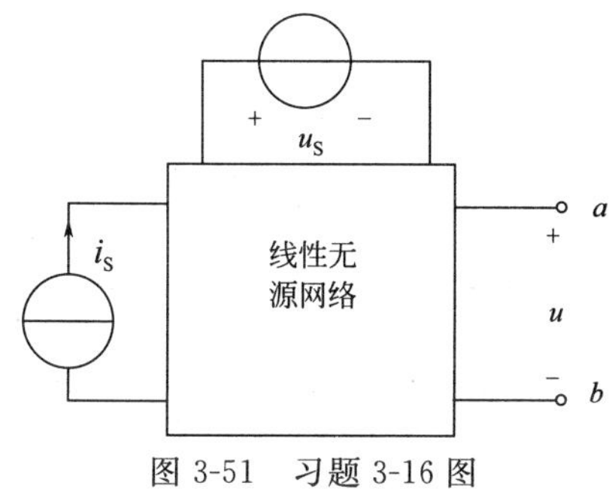

图 3-51　习题 3-16 图

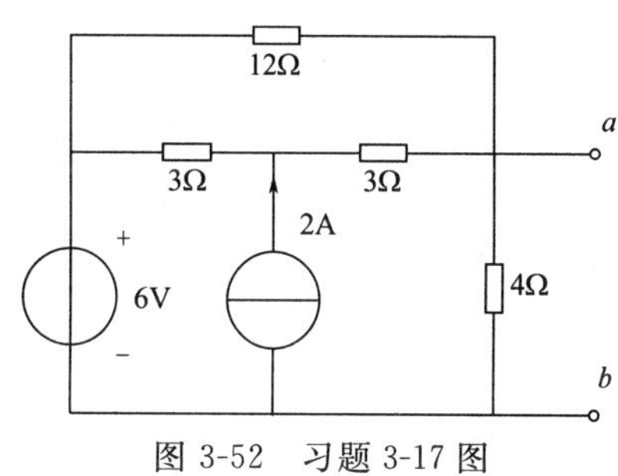

图 3-52　习题 3-17 图

3-18　电路如图 3-53 所示，求端口 ab 的戴维南等效电路和诺顿等效电路。

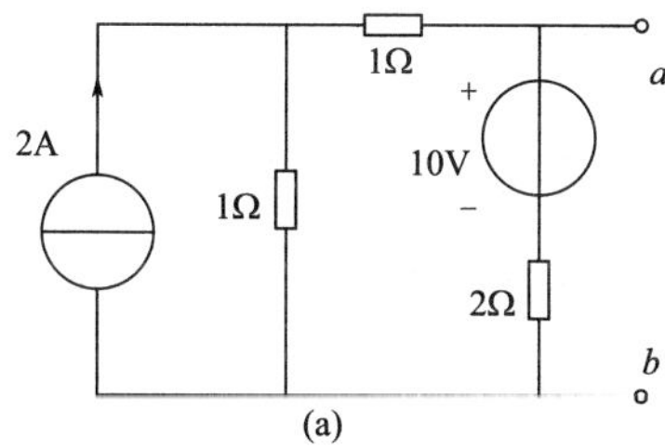

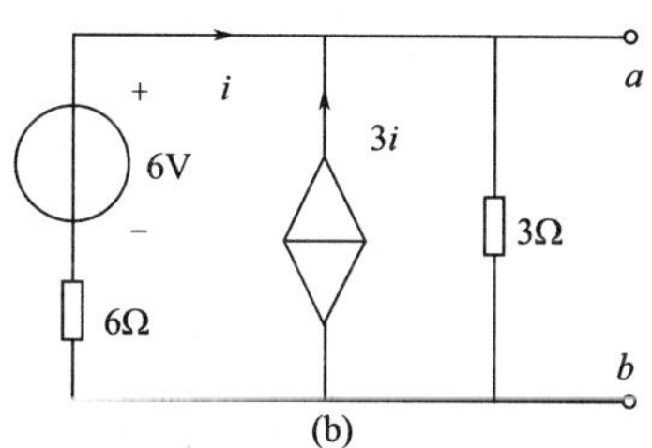

图 3-53　习题 3-18 图

3-19　电路如图 3-54 所示，求 N 吸收的功率 P。

3-20　电路如图 3-55 所示，已知 $u=8$V，求电阻 R。

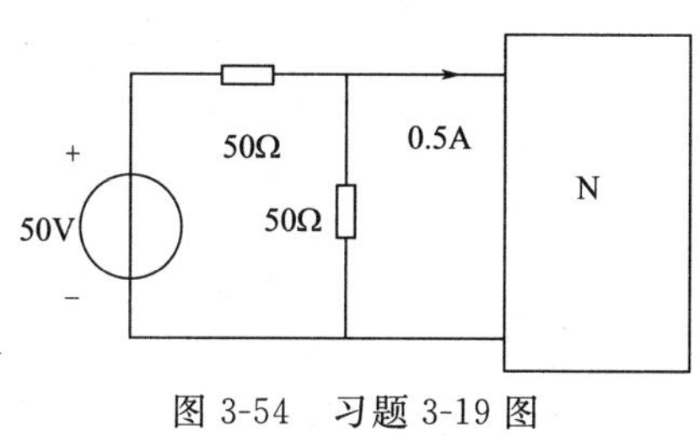

图 3-54　习题 3-19 图

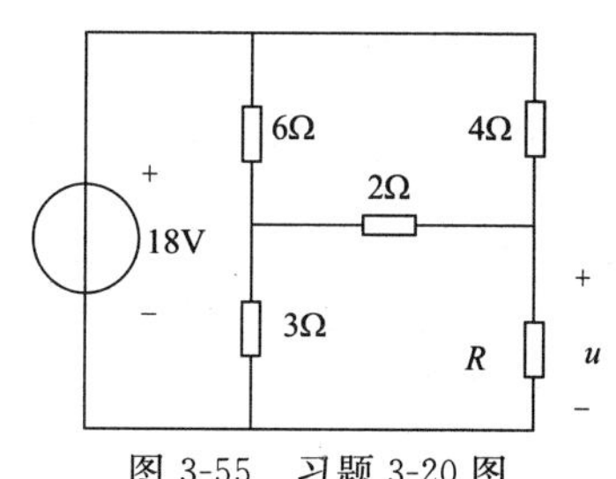

图 3-55　习题 3-20 图

3-21　电路如图 3-56 所示，求 R 为何值时，它能获得最大功率，此最大功率是多少？

3-22　电路如图 3-57 所示，求 R_L 为何值时，它能获得最大功率，此最大功率是多少？

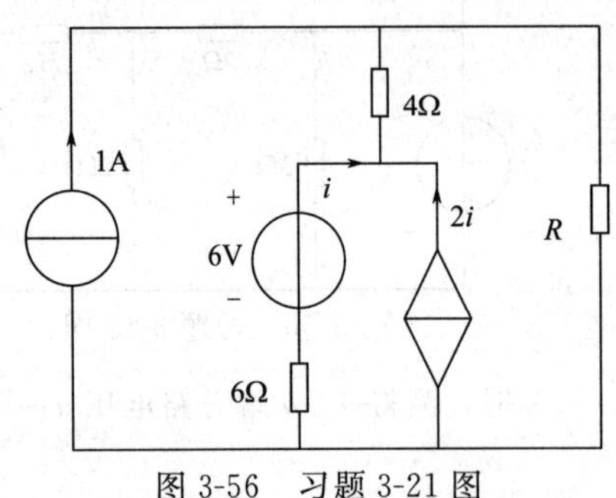

图 3-56　习题 3-21 图

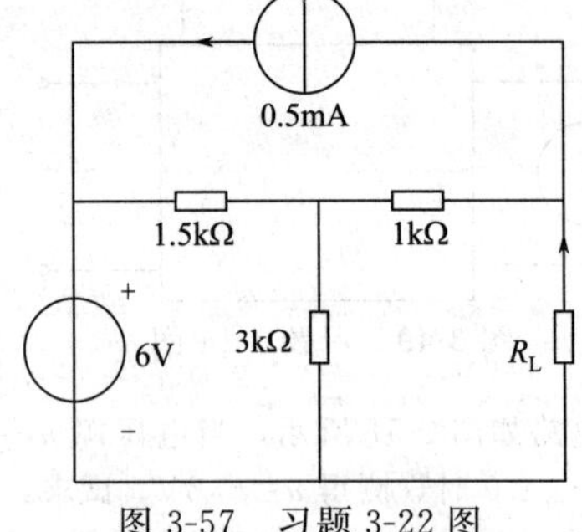

图 3-57　习题 3-22 图

3-23　试用互易定理求图 3-58 所示电路中的 i。

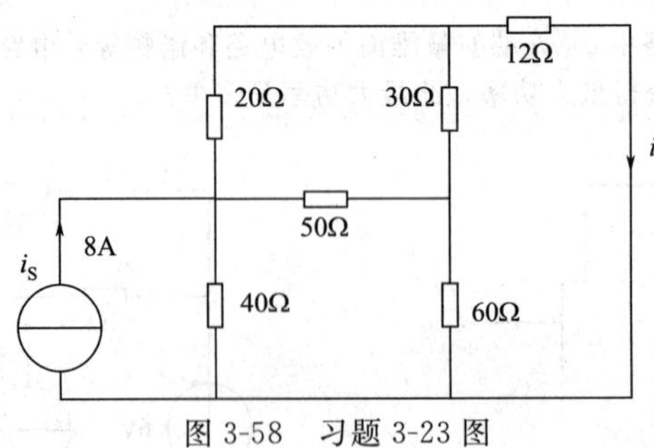

图 3-58　习题 3-23 图

第 4 章

正弦稳态电路的分析

【内容提要】

本章主要介绍正弦交流电的基本概念、相量表示法，然后介绍单一参数电路元件的交流电路、正弦交流电路的一般分析方法，最后介绍功率因数提高的意义和方法及谐振电路。

正弦交流电简称交流电，人们在生产和生活的各个领域中使用的电主要是正弦交流电。因为交流电容易产生，并能用变压器改变电压，便于输送和使用，而且交流电机的结构简单、工作可靠、经济性好，得到广泛的应用。所以，分析和讨论正弦交流电路具有重要的意义。

在正弦稳态电路中，所有响应和激励都是具有相同频率的正弦量，因此它们可以用相量表示。引入相量后，可将求解电路所列写的微分方程转换为复数表示的代数方程，从而大大简化了电路的分析计算过程。

正弦交流电路的基本理论和基本分析方法是学习交流电机、电器及电子技术的重要基础，也是本课程的重要内容之一。

4.1 正弦交流电的基本概念

4.1.1 正弦交流电的“三要素”

在电路中，凡是随时间按正弦规率周期性变化的电压和电流统称为正弦量，或称为正弦交流电。下面以电流为例，来说明正弦量的特征。

设正弦电流的数学表达式为

$$i=I_{\mathrm{m}}\sin(\omega t+\varphi_i) \tag{4-1}$$

式（4-1）的波形图如图 4-1 所示，其中 I_{m}、ω、φ_i 为常数，时间 t 为变化量。

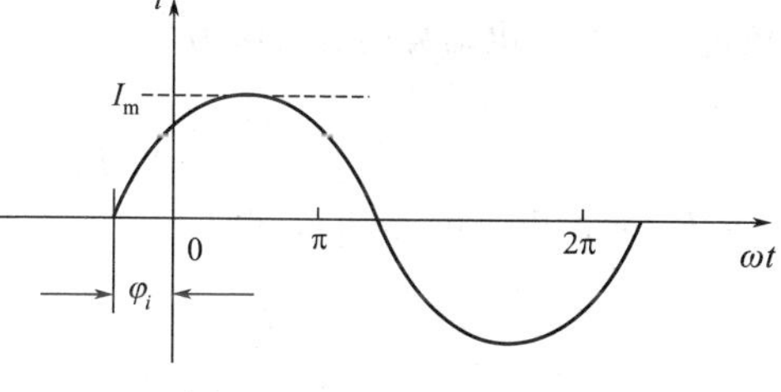

图 4-1 正弦电流波形图

由式（4-1）可以看出，对正弦电流 i 来说，如果 I_{m}、ω、φ_i 已知，则它与时间 t 的关系就是唯一确定的。因此，把 I_{m}（最大值）、ω（角频率）、φ_i（初相）称为正弦交流电的“三要素”。

4.1.2 周期、频率和角频率

正弦量变化一次所需的时间称为周期，用字母 T 表示，单位是秒（s）。正弦量每秒内变化的次数称为频率，用字母 f 表示，单位是赫兹（Hz）。从定义可知，周期与频率互为倒数，即

$$f=\frac{1}{T} \tag{4-2}$$

我国电力系统采用 50Hz 作为标准频率，又称工业频率，简称工频。在式（4-1）中，ω 是正弦量在每秒内变化的弧度，称为角频率，单位为弧度每秒（rad/s）。周期、频率、角频率的关系为

$$\omega=\frac{2\pi}{T}=2\pi f \tag{4-3}$$

式（4-2）和式（4-3）表明，周期、频率和角频率都是说明正弦交流电变化快慢的物理量；三个量中只要知道一个，便可以求出其他两个量。

4.1.3 瞬时值、最大值、有效值

正弦量在任意瞬间的值，称为瞬时值，用小写字母表示，如 u、i、e 分别表示电压、电流和电动势的瞬时值。

正弦量在整个变化过程中所能达到的极值称为最大值，又称幅值，它确定了正弦量变化的范围，用大写字母加下标 m 表示，如 U_m、I_m、E_m 分别表示正弦电压、电流、电动势的最大值，如图 4-1 所示。

正弦量的瞬时值是随时间而变化的，因此不能代表整个正弦量的大小；最大值只能代表正弦量达到极值的大小，同样不适合表征正弦量的大小，在工程技术中通常需要一个特定值来表征正弦量的大小。

由于正弦电流（电压）和直流电流（电压）作用于电阻时都会产生热效应，因此考虑根据其热效应来确定正弦量的大小。一个正弦交流电流和一个直流电流，在相等的时间 t 内通过同一电阻 R 所产生的热量相同，则这个直流电流值就称为该交流电流的有效值，用大写字母表示，如 I、U、E 分别表示正弦电流、电压、电动势的有效值。

正弦电流 i 在一个周期 T 内，通过电阻 R 时所产生的热量为

$$Q_1=0.24\int_0^T i^2R\mathrm{d}t$$

某直流电流 I 在相同的时间 T 内通过同一电阻 R 时所产生的热量为

$$Q_2=0.24I^2RT$$

当 $Q_1=Q_2$ 时，得

$$\int_0^T i^2R\mathrm{d}t=I^2RT$$

由上式可得

$$I=\sqrt{\frac{1}{T}\int_0^T i^2\mathrm{d}t} \tag{4-4}$$

这就是交流电的有效值。

由式（4-4）可知，正弦交流电流的有效值为它在一个周期内的方均根值，同样也可以得到交流电压、交流电动势的有效值为

$$U=\sqrt{\frac{1}{T}\int_0^T u^2\mathrm{d}t}\ ,\ E=\sqrt{\frac{1}{T}\int_0^T e^2\mathrm{d}t}$$

把 $i=I_m\sin\omega t$ 代入式（4-4），得

$$I=\sqrt{\frac{1}{T}\int_0^T I_m^2\sin^2\omega t\mathrm{d}t}=\frac{I_m}{\sqrt{2}}=0.707I_m$$

即

$$I_m=\sqrt{2}I$$

与此类似，正弦交流电压、电动势的有效值与最大值的关系为

$$U_m=\sqrt{2}U \tag{4-5}$$

$$E_m=\sqrt{2}E \tag{4-6}$$

由此可见，正弦交流电的最大值等于其有效值的 $\sqrt{2}$ 倍。因此，可以把正弦量 i 改写为

$$i=\sqrt{2}I\sin(\omega t+\varphi_i) \tag{4-7}$$

可见，也可以用 I、ω、φ_i 来表示正弦交流电的三要素。一般的交流电压表和电流表的读数

指的就是有效值，电气设备标牌上的额定值等都是有效值。但是，电气设备与电子器件的耐压是按最大值选取的，否则，当电气设备的交流电流（电压）达到最大值时设备就有被击穿损坏的危险。

4.1.4 相位、初相位、相位差

在式（4-7）中，随时间变化的角度（$\omega t+\varphi_i$）称为正弦交流电的相位，或相位角，它反映了正弦交流电随时间变化的进程。其中，φ_i是正弦量在$t=0$时的相位，称为初相位，简称初相，其单位用弧度或度来表示，取值范围为$|\varphi_i|\leqslant\pi$。

在正弦交流电路中，两个同频率正弦量相位之差称为相位差，用字母φ表示。例如，设两个同频率正弦量为

$$u=U_m\sin(\omega t+\varphi_u)$$
$$i=I_m\sin(\omega t+\varphi_i)$$

则它们的相位差φ为

$$\varphi=(\omega t+\varphi_u)-(\omega t+\varphi_i)=\varphi_u-\varphi_i \tag{4-8}$$

可见，两个同频率正弦量的相位差等于它们的初相之差，通常情况下，$|\varphi|\leqslant\pi$。

由于相位差的存在，表示两个同频率正弦量的变化进程不同，根据φ的不同有以下几种变化进程。

当$\varphi>0$，即$\varphi_u>\varphi_i$时，在相位上电压u比电流i先达到最大值，称电压超前电流φ角，或称电流滞后电压φ角，如图4-2(a)所示。

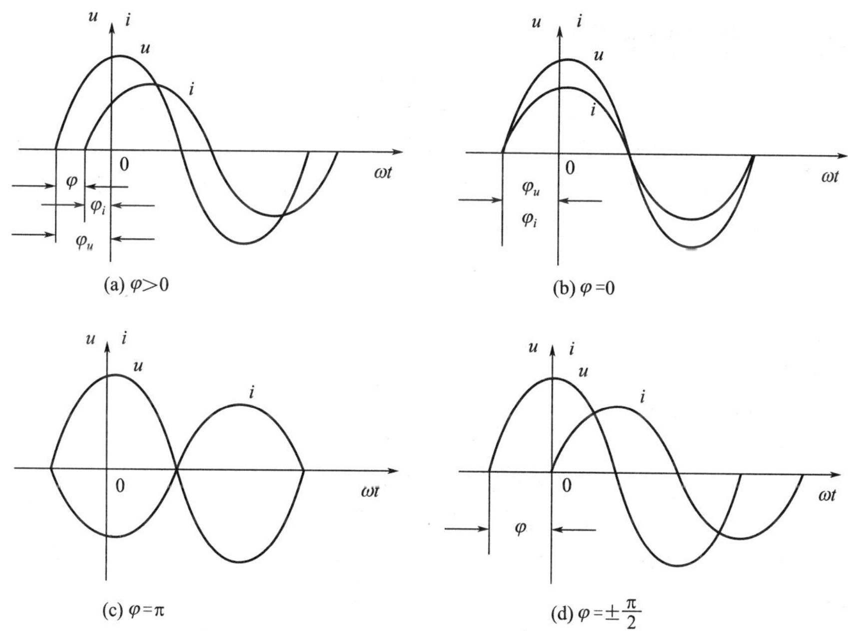

图4-2 两个同频率正弦量的相位关系

当$\varphi=0$，即$\varphi_u=\varphi_i$时，表示两个正弦量的变化进程相同，称电压u与电流i同相，如图4-2(b)所示。

当$\varphi=\pm\pi$时，表示两个正弦量的变化进程相反，称电压u与电流i反相，如图4-2(c)所示。

当$\varphi=\pm\frac{\pi}{2}$时，表示两个正弦量的变化进程相差90°，称电压u与电流i正交，如图4-2(d)所示。

应当注意，以上关于相位关系的讨论，只是针对相同频率的正弦量来说的；两个不同频率的正弦量的相位差是随时间变化的，不是常数，在此讨论其相位关系是没有意义的。

【例 4-1】有一正弦交流电压，频率为 50Hz，最大值为 220V，当 $t=0$ 时，其瞬时值为 110V，试写出其瞬时值的表达式。

解：设该电压的瞬时值表达式为

$$u=U_{\mathrm{m}}\sin(\omega t+\varphi_u)$$

当 $t=0$ 时，其电压为 110V，最大值为 220V，则

$$110=220\sin\varphi_u$$

则

$$\varphi_u=30°\text{或}150°$$

又因为

$$\omega=2\pi f=2\pi\times 50=314(\mathrm{rad/s})$$

因此，正弦交流电压瞬时值表达式为

$$u=220\sin(314t+30°)\mathrm{V}\text{ 或 }u=220\sin(314t+150°)(\mathrm{V})$$

【例 4-2】某两个正弦电流分别为 $i_1=2\sin(\omega t+45°)(\mathrm{A})$，$i_2=3\sin(\omega t-15°)(\mathrm{A})$，试求两者的相位差，并说明两者的相位关系。

解：i_1的初相位 $\varphi_1=45°$，i_2的初相位 $\varphi_2=-15°$，所以 i_1与 i_2的相位差为

$$\varphi=\varphi_1-\varphi_2=60°$$

所以，i_1超前 $i_2$60°，或者说 i_2滞后 $i_1$60°。

4.2 正弦量的相量表示法

正弦量可以用正弦函数及其波形图直观地表示出来。但是，利用这两种方法来分析计算电路，运算将会十分的繁琐。为此，引入了“相量法”的概念，把三角函数运算简化为复数形式的代数运算，极大地简化了正弦交流电路的分析计算过程。相量法是以复数和复数的运算为基础的，为此，首先介绍有关复数的基础知识。

4.2.1 复数

1）复数的表示方法

（1）复数的代数形式

设 F 为一个复数，则其代数形式为

$$F=a+\mathrm{j}b$$

式中，a、b 是任意实数，分别是复数的实部和虚部；$\mathrm{j}=\sqrt{-1}$ 为虚数单位。虚数单位在数学中用 i 表示，在电工技术中，为了与电流 i 相区别，则用 j 来表示虚数单位。

复数 F 也可以用复平面内的一条有向线段来表示，如图 4-3 所示，线段的长度用 r 表示，称为复数 F 的模，其与实轴方向的夹角用 φ 表示，称为复数 F 的辐角。

$$r=\sqrt{a^2+b^2},\varphi=\arctan\frac{b}{a} \tag{4-9}$$

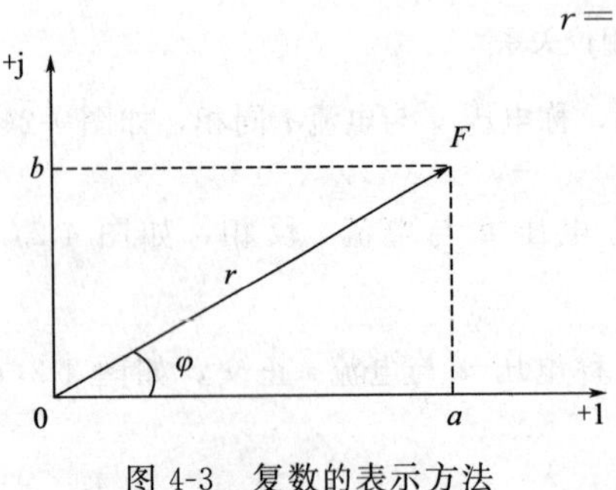

图 4-3 复数的表示方法

（2）复数的三角函数形式

由式（4-9）得

$$a=r\cos\varphi,b=r\sin\varphi$$

则有 $F=r\cos\varphi+\mathrm{j}r\sin\varphi=r(\cos\varphi+\mathrm{j}\sin\varphi)$

根据欧拉公式 $\mathrm{e}^{\mathrm{j}\varphi}=\cos\varphi+\mathrm{j}\sin\varphi$，可以得出复数的指数形式。

（3）复数的指数形式

复数的指数形式为

$$F = r\mathrm{e}^{\mathrm{j}\varphi}$$

(4) 复数的极坐标形式

复数的极坐标形式为

$$F = r\angle\varphi$$

以上是复数 4 种的形式，它们之间可以互相转换。

2) 复数的运算

(1) 复数的加减运算　复数的加减运算一般采用代数形式和三角函数形式，即复数的实部与实部相加减；虚部与虚部相加减。

例如
$$F_1 = a_1 + \mathrm{j}b_1$$
$$F_2 = a_2 + \mathrm{j}b_2$$

则
$$F_1 \pm F_2 = (a_1 \pm a_2) + \mathrm{j}(b_1 \pm b_2)$$

复数的加减运算也可以在复平面内用平行四边形法则作图来完成，如图 4-4 所示。

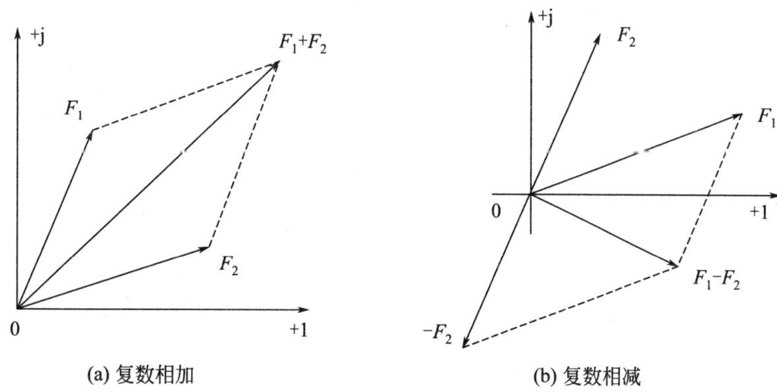

图 4-4　复数的加减运算

(2) 复数的乘除运算　复数的乘除运算一般采用指数形式和极坐标的形式进行。当两个复数相乘时，其模相乘，辐角相加；当两个复数相除时，其模相除，辐角相减。

例如
$$F_1 = r_1\mathrm{e}^{\mathrm{j}\varphi_1}$$
$$F_2 = r_2\mathrm{e}^{\mathrm{j}\varphi_2}$$

则
$$F_1F_2 = r_1r_2\mathrm{e}^{\mathrm{j}(\varphi_1+\varphi_2)}$$
$$\frac{F_1}{F_2} = \frac{r_1}{r_2}\mathrm{e}^{\mathrm{j}(\varphi_1-\varphi_2)}$$

注意：复数中关于虚数单位 j，常有下列关系

$$\mathrm{j}^2 = -1, \mathrm{j}^3 = -\mathrm{j}, \mathrm{j}^4 = 1, \mathrm{j}^{-1} = \frac{1}{\mathrm{j}} = -\mathrm{j}$$

另外，j 与 90°辐角之间的关系为

$$\mathrm{j} = \cos 90^\circ + \mathrm{j}\sin 90^\circ = \mathrm{e}^{\mathrm{j}90^\circ} = \angle 90^\circ$$
$$-\mathrm{j} = \cos 90^\circ - \mathrm{j}\sin 90^\circ = \mathrm{e}^{-\mathrm{j}90^\circ} = \angle -90^\circ$$

4.2.2 正弦量的相量表示法

一个正弦量是由其有效值（最大值）、角频率以及初相位来决定的。在分析线性电路时，正弦激励和响应均为同频率的正弦量，因此，可以频率这个要素作为已知量，这样，正弦量就可以由有效值（最大值）、初相位来决定了。由复数的指数形式可知，复数也有两个要素，即复数的模和辐角。这样就可以将正弦量用复数来描述，用复数的模表示正弦量的大小，用复数的辐角表示正弦量的初相位，这种用来表示正弦量的复数称为正弦量的相量。

例如，正弦电流 $i = I_\mathrm{m}\sin(\omega t + \varphi_i)$，其最大值相量形式为$\dot{I}_\mathrm{m} = I_\mathrm{m}\mathrm{e}^{\mathrm{j}\varphi_i}$，其有效值相量形式为

$\dot{I}=Ie^{j\varphi_i}$。可见，正弦量与表示正弦量的相量是一一对应的关系。

为了与一般的复数相区别，用来表示正弦量的复数用大写字母上加“·”表示。

相量是一个复数，它在复平面上的图形称为相量图。画在同一个复平面上表示各正弦量的相量，其频率相同。因此，在画相量图时应注意，相同的物理量应成比例；另外还要注意各个正弦量之间的相位关系。比如，正弦电流

$$i_1=5\sqrt{2}\sin(314t+45°)\text{V}$$

$$i_2=3\sqrt{2}\sin(314t-30°)\text{V}$$

其有效值相量分别为$\dot{I}_1=5e^{j45°}$ A，$\dot{I}_2=3e^{-j30°}$ A，两者的相位差为$\varphi=\varphi_1-\varphi_2=75°$，如图 4-5 所示。

需要注意的是，正弦量是时间的函数，而相量并非时间的函数；相量可以表示正弦量，但不等于正弦量；只有同频率的正弦量才能画在同一个相量图上，不同频率的正弦量不能画在同一个相量图上，也无法用相量来进行分析计算。

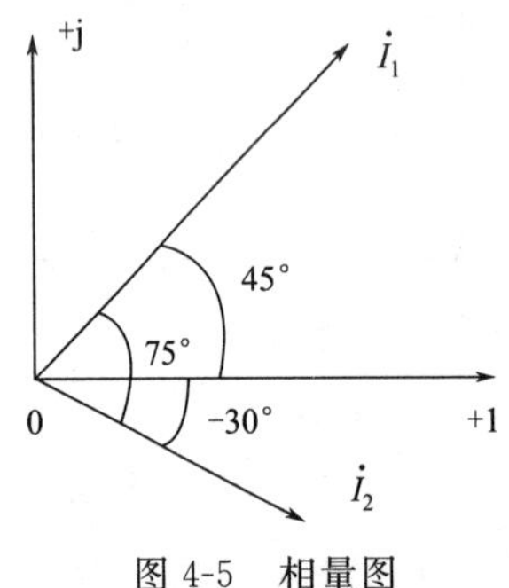

图 4-5　相量图

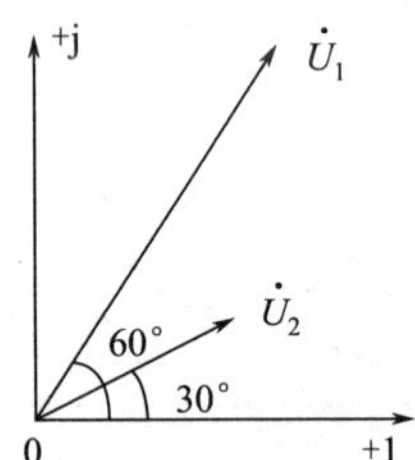

图 4-6　例 4-3 向量图

【例 4-3】试写出正弦量$u_1=220\sqrt{2}\sin(\omega t+60°)$A，$u_2=110\sqrt{2}\sin(\omega t+30°)$A 的相量，并画出相量图。

解： u_1对应的有效值相量为$\dot{U}_1=220\angle 60°$(V)

u_2对应的有效值相量为$\dot{U}_2=110\angle 30°$(V)

相量图如图 4-6 所示。

【例 4-4】已知正弦量，$i_1=5\sqrt{2}\sin(\omega t+53.2°)$A，$i_2=5\sqrt{2}\sin(\omega t+36.8°)$A，试求$i=i_1+i_2$。

解： i_1对应的有效值相量为

$$\dot{I}_1=5\angle 53.2°=(3+j4)(\text{A})$$

i_2对应的有效值相量为

$$\dot{I}_2=5\angle 36.8°=(4+j3)(\text{A})$$

$$\dot{I}=\dot{I}_1+\dot{I}_2=7+j7=7\sqrt{2}\angle 45°(\text{A})$$

其对应的正弦量为

$$i=14\sin(\omega t+45°)(\text{A})$$

4.3 单一参数电路元件的交流电路

最简单的交流电路是由电阻、电感、电容单个电路元件组成的，这些电路元件仅由 R、L、C 三个参数中的一个来表征其特性，故称这种电路为单一参数电路元件的交流电路。工程实际中的某些电路就可以作为单一参数电路元件的交流电路来处理；另外，复杂的交流电路也可以认为是由单一参数电路元件组合而成的，因此掌握单一参数电路元件的交流电路的分析是十分重

要的。

4.3.1 纯电阻正弦交流电路

1）正弦电压与电流的关系

如图 4-7 所示为仅含有电阻元件的交流电路。设在关联参考方向下，任意瞬时在电阻 R 两端施加电压为

$$u_R=\sqrt{2}U_R\sin\omega t\,(\mathrm{V})$$

根据欧姆定律，通过电阻 R 的电流为

$$i_R=\frac{u_R}{R}=\frac{\sqrt{2}U_R\sin\omega t}{R}=\sqrt{2}I_R\sin\omega t \tag{4-10}$$

式（4-10）中，$\varphi_u=\varphi_i=0$，$I_{Rm}=\dfrac{U_{Rm}}{R}$，$I_R=\dfrac{U_R}{R}$。

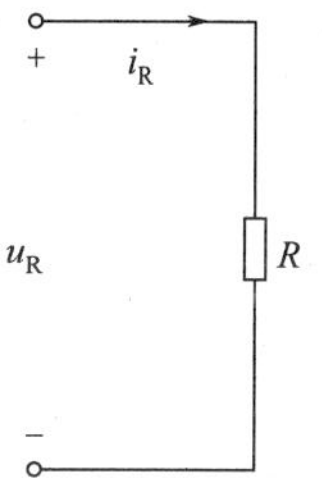

图 4-7　电阻电路

因此，在电阻元件的交流电路中，通过电阻的电流 i_R 与其电压 u_R 是同频率、同相位的两个正弦量，其波形如图 4-8 所示；且电压与电流的瞬时值、有效值、最大值之间均符合欧姆定律。

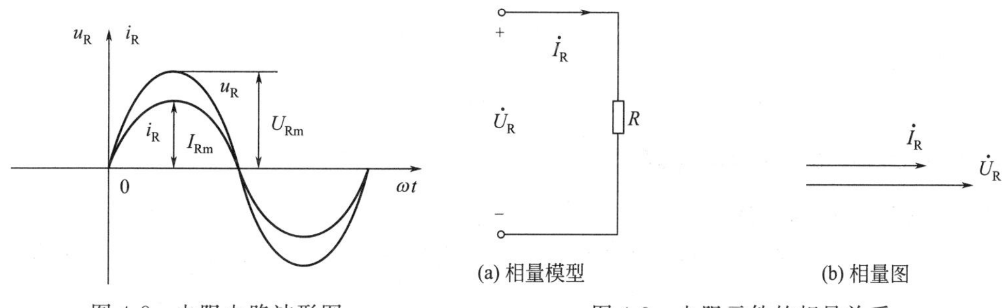

图 4-8　电阻电路波形图

图 4-9　电阻元件的相量关系

用相量的形式来分析电阻电路，其相量模型如图 4-9(a) 所示。将电阻元件的电压和电流用相量形式表示有

$$\dot{U}_R=U_R\angle 0^\circ$$

$$\dot{I}_R=I_R\angle 0^\circ=\frac{U_R}{R}\angle 0^\circ=\frac{\dot{U}_R}{R} \tag{4-11}$$

式（4-11）是电阻电路中欧姆定律的相量形式。由此也可看出，电阻电路的电压和电流同相，其相量图如图 4-9(b) 所示。

【例 4-5】把一个 22kΩ 的电阻接到频率为 50Hz，电压有效值为 220V 的正弦电源上，求通过电阻的电流有效值是多少？如果电压值不变，电源频率改为 500Hz，这时的电流又是多少？

解：电阻电流的有效值为

$$I=\frac{U}{R}=\frac{220}{22000}=0.01\mathrm{A}=10(\mathrm{mA})$$

由于电阻元件电阻的大小与频率无关，所以频率改变后，电流仍为 10mA。

2）电阻电路中的功率

电路任意瞬时所吸收的功率称为瞬时功率，用 p 表示。它等于该瞬时的电压与电流的乘积。因此，电阻电路所吸收的瞬时功率为

$$p=u_Ri_R=\sqrt{2}U_R\sin\omega t\cdot\sqrt{2}I_R\sin\omega t=U_RI_R(1-\cos 2\omega t) \tag{4-12}$$

瞬时功率的单位：瓦（W）或千瓦（kW）。

由式（4-12）可以看出，瞬时功率 p 总是大于零，说明电阻是耗能元件。

瞬时功率无实际意义，通常所说的功率是指电路在一个周期内所消耗（吸收）功率的平均值，称为平均功率或有功功率，用 P 表示。有功功率的单位：瓦（W）或千瓦（kW）。

$$P=\frac{1}{T}\int_0^T U_R I_R(1-\cos2\omega t)\mathrm{d}t=U_R I_R=I_R^2 R=\frac{U_R^2}{R} \tag{4-13}$$

可见，电阻消耗的功率与直流电路有相似的公式，即 $P=U_R I_R=I_R^2 R=\frac{U_R^2}{R}$，这里 U_R 和 I_R 是正弦电压和正弦电流的有效值。

【例 4-6】今有一白炽灯，若其工作时的电阻为 322.67Ω，两端的正弦电压为 $u=220\sqrt{2}\sin(314t-60°)$V，试求（1）通过白炽灯的电流相量及瞬时值表达式；（2）白炽灯工作时的平均功率。

解：（1）电压相量为

$$\dot{U}=U\angle\varphi_u=220\angle-60°(\mathrm{V})$$

电流相量为

$$\dot{I}=\frac{\dot{U}}{R}=\frac{220}{322.67}\angle-60°\approx0.682\angle-60°(\mathrm{A})$$

电流的瞬时值表达式为

$$i=0.682\sqrt{2}\sin(314t-60°)(\mathrm{A})$$

（2）平均功率

$$P=UI=220\times0.682=150(\mathrm{W})$$

4.3.2 纯电感正弦交流电路

1）正弦电压与电流的关系

如图 4-10 所示为仅含有电感元件的交流电路。设任意瞬时，电压 u_L 和电流 i_L 在关联参考方向下的关系为

$$u_L=L\frac{\mathrm{d}i_L}{\mathrm{d}t}$$

如设电流为参考相量，即

$$i_L=\sqrt{2}I_L\sin\omega t \tag{4-14}$$

则有

$$u_L=L\frac{\mathrm{d}i_L}{\mathrm{d}t}=\sqrt{2}\omega LI_L\cos\omega t=\sqrt{2}\omega LI_L\sin(\omega t+90°)$$

$$=\sqrt{2}U_L\sin(\omega t+90°) \tag{4-15}$$

在式（4-15）中，$U_L=\omega LI_L=X_L I_L$ 或 $U_{Lm}=\omega LI_{Lm}=X_L I_{Lm}$，其中

$$X_L=\frac{U_L}{I_L}=\omega L \tag{4-16}$$

这里 X_L 称为电感元件的电抗，简称感抗；单位为欧姆（Ω）。

由式（4-14）和式（4-15）可以看出，当正弦电流通过电感元件时，在电感上产生一个同频率的、相位超前电流 90°的正弦电压，其波形图如图 4-11 所示。

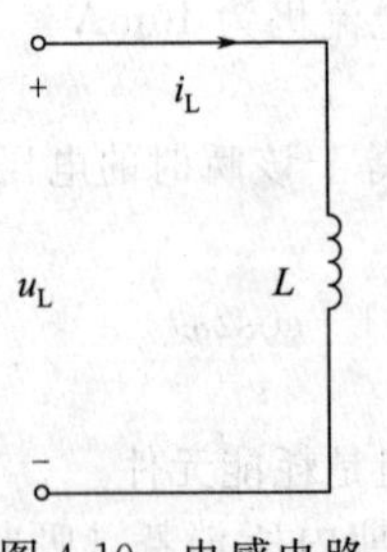

图 4-10 电感电路

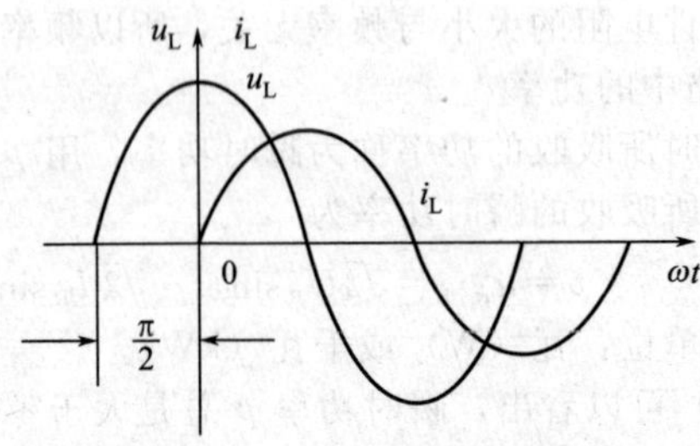

图 4-11 电感电路波形图

式（4-16）表明：电感元件端电压和电流的有效值之间符合欧姆定律。

下面用相量的形式来分析电感电路，其相量模型如图 4-12(a) 所示。由式（4-14）和式（4-15)可以写出电感元件电流和电压的相量形式分别为

$$\dot{I}_L = I_L\angle 0^\circ \tag{4-17}$$

$$\dot{U}_L = \omega L I_L \angle 90^\circ = \mathrm{j}X_L\dot{I}_L$$

式（4-17）是电感电路欧姆定律的相量形式，其相量图如 4-12(b) 所示。

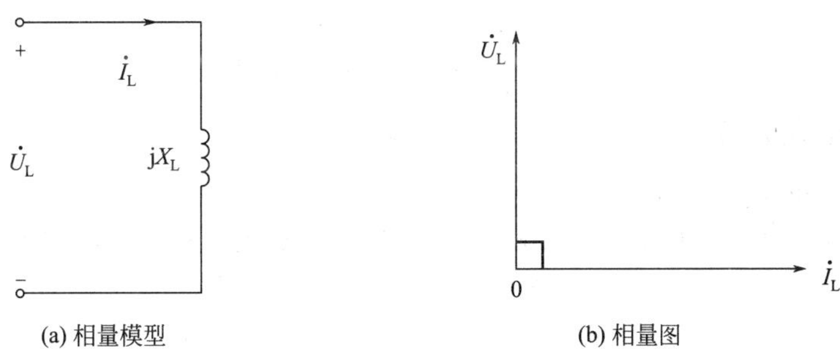

图 4-12　电感元件的相量关系

【例 4-7】把一个 0.1H 的电感元件接到频率为 50Hz，电压有效值为 150V 的正弦电源上，求通过电感的电流有效值是多少？如果电压值不变，电源频率改为 1000Hz，这时的电流有效值又是多少？

解：当 $f=50\text{Hz}$ 时

$$X_L = 2\pi f L = 2\times 3.14\times 50\times 0.1 = 31.4(\Omega)$$

$$I_L = \frac{U}{X_L} = \frac{150}{31.4} = 4.8(\text{A})$$

当 $f=1000\text{Hz}$ 时

$$X_L = 2\pi f L = 2\times 3.14\times 1000\times 0.1 = 628(\Omega)$$

$$I_L = \frac{U}{X_L} = \frac{150}{628} = 0.24(\text{A})$$

2）电感电路中的功率

电感电路所吸收的瞬时功率为

$$p = u_L i_L = \sqrt{2}U_L\sin(\omega t + 90^\circ)\cdot\sqrt{2}I_L\sin\omega t = U_L I_L\sin 2\omega t \tag{4-18}$$

可见，电感从电源吸收的瞬时功率是幅值为 $U_L I_L$，并以 2ω 的角频率随时间变化的正弦量。其平均功率（有功功率）为

$$P = \frac{1}{T}\int_0^T U_L I_L \sin 2\omega t\,\mathrm{d}t = 0$$

这就是说，电感不消耗功率，只与电源之间存在着能量的交换；所以，电感是一个储能元件。电感与电源之间功率交换的最大值用 Q_L 表示。即

$$Q_L = U_L I_L = I_C^2 X_L = \frac{U_L^2}{X_L} \tag{4-19}$$

式（4-19）与电阻电路中的 $P = U_R I_R = I_R^2 R = \dfrac{U_R^2}{R}$ 虽然在形式上是相似的，但有本质的区别。P 是电路中消耗的功率，而 Q_L 只反映电路中能量互换的速率，称为无功功率，单位为乏（var）或千乏（kvar）。

【例 4-8】设有一电感线圈，其电感 $L=0.3\text{H}$，电阻可略去不计，将其接于 50Hz、220V 的电源上，试求：(1) 该电感的感抗 X_L；(2) 电路中的电流 I 及其与电压的相位差 φ；(3) 电感的无功功率 Q_L。

解：(1) 感抗 $X_L=2\pi fL=2\pi\times50\times0.3=94.2(\Omega)$

(2) 设电压$\dot{U}$为参考向量，即

$$\dot{U}=220\angle0°\ (\text{V})$$

$$\dot{I}=\frac{\dot{U}}{\text{j}X_L}=\frac{220\angle0°}{\text{j}94.2}=-\text{j}2.34(\text{A})$$

即，电流的有效值 $I=2.34\text{A}$，相位上滞后于电压 90°。

(3) 无功功率为

$$Q_L=I^2X_L=2.34^2\times94.2=515.8(\text{var})$$

4.3.3 纯电容电路

1) 正弦电压与电流的关系

如图 4-13 所示为仅含有电容元件的交流电路。设任意瞬时，电压 u_C 和电流 i_C 在关联参考方向下的关系为

$$i_C=C\frac{\text{d}u_C}{\text{d}t}$$

如设电压为参考相量，即

$$u_C=\sqrt{2}U_C\sin\omega t \tag{4-20}$$

则有

$$i_C=C\frac{\text{d}u_C}{\text{d}t}=\sqrt{2}\omega CU_C\cos\omega t=\sqrt{2}\omega CU_C\sin(\omega t+90°)$$
$$=\sqrt{2}I_C\sin(\omega t+90°) \tag{4-21}$$

式 (4-21) 中，$I_C=\omega CU_C$，即

$$\frac{U_C}{I_C}=\frac{1}{\omega C}=\frac{1}{2\pi fC}=X_C \tag{4-22}$$

在式 (4-22) 中，X_C称为电容的电抗，简称容抗；单位为欧姆（Ω）。

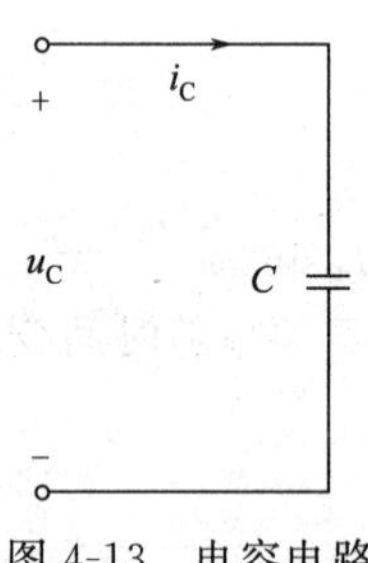

图 4-13 电容电路

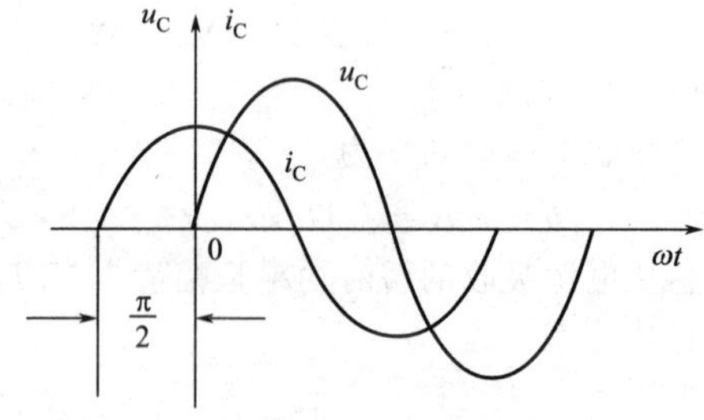

图 4-14 电容电路波形图

由式 (4-20) 和式 (4-21) 可以看出，当电容元件的两端施加正弦电压时，在电容上产生一个同频率的、相位超前电压 90°的正弦电流，其波形图如图 4-14 所示。

式 (4-22) 表明：电容元件端电压和电流的有效值之间符合欧姆定律。

下面用相量的形式来分析电容电路，其相量模型如图 4-15(a) 所示。由式 (4-20) 和式 (4-21) 可以写出电容元件电压和电流的相量形式分别为

$$\dot{U}_C=U_C\angle0°$$

$$\dot{I}_C=\omega CU_C\angle90°=\frac{\dot{U}_C}{-\text{j}\frac{1}{\omega C}}=\frac{\dot{U}_C}{-\text{j}X_C}\quad \text{或}\quad \dot{U}_C=-\text{j}X_C\dot{I}_C \tag{4-23}$$

式 (4-23) 是电容电路欧姆定律的相量形式，其相量图如图 4-15(b) 所示。

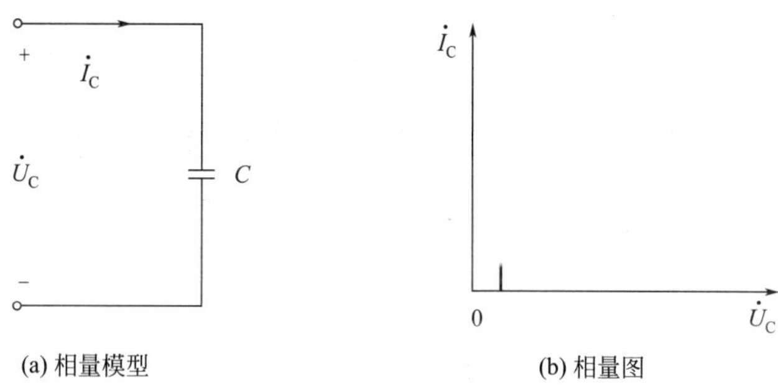

图 4-15　电容元件的相量关系

【例 4-9】在电容为 637μF 的电容器两端加 $u=220\sqrt{2}\sin(314t+45°)$ V 的电压，试求电容的电流。

解：$X_C=\dfrac{1}{\omega C}=\dfrac{1}{314\times637\times10^{-6}}=5(\Omega)$

因为　　$U_C=220V$

电容电流的有效值为　　$I_C=\dfrac{U_C}{X_C}=\dfrac{220}{5}=44(A)$

由于电容的电流要超前电压 90°，而 $\varphi_u=45°$，所以，$\varphi_i=135°$

则有　　$i_C=44\sqrt{2}\sin(314t+135°)(A)$

2）电容电路中的功率

电容电路所吸收的瞬时功率为

$$p=u_Ci_C=\sqrt{2}U_C\sin\omega t\cdot\sqrt{2}I_C\sin(\omega t+90°)=U_CI_C\sin2\omega t$$

可见，电容从电源吸收的瞬时功率是幅值为 U_CI_C，并以 2ω 的角频率随时间变化的正弦量。其平均功率（有功功率）为

$$P=\frac{1}{T}\int_0^T U_CI_C\sin2\omega t\,dt=0$$

这就是说，电容不消耗有功功率，只与电源之间存在着能量的交换；所以，电容也是一个储能元件。

与电感相似，电容与电源之间功率交换的最大值，称为无功功率，用 Q_C表示。即

$$Q_C=U_CI_C=I_C^2X_C=\frac{U_C^2}{X_C} \tag{4-24}$$

【例 4-10】设有一电容器，其电容 $C=20\mu F$，电阻可略去不计，将其接于 50Hz、220V 的电源上，试求：

（1）该电容的容抗 X_C；

（2）电路中的电流 I 及其与电压的相位差 φ；

（3）电容的无功功率 Q_C

解：（1）容抗 $X_C=\dfrac{1}{2\pi fC}=\dfrac{1}{2\pi\times50\times20\times10^{-6}}=160(\Omega)$

（2）设电压$\dot{U}$为参考向量，即

$$\dot{U}=220\angle0°(V)$$

$$\dot{I}=\frac{\dot{U}}{-jX_C}=\frac{220\angle0°}{-j160}=j1.375(A)$$

即，电流的有效值 $I=1.375$A，相位上超前于电压 90°。

(3) 无功功率

$$Q_C=I^2X_C=1.375^2\times160=302.5(\text{var})$$

由以上讨论，可把电阻电路、电感电路、电容电路的基本性质列表比较，见表 4-1。

表 4-1　单一参数电路元件的交流电路基本性质

电路模型		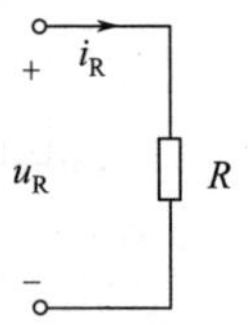 （电阻电路：i_R，u_R，R）	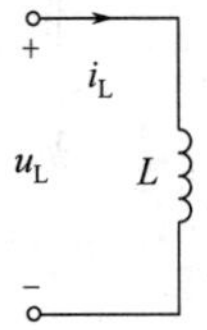 （电感电路：i_L，u_L，L）	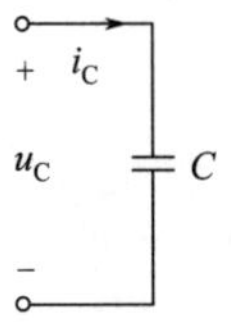 （电容电路：i_C，u_C，C）
电路参数		电阻 R	电感 L	电容 C
电压与电流的关系	瞬时值	$u=iR$	$u=L\dfrac{di}{dt}$	$i=C\dfrac{du}{dt}$
	有效值	$U=IR$	$U=IX_L$	$U=IX_C$
	相位	电压与电流同相	电压超前于电流 90°	电压滞后于电流 90°
电阻或电抗		R	$X_L=\omega L$	$X_C=\dfrac{1}{\omega C}$
用向量表示电压与电流的关系	向量模型	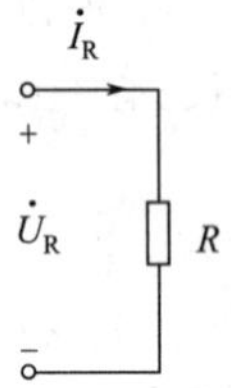 （$\dot{I}_R$，$\dot{U}_R$，R）	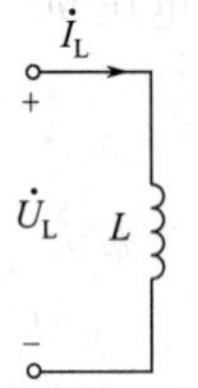 （$\dot{I}_L$，$\dot{U}_L$，L）	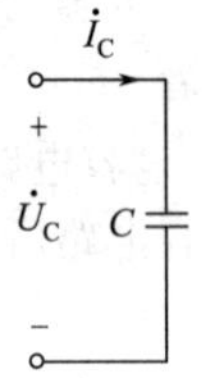 （$\dot{I}_C$，$\dot{U}_C$，C）
	向量关系式	$\dot{U}=R\dot{I}$	$\dot{U}=jX_L\dot{I}$	$\dot{U}=-jX_C\dot{I}$
	向量图	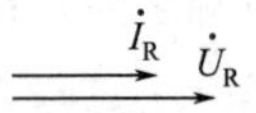 （$\dot{I}_R$ $\dot{U}_R$）	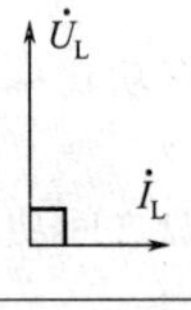 （$\dot{U}_L$，$\dot{I}_L$）	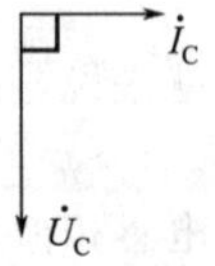 （$\dot{I}_C$，$\dot{U}_C$）
有功功率		$P=UI$	$P=0$	$P=0$
无功功率		$Q=0$	$Q_L=UI=I^2X_L$	$Q_C=UI=I^2X_C$

4.4 基尔霍夫定律的相量形式

在 RLC 串联电路中，已推导出正弦交流电路中欧姆定律的相量形式，同样，还可以推导出基尔霍夫定律的相量形式。这样一来，直流电路中由欧姆定律和基尔霍夫定律所推导出的结论、分析方法和定理，都可以扩展到交流电路中。

根据基尔霍夫电流定律，在电路中任意节点，任何时刻都有

$$i_1+i_2+\cdots+i_n=0$$

即

$$\sum i_K=0\qquad(K=1,\cdots,n)$$

若这些电流都是同频率的正弦量，则可以用相量形式表示为

$$\dot{I}_1+\dot{I}_2+\cdots+\dot{I}_n=0$$

$$\sum\dot{I}_K=0 \tag{4-25}$$

上式就是基尔霍夫电流定律在正弦交流电路中的相量形式，它与直流电路中的基尔霍夫电流定律$\sum I_K=0$在形式上相似。

基尔霍夫电压定律对电路中任意回路任一瞬时都是成立的，即$\sum u_K=0$。同样，这些电压u_K都是同频率的正弦量，可以用相量形式表示为

$$\sum\dot{U}_K=0 \tag{4-26}$$

上式就是基尔霍夫电压定律在正弦交流电路中的相量形式，它与直流电路中的基尔霍夫电压定律$\sum U_K=0$在形式上相似。

【例 4-11】如图 4-16 所示电路中，已知电流表 A_1、A_2、A_3的读数都是 5A，试求电路中电流表 A 的读数。

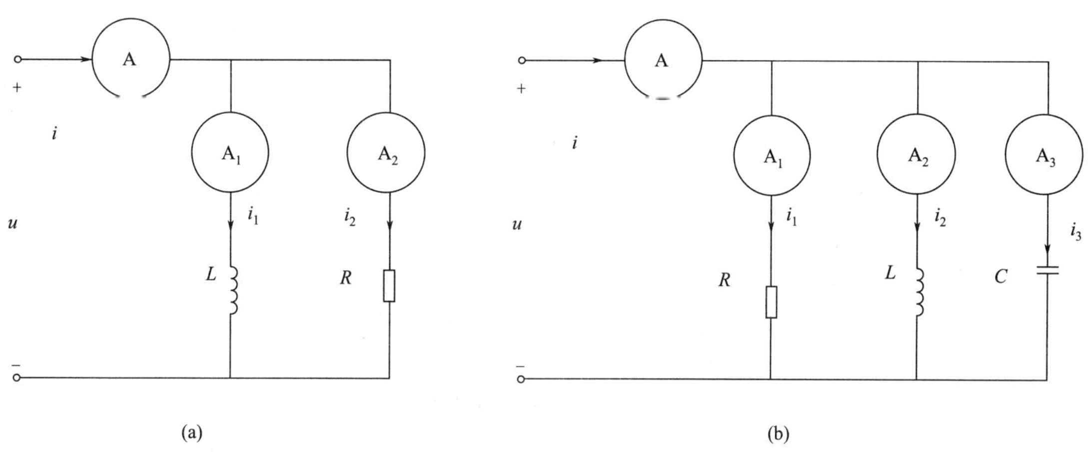

图 4-16 例 4-11 电路图

解：由于并联电路中各支路的电压相同，所以设端电压为参考相量，即

$$\dot{U}=U\angle 0^\circ$$

则有（a） $\dot{I}_1=5\angle -90^\circ$ A （电感上电流滞后电压 90°）

$\dot{I}_2=5\angle 0^\circ$ A （电阻上电流与电压同相）

由 KCL 得

$\dot{I}=\dot{I}_1+\dot{I}_2=(5\angle -90^\circ+5\angle 0^\circ)$ A$=5\sqrt{2}\angle -45^\circ$ A

所以，图 4-16（a）中电流表 A 的读数为 $5\sqrt{2}$ A。

（b）$\dot{I}_1=5\angle 0^\circ$ A （电阻元件上电流与电压同相）

$\dot{I}_2=5\angle -90^\circ$ A （电感元件上电流滞后电压 90°）

$\dot{I}_3=5\angle 90^\circ$ A （电容元件上电流超前电压 90°）

由 KCL 得

$$\dot{I}=\dot{I}_1+\dot{I}_2+\dot{I}_3=(5\angle 0^\circ+5\angle -90^\circ+5\angle 90^\circ)\text{A}=(5-\text{j}5+\text{j}5)=5\text{A}$$

所以，图 4-16(b) 中电流表 A 的读数为 5A。

4.5 阻抗和导纳

4.5.1 阻抗

如图 4-17（a）所示为若以电流 i 为参考相量，即

$$i=\sqrt{2}I\sin\omega t$$

则根据基尔霍夫电压定律有

$$u=u_R+u_L+u_C$$

转换为对应的相量运算，则有

$$\dot{U}=\dot{U}_R+\dot{U}_L+\dot{U}_C \tag{4-27}$$

其相量模型如图 4-17(b) 所示。

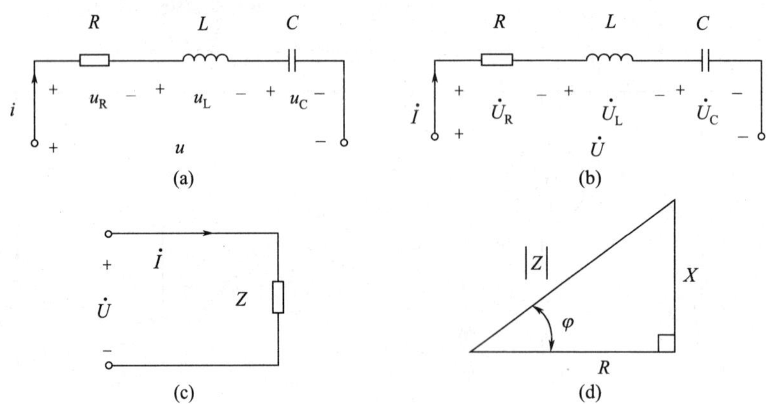

图 4-17　一端口的阻抗

将$\dot{U}_R=R\dot{I}$，$\dot{U}_L=j\omega L\dot{I}$，$\dot{U}_C=-j\dfrac{1}{\omega C}\dot{I}$代入式（4-27），得

$$\dot{U}=\left[R+j(\omega L-\frac{1}{\omega C})\right]\dot{I}$$

$$\dot{U}=Z\dot{I} \tag{4-28}$$

其中，

$$Z=R+j(\omega L-\frac{1}{\omega C})=R+j(X_L-X_C)=R+jX=|Z|\angle\varphi \tag{4-29}$$

式（4-29）为正弦交流电路中欧姆定律的相量形式。Z 称为 RLC 串联电路的复阻抗，简称阻抗，如图 4-17(c) 所示，单位为 Ω；$|Z|$为阻抗的阻抗值，单位为 Ω；X 称为电抗，单位为 Ω；φ 称为阻抗角。由式（4-29）可知

$$|Z|=\sqrt{R^2+X^2}=\sqrt{R^2+(\omega L-\frac{1}{\omega C})^2} \tag{4-30}$$

$$\varphi=\arctan\frac{X}{R}=\arctan\frac{\omega L-\frac{1}{\omega C}}{R} \tag{4-31}$$

由式（4-28）还可以得出

$$Z=\frac{\dot{U}}{\dot{I}}=\frac{U\angle\varphi_u}{I\angle\varphi_i}=|Z|\angle\varphi_u-\varphi_i=|Z|\angle\varphi \tag{4-32}$$

其中，$\varphi=\varphi_u-\varphi_i$可见，阻抗角 φ 也是电压和电流的相位差角。由式（4-29）可以看出，复阻抗的实部是电阻 R、虚部是电抗 X。这里要注意的是：复阻抗虽然是复数，但它不是时间的函

数，所以不是相量，因此 Z 的上面没有“•”。

由式（4-30）和式（4-31）可以看出，复阻抗 Z 仅由电路的参数及电源的频率决定，与电压、电流的大小无关。

若 $X_L > X_C$，则 $X>0$，$\varphi>0$，电压超前电流，电路呈电感性。如图 4-18（a）所示。

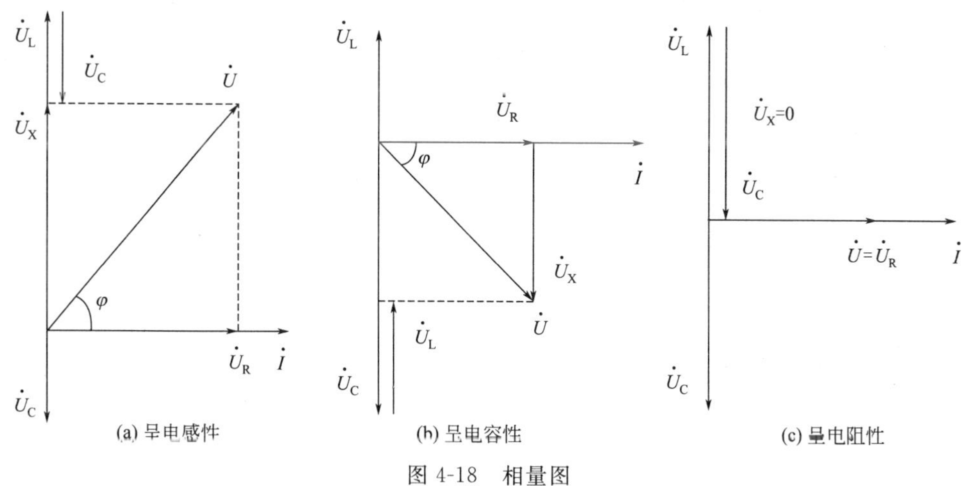

图 4-18　相量图

若 $X_L < X_C$，则 $X<0$，$\varphi<0$，电压滞后电流，电路呈电容性。如图 4-18(b) 所示。

若 $X_L = X_C$，则 $X=0$，$\varphi=0$，电压与电流同相位，电路呈电阻性。如图 4-18(c) 所示。

单一的电阻、电感、电容可以视为复阻抗的特例，它们的复阻抗分别为 $Z=R$，$Z=\mathrm{j}\omega L$，$Z=-\mathrm{j}\dfrac{1}{\omega C}$。

根据式（4-29），R、X、$|Z|$之间的关系可用一个直角三角形表示，这个三角形称为阻抗三角形，如图 4-17（d）所示。

R、Z、X、X_L、X_C的单位为欧姆［Ω］。

【例 4-12】在 RLC 串联电路中，已知 $R=40\Omega$，$L=127\mathrm{mH}$，$C=40\mu\mathrm{F}$，电压源电压 $u=220\sqrt{2}\sin(314t+30°)\mathrm{V}$，试求：该串联电路的阻抗 Z 及电路中的电流 i。

解：

$$X_L=\omega L=40(\Omega),X_C=\frac{1}{\omega C}=80(\Omega)$$

$$Z=R+\mathrm{j}(X_L-X_C)=40+\mathrm{j}(40-80)=(40-\mathrm{j}40)\Omega=56.56\angle -45°(\Omega)$$

$$\dot{I}=\frac{\dot{U}}{Z}=\frac{220\angle 30°}{56.56\angle -45°}=3.9\angle 75°(\mathrm{A})$$

$$i=3.9\sqrt{2}\sin(314t+75°)(\mathrm{A})$$

【例 4-13】已知一线圈的电阻 $R=3\Omega$，电感 $L=12.7\mathrm{mH}$，通过线圈的电流为 $i=5\sqrt{2}\sin(314t+7.9°)\mathrm{A}$，试求：线圈两端的电压有效值 U 及 u 与 i 之间的相位差 φ。

解：线圈的电抗　$X_L=\omega L=4(\Omega)$

线圈的复阻抗　$Z=R+\mathrm{j}\omega L=3+\mathrm{j}4=5\angle 53.1°(\Omega)$

$$|Z|=5(\Omega)$$

电压有效值　$U=I|Z|=5\times5=25(\mathrm{V})$

u 与 i 之间的相位差 $\varphi=53.1°$。

4.5.2　导纳

阻抗的倒数定义为导纳，用 Y 表示。

$$Y=\frac{1}{Z}=\frac{\dot{I}}{\dot{U}}=\frac{I}{U}\angle\varphi_i-\varphi_u=|Y|\angle\varphi' \tag{4-33}$$

$|Y|=\frac{I}{U}$为导纳的模，$\varphi'=\varphi_i-\varphi_u$为导纳角。

导纳 Y 的代数形式可写为

$$Y=G+\mathrm{j}B$$

Y 的实部 G 为电导，虚部 B 为电纳。

对于单个元件 R、L、C，它们的导纳分别为

$$Y_R=G=\frac{1}{R}$$

$$Y_L=\frac{1}{\mathrm{j}\omega L}=-\mathrm{j}\frac{1}{\omega L}$$

$$Y_C=\mathrm{j}\omega C$$

其中，$B_L=\frac{1}{\omega L}$称为感纳，$B_C=\omega C$ 称为容纳。

如果一端口为 RLC 并联电路，如图 4-19（a）所示，其导纳为

$$Y=\frac{\dot{I}}{\dot{U}}$$

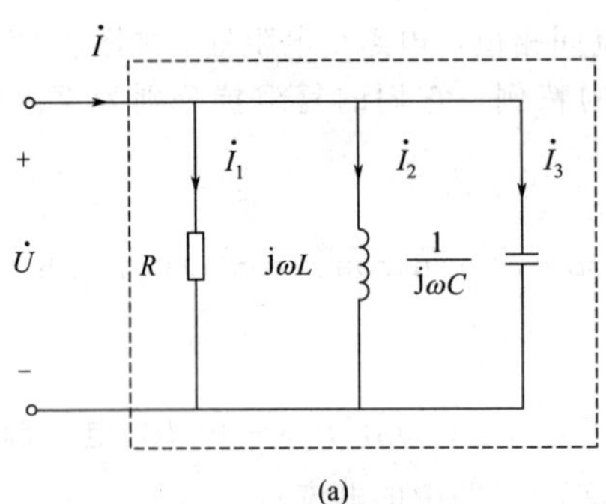

(a)

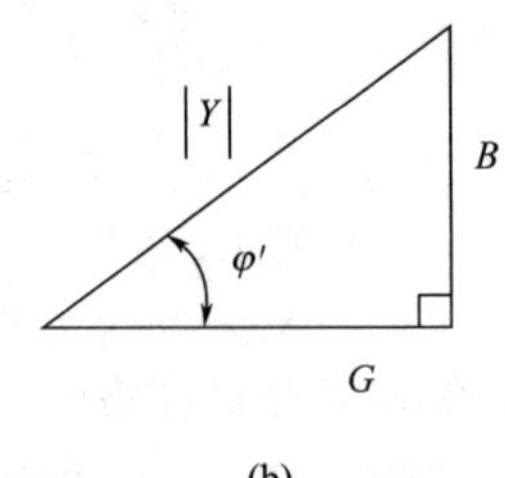

(b)

图 4-19　一端口的导纳

根据 KCL 定律

$$\dot{I}=\dot{I}_1+\dot{I}_2+\dot{I}_3$$

$$\dot{I}_1=\frac{\dot{U}}{R},\dot{I}_2=\frac{\dot{U}}{\mathrm{j}\omega L},\dot{I}_3=\mathrm{j}\omega C\dot{U}$$

$$\dot{I}=\left(\frac{1}{R}+\frac{1}{\mathrm{j}\omega L}+\mathrm{j}\omega C\right)\dot{U}$$

$$Y=\frac{1}{R}+\frac{1}{\mathrm{j}\omega L}+\mathrm{j}\omega C=\frac{1}{R}+\mathrm{j}\left(\omega C-\frac{1}{\omega L}\right) \tag{4-34}$$

Y 的实部是电导$G=\frac{1}{R}$，虚部是电纳 $B=\omega C-\frac{1}{\omega L}=B_C-B_L$。$Y$ 的模和导纳角分别为

$$|Y|=\sqrt{G^2+B^2},\varphi'=\arctan\left[\frac{\omega C-\frac{1}{\omega L}}{G}\right] \tag{4-35}$$

当 $B>0$，即 $\omega C>\frac{1}{\omega L}$时，$Y$ 呈容性；当 $B<0$，即 $\omega C<\frac{1}{\omega L}$时，$Y$ 呈感性。

显然，$Y=\frac{1}{Z}$，$\varphi'=-\varphi$；导纳三角形如图 4-19（b）所示，G、Y、B、B_L、B_C的单位为西门子［S］。

4.5.3 阻抗和导纳的串联与并联

1）阻抗的串联

如图 4-20 所示为若干个阻抗的串联电路，它的等效阻抗为

$$\begin{aligned}Z_{eq}&=Z_1+Z_2+\cdots+Z_n\\&=(R_1+jX_1)+(R_2+jX_2)+\cdots+(R_n+jX_n)\\&=(R_1+R_2+\cdots+R_n)+j(X_1+X_2+\cdots+X_n)\\&=R+jX\\&=|Z|\angle\varphi\end{aligned}$$

上式中，R 称为串联电路的等效电阻，等于各串联电阻的和；X 称为串联电路的等效电抗，等于各串联电抗的代数和（感抗取正值，容抗取负值）。

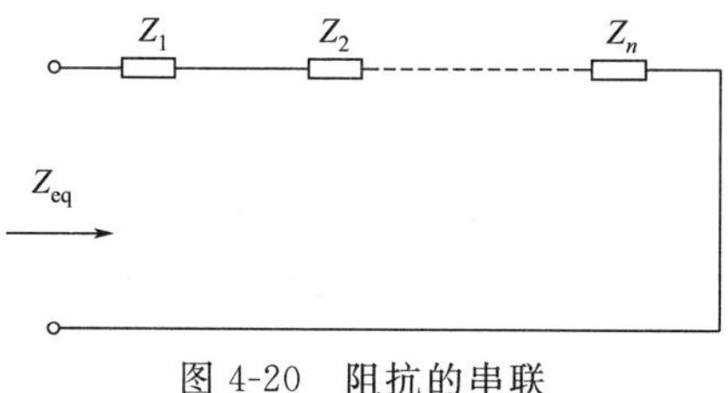

图 4-20　阻抗的串联

2）导纳的并联

如图 4-21 所示为若干个导纳的并联电路，它的等效阻抗 Z 的倒数等于各并联阻抗的倒数和，即

$$\frac{1}{Z_{eq}}=\frac{1}{Z_1}+\frac{1}{Z_2}+\cdots+\frac{1}{Z_n}$$

$$Y_{eq}=Y_1+Y_2+\cdots+Y_n$$

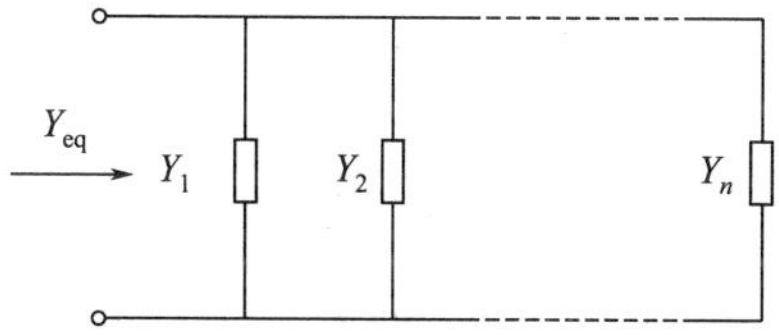

图 4-21　导纳的并联

【例 4-14】在如图 4-22 所示的电路中，阻抗 $Z_1=(3+j4)\Omega$，阻抗 $Z_2=(8-j6)\Omega$，外加电压 $\dot{U}=220\angle 0^\circ$ V，试求各支路的电流$\dot{I}_1$、$\dot{I}_2$、$\dot{I}$。

解：

$$Z_1=(3+j4)=5\angle 53.1^\circ(\Omega)$$

$$Z_2=(8-j6)=10\angle -36.8^\circ(\Omega)$$

总复阻抗为

$$Z=\frac{Z_1Z_2}{Z_1+Z_2}=4.47\angle 26.4^\circ(\Omega)$$

所以

$$\dot{I}_1=\frac{\dot{U}}{Z_1}=\frac{220\angle 0^\circ}{5\angle 53.1^\circ}=44\angle -53.1^\circ(\text{A})$$

$$\dot{I}_2=\frac{\dot{U}}{Z_2}=\frac{220\angle 0^\circ}{10\angle -36.9^\circ}=22\angle 36.9^\circ(\text{A})$$

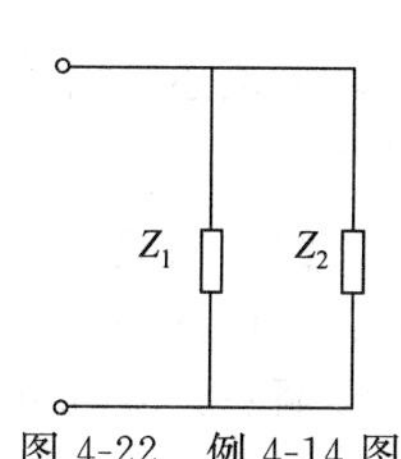

图 4-22　例 4-14 图

$$\dot{I}=\frac{\dot{U}}{Z}=\frac{220\angle 0^\circ}{4.47\angle 26.4^\circ}=49.2\angle -26.4^\circ(\text{A})$$

4.6 正弦稳态电路的分析

在正弦交流电路中，以相量形式表示的欧姆定律和基尔霍夫定律与直流电路有相似的表达式；因而在直流电路中，由欧姆定律和基尔霍夫定律推导出的支路电流法、节点电压法、叠加定理、等效电源定理等都可以同样扩展到正弦交流电路中。在扩展中，直流电路中的各物理量在交流电路中用相量的形式来代替；直流电路中的电阻 R 用复阻抗 Z 来代替；直流电路中的电阻 G 用复阻抗 Y 来代替。

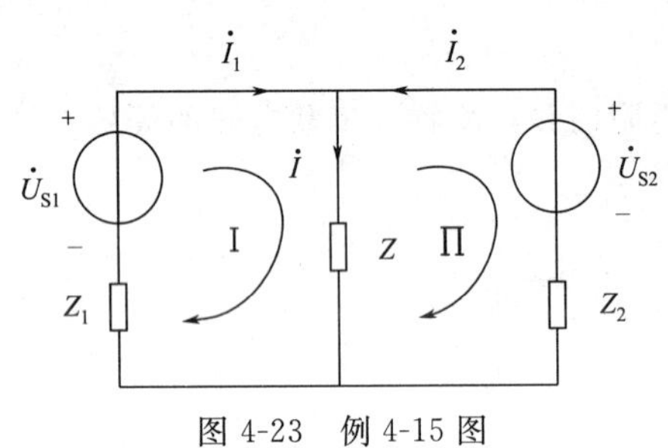

图 4-23　例 4-15 图

【例 4-15】在如图 4-23 所示的电路中，两个电源的电压有效值均为 220V，相位相差 30°，内阻抗 $Z_1=Z_2=(2+\mathrm{j}2)\Omega$，负载阻抗 $Z=(10+\mathrm{j}10)\Omega$，试求负载电流 $\dot{I}$。

解：(1) 用支路电流法求解

设 $\dot{U}_{S1}$ 为参考相量，$\dot{U}_{S2}$ 超前 $\dot{U}_{S1}$ 30°，则有

$$\dot{U}_{S1}=220\angle 0^\circ\ \text{V}\qquad \dot{U}_{S2}=220\angle 30^\circ\ \text{V}$$

各支路电流的参考方向如图 4-23 所示。

由 KCL 定律得

$$\dot{I}_1+\dot{I}_2=\dot{I}$$

由 KVL 定律得

$$\dot{I}_1Z_1+\dot{I}Z=\dot{U}_{S1}$$

$$\dot{I}_2Z_2+\dot{I}Z=\dot{U}_{S2}$$

联立以上三个方程，解得

$$\dot{I}=13.7\angle -30^\circ\ \text{A}$$

(2) 用叠加定理求解

在如图 4-24 所示的电路中，(a) 可视为是 (b) 和 (c) 的叠加，负载电流 $\dot{I}=\dot{I}^{(1)}+\dot{I}^{(2)}$。

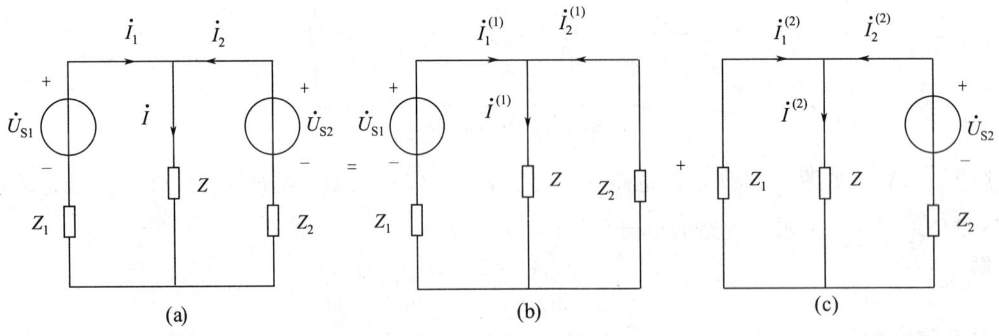

图 4-24　例 4-15 叠加定理图

此题还可以用戴维南定理、节点电压法来求解，所得结果与上述完全一致，在此不一一叙述。

【例 4-16】在如图 4-25 所示的电路中，已知 $R=10\Omega$，$X_L=10\Omega$，$X_C=10\Omega$，$\dot{I}=2e^{\mathrm{j}60^\circ}\ \text{A}$，试求：该电路的等效阻抗及各支路的电流。

解：设等效阻抗为 Z_{eq}，则有

$$\frac{1}{Z_{\text{eq}}}=\frac{1}{-\text{j}X_{\text{C}}}+\frac{1}{R+\text{j}X_{\text{L}}}$$

$$Z_{\text{ep}}=\frac{(-\text{j}X_{\text{C}})(R+\text{j}X_{\text{L}})}{-\text{j}X_{\text{C}}+R+\text{j}X_{\text{L}}}=10\sqrt{2}\angle -45^\circ(\Omega)$$

$$\dot{U}=\dot{I}Z=20\sqrt{2}\angle 15^\circ(\text{V})$$

$$\dot{I}_1=\frac{\dot{U}}{R+\text{j}X_{\text{L}}}=2\angle -30^\circ(\text{A})$$

$$\dot{I}_2=\frac{\dot{U}}{-\text{j}X_{\text{C}}}=2\sqrt{2}\angle 105^\circ(\text{A})$$

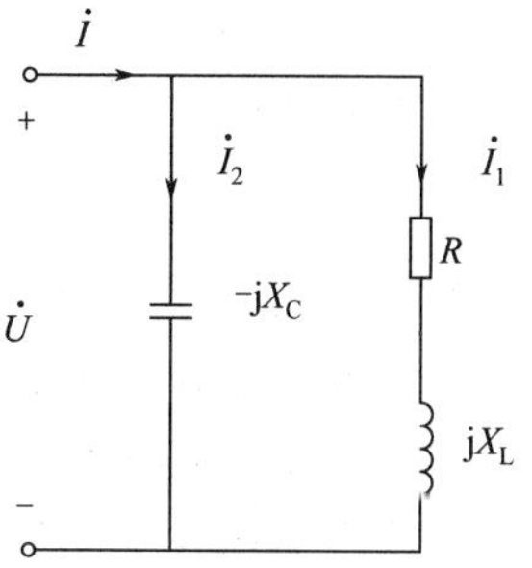

图 4-25　例 4-16 图

【例 4-17】在如图 4-26(a) 所示的电路中，$U_{\text{S}}=380\text{V}$，$f=50\text{Hz}$，电容可调，当 $C=80.95\mu\text{F}$ 时，交流电流表 A 的读数最小，其值为 2.59A。求图中交流电流表 A_1 的读数。

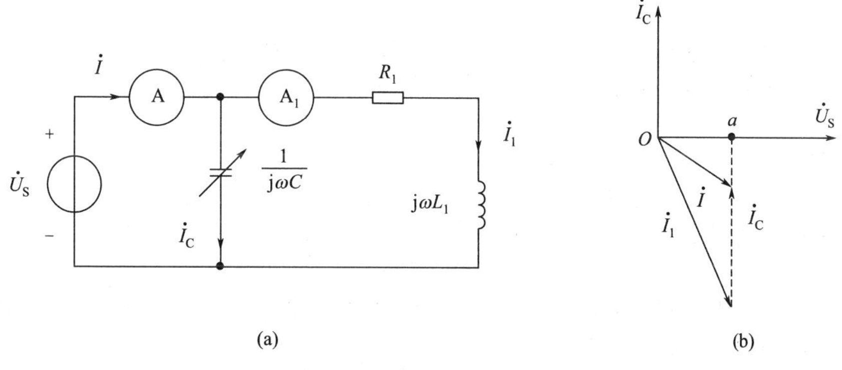

图 4-26　例 4-17 电路图

解：当电容 C 变化时，$\dot{I}_1$ 始终不变，可以先定性画出相量图。设 $\dot{U}_{\text{S}}=380\angle 0^\circ$ V，

$$\dot{I}_1-\frac{\dot{U}_{\text{S}}}{R+\text{j}\omega L_1}$$

故 $\dot{I}_1$ 滞后电压 $\dot{U}_{\text{S}}$，$\dot{I}_{\text{C}}=\text{j}\omega C\dot{U}_{\text{S}}$。表示 $\dot{I}=\dot{I}_1+\dot{I}_{\text{C}}$ 的电流相量组成的三角形如图 4-26(b) 所示。当 C 变化时，$\dot{I}_{\text{C}}$ 始终与 $\dot{U}_{\text{S}}$ 正交，故 $\dot{I}_{\text{C}}$ 的末端将沿图中所示虚线变化，到达 a 点时，I 为最小。$I_{\text{C}}=\omega CU_{\text{S}}=9.66\text{A}$，这时 $I=2.59\text{A}$，用电流三角形解得电流表 A_1 的读数为

$$\sqrt{9.66^2+2.59^2}=10(\text{A})$$

4.7 正弦稳态电路的功率

4.7.1 正弦稳态电路的功率

1）瞬时功率

如图 4-27 所示为含有 R、L、C 的无源二端口网络，端口电压 u 和端口电流 i 的参考方向如图 4-27 所示。

设　　$i=\sqrt{2}I\sin\omega t$，$u=\sqrt{2}U\sin(\omega t+\varphi)$

则瞬时功率为

$$\begin{aligned}p=ui&=\sqrt{2}U\sin(\omega t+\varphi)\times\sqrt{2}I\sin\omega t\\&=UI\cos\varphi-UI\cos(2\omega t+\varphi)\end{aligned}$$

瞬时功率用 p 表示，单位：瓦（W）或千瓦（kW）。

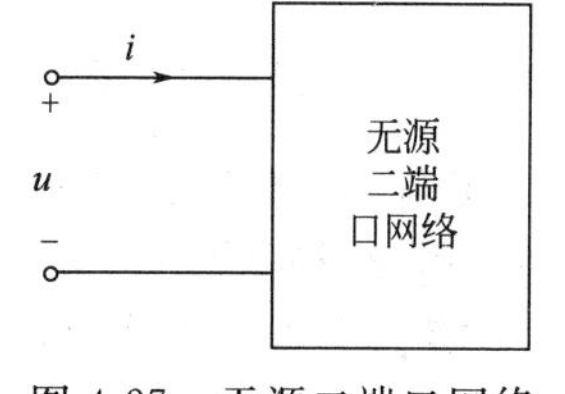

图 4-27　无源二端口网络

2）有功功率

瞬时功率在一个周期内的平均值称为平均功率或有功功率。用 P 表示，即

$$P=\frac{1}{T}\int_0^T p\,\mathrm{d}t=\frac{1}{T}\int_0^T [UI\cos\varphi-UI\cos(2\omega t+\varphi)]\,\mathrm{d}t=UI\cos\varphi \tag{4-36}$$

式（4-36）中，U、I 分别是正弦交流电路中电压和电流的有效值；φ 为电压与电流的相位差。可见，正弦交流电路的有功功率不仅与电压和电流的有效值有关，还与它们的相位差 φ 有关。φ 又称功率因数角，因此，$\cos\varphi$ 称为功率因数，用 λ 表示；它是交流电路中一个非常重要的指标。有功功率的单位为瓦（W）或千瓦（kW）。

对于电阻元件 R，由于其电压和电流同相，即 $\varphi=0$，所以 R 的有功功率 $P_R=U_RI_R=I^2R=\frac{U_R^2}{R}$。对于电感元件 L，其电压超前电流 90°，即 $\varphi=90°$，所以 L 的有功功率 $P_L=U_LI_L\cos90°=0$。对于电容元件 C，其电压滞后电流 90°，即 $\varphi=-90°$，所以 C 的有功功率 $P_C=U_CI_C\cos(-90°)=0$。

可见，在正弦交流电路中，只有电阻是消耗电能的，因此，电阻是耗能元件；电感和电容是不消耗电能的，它们只与外电路进行能量交换，是储能元件。

3）无功功率

在正弦交流电路中，要储存或释放能量，它们不仅相互之间要进行能量的转换，而且还要与电源之间进行能量的交换；电感与电容与电源之间进行能量的交换规模的大小用无功功率来衡量。无功功率用 Q 来表示，单位乏（var）或千乏（kvar）。其值为

$$Q=UI\sin\varphi \tag{4-37}$$

由于电感元件的电压超前电流 90°，电容元件的电压滞后电流 90°，因此，感性无功功率与容性无功功率之间可以相互补偿，即

$$Q=Q_L-Q_C \tag{4-38}$$

4）视在功率

在交流电路中，电气设备是根据其发热情况（电流的大小）的耐压（电压的最大值）来设计使用的，通常将电压和电流有效值的乘积定义为视在功率（设备的容量），用 S 表示，单位为伏安（VA）。其表达式为

$$S=UI=|Z|I^2 \tag{4-39}$$

5）功率三角形

由式（4-36）、式（4-37）和式（4-39）可以看出 $S=UI=\sqrt{P^2+Q^2}$，因此，可以用直角三角形来表示有功功率 P、无功功率 Q、视在功率 S 之间的关系，如图 4-28 所示，得

$$\varphi=\arctan\frac{Q}{P}$$

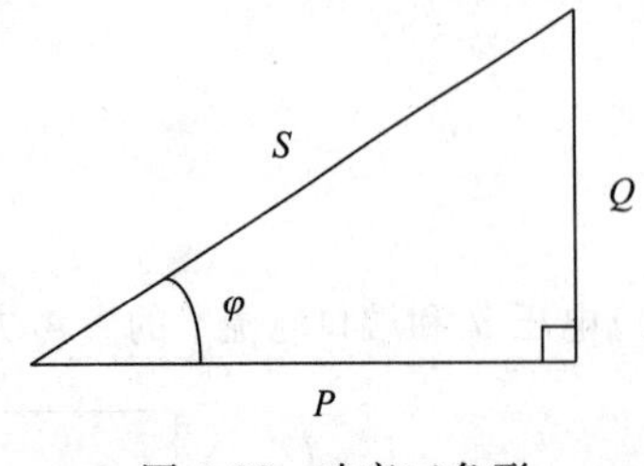

图 4-28　功率三角形

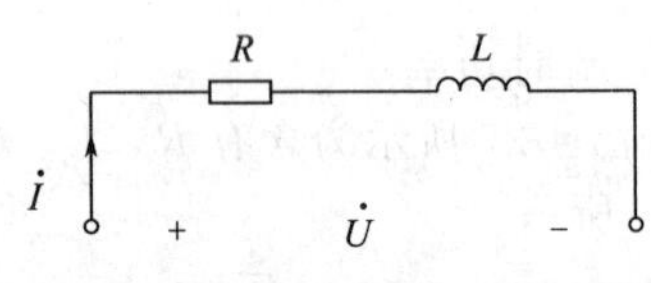

图 4-29　例 4-18 图

【例 4-18】在如图 4-29 所示的工频电路中，已知电压和电流的有效值分别为 $U=50\text{V}$，$I=1\text{A}$，电路吸收的功率 $P=30\text{W}$，求：R 和 L 的值。

解：R 和 L 串联阻抗 $Z=R+\mathrm{j}\omega L$，其模为

$$|Z|=\frac{U}{I}=50(\Omega)$$

由
$$P=UI\cos\varphi=50\times1\cos\varphi=30$$
得
$$\cos\varphi=0.6$$
因此
$$\sin\varphi=0.8$$
$$R=|Z|\cos\varphi=30(\Omega)$$
$$\omega L=|Z|\sin\varphi=40(\Omega)$$
$$L=127(\text{mH})$$

4.7.2 功率因数的提高

功率因数 $\lambda=\cos\varphi$，可见，功率因数都在 0 和 1 之间。白炽灯的功率因数接近 1，荧光灯在 0.5 左右。由于电力系统中接有大量的感性负载，线路中的功率因数一般不高，为此，需要提高功率因数。

1）提高功率因数的意义

（1）使电源设备得到充分的利用

一般交流电源设备（发电机、变压器）都是根据额定电压 U_N 和额定电流 I_N 来进行设计、制造和使用的。它能够供给负载的有功功率为 $P_1=U_N I_N\cos\varphi$。当 U_N、I_N 值一定时，若 $\cos\varphi$ 低，则电源能够供给负载的有功功率 P_1 也低，电源的容量就没有得到充分的利用。因此，提高功率因数，可以提高电源设备的利用率。

（2）降低线路损耗和线路压降

输电线上的损耗为 $P_1=I^2R_1$（R_1 为线路电阻），线路电压为 $U_1=IR_1$，而线路电流 $I=\frac{P_1}{U\cos\varphi}$。可见，当电源电压 U 及输出有功功率 P_1 一定时，提高 $\cos\varphi$，可以使线路电流减小，从而降低了传输线上的损耗，提高了传输效率。同时，线路上的压降减小，使负载的端电压变化减小，提高了供电的质量。

2）提高功率因数的方法

由于电力系统中接有大量的感性负载，提高功率因数的方法，主要采用在感性负载两端并联电容器的方法对无功功率进行补偿。如图 4-30（a）所示，设负载的端电压为 $\dot{U}$，在未并联电容时，感性负载中的电流 $\dot{I}_1$，$\dot{I}_1$ 与 $\dot{U}$ 相位差 φ_1；并联电容后，$\dot{I}_1$ 不变，电容支路的电流为 $\dot{I}_C$，且端电流 $\dot{I}=\dot{I}_1+\dot{I}_C$，$\dot{I}$ 与 $\dot{U}$ 的相位差 φ_2，相量图如图 4-30（b）所示。显然，$\varphi_1>\varphi_2$，因此，$\cos\varphi_1<\cos\varphi_2$，故并联电容后功率因数提高了。

【例 4-19】有一感性负载，其有功功率 $P=9\text{kW}$，将其接到 220V、50Hz 的交流电源上，功

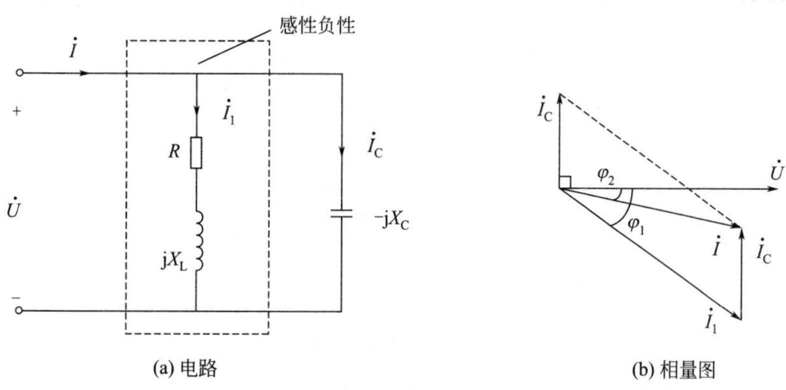

图 4-30　感性负载并联电容提高功率因数

率因数为 0.6，今欲并联一电容，将其功率因数提高到 0.9，试问：所需补偿的无功功率 Q_C 及电容量 C 为多少？

解：未并联电容时，功率因数为 0.6，即

$$\cos\varphi_1=0.6,\varphi_1=53°$$

电路的无功功率为 $Q_1=P\tan\varphi_1=12(\text{kvar})$

并联电容后，功率因数为 0.9，即 $\cos\varphi_2=0.9,\varphi_2=26°$

电路的无功功率为 $Q_2=P\tan\varphi_2=4.38(\text{kvar})$

所需补偿的无功功率为 $Q_C=Q_1-Q_2=7.62(\text{kvar})$

由于 $Q_C=\dfrac{U^2}{X_C}=2\pi fCU^2$，因此所需并联的电容量为

$$C=\frac{Q_C}{2\pi fU^2}=500(\mu\text{F})$$

4.8 电路的谐振

在由 R、L、C 组成的电路中，当电感上的电压与电容上的电压大小相等时，由于 $\dot{U}_L$ 与 $\dot{U}_C$ 的方向相反，它们正好互相抵消，电路呈阻性；这时，端口电压和端口电流同相位，电路处于谐振状态。发生在串联电路中的谐振称为串联谐振，发生在并联电路中的谐振称为并联谐振。

4.8.1 串联谐振

1）串联谐振频率的计算

如图 4-31 所示的 R、L、C 串联电路中，电路的复阻抗为

$$Z=R+\text{j}(X_L-X_C)=R+\text{j}\left(\omega L-\frac{1}{\omega C}\right)$$

$$|Z|=\sqrt{R^2+(X_L-X_C)^2}=\sqrt{R^2+\left(\omega L-\frac{1}{\omega C}\right)^2} \tag{4-40}$$

$$\varphi=\arctan\frac{X_L-X_C}{R}=\arctan\frac{\omega L-\dfrac{1}{\omega C}}{R} \tag{4-41}$$

当电路发生谐振时，电路呈阻性，端口电压和端口电流同相位，即 $\varphi=0$，所以有

$$X_L=X_C\text{或}\ \omega L=\frac{1}{\omega C} \tag{4-42}$$

由上式可以看出，调整 ω、L 和 C 三个数值中的任意一个均可满足方程成立，从而使电路发生谐振。当电路发生谐振时的角频率用 ω_0 表示，称为谐振角频率，则有

$$\omega_0=\frac{1}{\sqrt{LC}}\text{或}\ f_0=\frac{1}{2\pi\sqrt{LC}} \tag{4-43}$$

f_0 称为谐振频率。

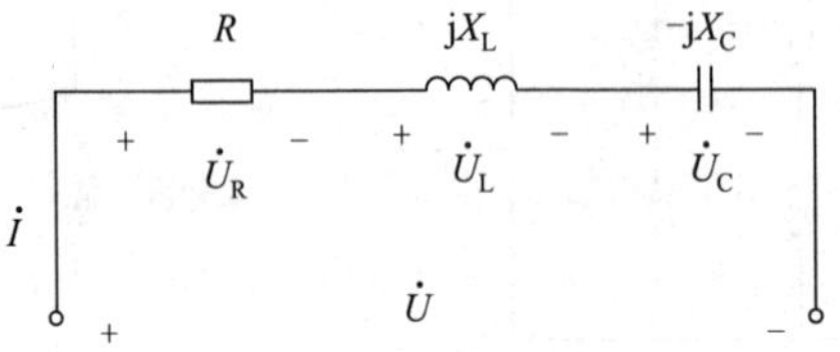

图 4-31 串联谐振电路

2）串联谐振电路的特征

(1) 由式 (4-40) 可知，当电路发生串联谐振时，$|Z|=R$，这时的 $|Z|$ 具有最小值。因此，

当电压一定时电流值最大，$I_0=\frac{U}{R}$，I_0称为串联谐振电流。

（2）由图 4-18（c）可知，$\dot{U}_L=-\dot{U}_C$，即电感上的电压与电容上的电压大小相等，方向相反，互相抵消。如果 $X_L=X_C\gg R$，则有 $U_L=U_C\gg U$，即电感或电容上的电压远远的大于电路两端的电压，这种现象称为过高压现象，往往会造成元件的损坏。通常将串联谐振电路中 U_L或 U_C与 U 的比值称为品质因数，用 Q 来表示，即

$$Q=\frac{U_L}{U}=\frac{U_C}{U}=\frac{\omega_0 L}{R}=\frac{1}{\omega_0 RC}=\frac{1}{R}\sqrt{\frac{L}{C}} \tag{4-44}$$

4.8.2 并联谐振

1）并联谐振频率的计算

谐振也可以发生在并联电路中，如图 4-32 所示，电阻 R 和电感 L 串联表示实际线圈，与电容 C 并联组成并联谐振电路。

电感支路的电流为

$$\dot{I}_1=\frac{\dot{U}}{R+jX_L}=\frac{\dot{U}}{R+j\omega L}$$

电容支路的电流为

$$\dot{I}_C=\frac{\dot{U}}{-jX_C}=j\omega C\dot{U}$$

总电流

$$\dot{I}=\dot{I}_L+\dot{I}_C=\frac{\dot{U}}{R+j\omega L}+j\omega C\dot{U}$$

$$\dot{I}=\left[\frac{R-j\omega L}{R^2+(\omega L)^2}+j\omega C\right]\dot{U} \tag{4-45}$$

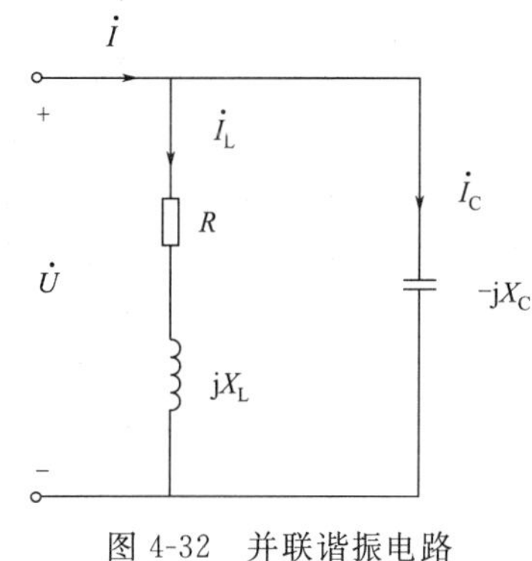

图 4-32　并联谐振电路

当发生谐振时，$\dot{I}$与$\dot{U}$同相位，则上式中虚部为零，即

$$\omega C=\frac{\omega L}{R^2+(\omega L)^2}$$

一般情况下，R 很小，尤其在频率较高时，$\omega L\gg R$，因此有

$$\omega C=\frac{1}{\omega L}$$

所以，谐振角频率为

$$\omega_0=\frac{1}{\sqrt{LC}}$$

谐振频率为

$$f_0=\frac{1}{2\pi\sqrt{LC}}$$

2）并联谐振电路的特征

并联电路发生谐振时电压和电流同相，电路呈电阻性，因此式（4-45）中的虚部为零，电流最小，阻抗最大。所以有谐振时的电流

$$\dot{I}_0=\frac{R}{R^2+(\omega L)^2}\dot{U}=\frac{\dot{U}}{\frac{R^2+(\omega L)^2}{R}}=\frac{\dot{U}}{Z}$$

式中
$$Z=\frac{R^2+(\omega_0 L)^2}{R}\approx\frac{(\omega_0 L)^2}{R}=\frac{L}{RC}$$

所以 $$\dot{I}_0=\frac{\dot{U}}{\frac{L}{RC}} \tag{4-46}$$

谐振时，由于电路呈阻性，电感电流$\dot{I}_L$和电容电流$\dot{I}_C$几乎大小相等，相位相反，总电流很小，因此，电感或电容的电流大小有可能远远超过总电流，电感或电容的电流与总电流的比值称为品质因数，用 Q 来表示，其值为

$$Q=\frac{I_L}{I_0}=\frac{\omega_0 L}{R} \tag{4-47}$$

在无线电系统中，谐振的应用是比较广泛的，但在电力工程中，又要避免谐振给电气设备带来的危害。

本章小结

本章介绍了正弦交流电的基本概念、单一参数电路元件的交流电路、正弦交流电路的一般分析方法、功率因数提高的意义和方法及电路的谐振。

(1) 正弦交流电的基本概念

随时间按正弦规律周期性变化的电压和电流统称为正弦电量，或称为正弦交流电。在正弦交流电路中，如果已知了正弦量的三要素，即最大值（有效值）、角频率（频率）和初相，就可以写出它的瞬时值表达式，也可以画出它的波形图。

正弦量可以用相量来表示。正弦量与相量之间是一一对应的关系，而不是相等的关系。在正弦交流电路中，正弦量的运算可以转换成对应的相量进行运算，在相量运算时，还可以借助相量图进行辅助分析，使计算更加简化。

(2) 单一参数电路元件的交流电路

单一参数电路元件的交流电路是理想化（模型化）的电路。其中电阻 R 是耗能元件，电感 L 和电容 C 是储能元件，实际电路可以由这些元件和电源的不同组合构成。

单一参数电路欧姆定律的相量形式是

$$\dot{U}_R=R\dot{I}_R$$
$$\dot{U}_L=\mathrm{j}X_L\dot{I}_L$$
$$\dot{U}_C=-\mathrm{j}X_C\dot{I}_C$$

它们反映了电压与电流的量值关系和相位关系，其中 $X_L=\omega L$ 为电感元件的感抗，$X_C=\frac{1}{\omega C}$ 为电容元件的容抗。

(3) 正弦交流电路的一般分析方法

基尔霍夫电流定律的相量形式为 $\sum\dot{I}_K=0$

基尔霍夫电压定律的相量形式为 $\sum\dot{U}_K=0$

任何一个无源二端口网络都可以等效成一个阻抗，即

$$Z=\frac{\dot{U}}{\dot{I}}=\frac{U\angle\varphi_u}{I\angle\varphi_i}=|Z|\angle\varphi_u-\varphi_i=|Z|\angle\varphi$$

交流电路的分析方法与直流电路相似，即将直流电路中的各物理量 E、U、I 在交流电路中用相量的形式$\dot{E}$、$\dot{U}$、$\dot{I}$来代替；直流电路中的电阻 R 用复阻抗 Z 来代替。

在正弦交流电路中，任意阻抗 Z 所消耗的有功功率 $P=UI\cos\varphi$，$\cos\varphi$ 为功率因数，无功功率 $Q=UI\sin\varphi$，视在功率 $S=UI$。

有功功率、无功功率和视在功率三者之间的关系为 $S=\sqrt{P^2+Q^2}$。

(4) 功率因数的提高

提高功率因数可以使电源设备得到充分的利用，降低线路损耗和线路压降。

提高功率因数的方法，主要采用在感性负载两端并联电容器的方法对无功功率进行补偿。

(5) 电路的谐振

谐振是正弦交流电路的特殊现象，谐振时电路中的电压与电流同相，电路呈阻性；其实质是电路中的电感与电容的无功功率实现完全的相互补偿。

习题 4

4-1 试写出下列正弦量的相量形式，并画出相量图。

(1) $i_1=6\sqrt{2}\sin(\omega t+30°)$A　　(2) $i_2=2\sqrt{2}\cos(\omega t+60°)$A

4-2 已知正弦量的频率 $f=50$Hz，试写出下列相量所对应的正弦量瞬时表达式。

(1) $\dot{U}_{\rm m}=127\angle 30°$ V　　(2) $\dot{U}=220{\rm e}^{{\rm j}45°}$ V

(3) $\dot{I}=(4+{\rm j}3)$A　　(4) $\dot{I}_{\rm m}={\rm j}2$A

4-3 正弦电压 $u_1=220\sqrt{2}\cos(\omega t+45°)$V，$u_2=110\sin(\omega t+30°)$V。试求它们的有效值、初相位以及相位差，并画出 u_1 和 u_2 的波形图。

4-4 在串联电路中，下列几种情况下，电路中的 R 和 X 各为多少？指出电路的性质及电压与电流的相位差。

(1) $\dot{U}=10\angle 30°$ V，$\dot{I}=2\angle 30°$ A

(2) $\dot{U}=30\angle -30°$ V，$\dot{I}=3\angle 20°$ A

(3) $Z=(6+{\rm j}8)\Omega$

4-5 在如图 4-33 所示的电路中，已知正弦量的有效值分别为 $U_1=220$V，$U_2=110\sqrt{2}$V，$I=10$A，频率 $f=50$Hz。试写出各正弦量的瞬时值表达式及其相量表达式。

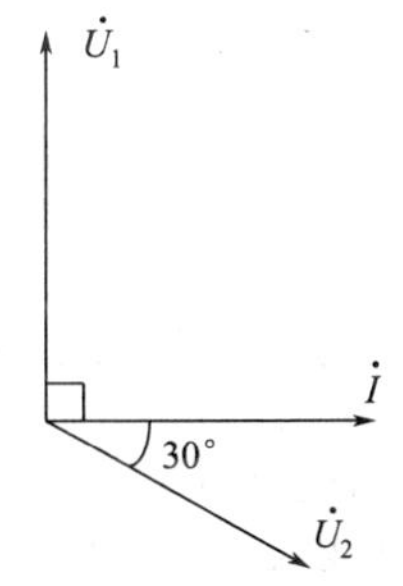

图 4-33　习题 4-5 图

4-6 在如图 4-34(a) 所示的电路中，电压表的读数分别为 $V_1=40$V，$V_2=30$V；图 4-34(b) 中的读数分别为 $V_1=30$V，$V_2=70$V，$V_3=100$V。求图中 $u_{\rm S}$ 的有效值。

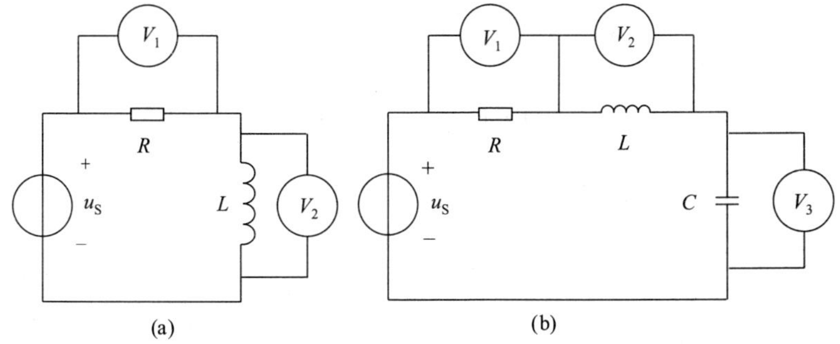

图 4-34　习题 4-6 图

4-7　将一个线圈接到20V直流电源时，通过的电流为1A，将此线圈改接于2000Hz、20V的交流电源时，电流为0.8A。求该线圈的电阻R和电感L。

4-8　在如图4-35所示的电路中，已知$R_1=4\Omega$，$X_L=3\Omega$，$R_2=6\Omega$，$X_C=8\Omega$，电源电压的有效值$U=10V$，试求：(1) 电路的等效阻抗；(2) 各支路电流。

4-9　在如图4-36所示的电路中，$I_1=I_2=10A$，求$\dot{I}$和$\dot{U}_S$。

4-10　在如图4-37所示的电路中，已知$\dot{I}_S=2\angle 0° A$，求电压$\dot{U}$。

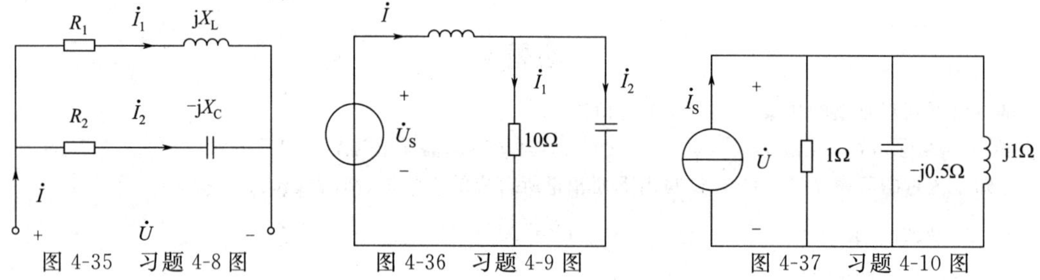

图4-35　习题4-8图　　图4-36　习题4-9图　　图4-37　习题4-10图

4-11　在如图4-38所示的电路中，若$u=220\sqrt{2}\sin 314t$ V，$R=4.8\Omega$，$C=50\mu F$。试求：电路的等效阻抗Z，电流I，有功功率P。

4-12　在如图4-39所示的电路中，$U=220V$，S闭合时，$U_R=80V$，$P=320W$；S断开时，$P=405W$，电路为电感性，求R、X_L、和X_C。

4-13　在如图4-40所示的电路中，已知$U=220V$，$R=6\Omega$，$X_L=8\Omega$，$X_C=20\Omega$，试求：电路总电流I，支路电流I_1和I_2，线圈支路的功率因数λ_1，整个电路的功率因数λ。

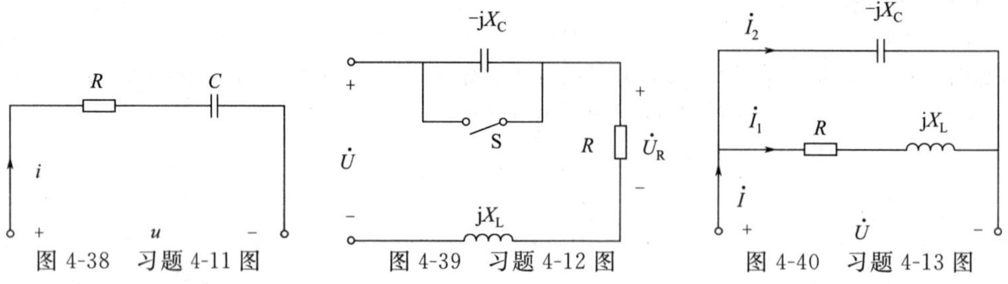

图4-38　习题4-11图　　图4-39　习题4-12图　　图4-40　习题4-13图

4-14　现将一感性负载接于100V、50Hz的交流电源时，电路中的电流为10A，消耗的功率为800W，试求：负载的功率因数$\cos\varphi$、R、L。

4-15　有一感性负载，额定功率$P_N=60kW$，额定电压$U_N=380V$，额定功率因数$\lambda=0.6$。现接到50Hz、380V的交流电源上工作。试求：负载的电流、视在功率和无功功率。

4-16　R、L、C串联谐振电路如图4-41所示，已知$U=20V$，$I=2A$，$U_C=80V$。试求：电阻R是多少？品质因数Q是多少？

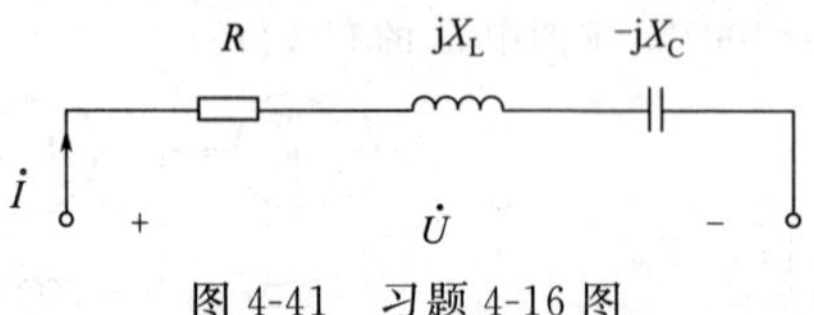

图4-41　习题4-16图

第 5 章 三相交流电路

【内容提要】

目前，世界各国的电力系统主要采用三相制。这是因为三相制比单相制具有明显的优越性。例如在发电方面，同样尺寸的发电机，可增加输出功率；在输电方面，相同输电条件下，可以节约经济成本；在配电方面，三相变压器比单相变压器经济，而且便于接入三相负载或单相负载；在用电方面，三相电动机具有结构简单、运行平稳可靠等优点。从电路理论的角度来看，采用三相制的电力系统不过是一个具有特定连接方式的三相电路，具有某些特殊性，是正弦电流电路的一种特殊情况。

本章首先介绍三相电路的基本概念，然后讨论对称三相电路和不对称三相电路的分析方法，最后讨论三相电路的功率计算及测量。由于三相电路只是正弦电流电路的一种特例，所以分析正弦电流电路的方法也完全适用于分析三相电路。

5.1 三相电源

三相电源是由三相交流发电机产生的，由三个同频率、等振幅而相位依次相差120°的正弦电压源按一定连接方式组成，又称为对称三相电源。如图 5-1(a) 所示是三相交流发电机的示意图，主要由定子和转子组成，定子是不动的，槽中嵌有三组形状与匝数完全相同的线圈，每个线圈即为发电机的一相。发电机的转子是一个运动的物体，一般为由水流或空气涡轮机等驱动的匀速转动的电磁铁。电磁铁转动，使每个线圈上产生一个正弦电压，通过设计线圈的位置以使线圈上产生的正弦电压幅值相同、相位角相差 120°，电磁铁转动时线圈的位置保持不变，因此，每个线圈上的电压的频率一致。

习惯上，三个线圈的始端分别标记为 A 、B 和 C ，末端分别标记为 X 、Y 和 Z 。三个线圈

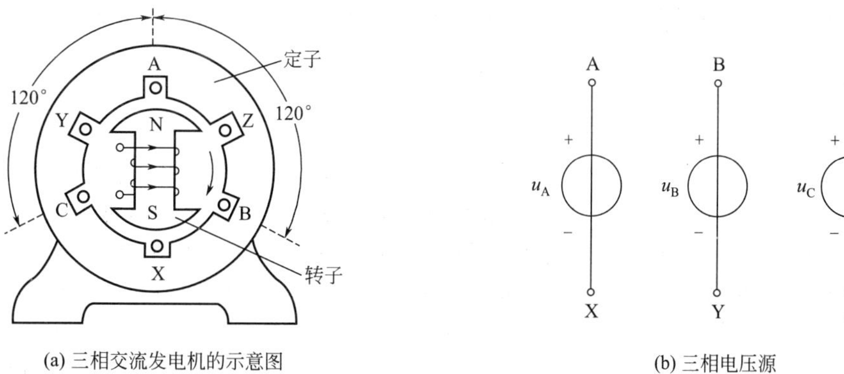

(a) 三相交流发电机的示意图　　(b) 三相电压源

图 5-1　三相电源的产生

上的电压分别为 u_A、u_B和 u_C，依次称为 A 相、B 相和 C 相的电压。这样一组电压称为对称三相电压，如图 5-1(b) 所示。

现假定转子以恒定角速度 ω 旋转时，设 A 相电源初相位为零，则它们的瞬时值表达式为

$$
\begin{aligned}
u_A &= \sqrt{2}U_p\cos\omega t \\
u_B &= \sqrt{2}U_p\cos(\omega t-120^\circ) \\
u_C &= \sqrt{2}U_p\cos(\omega t+120^\circ)
\end{aligned} \tag{5-1}
$$

其波形图如图 5-2(a) 所示。

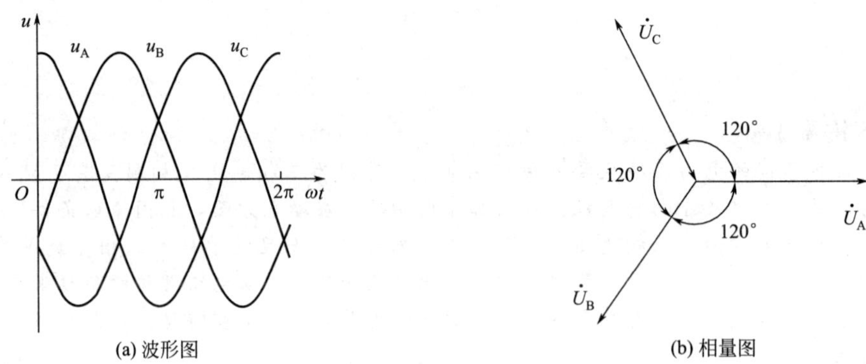

(a) 波形图

(b) 相量图

图 5-2　对称三相电压的波形和相量图

相量表达式为

$$
\begin{aligned}
\dot{U}_A &= U_P\angle 0^\circ \\
\dot{U}_B &= U_P\angle -120^\circ \\
\dot{U}_C &= U_P\angle +120^\circ
\end{aligned} \tag{5-2}
$$

各相电压依次达到最大值的先后次序称为相序。上述三相电源的相序为 A→B→C 称为正相序。如果次序为 A→C→B，则称为负相序。一般以正相序为主讨论三相电路问题。

对称三相电压有一个重要特点：在任一瞬间，对称三相电压之和恒等于 0。即

$$u_A(t)+u_B(t)+u_C(t)=0$$

对应的相量形式有

$$\dot{U}_A+\dot{U}_B+\dot{U}_C=U_p\angle 0^\circ+U_p\angle -120^\circ+U_p\angle +120^\circ=0$$

表现在相量图上，即有任何两个电压相量的和必与第 3 个电压相量大小相等、方向相反，如图5-2(b) 所示。

在实际应用中，三相电源的六个端口并不需要都引出去与负载相连，通常它们先在内部做某种方式的连接，再引出较少的端口与负载相连。一般有星形（Y 形）和三角形（△形）两种连接方式。

1）三相电源的星形（Y 形）连接

将三相电源的末端 X 、Y 和 Z 连在一起形成一个节点，用 N 表示，称为中性点，另外，从三个电源始端 A 、B 和 C 引出三条线与输电线相连，如图 5-3 所示，这种连接方式为三相电源的星形连接，按 Y 形方式连接的电源简称星形电源。其中，从中性点 N 引出的导线 NN′，称为中性线（俗称零线），从三个始端引出的三条导线 AA′、BB′和 CC′称为端线（俗称火线）。

各端线之间的电压称为线电压。记作 $\dot{U}_{AB}$、$\dot{U}_{BC}$和 $\dot{U}_{CA}$。各端线与中性线之间的电压称为相电压，记作 $\dot{U}_A$、$\dot{U}_B$和 $\dot{U}_C$。线电压与相电压的参考方向如图 5-3 所示。

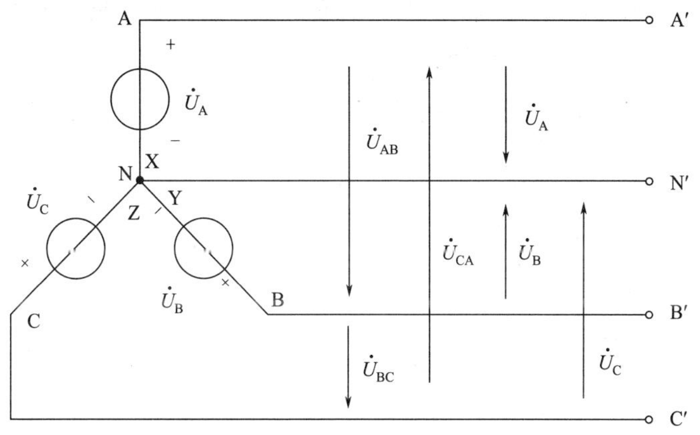

图 5-3　三相电源的星形连接

若设对称三相电源的相电压 $\dot{U}_A$ 为参考相量，则

$$\dot{U}_A=U_p\angle 0^\circ \quad \dot{U}_B=U_p\angle -120^\circ \quad \dot{U}_C=U_p\angle +120^\circ$$

相电压和线电压的关系为

$$\dot{U}_{AB}=\dot{U}_A-\dot{U}_B=U_p\angle 0^\circ-U_p\angle -120^\circ=\sqrt{3}U_p\angle 30^\circ$$

$$\dot{U}_{BC}=\dot{U}_B-\dot{U}_C=U_p\angle -120^\circ-U_p\angle +120^\circ=\sqrt{3}U_p\angle -90^\circ$$

$$\dot{U}_{CA}=\dot{U}_C-\dot{U}_A=U_p\angle +120^\circ-U_p\angle 0^\circ=\sqrt{3}U_p\angle 150^\circ$$

以上式也可写成

$$\begin{aligned}\dot{U}_{AB}&=\sqrt{3}\dot{U}_A\angle 30^\circ\\ \dot{U}_{BC}&=\sqrt{3}U_B\angle 30^\circ\\ \dot{U}_{CA}&=\sqrt{3}U_C\angle 30^\circ\end{aligned} \tag{5-3}$$

可见，星形连接的三相电源，若相电压对称，则线电压也对称。若用 U_l 表示线电压的有效值，则

$$U_l=\sqrt{3}U_p \tag{5-4}$$

且线电压的相位超前对应的相电压的相位 30°。相量图如图 5-4 所示。

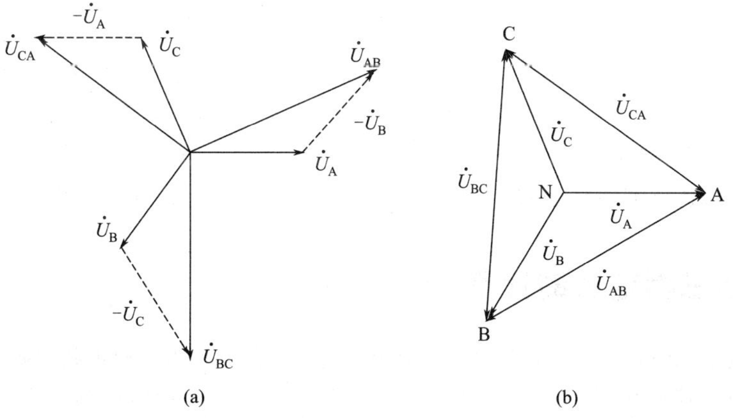

图 5-4　星形电源电压的相量图

目前，在我国低压配电系统中，大多数采用三相四线制的星形连接方式，如图 5-3 所示，线电压的有效值为 380V，相电压的有效值为 220V。如果不特别声明，一般所指的电压都是指线电

压。例如说某配电系统的电压为380V，就是指线电压为380V，而相电压为220V。

2）三相电源的三角形（△形）连接

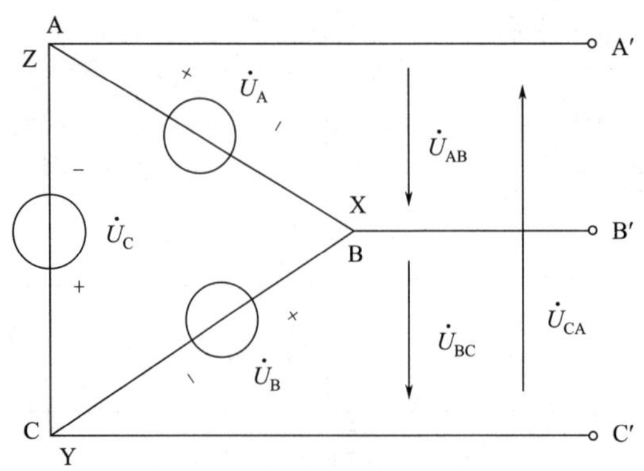

图5-5　三相电源的三角形连接

如果把对称三相电源的始端和末端依次相接，即X接B，Y接C，Z接A，再从各连接点引出端线来，如图5-5所示，就成为三相电源的三角形（△形）连接。按△形方式连接的三相电源简称为三角形电源。三角形电源的相电压即为线电压。在上述正确连接的情况下，因为$\dot{U}_A+\dot{U}_B+\dot{U}_C=0$，所以在没有负载时，电源内部没有环行电流，其相量图如图5-6(a)所示。如果接错，将可能形成很大的环形电流，例如把C相电源接反，则回路电压将为$\dot{U}=\dot{U}_A+\dot{U}_B+(-\dot{U}_C)=-2\dot{U}_C$，即在量值上为一相电压的2倍，这将在电源内部回路中引起极大的电流，从而造成危险，相量图如图5-6(b)所示。为了避免接错三相绕组的顺序，三相发电机接成三角形连接时，先不要完全闭合，留下一个开口，并在开口处接上一只交流电压表，如图5-7所示。若测得回路总电压等于零，说明绕组的连接方式正确，这时再把表拆下，将开口处接在一起，构成闭合回路。

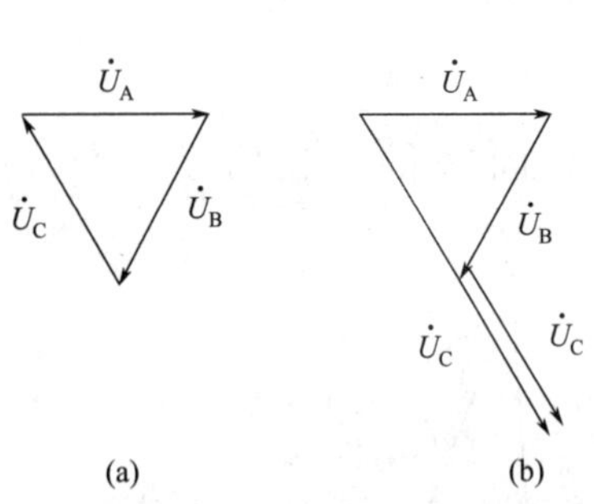

图5-6　三角形接法的相量图及一相接错时的情况

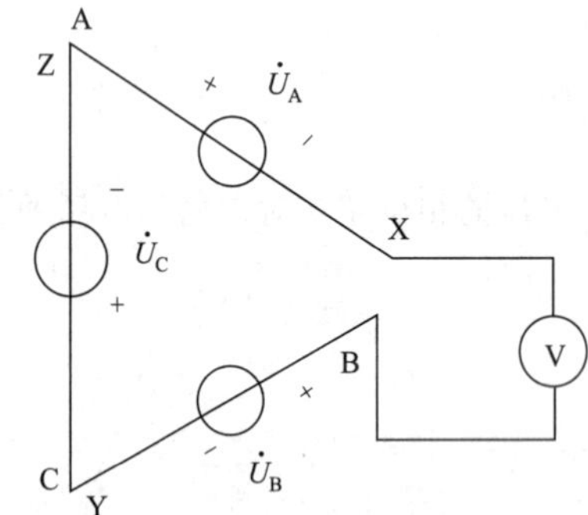

图5-7　三角形连接三相绕组顺序的测量

5.2 对称三相电路的计算

在三相供电系统中，三相负载是由三部分组成，每一部分称为一相负载。如果三相负载的各相阻抗相等，而且性质相同，即$|Z_A|=|Z_B|=|Z_C|=|Z|$，$\varphi_A=\varphi_B=\varphi_C=\varphi$，这种负载称为对称三相负载。否则，就是不对称三相负载。三相交流电动机就是一种对称三相负载。三相负载也有星形和三角形两种连接方式。

根据电源和负载的不同接法，三相电路可分为以下4种类型：Y－Y（即电源和负载均为Y形连接）、Y－△（即电源为Y形连接，负载为△形连接）、△－Y（即电源为△形连接，负载为

Y 形连接）和△一△（即电源为△形连接，负载为△形连接），如图 5-8（a）所示为 Y—Y 连接的三相四线制电路。如果三相电源对称，三相负载对称，连接电源与负载的传输线的端线阻抗相等，则称为对称三相电路。下面分别讨论三相负载为星形连接和三角形连接的对称三相电路。

5.2.1 负载星形连接

三相负载的星形连接方式与三相电源的星形连接类似，如图 5-8 所示，其中 N′为负载的中性点，是三相负载一端的连接点，从三相负载的另一端引出三条线与电源端相连接，这就是负载的星形连接。

三相电源和三相负载相连后，电路中将产生电流，流过端线的电流称为线电流，流过每相负载的电流称为相电流。对于 Y 形连接的三相负载，其相电流就是线电流。在图 5-8(a) 中，$\dot I_A$、$\dot I_B$和 $\dot I_C$是相电流，也是线电流。

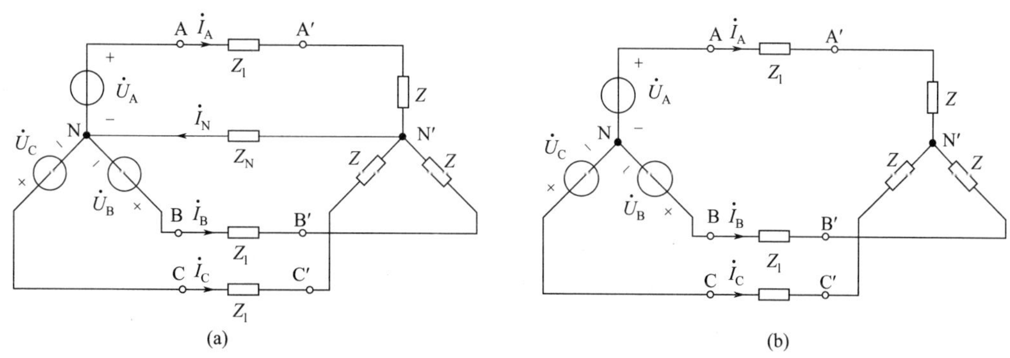

图 5-8　负载星形连接

若星形电源相电压 $\dot U_A$、$\dot U_B$和 $\dot U_C$对称，Z_1为端线阻抗，对称星形负载每相阻抗为 Z，Z_N为中线阻抗。以电源中性点 N 为参考点，负载中性点 N′的节点电压为 $\dot U_{N'N}$。节点电压方程为

$$\left(\frac{3}{Z}+\frac{1}{Z_N}\right)\dot U_{N'N}=\frac{1}{Z}(\dot U_A+\dot U_B+\dot U_C) \tag{5-5}$$

由 5.1 节可知，对称三相电源有 $\dot U_A+\dot U_B+\dot U_C=0$，则 $\dot U_{N'N}=0$ 即电源中性点与负载中性点等电位。中线电流为

$$\dot I_N=\dot I_A+\dot I_B+\dot I_C=0 \tag{5-6}$$

这时可把中线省去，得如图 5-8(b) 所示的三相电路，称为三相三线制。

因此，各相电流（即为线电流）分别为

$$\begin{cases}\dot I_A=\dfrac{\dot U_A-\dot U_{N'N}}{Z_1+Z}=\dfrac{\dot U_A}{Z_1+Z}\\ \dot I_B=\dfrac{\dot U_B-\dot U_{N'N}}{Z_1+Z}=\dfrac{\dot U_B}{Z_1+Z}=\dot I_A\angle-120^\circ\\ \dot I_C=\dfrac{\dot U_C-\dot U_{N'N}}{Z_1+Z}=\dfrac{\dot U_C}{Z_1+Z}=\dot I_A\angle+120^\circ\end{cases} \tag{5-7}$$

可见各相电流大小相等，相位互差 120°，是对称的。

负载相电压分别为

$$\begin{cases}\dot U_{A'N'}=Z\dot I_A\\ \dot U_{B'N'}=Z\dot I_B=Z\dot I_A\angle-120^\circ=\dot U_{A'N'}\angle-120^\circ\\ \dot U_{C'N'}=Z\dot I_C=Z\dot I_A\angle+120^\circ=\dot U_{A'N'}\angle+120^\circ\end{cases} \tag{5-8}$$

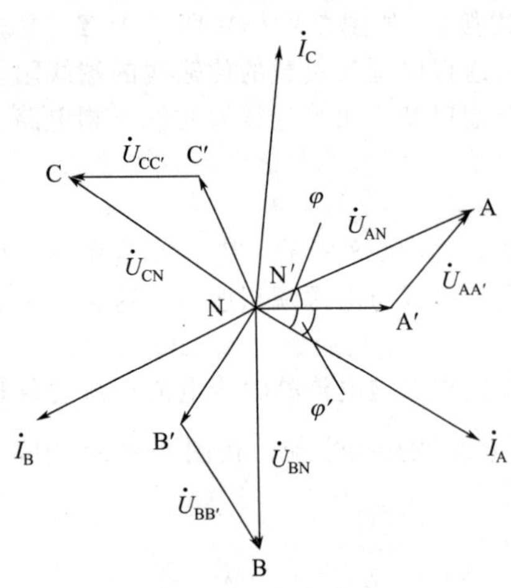

图 5-9　对称 Y—Y 电路的相量图

相电压也是对称的，因此负载线电压也是对称的。电路的相量图如图 5-9 所示。实际上只要先画一相，如 A 相，然后顺时针旋转 120°即为 B 相，再旋转 120°即为 C 相，在此相量图中的各点与电路中有关的点相对应，由于 $\dot{U}_{N'N}=0$，故在相量图中 N 与 N′点重合。$\dot{U}_{AA'}$、$\dot{U}_{BB'}$和 $\dot{U}_{CC'}$为三相传输线复阻抗上的电压。其中 φ 角为电源相电压与相电流间的相位差，该图是 $\varphi>0$ 时的情况；φ'角为负载相电压与相电流间的相位差，即负载阻抗角。

由上述分析可知，对称的 Y—Y 三相电路，它的各相电流、电压不仅构成对称组，而且每相的电流、电压仅由该相的电源和复阻抗来决定，好像各相之间彼此互不相关，见式（5-6）和式（5-7），这是由于 $\dot{U}_{N'N}=0$ 造成的。

根据各相的独立性，在分析计算时，只要分析计算其中一相的电流、电压就行了，其他两相可根据对称性直接写出，这就是对称三相 Y—Y 电路归结为一相计算的方法。如图 5-10 所示，N 与 N′点连接起来的这根短路线只是归结为一相计算时的添加线，并非中线，与中线阻抗 Z_N 无关。

综上所述，Y—Y 对称三相电路有以下特点。

（1）中线不起作用，不论有无中线，也不管中线阻抗 Z_N 为何值，总有 $\dot{U}_{N'N}=0$，$\dot{I}_N=0$。所以可用无阻抗导线把电源中性点 N 与负载中性点 N′连起来。

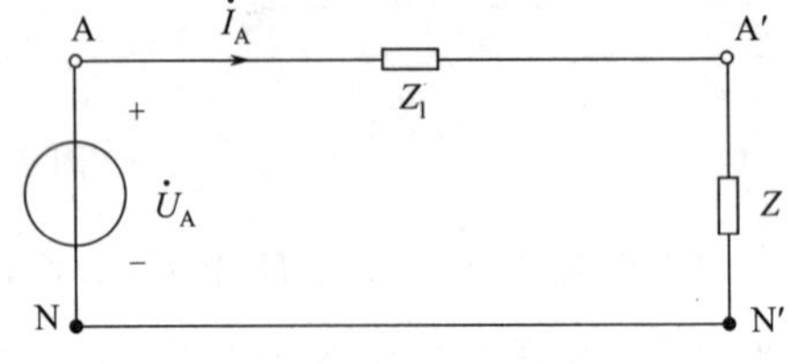

图 5-10　单相计算电路

（2）每相负载的电流和电压仅决定于该相的电源电压和阻抗，各相之间互不相关，各自独立。

（3）各相负载的电流、电压与电源电压是同相序的对称量。各相负载的线电压有效值等于$\sqrt{3}$倍的相电压有效值，线电压超前对应的相电压 30°。线电流等于相电流。

【例 5-1】Y－Y 连接的对称三相电路，如图 5-8（b）所示，线电压 380V，每相负载阻抗 $(8+\mathrm{j}6)\Omega$，忽略输电线阻抗。求每相负载的电流。

解： 因为 $U_l=380\mathrm{V}$

根据 Y－Y 电路的特点
$$U_p=\frac{1}{\sqrt{3}}U_l=\frac{1}{\sqrt{3}}\times 380=220(\mathrm{V})$$

令
$$\dot{U}_A=220\angle 0^\circ(\mathrm{V})$$

则
$$\dot{I}_A=\frac{\dot{U}_A}{Z}=\frac{220\angle 0^\circ}{8+\mathrm{j}6}=22\angle 36.8^\circ(\mathrm{A})$$

根据对称性可知
$$\dot{I}_B=22\angle -156.8^\circ(\mathrm{A})$$
$$\dot{I}_C=22\angle 83.2^\circ(\mathrm{A})$$

当对称三相电源是三角形连接时，如图 5-11 所示，由图中可以看出加在负载上的线电压是电源的相电压（即线电压）。为了获取流过负载上的电流，首先利用相、线电压关系，求得一相负载上的相电压，再求相电流。最后根据负载星形连接及对称性，求取其它相的电压、电流。也可以将三角形连接的对称三相电源等效变换为星形连接的电源，其等效变换的条件是对应的线电压相等。

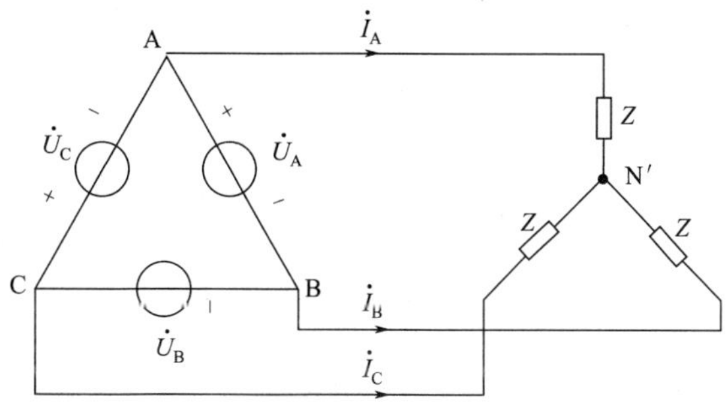

图 5-11　对称△—Y 电路

5.2.2　负载三角形连接

三相电路的三个负载若依次首尾相连，构成三角形，并从各端点向外引出三条引线，与电源端相连接，这样连接的负载称作三相负载的三角形连接。如图 5-12 所示，该电路是三线三相制的 Y—△形对称三相电路。

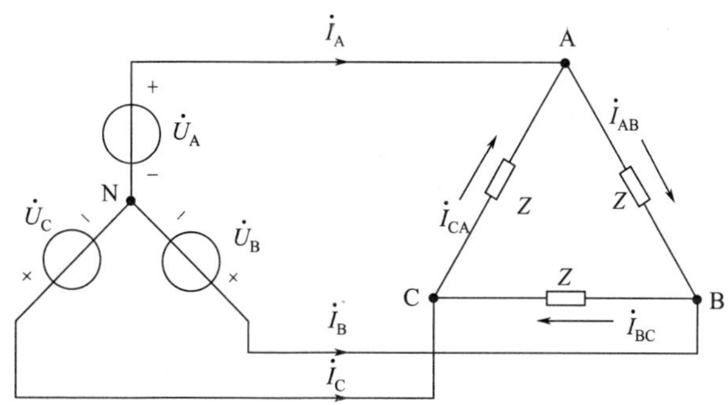

图 5-12　负载三角形连接

三相负载作三角形连接时，各相负载的相电压就是线电压，而流经每相负载的相电流分别为 $\dot{I}_{AB}$、$\dot{I}_{BC}$和 $\dot{I}_{CA}$，线电流分别为 $\dot{I}_A$、$\dot{I}_B$和 $\dot{I}_C$。当三相电源和三相负载都是对称时，即三个线电压大小相等，相位彼此相差 120°，且 $Z_A=Z_B=Z_C=|Z|\angle\varphi$。若取 $\dot{U}_{AB}$为参考相量，即 $\dot{U}_{AB}=U_l\angle 0°$ V 则 $\dot{U}_{BC}=U_l\angle -120°$V，$\dot{U}_{CA}=U_l\angle +120°$V，于是相电流分别为

$$\dot{I}_{AB}=\frac{\dot{U}_{AD}}{Z}=I_p\angle -\varphi$$

$$\dot{I}_{BC}=\frac{\dot{U}_{BC}}{Z}=I_p\angle -120°-\varphi=\dot{I}_{AB}\angle -120°$$

$$\dot{I}_{CA}=\frac{\dot{U}_{CA}}{Z}=I_p\angle +120°-\varphi=\dot{I}_{AB}\angle +120° \tag{5-9}$$

即三个相电流也是对称的。根据 KCL 定律可得线电流为

$$\begin{aligned}\dot{I}_A&=\dot{I}_{AB}-\dot{I}_{CA}=\sqrt{3}\,\dot{I}_{AB}\angle -30°\\ \dot{I}_B&=\dot{I}_{BC}-\dot{I}_{AB}=\sqrt{3}\,\dot{I}_{BC}\angle -30°\\ \dot{I}_C&=\dot{I}_{CA}-\dot{I}_{BC}=\sqrt{3}\,\dot{I}_{CA}\angle -30°\end{aligned} \tag{5-10}$$

因此，对称三相电路的三相负载作三角形连接时，当负载的相电流对称时，端线上的线电流也是对称的。若用 I_l表示线电流的有效值，则

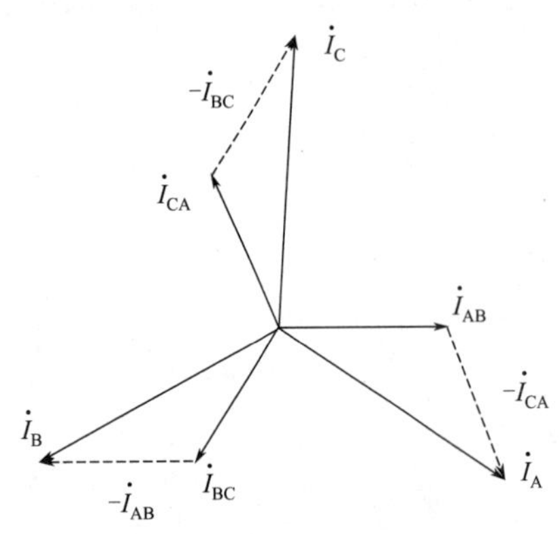

图 5-13　对称负载三角形连接时的相量图

$$I_l=\sqrt{3}I_p \qquad (5\text{-}11)$$

而线电流的相位滞后于相应的相电流 30°，其相量图如图 5-13 所示。

综上所述，负载三角形连接的对称三相电路电压、电流具有以下特点。

(1) 相电压、线电压、相电流、线电流均是对称的，且相电压等于线电压。

(2) 线电流的有效值是相电流有效值的$\sqrt{3}$倍，线电流在相位上滞后对应相电流 30°。

【例 5-2】如图 5-12 所示电路中，三角形连接的三相对称负载接于线电压 380V 的三相电源上，负载每相电阻 $R=8.66\Omega$，感抗 $X_L=5\Omega$。试求负载的相电压、相电流及线电流。

解： 以 A 相负载的相电压作为参考相量，负载的相电压分别为

$\dot{U}_{AB}=220\angle 0°$ V，$\dot{U}_{BC}=220\angle -120°$V，$\dot{U}_{CA}=220\angle +120°$V

负载的阻抗为

$$Z=(8.66+j5)\Omega=10\angle 30°(\Omega)$$

则负载的相电流为

$$\dot{I}_{AB}=\frac{\dot{U}_{AB}}{Z}=\frac{220\angle 0°}{10\angle 30°}=22\angle -30°(A)$$

根据对称性，则

$$\dot{I}_{BC}=22\angle -150°(A)$$

$$\dot{I}_{CA}=22\angle 90°(A)$$

负载的线电流分别为

$$\dot{I}_A=\sqrt{3}\dot{I}_{AB}\angle -30°=38\angle -60°(A)$$

$$\dot{I}_B=\sqrt{3}\dot{I}_{BC}\angle -30°=38\angle -180°(A)$$

$$\dot{I}_C=\sqrt{3}\dot{I}_{CA}\angle -30°=38\angle 60°(A)$$

由此可见，尽管三相对称电路是正弦稳态电路，在对其分析计算时，可充分利用对称性，将三相计算化为一相计算问题。最后根据星形连接和三角形连接时电压、电流关系直接推出其他所求变量。

三相电路的三个负载采用星形连接还是采用三角形连接，必须根据每相负载的额定电压与三相电源的线电压的大小而确定，与电源本身连接方式无关。当各相负载的额定电压等于电源线电压的$\frac{1}{\sqrt{3}}$倍时，负载应作星形连接。如果各相负载的额定电压等于电源线电压，负载必须作三角形连接。否则会使负载因电压过高而烧毁或因电压过低而不能正常工作。

5.3 不对称三相电路的计算

前面研究了对称三相电路的计算，实践中经常遇到的则是不对称三相电路的计算。造成三相电路不对称的原因有两个方面：一是电源不对称；二是负载不对称。通常三相电源不对称度较小，计算时可近似地当作对称三相电源来处理。因此不对称三相电路主要是由负载不对称造成的。不对称三相电路的计算也不能按前面介绍的方法来处理，只能具体问题具体分析，常用的方法是分析一般复杂电路的节点电压法。本节只初步分析由于负载不对称而引起的一些电路特点。

在低压电力网中，有许多小功率的单相负载，用户用电情况也不同，很难把它们凑成完全对称的三相电路，因此各相负载是不相等的，这个不对称三相电路可用图 5-14 来表示。其中 Z_N 是中线复阻抗，负载复阻抗 $Z_A \neq Z_B \neq Z_C$，而电源电压仍为对称的，这种电路失去了对称特点，因而不能用归结为一相的计算方法，根据节点电压法，可写出两节点之间的电压

$$\dot{U}_{N'N}=\frac{\frac{1}{Z}(\dot{U}_A+\dot{U}_B+\dot{U}_C)}{\frac{1}{Z_A}+\frac{1}{Z_B}+\frac{1}{Z_C}+\frac{1}{Z_N}} \tag{5-12}$$

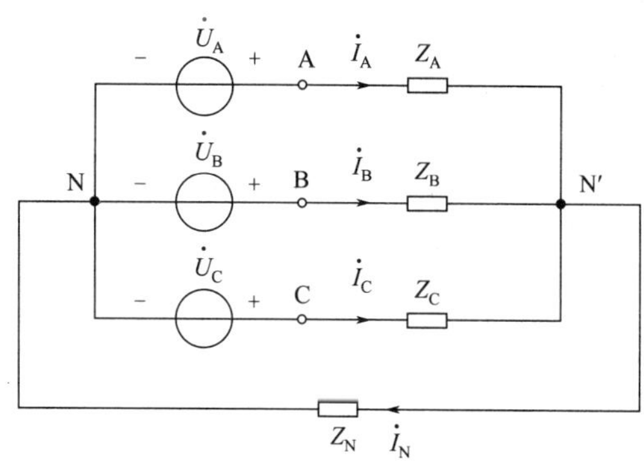

图 5-14　不对称三相电路

虽然电源电压是对称的，但因负载不对称，故 $\dot{U}_{N'N}\neq 0$ 即 N′与 N 点之间电位不等。根据 KVL，可写出负载各相电压为

$$\begin{aligned}\dot{U}_{AN'}&=\dot{U}_{AN}-\dot{U}_{N'N}\\ \dot{U}_{BN'}&=\dot{U}_{BN}-\dot{U}_{N'N}\\ \dot{U}_{CN'}&=\dot{U}_{CN}-\dot{U}_{N'N}\end{aligned} \tag{5-13}$$

上式对应的相量图如图 5-15 所示，由于 $\dot{U}_{N'N}\neq 0$，因此 N′与 N 点在相量图上不重合，这一现象称为中性点位移。可以看出，由于中性点位移，使有的负载相电压升高了，有的负载相电压减小了。在电源对称的情况下，负载相电压 $\dot{U}_{AN'}$、$\dot{U}_{BN'}$ 和 $\dot{U}_{CN'}$ 不对称的程度与中性点位移程度有关。当中性点位移较大时，会造成负载相电压的严重不对称。

各相的相电流可计算如下。

$$\begin{aligned}\dot{I}_A&=\frac{U_{AN'}}{Z_A}=\frac{\dot{U}_{AN}-\dot{U}_{N'N}}{Z_A}\\ \dot{I}_B&=\frac{U_{BN'}}{Z_B}=\frac{\dot{U}_{BN}-\dot{U}_{N'N}}{Z_A}\\ \dot{I}_C&=\frac{U_{CN'}}{Z_C}=\frac{\dot{U}_{CN}-\dot{U}_{N'N}}{Z_C}\end{aligned} \tag{5-14}$$

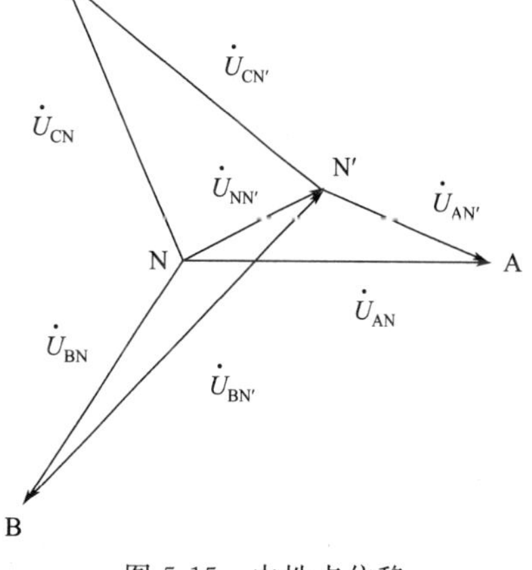

图 5-15　中性点位移

由于负载相电压不对称，所以负载相电流也不对称，中线电流一般不为 0，即

$$\dot{I}_N=\dot{I}_A+\dot{I}_B+\dot{I}_C\neq 0 \tag{5-15}$$

中线阻抗的电压，即为中性点间电压

$$\dot{U}_{N'N}=\dot{I}_N Z_N \tag{5-16}$$

由式（5-12）或式（5-16）均可看出，要减小或消除中性点位移，应尽量减小中线阻抗，假

如中线阻抗为零，即 $Z_N=0$，则 $\dot{U}_{N'N}=0$，此时负载相电压就成为对称的了，因此尽管负载阻抗不对称，也能正常地工作，这就是低压电力系统广泛采用三相四线制的原因之一。实际上，中线阻抗不可能为 0，因此除了尽可能减小中线阻抗外，还要适当调整各相负载，使之尽量均匀。由于负载不对称而引起的中性点位移以没有中线时最为严重，所以，实际工程中为避免中线断开而造成负载相电压变动过大，一般在中线上不安装开关和保险丝，有时还用机械强度较高的导线作中线。

【例 5-3】在如图 5-16 所示的电路中，对称三相电源相电压 $U_p=220$V，负载为电灯组，额定电压为 220V，各相负载电阻分别为 $R_A=5\Omega$，$R_B=10\Omega$，$R_C=20\Omega$，试求：

(1) 负载的相电压、相电流及中线电流；

(2) 若 A 相短路，各相负载上的电压；

(3) 若 A 相断路，各相负载上的电压；

(4) 若 A 相短路而中线断开时，各相负载上的电压；

(5) 若 A 相断路而中线断开时，各相负载上的电压。

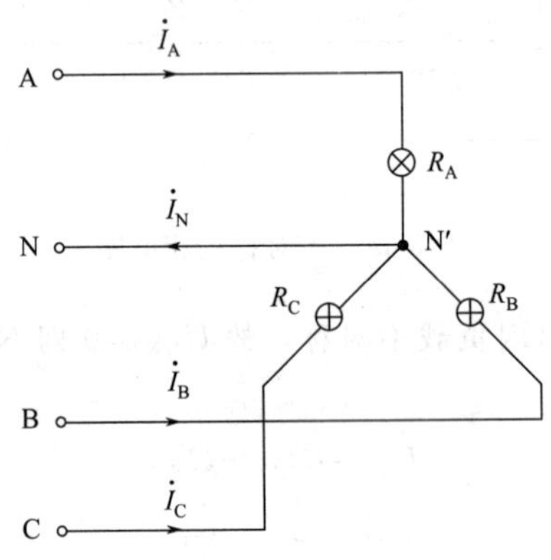

图 5-16 例 5-3 电路图

解：(1) 负载不对称，但由于有中线，所以负载的相电压等于电源的相电压，是对称的，且各相具有独立性，可以分别计算。

以 A 相负载的相电压作为参考相量，负载的相电压分别为

$$\dot{U}_A=220\angle 0^\circ \text{ V}, \dot{U}_B=220\angle -120^\circ \text{V}, \dot{U}_C=220\angle +120^\circ \text{V}$$

则

$$\dot{I}_A=\frac{\dot{U}_A}{R_A}=\frac{220\angle 0^\circ}{5}=44\angle 0^\circ (\text{A})$$

$$\dot{I}_B=\frac{\dot{U}_B}{R_B}=\frac{220\angle -120^\circ}{10}=44\angle -120^\circ (\text{A})$$

$$\dot{I}_C=\frac{\dot{U}_C}{R_C}=\frac{220\angle +120^\circ}{20}=11\angle 120^\circ (\text{A})$$

中线电流

$$\dot{I}_N=\dot{I}_A+\dot{I}_B+\dot{I}_C=44\angle 0^\circ+44\angle -120^\circ+11\angle 120^\circ=29.1\angle -19^\circ (\text{A})$$

以上计算表明：由于中线的作用，保证了负载相电压的对称，但是负载的相电流并不对称，且中线电流也不为零。

(2) A 相短路，如图 5-17 (a) 所示，此时 A 相短路电流很大，将 A 相的熔断器熔断。由于中线的存在，B 相和 C 相不受影响，其相电压仍为 220V。

(3) A 相断路，如图 5-17 (b) 所示，由于中线的存在，B 相和 C 相不受影响，其相电压仍为 220V。

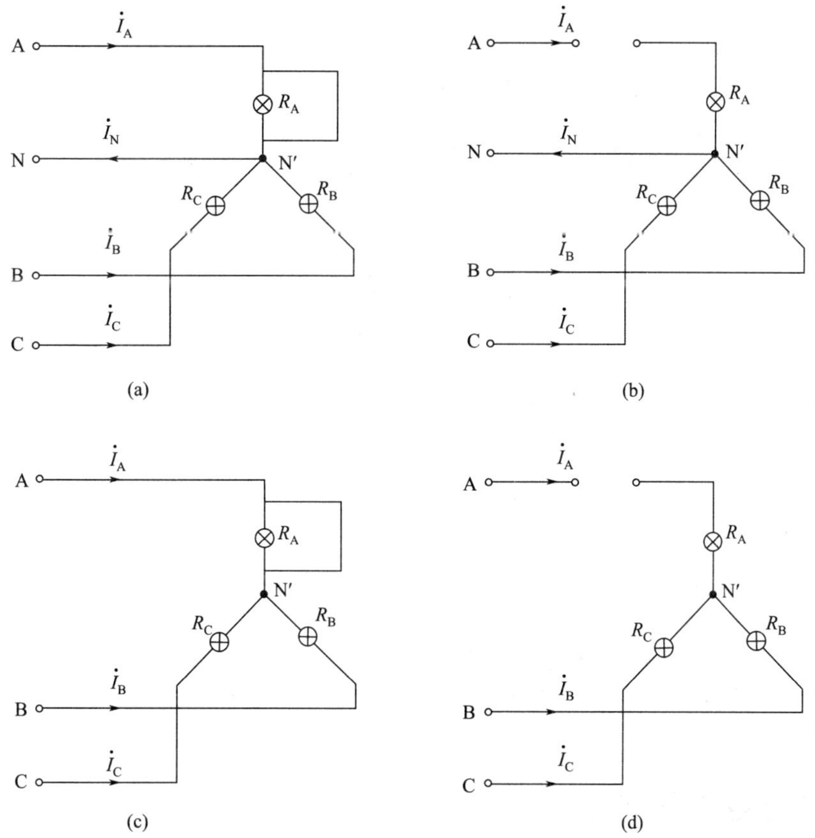

图 5-17 例 5-3 图

(4) 若 A 相短路而中线断开时，如图 5-17（c）所示，由于 A 相负载短路，此时负载的中性点 N′即为 A，所以 B 相和 C 相所加的电压为 380V，都超过了其额定电压，灯泡将会被烧坏。

(5) 若 A 相断路而中线断开时，如图 5-17（d）所示，相当于 B 相和 C 相串联在线电压 $U_{BC}=380$V 电源上，电压的分配取决于 B 相和 C 相电阻的分配。

$$U_B=\frac{R_B}{R_B+R_C}U_l=\frac{10}{20+10}\times380=127(\text{V})$$

$$U_C=380-127=253(\text{V})$$

负载的电压高于或低于其额定电压，均不能正常工作，这是不允许的。

通过上题的分析可知，当负载不对称时，如果有中线，负载的相电压就是对称的，负载能够正常工作；中线断开负载的相电压就不对称，就会造成有的相电压高于负载的额定电压，有的相电压低于负载的额定电压，这都是不允许的。所以，为了保证负载能够正常工作，就必须有中线，中线上不允许接熔断器。

【例 5-4】如图 5-18 所示是一相序指示器电路，它是由一个电容与两个相同的灯泡组成的星形连接三相电路。试说明如何根据灯泡的亮度确定相序。

解： 首先假定三相电源的相序是 A—B—C，即电容 C 所在的相定为 A 相。

设三相电源电压对称，

$$\dot{U}_A=U\angle0°\text{ V},\dot{U}_B=U\angle-120°\text{V},\dot{U}_C=U\angle+120°\text{V}$$

为分析计算方便，又设 $R=\frac{1}{\omega C}$，

据节点电压可得

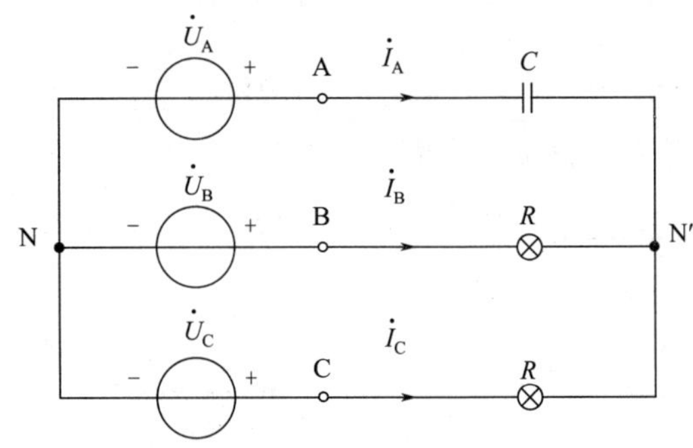

图 5-18 相序指示仪

$$\dot{U}_{N'N}=\frac{j\omega C\dot{U}_A+\frac{1}{R}\dot{U}_B+\frac{1}{R}\dot{U}_C}{j\omega C+\frac{2}{R}}=\frac{j\frac{1}{R}\dot{U}_A+\frac{1}{R}\dot{U}_B+\frac{1}{R}\dot{U}_C}{j\frac{1}{R}+\frac{2}{R}}=0.63U\angle 108.4^\circ(\text{V})$$

$$\dot{U}_{BN'}=\dot{U}_{BN}-\dot{U}_{NN'}=U\angle -120^\circ-0.63U\angle 108.4^\circ=1.5U\angle -101.5^\circ(\text{V})$$

$$\dot{U}_{CN'}=\dot{U}_{CN}-\dot{U}_{NN'}=U\angle 120^\circ-0.63U\angle 108.4^\circ=0.4U\angle 138.4^\circ(\text{V})$$

可见，B 相负载上的电压较高，灯泡较亮，C 相负载上的电压低得多，灯泡较暗，由此 根据白炽灯的亮度不同，便可判断三相电源的相序了。

上述相序指示仪中的电容还可以用电感代替，条件是 $\omega L=R$，结果是灯较暗的一相是 B 相，灯较亮的一相是 C 相。读者可自行验算。

5.4 三相电路的功率

5.4.1 三相功率的计算

在如图 5-19 所示的三相电路中，三相负载吸收的平均功率等于各相平均功率之和，即

$$P=P_A+P_B+P_C=U_AI_A\cos\varphi_A+U_BI_B\cos\varphi_B+U_CI_C\cos\varphi_C \tag{5-17}$$

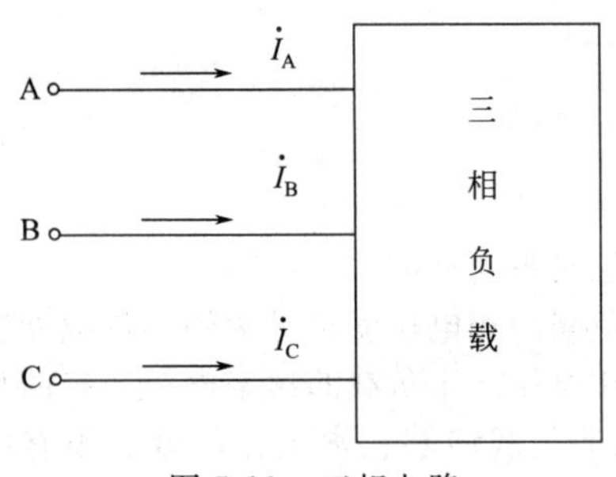

图 5-19 三相电路

式中，φ_A、φ_B、φ_C分别是 A 相、B 相、C 相负载的电压与电流间的相位差。

在对称三相电路中，各相负载吸收的平均功率相等，则式（5-17）可写为

$$P=3P_p=3U_pI_p\cos\varphi \tag{5-18}$$

因为对称三相负载的星形连接或三角形连接，都有

$$3U_pI_p=\sqrt{3}U_lI_l$$

所以有

$$P=\sqrt{3}U_lI_l\cos\varphi \tag{5-19}$$

式中，φ 仍然是每相的电压与电流间的相位差，也是每相负载的阻抗角。

三相负载吸收的无功功率为

$$Q=Q_A+Q_B+Q_C=U_AI_A\sin\varphi_A+U_BI_B\sin\varphi_B+U_CI_C\sin\varphi_C \tag{5-20}$$

在对称的情况下，则为

$$Q=3U_pI_p\sin\varphi=\sqrt{3}U_lI_l\sin\varphi \tag{5-21}$$

三相负载的视在功率为

$$S=\sqrt{P^2+Q^2} \tag{5-22}$$

在对称的情况下，则为

$$S=3U_pI_p=\sqrt{3}U_lI_l \tag{5-23}$$

三相电路的功率因数可定义为

$$\cos\varphi'=\lambda=\frac{P}{S} \tag{5-24}$$

在对称的情况下，$\cos\varphi'=\cos\varphi$ 就是一相负载的功率因数。$\varphi'=\varphi$ 即为负载的阻抗角。不对称时，φ' 无实际意义，实际上在不对称情况下很少用三相无功功率、三相视在功率和功率因数等概念。

下面讨论对称三相电路中的瞬时功率。

设对称三相电路中各相的电压和电流取关联的参考方向，且取A相的相电压和相电流为参考正弦量，即

$$u_A=\sqrt{2}U_p\sin\omega t \qquad i_A=\sqrt{2}I_p\sin(\omega t-\varphi)$$

对称三相负载吸收的瞬时功率为

$$\begin{aligned}p&=p_A+p_B+p_C=u_Ai_A+u_Bi_B+u_Ci_C\\&=2U_pI_p\sin\omega t\sin(\omega t-\varphi)+2U_pI_p\sin(\omega t-120°)\sin(\omega t-120°-\varphi)+\\&\quad 2U_pI_p\sin(\omega t+120°)\sin(\omega t+120°-\varphi)\\&=U_pI_p[\cos\varphi-\cos(2\omega t-\varphi)]+U_pI_p[\cos\varphi-\cos(2\omega t-240°-\varphi)]+\\&\quad U_pI_p[\cos\varphi-\cos(2\omega t+240°-\varphi)]\\&=3U_pI_p\cos\varphi\\&=P\end{aligned}$$

上式表明，对称三相制中负载的瞬时功率是一个常量，其值等于平均功率，称为瞬时功率平衡。因此，三项制是一种平衡制，这也是三相制的一个优点。对电动机而言，由于瞬时功率平衡，它所产生的转矩也是恒定的，这可免除电动机转动时的振动。

【例 5-5】对称三相负载，阻抗为 $Z=(6+j8)\Omega$，接在线电压为380V的星形连接对称三相电源上。试求：负载为星形连接和三角形连接时所消耗的总有功功率。

解：每相负载的阻抗为 $Z=(6+j8)\Omega=10\angle 53.1°\ \Omega$

负载为星形连接时

相电压 $$U_p=\frac{U_L}{\sqrt{3}}=220(\text{V})$$

相电流 $$I_p=I_l=\frac{U_p}{|Z|}=22(\text{A})$$

$$\cos\varphi=0.6$$

总有功功率 $$P=3U_pI_p\cos\varphi=3\times220\times22\times0.6=8.712(\text{kW})$$

负载为三角形连接时

相电压 $$U_p=U_l=380(\text{V})$$

相电流 $$I_p=\frac{U_p}{|Z|}=\frac{U_l}{|Z|}=\frac{380}{10}=38(\text{A})$$

$$\cos\varphi=0.6$$

总有功功率 $$P=3U_pI_p\cos\varphi=3\times380\times38\times0.6=26(\text{kW})$$

比较【例 5-5】的计算结果可知，在电源电压一定的情况下，三相负载的连接方式不同，负载所消耗的功率也不同，因此，三相负载在电源电压一定的情况下，都有确定的连接方式，不可任意连接。

5.4.2 三相功率的测量

三相电路吸收的有功功率可用功率表来测量。三相功率的测量方法，随三相电路连接形式和是否对称而有所不同。

三相四线制电路有功功率的测量，星形连接的三相四线制电路，无论是否对称，一般可用三只单相功率表进行测量，这种方法称为三表法。如图 5-20(a) 所示。

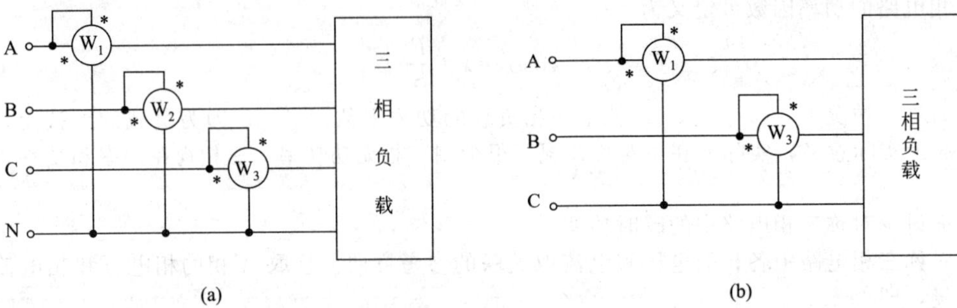

图 5-20 三相功率的测量

图中功率表 W_1 的电流线圈接于 A 相，通过 A 相电流 $\dot{I}_A$，电压线圈接于 A 相和中线之间，取得 A 相的相电压 $\dot{U}_A$。因此功率表 W_1 指示的量值是 A 相负载吸收的有功功率 P_A。同理可知功率表 W_2、W_3 指示的量值是 B 相和 C 相负载所吸收的有功功率 P_B 与 P_C，所以三个功率表读数之和，即为三相负载吸收的总功率 P。即

$$P=P_A+P_B+P_C$$

对于对称三相四线制电路，由于各相功率相同，因此可用一只功率表测出任一相功率后，它的 3 倍就是负载吸收的总功率 P，即 $P=3P_A$。这种方法称为一表法。

三相三线制电路，不论是否对称，其三相负载吸收的总有功功率，一般都使用两只单相功率表来测量，这种方法称为二表法，如图 5-20(b) 所示，两只功率表的电流线圈分别串入任意两条端线中［如图 5-20(b) 中 A 线和 B 线］，它们的电压线圈的无“*”端共同接到第三条端线上［如图 5-20(b) 中 W 线］。显然，这种测量方法中功率表的接线只触及端线而不触及负载和电源内部，且与电源和负载的连接方式无关。这时两只功率表读数的代数和就等于被测的三相电路的总功率，而任一只功率表的读数都无任何意义。即使在对称三相电路中，这两只功率表的读数一般也并不相同。

在仪表制造中，如将两只功率表的转动机构安装在同一根带有指针的转轴上，则指针所示的读数就是三相负载的总功率，这种仪表称为三相功率表。而只有一个电压线圈和一个电流线圈的功率表称为单相功率表，或简称功率表。

可以证明图 5-20(b) 中两个功率表读数的代数和为右侧电路吸收的平均功率。

假定三相负载为星形连接（对于三角形连接的负载，可以等效变换为星形连接的负载），设两个功率表的读数分别为 P_1 和 P_2，根据功率表的工作原理，有

$$P_1=\mathrm{Re}[\dot{U}_{AC}\dot{I}_A^*] \qquad P_2=\mathrm{Re}[\dot{U}_{BC}\dot{I}_B^*]$$

所以

$$P_1+P_2=\mathrm{Re}[\dot{U}_{AC}\dot{I}_A^*+\dot{U}_{BC}\dot{I}_B^*]$$

因为 $\dot{U}_{AC}=\dot{U}_A-\dot{U}_C$，$\dot{U}_{BC}=\dot{U}_B-\dot{U}_C$，$\dot{I}_A^*+\dot{I}_B^*=-\dot{I}_C^*$ 代入上式中，得

$$P_1+P_2=\mathrm{Re}[(\dot{U}_A-\dot{U}_C)\dot{I}_A^*+(\dot{U}_B-\dot{U}_C)\dot{I}_B^*]$$

整理后，得

$$\begin{aligned}P_1+P_2&=\mathrm{Re}[\dot{U}_A\dot{I}_A^*+\dot{U}_B\dot{I}_B^*+\dot{U}_C\dot{I}_C^*]\\&=\mathrm{Re}[\dot{U}_A\dot{I}_A^*]+\mathrm{Re}[\dot{U}_B\dot{I}_B^*]+\mathrm{Re}[\dot{U}_C\dot{I}_C^*]\\&=\mathrm{Re}[\overline{S}_A]+\mathrm{Re}[\overline{S}_B]+\mathrm{Re}[\overline{S}_C]\\&=P_A+P_B+P_C\end{aligned}$$

可见，用二表法测得的确实是三相负载的平均功率。当负载对称时，令

$$\dot{U}_A=U_A\angle 0^\circ,\dot{I}_A=I_A\angle -\varphi$$

由图 5-21 所示的相量图可知，两功率表的读数为

$$\begin{cases} P_1=\mathrm{Re}[\dot{U}_{AC}\dot{I}_A^*]=U_{AC}I_A\cos(30°-\varphi) \\ P_2=\mathrm{Re}[\dot{U}_{BC}\dot{I}_B^*]=U_{BC}I_B\cos(30°+\varphi) \end{cases} \tag{5-25}$$

式中，φ 为负载的阻抗角。上式为图 5-20（b）所示电路对称时功率表读数的计算式，当两功率表不是图 5-20（b）所示的接法时，计算式与此不同。应当注意，当 $|\varphi|>60°$时，由式（5-25）可见，其中一个功率表读数可能为负，求代数和时该读数应取负值。一般来说，单独一个功率表的读数是没有意义的。

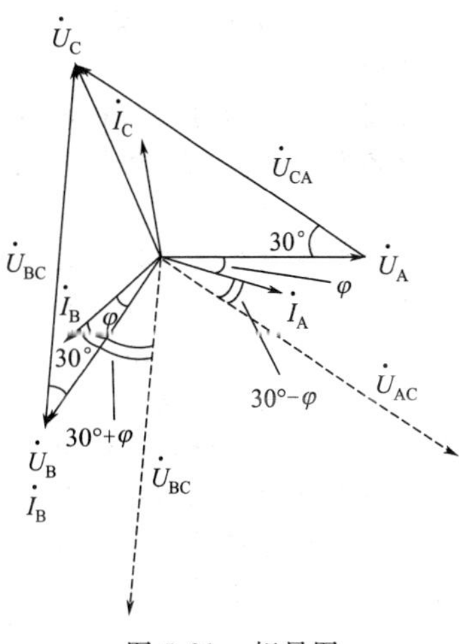

图 5-21 相量图

除了对称情况下，三相四线制不能用二表法测量三相负载的功率，因为这时 $\dot{I}_A+\dot{I}_B+\dot{I}_C\neq0$。利用二表法的读数，还可计算对称三相负载的无功功率。据式（5-25），将两只表读数相减，即

$$P_1-P_2=U_{AC}I_A\cos(30°-\varphi)-U_{BC}I_B\cos(\varphi+30°)$$
$$=U_lI_l[-2\sin\varphi\sin(-30°)]=U_lI_l\sin\varphi=\frac{1}{\sqrt{3}}Q$$

所以，将二表法读数之差乘以$\sqrt{3}$，即得对称三相负载的无功功率

$$Q=\sqrt{3}(P_1-P_2) \tag{5-26}$$

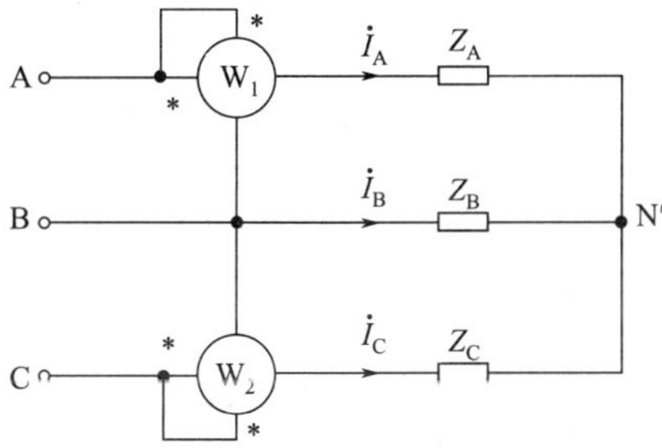

图 5-22 例 5-6 电路图

【例 5-6】对称三相电路用二表法测量三相负载的有功功率，若电源线电压为 380V，$Z=(50+\mathrm{j}50)\ \Omega$。试计算三相负载的有功功率和二表法的读数。

解：设 $\dot{U}_{AB}=380\angle30°(\mathrm{V})$

因此 $\dot{U}_A=\frac{380}{\sqrt{3}}\angle0°=220\angle0°(\mathrm{V})$

$$\dot{I}_A=\frac{\dot{U}_A}{Z}=\frac{220\angle0°}{50+\mathrm{j}50}=3.11\angle-45°(\mathrm{A})$$

三相负载的平均功率

$$P=3U_AI_A\cos\varphi=3\times220\times3.11\times\cos[0°-(-45°)]=1447.40(\mathrm{W})$$

二表法的读数：

$$P_1=U_{AB}I_A\cos[30°-(-45°)]=380\times3.11\times\cos75°=305.87(\mathrm{W})$$
$$P_2=U_{CB}I_C\cos(30°-45°)=380\times3.11\times\cos(-15°)=1141.53(\mathrm{W})$$
$$P_1+P_2=305.87+1141.53=1447.40(\mathrm{W})$$

本章小结

本章介绍了三相电源、三相电路的星形连接和三角形连接、三相电路的计算及三相电路功率与测量。

（1）三相电源。三相电源产生有效值相等、角频率相同、相位互差 120°的对称三相电压。三相电源有星形和三角形两种连接方式。采用星形连接时，线电压的有效值是相电压的$\sqrt{3}$倍，相位超前对应的相电压 30°；采用三角形连接时，线电压与相电压相等。星形连接时，根据需要，可以采用三相三线制或三相四线制供电方式。

（2）对称三相电路。在三相电路中，三相负载也有星形和三角形两种连接方式。采用星形连接时，线电流等于相电流，若负载对称，线电压的有效值是相电压的$\sqrt{3}$倍，相位超前对应的相电压 30°；采用三角形连接时，线电压等于相电压，若负载对称，则线电流的有效值是相电流的

$\sqrt{3}$倍，相位滞后对应的相电流 30°。无论负载采用哪种连接方式，都要视负载的额定电压和电源的电压而定。

在星形连接的对称三相电路中，由于电源中性点电位与负载中性点电位相等，中性线电流为零，故各相的电流仅由该相的电压和阻抗所决定，与其他两相无关。因此各相的计算具有独立性，只要分析计算一相的电流、电压，其他两相可根据对称性直接写出。

对于其他连接方式的对称三相电路，可充分利用对称性，将三相计算化为一相计算，也可以通过 Y—△变换先化成 Y—Y 型后再计算。

(3) 不对称三相电路。对于电源对称负载不对称的三相电路，当负载作星形连接时，中线电流不为零，其电流和电压用中性点位移公式来计算。在低压电力系统中，为了保证负载的相电压对称，必须有中性线，广泛采用三相四线制。实际工程中为避免中线断开而造成负载相电压变动过大，一般在中线上不安装开关和保险丝，有时还用机械强度较高的导线作中线。

(4) 三相电路的功率与测量。三相电路的有功功率、无功功率等于各相的有功功率、无功功率之和，三相电路的视在功率为

$$S=\sqrt{P^2+Q^2}$$

若三相负载对称，则不论是星形连接还是三角形连接，其三相功率计算公式为

$$P=3U_pI_p\cos\varphi=\sqrt{3}U_lI_l\cos\varphi$$

$$Q=3U_pI_p\sin\varphi=\sqrt{3}U_lI_l\sin\cos\varphi$$

$$S=3U_pI_p=\sqrt{3}U_lI_l$$

式中，φ是每相的电压与电流间的相位差，即每相负载的阻抗角。

在三相功率的测量中，对于三相四线制电路，一般采用三表法测量有功功率；对于三相三线制电路，一般采用二表法测量有功功率。

习题 5

5-1 已知对称三相电路中，电源线电压 380V，负载阻抗 $Z=(3+j4)\ \Omega$。求负载分别为星形和三角形连接时的相电流 I_p和线电流 I_l。

5-2 已知对称三相电机每相绕组的额定电压为 220V，且与对称三相电源相连接，当电源有两种电压：(1) 线电压 380V；(2) 线电压为 220V。试问在这两种情况下，该电机的绕组应当怎样连接？若这台电机每相绕组阻抗为 $Z=36\angle 30°\ \Omega$，求两种情况下的相电流和线电流。

5-3 在如图 5-23 所示的对称三相电路，电源线电压为 380V，$Z_1=j1\Omega$，$Z=(12+j6)\Omega$。求 $\dot{I}_1$、$\dot{I}_2$、$\dot{I}_3$。

5-4 电路如图 5-24 所示，对称三相电电源的线电压为 380V，$Z=(20+j20)\ \Omega$，三相电动机的功率为 1.7kW，功率因数为 0.82。求：(1) 线电流 $\dot{I}_A$、$\dot{I}_B$、$\dot{I}_C$；(2) 三相电源发出的总功率 P。

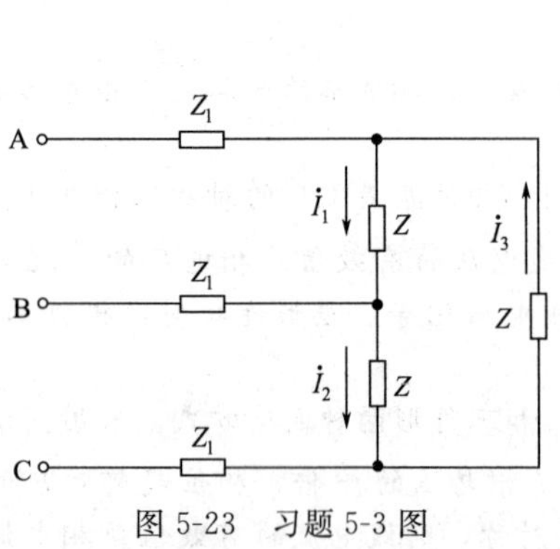

图 5-23 习题 5-3 图

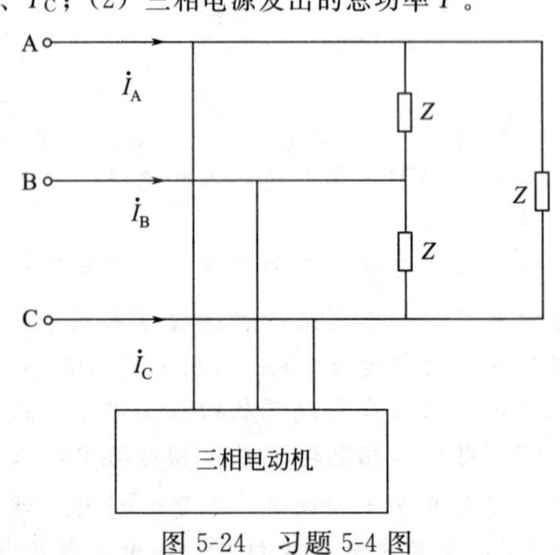

图 5-24 习题 5-4 图

5-5　不对称三相电路如图 5-25 所示，线电压为 440V，由负相序三相四线制供电，$Z_1=10\angle 30^\circ\ \Omega$，$Z_2=20\angle 60^\circ\ \Omega$，$Z_3=15\angle -45^\circ\Omega$。求：(1) 电流 $\dot{I}_A$、$\dot{I}_B$、$\dot{I}_C$和 $\dot{I}_N$；(2) 取消中线后的电流 $\dot{I}_A$、$\dot{I}_B$、$\dot{I}_C$和电压 $\dot{U}_{N'N}$。

5-6　三相电路如图 5-26 所示，已知开关 S 闭合时，各电流表的读数均为 10A，试求开关 S 断开后各电流表的读数。

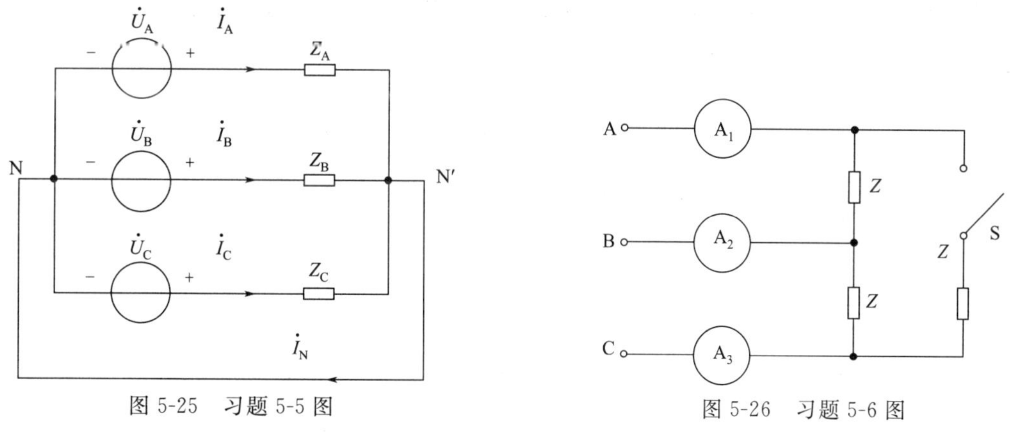

图 5-25　习题 5-5 图　　　图 5-26　习题 5-6 图

5-7　在对称三相电路中，已知 $P=3290$W、$\cos\varphi=0.5$（感性）、$U_l=380$V。试求在下述两种情况下每相负载的电阻 R 和感抗 X_L。(1) 负载是星形连接；(2) 负载是三角形连接。

5-8　在线电压为 380V 的三相电源上，接两组电阻性对称负载，如图 5-27 所示，试求图中各线路电流。

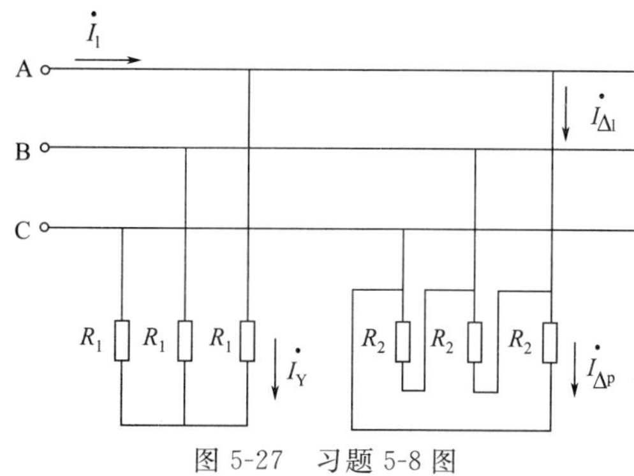

图 5-27　习题 5-8 图

5-9　在如图 5-28 所示的电路中，电源线电压为 380V。(1) 如果图中各相负载的阻抗膜都等于 10Ω，是否可以说负载是对称的？(2) 试求各相电流，并用电压与电流的相量图计算中性线电流。如果中性线上

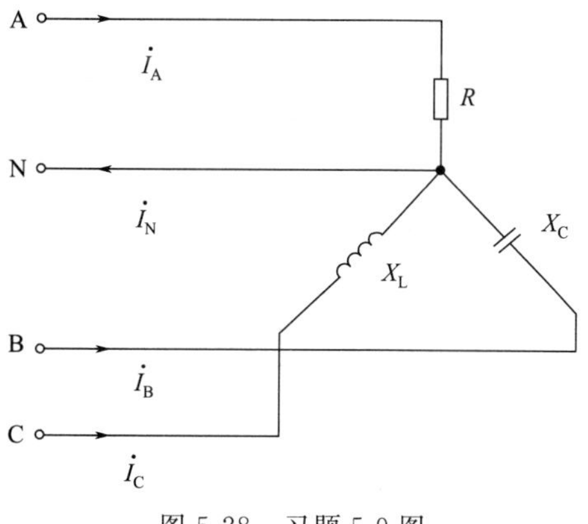

图 5-28　习题 5-9 图

的参考方向选为同电路上所示的方向相反，则结果有何不同？(3) 试求三相平均功率。

5-10 对称三相电路如图 5-29 所示，已知电源线电压 $\dot{U}_{AB}=380\angle 0^\circ$ V，线电流 $\dot{I}_A=10\angle 75^\circ$ A，求三相负载的总功率。

5-11 对称三相电路如图 5-30 所示，$\dot{U}_{AB}=380\angle 0^\circ$ V，线电流 $\dot{I}_A=1\angle -60^\circ$ A。求各功率表的示数及三相负载吸收的总功率。

5-12 在如图 5-31 所示的电路中，已知功率表的读数为 500W。试求此负载吸收的无功功率。

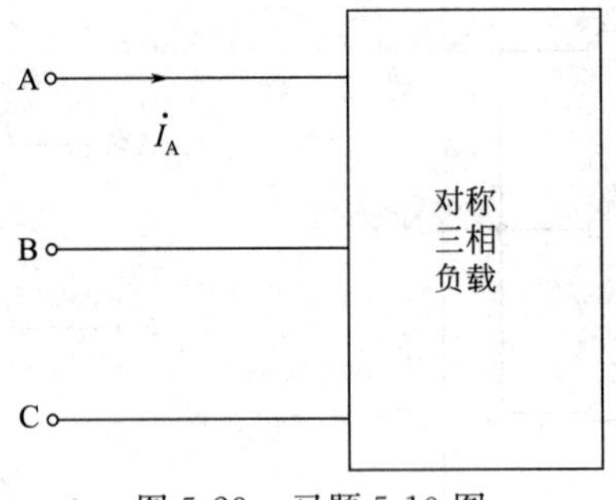

图 5-29 习题 5-10 图

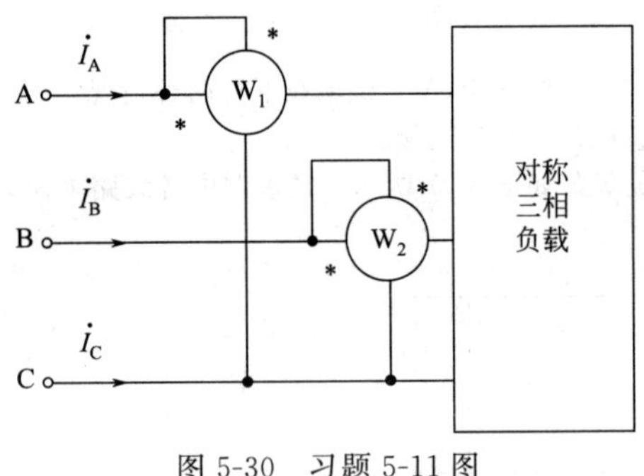

图 5-30 习题 5-11 图

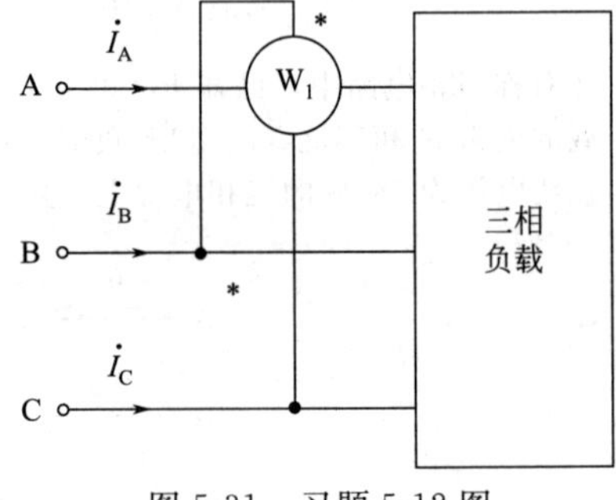

图 5-31 习题 5-12 图

第6章 非正弦周期电流电路的分析

【内容提要】

本章主要研究周期性非正弦激励作用的稳态电路分析方法——谐波分析法。该方法首先将周期性非正弦激励进行博里叶级数分解．然后采用直流电路分析方法、正弦稳态电路分析方法和叠加原理进行计算。本章还介绍了信号的频谱等内容。本章重点：非正弦周期量的有效值、平均功率及非正弦周期电流电路的计算方法。

由正弦交流电路的分析可知：当线性电路中的激励为正弦量时，电路中的稳态响应是与激励同频率的正弦量。在工程实践中还经常会遇到激励是非正弦周期因素的电路，电路中的稳态响应一般是非正弦周期量，这样的电路称为周期性非正弦稳态电路，也称非正弦周期电流电路。实际上，非正弦周期性激励是普遍存在的。例如，电力系统中的发电机和变压器很难产生纯正弦形式电压，一般是接近正弦形式的非正弦周期电压；电信工程中传输的各种信号中许多是非正弦周期函数，如方波信号或锯齿波信号等；还有的电路是由几个不同频率的正弦激励（或者直流激励）同时作用。以上这些激励都会在电路中产生非正弦形式的电压和电流。此外，如果电路中含有非线性元件（如半导体二极管等)，即使激励是正弦形式，电路中也会产生非正弦电流或电压。因此，需要研究非正弦周期电流电路稳态响应的分析方法。

分析计算非正弦周期激励下电路的稳态响应，可利用博里叶级数等相关知识，先将非正弦周期激励分解为一系列不同频率的正弦量之和，然后根据线性电路的叠加原理，分别计算在各频率正弦量单独作用下在电路中产生的正弦稳态响应分量，最后把各分量叠加，得到电路的非正弦稳态响应。对于几个不同频率的正弦激励（包括直流激励）同时作用的电路，可直接应用叠加原理求解。

6.1 非正弦周期信号的谐波分析

本节利用博里叶级数等相关知识，进行非正弦周期信号的谐波分析，将非正弦周期激励分解为一系列不同频率的正弦量之和的形式；同时通过非正弦周期信号频谱描述非正弦周期信号各谐波分量的振幅和相位随频率的变化情况。

6.1.1 非正弦周期量的傅里叶级数分解

用以表示非正弦周期量的数学函数集有多种，最常见的是傅里叶级数（简称傅氏级数），即正交函数集中的三角函数集。

如果给定的周期函数 $f(t)$ 满足狄里赫利条件，则 $f(t)$ 可以分解成为傅里叶级数，即

$$f(t)=\frac{a_0}{2}+(a_1\cos\omega t+b_1\sin\omega t)+(a_2\cos2\omega t+b_2\sin2\omega t)+\cdots$$
$$+(a_k\cos k\omega t+b_k\sin k\omega t)+\cdots$$

$$=\frac{a_0}{2}+\sum_{k=1}^{\infty}(a_k\cos k\omega t+b_k\sin k\omega t) \tag{6-1}$$

式中，$\omega=\frac{2\pi}{T}$；T 为 $f(t)$ 的周期；a_0、a_k、b_k 称为傅里叶系数，其计算公式为

$$a_0=\frac{1}{T}\int_0^T f(t)\mathrm{d}t$$

$$a_k=\frac{2}{T}\int_0^T f(t)\cos k\omega t\,\mathrm{d}t$$

$$b_k=\frac{2}{T}\int_0^T f(t)\sin k\omega t\,\mathrm{d}t \tag{6-2}$$

电路分析中所遇到的非正弦周期信号都可以展开成傅里叶级数。

为了和正弦函数的一般表达式相对应，式（6-1）还可写成另一种形式，即

$$\begin{aligned}f(t)&=A_0+A_{1\mathrm{m}}\sin(\omega t+\psi_1)+A_{2\mathrm{m}}\sin(2\omega t+\psi_2)+\cdots\\&\quad+A_{k\mathrm{m}}\sin(k\omega t+\psi_k)+\cdots\\&=A_0+\sum_{k=1}^{\infty}A_{k\mathrm{m}}\sin(k\omega t+\psi_k)\end{aligned} \tag{6-3}$$

式中，$A_0=a_0$；$A_{k\mathrm{m}}=\sqrt{a_n^2+b_n^2}$；$\psi_k=\arctan(\frac{b_n}{a_n})$。

A_0 为 f（t）在一个周期内的平均值，也称为直流分量或恒定分量。求和号下的各项是一系列正弦量，称为谐波分量。$A_{k\mathrm{m}}$ 为各次谐波分量的幅值，ψ_k 为其初相角。$n=1$ 时的谐波分量 $A_{1\mathrm{m}}\sin(\omega t+\psi_1)$ 称为基波或一次谐波分量；其余统称为高次谐波分量。当 n 为偶数时所对应的谐波分量称为偶次谐波分量，当 n 为奇数时所对应的谐波分量称为奇次谐波分量。

将一个非正弦周期函数分解为具有一系列谐波分量的傅里叶级数，称为谐波分析。

傅里叶级数理论上可以取无穷多项，但在实际计算时则根据级数的收敛情况以及对求解结果准确度的要求选取有限项。一般所取的项数越多，其合成的波形越接近于原信号 f（t）。

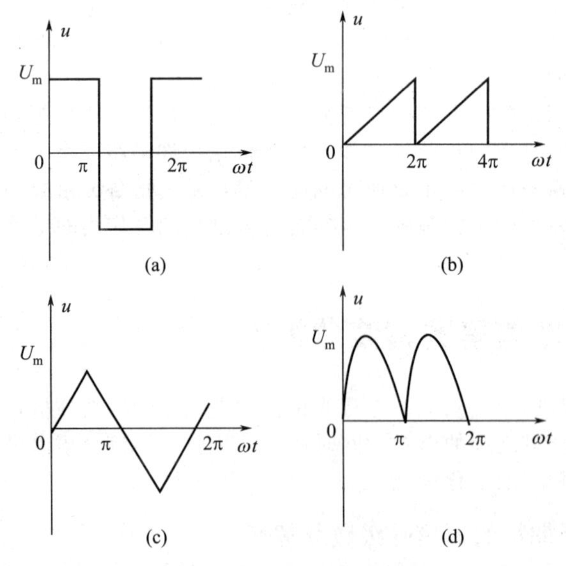

图 6-1　典型非正弦周期量

矩形波电压、锯齿波电压、三角波电压和全波整流电压等典型非正弦周期量的波形如图 6-1 所示，它们的傅里叶级数展开式分别为

矩形波电压，如图 6-1(a) 所示。

$$u=\frac{4U_\mathrm{m}}{\pi}\left(\sin\omega t+\frac{1}{3}\sin 3\omega t+\frac{1}{5}\sin 5\omega t+\cdots\right) \tag{6-4}$$

锯齿波电压如图 6-1(b) 所示。

$$u=U_{\mathrm{m}}\left(\frac{1}{2}-\frac{1}{\pi}\sin\omega t-\frac{1}{2\pi}\sin2\omega t-\frac{1}{3\pi}\sin3\omega t-\cdots\right) \tag{6-5}$$

三角波电压如图 6-1(c) 所示。

$$u=\frac{8U_{\mathrm{m}}}{\pi^2}\left(\sin\omega t-\frac{1}{9}\sin3\omega t+\frac{1}{25}\sin5\omega t-\cdots\right) \tag{6-6}$$

全波整流电压如图 6-1(d) 所示。

$$u=\frac{2U_{\mathrm{m}}}{\pi}\left(1-\frac{2}{3}\cos2\omega t-\frac{2}{15}\cos4\omega t-\cdots\right) \tag{6-7}$$

由上述例子可知，各次谐波的幅值不等，频率越高、幅值越小。可见傅里叶级数具有收敛性。在存在恒定分量时，恒定分量、基波和接近基波的高次谐波是非正弦周期量的主要组成部分。

6.1.2 非正弦周期信号的频谱

非正弦周期信号能够分解为恒定分量和各次谐波分量，它们都具有一定的幅值和初相。虽然它们可以表示组成非正弦周期信号的各次谐波分量，但不够直观。为了直观反映出各次谐波幅值 A_{km} 和初相位 ψ_k 与频率 $k\omega$ 之间的关系，通常以 $k\omega$ 为横坐标，A_{km} 和 ψ_k 为纵坐标，对应 $k\omega$ 的 A_{km} 和 ψ_k 用竖线段表示，这样就得到了一系列离散竖线段所构成的幅度频谱图和相位频谱图，简称幅度频谱和相位频谱。由于各次谐波的角频率是基波角频率的整数倍，所以非正弦周期信号的频谱图是离散的。如图 6-2(a)、(b) 所示就是某方波信号的幅度频谱和相位频谱。

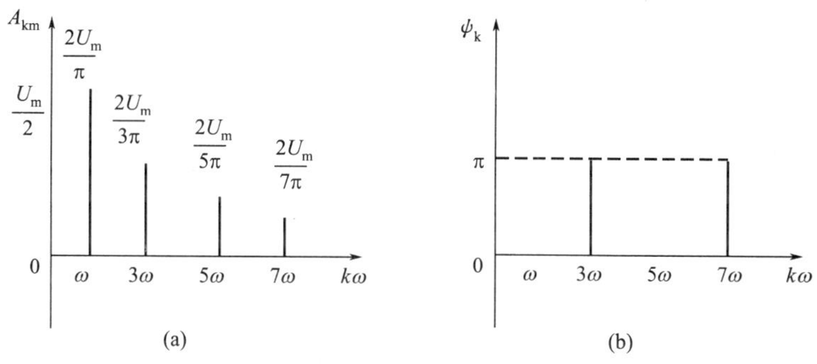

图 6-2 周期方波信号的幅度频谱和相位频谱

6.2 非正弦周期信号的平均值、有效值及其电路的平均功率

6.2.1 非正弦周期信号的平均值

设非正弦周期电流为 $i(t)$，其平均值定义为

$$I_{\mathrm{av}}=\frac{1}{T}\int_0^T i(t)\mathrm{d}t \tag{6-8}$$

即非正弦周期电流的平均值为其傅里叶级数展开式中的恒定分量。

同理，非正弦周期电压 $u(t)$ 的平均值定义为

$$U_{\mathrm{av}}=\frac{1}{T}\int_0^T u(t)\mathrm{d}t \tag{6-9}$$

6.2.2 非正弦周期信号的有效值

任何周期信号的有效值等于其瞬时值的方均根值，所以正弦电流、电压有效值的定义式对于

求非正弦周期电流、电压的有效值仍然是适用的。

$$I=\sqrt{\frac{1}{T}\int_0^T i^2(t)\mathrm{d}t} \tag{6-10}$$

$$U=\sqrt{\frac{1}{T}\int_0^T u^2(t)\mathrm{d}t} \tag{6-11}$$

设非正弦周期电流

$$i=I_0+\sum_{k=1}^{\infty} I_{km}\sin(k\omega t+\psi_k)$$

代入式（6-10），则

$$I=\sqrt{\frac{1}{T}\int_0^T [I_0+\sum_{k=1}^{\infty} I_{km}\sin(k\omega t+\psi_k)]^2\mathrm{d}t}$$

$$\because \quad \int_0^T [\sin m\omega t \sin k\omega t]\mathrm{d}t=0, k\neq m$$

$$\int_0^T [\cos m\omega t \cos k\omega t]\mathrm{d}t=0, k\neq m$$

$$\therefore I=\sqrt{I_0^2+\sum_{k=1}^{\infty} I_k^2}=\sqrt{I_0^2+I_1^2+I_2^2+\cdots+I_k^2} \tag{6-12}$$

同理，非正弦周期电压 u 的有效值为

$$U=\sqrt{U_0^2+\sum_{k=1}^{\infty} U_k^2}=\sqrt{U_0^2+U_1^2+U_2^2+\cdots+U_k^2} \tag{6-13}$$

【例 6-1】试求周期电压 $u(t)=[100+70\sin(\omega t-30°)-40\sin(3\omega t+60°)]$ V 的有效值。

解：$u(t)$ 的有效值为

$$U=\sqrt{100^2+\left(\frac{70}{\sqrt{2}}\right)^2+\left(\frac{40}{\sqrt{2}}\right)^2}=115.1(\mathrm{V})$$

6.2.3 非正弦周期信号电路的平均功率

若某无源二端网络端口处的电压 u 和电流 i 为同基波频率的非正弦周期函数，其相应的傅里叶级数展开式为

$$u=U_0+\sum_{k=1}^{\infty} U_{km}\sin(k\omega t+\psi_{ku})$$

$$i=I_0+\sum_{k=1}^{\infty} I_{km}\sin(k\omega t+\psi_{ki})$$

则该二端网络的瞬时功率为

$$p=ui$$

$$=[U_0+\sum_{k=1}^{\infty} U_{km}\sin(k\omega t+\psi_{ku})]\times[I_0+\sum_{k=1}^{\infty} I_{km}\sin(k\omega t+\psi_{ki})]$$

根据平均功率的定义

$$P=\frac{1}{T}\int_0^T p(t)dt=\frac{1}{T}\int_0^T u(t)i(t)\mathrm{d}t$$

$$=P_0+\sum_{k=1}^{\infty} P_k=U_0I_0+\sum_{k=1}^{\infty} U_kI_k\cos\varphi_k \tag{6-14}$$

式（6-14）中 $\varphi_k=\psi_{ku}-\psi_{ki}$ 为 n 次谐波电压与电流的相位差。

式（6-14）表明，非正弦周期信号电路的平均功率等于各次谐波单独作用时所产生的平均功率之和。

注意：根据三角函数的正交性可知，非正弦周期信号电路中，不同频率的电压和电流不构成平均功率。

【例 6-2】铁芯线圈是一种非线性元件，通以 $u=311\sin 314t$ V 的正弦电压后，将产生 $i(t)=0.8\sin(314t-85°)+0.25\sin(942t-105°)$ A 的非正弦周期电流。试求其等效正弦电流。

解：等效正弦电流的有效值与实际非正弦周期电流的有效值相等，即

$$I=\sqrt{\left(\frac{0.8}{\sqrt{2}}\right)^2+\left(\frac{0.25}{\sqrt{2}}\right)^2}\approx 0.6(\text{A})$$

平均功率为

$$P=U_1I_1\cos\varphi_1=\frac{311}{\sqrt{2}}\times\frac{0.8}{\sqrt{2}}\cos 85°=10.8(\text{W})$$

则等效正弦电流与正弦电压之间的相位差为

$$\varphi=\arccos\frac{P}{UI}=\arccos\frac{10.8}{\frac{311}{\sqrt{2}}\times 0.6}=85.2°$$

因此等效正弦电流为

$$i=\sqrt{2}\times 0.6\sin(314t-85.2°)\ (\text{A})$$

6.3 非正弦周期信号电路的谐波分析法

分析非正弦周期信号激励下的线性电路可采用建立在傅里叶级数和叠加定理基础上的谐波分析法进行，具体步骤如下所示。

(1) 把给定的非正弦周期电压或电流分解为傅里叶级数，高次谐波取到哪一项，要根据所需准确度的高低而定；

(2) 分别求出电源电压或电流的恒定分量及各次谐波分量单独作用时的响应。

此步骤应注意以下两点：

① 恒定分量（直流）求解，电容看作开路，电感看作短路；

② 各次谐波分量用相量法进行求解，但须注意感抗、容抗与频率有关。

(3) 应用叠加定理，把步骤 2 所计算出的结果化为时域表达式后进行相加，最终以时间函数来表示系统响应。

【例 6-3】电路如图 6-3 所示，已知 $R=3\Omega$，$\frac{1}{\omega_1 C}=9.45\Omega$，输入电源

$$u_S=[10+141.4\cos\omega_1 t+47.13\cos 3\omega_1 t+28.28\cos 5\omega_1 t+20.20\cos 7\omega_1 t+15.7\cos 9\omega_1 t+\cdots]\ (\text{V})。$$

求电流 i 和电阻吸收的平均功率。

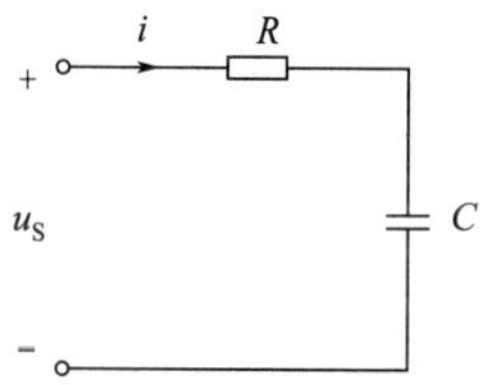

图 6-3 例 6-3 电路图

解：电流相量的一般表达式，$\dot{I}_{m(k)}=\frac{\dot{U}_{Sm(k)}}{R-j\frac{1}{k\omega C}}$

$k=0$，直流分量，$U_0=10$ (V)， $I_0=0$， $P_0=0$，

$k=1$，$\dot{U}_{Sm(1)}=141.4\angle 0°(\text{V})$， $\dot{I}_{m(1)}=\frac{141.4\angle 0°}{3-j9.45}=14.26\angle 72.39°(\text{A})$

$$P_{(1)}=\frac{1}{2}I_{m(1)}^2R=305.02(\text{W})$$

$k=3$，$\dot{U}_{Sm(3)}=47.13\angle 0°(\text{V})$，$\dot{I}_{m(3)}=\frac{47.13\angle 0°}{3-j3.15}=10.83\angle 46.4°(\text{A})$

$$P_{(3)}=\frac{1}{2}I_{m(3)}^2R=175.93(\text{W})$$

$k=5$，$\dot{U}_{Sm(5)}=28.28\angle 0°$（V），$\dot{I}_{m(5)}=7.98\angle 32.21°$(A)

$P_{(5)}=\frac{1}{2}I_{m(5)}^2R=95.52$(W)

$k=7$，$\dot{U}_{Sm(7)}=20.20\angle 0°$(V)，$\dot{I}_{m(7)}=6.14\angle 24.23°$(A)

$P_{(7)}=\frac{1}{2}I_{m(7)}^2R=56.55$(W)

$k=9$，$\dot{U}_{Sm(9)}=15.7\angle 0°$(V)，$\dot{I}_{m(9)}=4.94\angle 19.29°$(A)

$P_{(9)}=\frac{1}{2}I_{m(9)}^2R=36.60$(W)

$\therefore i=$ [$14.26\cos(\omega_1 t+72.39°)+10.83\cos(3\omega_1 t+46.4°)+7.98\cos(5\omega_1 t+32.21°)+6.14\cos(7\omega_1 t+24.23°)+4.94\cos(9\omega_1 t+19.29°)+\cdots$]（A）

$P=P_0+P_{(1)}+P_{(3)}+P_{(5)}+P_{(7)}+P_{(9)}=669.80$(W)

【例 6-4】电路如图 6-4(a) 所示，已知 $L=5$H，$C=10\mu$ F，负载电阻 $R=2$kΩ，u_S为正弦全波整流波形，设 $\omega=314$rad/s，$U_m=157$V。求负载两端电压 u_o的各谐波分量。

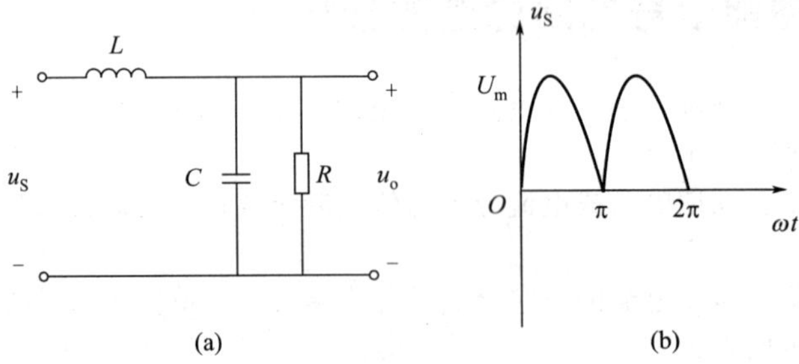

图 6-4　例 6-4 电路图及输入信号波形

解：给定电压 u_S分解为傅里叶级数，得

$$u_S=\frac{4}{\pi}\times 157\times\left(\frac{1}{2}+\frac{1}{3}\cos 2\omega t-\frac{1}{15}\cos 4\omega t+\cdots\right)$$

设负载两端电压的第 k 次谐波为 $\dot{U}_{1m(k)}$，则

$$\left(\frac{1}{jk\omega L}+\frac{1}{R}+jk\omega C\right)\dot{U}_{1m(k)}=\frac{1}{jk\omega L}\dot{U}_{Sm(k)}$$

$$\therefore \dot{U}_{1m(k)}=\frac{\dot{U}_{Sm(k)}}{1+jk\omega L\left(\frac{1}{R}+jk\omega C\right)}$$

① 直流作用：$k=0$，$U_0=100$(V)（电容开路，电感短路）

② 2 次谐波作用：$k=2$，$\dot{U}_{1m(2)}=3.55\angle -175.15°$（V）

③ 4 次谐波作用：$k=4$，$\dot{U}_{1m(4)}=0.171\angle -177.6°$（V）

可见滤波后，尚约有 3.5%的二次谐波。

感抗和容抗对各次谐波的反应是不同的，这种特性可以组成含有电感和电容的各种不同滤波电路，连接在输入和输出之间。可以让某些所需的频率分量顺利的通过而抑制某些不需要的分量。

本章小结

本章主要研究周期性非正弦激励作用的稳态电路分析方法——谐波分析法。该方法首先将周期性非正弦激励进行傅里叶级数分解．然后采用直流电路分析方法、正弦稳态电路分析方法和叠加原理进行计算。

（1）电路分析中常见的非正弦周期电压或电流信号，通常都可以展开成一个收敛的傅里叶级数，即

$$f(t)=A_0+\sum_{k=1}^{\infty}A_{km}\sin(k\omega t+\psi_k)$$

（2）对任何非正弦周期电流、电压的平均值定义为

$$I=\sqrt{\frac{1}{T}\int_0^T i^2(t)\mathrm{d}t}$$

$$U=\sqrt{\frac{1}{T}\int_0^T u^2(t)\mathrm{d}t}$$

有效值为

$$I=\sqrt{I_0^2+I_1^2+I_2^2+\cdots+I_k^2}$$

$$U=\sqrt{U_0^2+U_1^2+U_2^2+\cdots+U_k^2}$$

（3）非正弦周期信号电路的平均功率等于各次谐波单独作用时所产生的平均功率之和，即

$$P=U_0I_0+\sum_{k=1}^{\infty}U_kI_k\cos\varphi_k$$

式中，φ_k 为 n 次谐波电压与电流的相位差。

注意：根据三角函数的正交性可知，非正弦周期信号电路中，不同频率的电压和电流不构成平均功率。

（4）分析非正弦周期信号激励下的线性电路可采用建立在傅里叶级数和叠加定理基础上的谐波分析法进行，具体步骤如下所示。

① 把给定的非正弦周期电压或电流分解为傅里叶级数，高次谐波取到哪一项，要根据所需准确度的高低而定；

② 分别求出电源电压或电流的恒定分量及各次谐波分量单独作用时的响应。

③ 应用叠加定理，把步骤②所计算出的结果化为时域表达式后进行相加，最终以时间函数来表示系统响应。

习题 6

6-1 某周期为 0.02s 的非正弦周期信号分解为傅里叶级数，其中角频率为 400πrad/s 的分量为几次谐波分量？

6-2 一非正弦周期信号施加于容性负载，其基波容抗等于 50Ω，当二次谐波作用时，电路的容抗为多少？

6-3 一非正弦周期信号施加于感性负载，其四次谐波感抗等于 200Ω，当二次谐波作用时，电路的感抗为多少？

6-4 某非正弦周期电压源的电压及其供给的电流分别为

$u(t)=30+15\sin\omega t+20\sin3\omega t$（V）

$i(t)=20+7.65\sin(\omega t-33.6°)+1.04\sin(3\omega t+8.9°)$(A)

试求该电源供出的平均功率。

6-5 已知二端网络端口电压、电流分别为 $u(t)=5+14.14\sin t+7.07\sin3t$(V)，$i(t)=10\sin(t-60°)+2\sin(3t-135°)$（A）。试求：

（1）端口电压的有效值；（2）端口电流的有效值；（3）该二端网络吸收的平均功率。

6-6 求图 6-1(b) 所示锯齿波电压的有效值和平均值。

6-7 已知二次谐波感抗等于 100Ω 的电感元件电流为 $i(t)=2\sin(\omega t+30°)+1.5\sin(2\omega t+60°)$（A），求其两端电压 $u(t)$ 和 U。

6-8 已知基波容抗等于 300Ω 的电容元件两端电压为 $u(t)=150\sin(\omega t+20°)+120\sin(3\omega t+40°)$（V），求通过的电流 $i(t)$ 和 I。

6-9 已知 $R=60\Omega$，$C=125\mu\text{F}$ 的电阻、电容串联电路接到电压为 $u_S(t)=15+12\sin(200t+50°)+10\sin400t$(V) 的电压源上，求电路中的电流 $i(t)$ 和平均功率 P。

6-10 已知：$R=30\Omega$，$\omega L=40\Omega$ 的电阻、电感并联电路接到电流为 $i_S(t)=5\sin\omega t+1.5\sin(3\omega t+30°)$(A) 的电流源上，求电感两端的电压 $u(t)$ 和电路的平均功率 P。

6-11 已知 RLC 串联电路的端口电压和电流为 $u(t)=100\sin100\pi t+50\sin(3\times100\pi t-30°)$(V)，$i(t)=10\sin100\pi t+2\sin(3\times100\pi t+\varphi)$(A)。求：

(1) 电路参数 R、L、C；(2) φ；(3) 电路中的平均功率 P。

6-12 在 RL 串联电路中，已知 $I=10\text{A}$ 时，电压 $U=50\text{V}$，有功功率 $P=100\text{W}$，并已知 $\omega=314\text{rad/s}$。设电压的瞬时值为 $u(t)=U_{1m}\sin\omega t+0.5U_{1m}\sin3\omega t$(V)。求电路参数 R、L。

第 7 章
互感耦合电路与变压器

【内容提要】

本章主要介绍耦合电感中的磁耦合现象、互感和耦合电感的同名端，介绍互感线圈中电压与电流的关系，互感电路的分析与计算以及变压器、理想变压器的初步概念。

物理学中的电磁感应现象在电路中的应用有两种情况。一种是自感，即电感元件上的磁通和感应电压是由流经自身的电流引起的。另一种是互感，即电感元件上的磁通和感应电压是由邻近的另一个线圈的电流引起的，称这两个线圈之间存在着磁耦合或互感。本章讨论互感。

7.1 互感及互感电压

7.1.1 互感现象

设有两个彼此邻近的载流线圈 1 和 2，如图 7-1（a）所示，它们的匝数分别为 N_1 和 N_2。当其中一个线圈中的电流变化时，它不仅在自身线圈中产生自感磁通 Φ_{11}、Φ_{22}，自感电压 u_{11} 和 u_{22}，还会在邻近的另一个线圈中产生感应电压，这种现象称为互感现象，产生的感应电压称为互感电压。

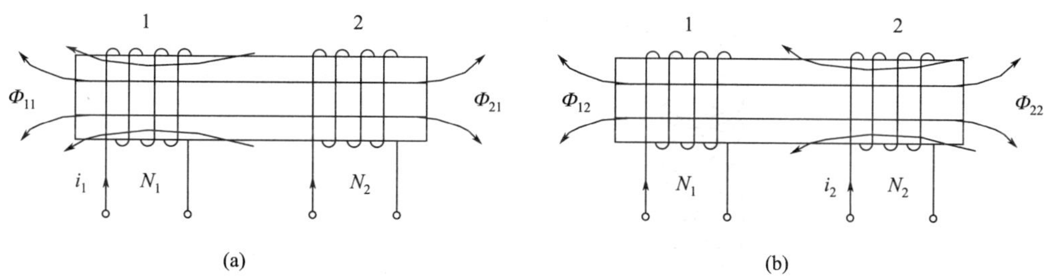

图 7-1　两个线圈的互感

7.1.2 互感电压

如图 7-1(a) 所示当线圈 1 中通入电流 i_1 时，电流 i_1 产生的磁场，不仅穿过自身形成自感磁通 Φ_{11}，产生自感电压 u_{11}，而且其中有一部分还会穿过线圈 2 形成互感磁通 Φ_{21}，产生互感电压 u_{21}。

显然 $\Phi_{21} \leqslant \Phi_{11}$。同样，如图 7-1(b) 所示，线圈 2 中的电流 i_2 也会在线圈 1 中形成互感磁通 Φ_{12}，产生互感电压 u_{12}。且 $\Phi_{12} \leqslant \Phi_{22}$，为讨论方便起见，假定穿过线圈每一匝的磁通都相等，则其总磁通 Ψ 又称磁通链，简称磁链。自感现象产生的磁链称为自感磁链，表示为 $\Psi_{11} = L_1 i_1$，$\Psi_{22} = L_2 i_2$，磁链与磁通有如下关系

$$\Psi_{11} = N_1 \Phi_{11}, \Psi_{22} = N_2 \Phi_{22}$$

$$\Psi_{12}=N_1\Phi_{12}, \Psi_{21}=N_2\Phi_{21}$$

由物理学知识可知，当周围空间是各向同性的线性磁介质时，每一种磁通链都与产生它的施感电流成正比。所以，与自感系数的定义类似有

$$\Psi_{21}=M_{21}i_1 \tag{7-1}$$

$$\Psi_{12}=M_{12}i_2 \tag{7-2}$$

M_{12}和 M_{21}称为互感系数，单位为亨利（H）。可以证明，$M_{12}=M_{21}$，所以，当只有两个线圈有耦合时，可以略去 M 的下标，即可令 $M=M_{12}=M_{21}$。

在图 7-1 中，若选择互感电压的参考方向与互感磁通的参考方向符合右手螺旋法则，根据电磁感应定律，则有

$$u_{21}=\frac{\mathrm{d}\Psi_{21}}{\mathrm{d}t}=M\frac{\mathrm{d}i_1}{\mathrm{d}t}$$

$$u_{12}=\frac{\mathrm{d}\Psi_{12}}{\mathrm{d}t}=M\frac{\mathrm{d}i_2}{\mathrm{d}t}$$

互感 M 的大小反映一个线圈的电流在另一个线圈中产生磁链的能力。互感值是两线圈的固有参数，其大小不仅与线圈的匝数、几何尺寸及磁介质有关，还与两个线圈的相对位置有关。两个线圈靠得近，如图 7-2(a) 所示，互感磁通几乎等于自感磁通，这时两个线圈结合得紧；而两个线圈离得远或两个线圈的轴互相垂直如图 7-2(b)，则互感磁通就很小，两个线圈耦合得很微弱。而如果要比较两对不同的线圈耦合的紧密程度仅用 M 是不够的，即互感值大的一对线圈不一定就比互感值小的一对线圈耦合的紧。为了定量表征两个线圈耦合的紧密程度，工程上引入了耦合系数 K 的概念，定义

$$K=\frac{M}{\sqrt{L_1L_2}} \tag{7-3}$$

$$K=\frac{M}{\sqrt{L_1L_2}}=\frac{\sqrt{\frac{|\Psi_{12}|}{i_2}\cdot\frac{|\Psi_{21}|}{i_1}}}{\sqrt{\frac{\Psi_{11}}{i_1}\cdot\frac{\Psi_{22}}{i_2}}}\leqslant 1$$

$$M\leqslant\sqrt{L_1L_2} \tag{7-4}$$

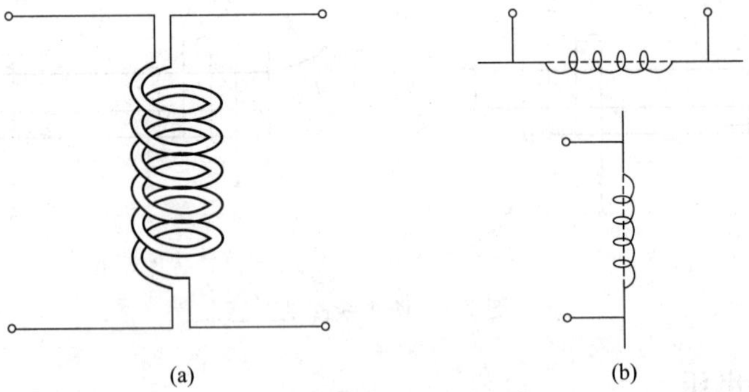

(a)　　(b)

图 7-2　互感与两个线圈的位置有关

两个线圈的轴向互相垂直时 $K\approx 0$，属于松耦合；而图 7-2 (a) 中，$K\approx 1$，属于紧耦合。工程中有时为避免线圈之间的电磁干扰，可通过合理布置线圈的位置尽量减小互感的作用。而在另一些情况下，如电子技术和电力变压器中，为更好地传输功率和信号又须紧密耦合，可见通过改变调整两个线圈的相对位置，可以实现改变 K 的目的。

7.1.3　互感线圈的电压、电流关系

若每个线圈的电流与该电流产生的磁通符合右手螺旋法则。如图 7-3 所示，两个具有互感的

线圈上都有电流时，穿过每个线圈的磁链都是自感磁链与互感磁链的叠加，自感磁链分别为 Ψ_{11} 和 Ψ_{22}；互感磁链分别为 Ψ_{21} 和 Ψ_{12}。那么总磁链 Ψ_1 和 Ψ_2 为

$$\Psi_1=\Psi_{11}\pm\Psi_{12}=L_1 i_1\pm Mi_2 \tag{7-5}$$

$$\Psi_2=\Psi_{22}\pm\Psi_{21}=L_2 i_2\pm Mi_1 \tag{7-6}$$

互感磁链 M 前的"±"号表示互感作用的两种情况，若互感磁链与自感磁链穿过线圈的方向一致，如图 7-3(a) 所示，互感对线圈中的磁链起"增加"的作用，则取"+"。反之，若互感磁链与自感磁链穿过线圈的方向相反，如图 7-3(b) 所示，互感对线圈中的磁链起"减少"的作用，则取"−"。

设 L_1 和 L_2 的电压和电流分别为 u_1、i_1 和 u_2、i_2，且都取关联参考方向，则由电磁感应定律当线圈中的电流变化时，线圈两端产生的感应电压为

$$u_1=\frac{\mathrm{d}\Psi_1}{\mathrm{d}t}=L_1\frac{\mathrm{d}i_1}{\mathrm{d}t}\pm M\frac{\mathrm{d}i_2}{\mathrm{d}t} \tag{7-7}$$

$$u_2=\frac{\mathrm{d}\Psi_2}{\mathrm{d}t}=L_2\frac{\mathrm{d}i_2}{\mathrm{d}t}\pm M\frac{\mathrm{d}i_1}{\mathrm{d}t} \tag{7-8}$$

写成向量的形式，为

$$\dot{U}_1=\mathrm{j}\omega L_1\dot{I}_1\pm\mathrm{j}\omega M\dot{I}_2$$

$$\dot{U}_2=\mathrm{j}\omega L_2\dot{I}_2\pm\mathrm{j}\omega M\dot{I}_1$$

所以，每一个线圈的端电压为自感电压与互感电压的叠加。当各个线圈的电压和电流取关联参考方向时，自感电压总为正；互感电压前的"+"或"−"号的正确选取是写出耦合电感端电压的关键。当互感对线圈中的磁链起"增加"的作用时，如图 7-3(a) 所示，则互感电压与自感电压的方向相同，互感电压项前取"+"反之，若互感对线圈中的磁链起"减少"的作用，如图 7-3(b) 所示，这时互感电压与自感电压的方向相反；互感电压项前取"−"。

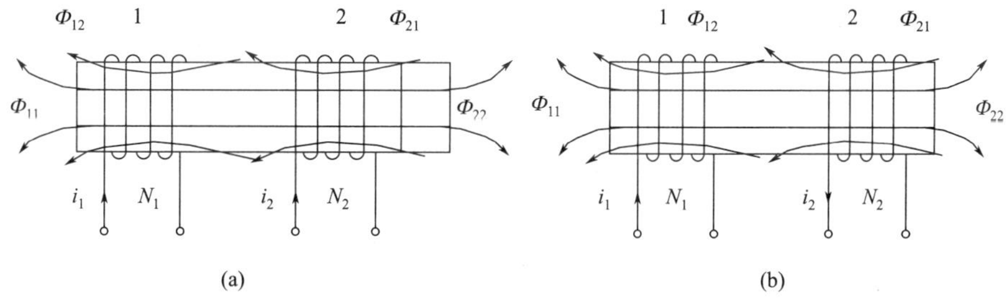

图 7-3　互感对线圈中的磁链起"增加"和"减少"的作用

7.1.4　互感线圈的同名端

互感对线圈中的磁链起"增加"还是"减少"的作用，要看两个线圈的绕向、电流参考方向以及相对位置，而在实际电路图中，线圈的绕向和相对位置是表现不出来的。为了方便地表示它们，采用同名端标记的办法。

所谓同名端是指两个耦合线圈中的这样一对端口，当两个线圈的电流都从某一端流进（或流出）时，自感磁链和相应的互感磁链是相互加强的，则两个线圈的电流同时流进（或流出）的端口为同名端，用"."、"*"或"Δ"表示，否则为异名端。按此规定，先对一个线圈上的任一端口标上标记，设想有电流 i_1 从该端口流入，然后再在第二个线圈上任选一端口，假设有电流 i_2 从该端口流入，若 i_1 和 i_2 两电流产生的磁通是相互加强的，则电流流入的这两端是同名端，反之，为异名端。如图 7-4 (a) 所示的 A 与 C、B 与 D 是同名端，图 7-4(b) 所示的 A 与 D、B 与 C 是同名端。同名端总是成对出现的，如果有两个以上的线圈彼此间都存在磁耦合时，同名端应一对一对地加以标记，每一对须用不同的符号标出，如图 7-4(c) 所示。

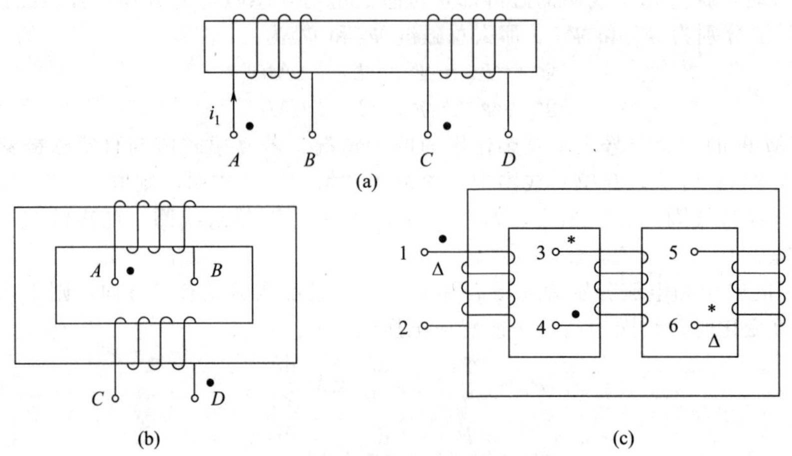

图 7-4　同名端的标记方法

对于难以知道实际绕向的两个线圈，可以采用实验的方法来测定同名端。如图 7-5 所示，是测量同名端的电路，当开关 S 闭合的瞬间，就有随时间增大的电流 i 从电源正极流入 L_1 的端口 A，即 $\frac{\mathrm{d}i}{\mathrm{d}t}>0$，若此瞬间直流毫伏表正偏，而电压表正极接端口 C，说明 C、D 两端中 C 端的电位高，由此可以断定 A 和 C 为同名端；反之，若电压表指针反偏，则说明端口 D 是高电位，可判定 A 和 D 是同名端。

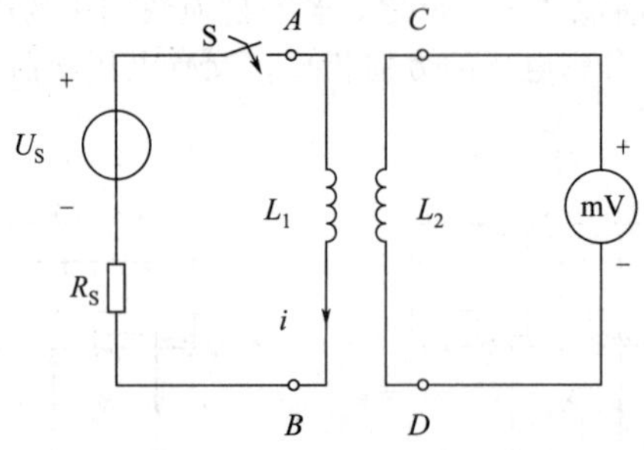

图 7-5　同名端实验测定

【例 7-1】两个耦合线圈如图 7-6 所示（黑匣子），试根据图中开关 S 闭合时或闭合后再打开时，毫伏表的偏转方向确定同名端。

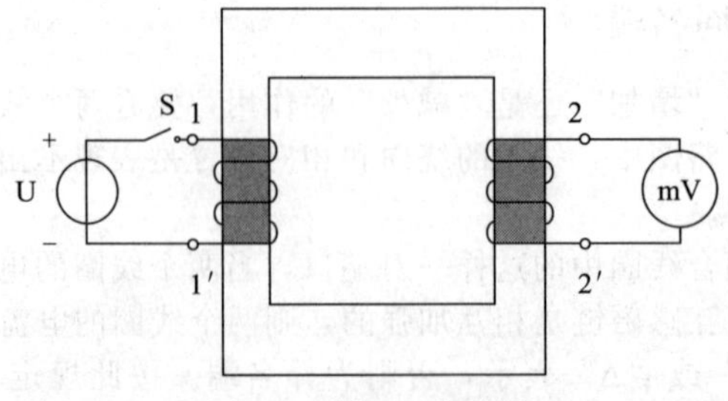

图 7-6　例 7-1 电路图

解：(1) 当 S 闭合时，线圈 1 中电流 i_1 ↑，则 $\Delta\Psi>0$，电流 i_1 与感应电流 i_2（线圈 2 中）所产生的磁通链为反向耦合，阻碍磁通链增加，电流 i_2 的流出端（高电位端）与 i_1 的入端为同名端。

(2) 当 S 闭合后再打开时，则 $\Delta\Psi<0$，电流 i_1 的入端和 S 打开后感应电流 i_2 的入端（低电

位端）为同名端。

【例 7-2】求图 7-7(a) 所示的开路电压 u_O。

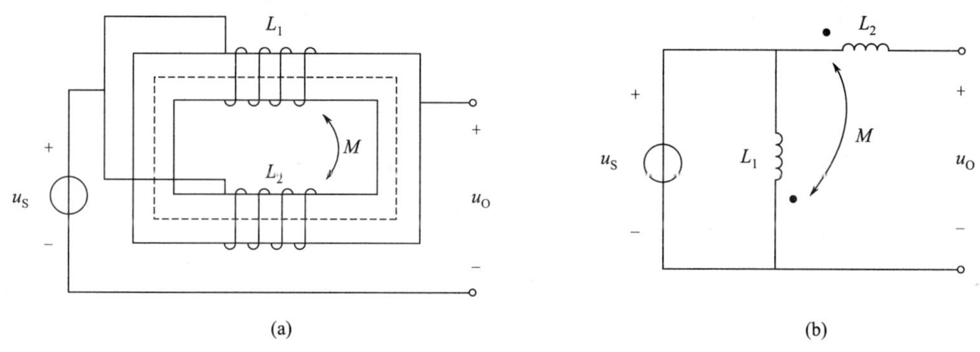

图 7-7　例 7-2 电路图

解： 由图 7-7(a) 可判定，L_2的左端口与 L_1的右端口是同名端，做出标有同名端的电路模型，如图 7-7（b）所示。由于 L_2开路，其电流为零，所以 L_2上自感电压为零，L_2上仅有电流 i_1 对它产生的互感电压，方向向左。L_1上仅有自感电压，方向向下。

$$u_{L_1}=L_1\frac{\mathrm{d}i_1}{\mathrm{d}t}=u_S$$

$$u_{M_2}=\mathrm{M}\frac{d\mathrm{i}_1}{d\mathrm{t}}$$

$$u_o=u_{L_1}+u_M=u_S+M\frac{\mathrm{d}i_1}{\mathrm{d}t}$$

$$=u_S+M\frac{u_S}{L_1}=u_S\left(1+\frac{M}{L_1}\right)$$

7.2　含有耦合电感电路的分析

含有互感的电路，在计算时仍然满足基尔霍夫定律，在正弦量激励下相量法也仍适用，只须注意，在列写电路方程时，有互感的支路除了有自感电压外，还要考虑互感电压。其余与一般电路的计算方法完全一致。

7.2.1　耦合电感的连接方式及去耦等效电路

“去耦”就是把耦合电感的“耦合”去掉，这样，在对耦合电感列伏安方程时，就不用再考虑互感电压了。

1）顺向串联

将耦合电感两个线圈的异名端串联连接（即电流由同名端流入时），称为顺向串联，如图 7-8（a）所示。

在图 7-8(a) 中，有　$\dot{U}=\mathrm{j}\omega L_1\dot{I}+\mathrm{j}\omega M\dot{I}+\mathrm{j}\omega L_2\dot{I}+\mathrm{j}\omega M\dot{I}$

$$=\mathrm{j}\omega(L_1+2M+L_2)\dot{I}=\mathrm{j}\omega L\dot{I}$$

$$L=L_1+2M+L_2\geqslant L_1+L_2 \tag{7-9}$$

式中，L 为顺相串联时的等效电感，其去耦合等效电路如图 7-8(b) 所示。

2）反向串联

将耦合电感两个线圈的同名端串联连接（即电流由异名端流入时），称为反向串联，如图 7-9(a) 所示。

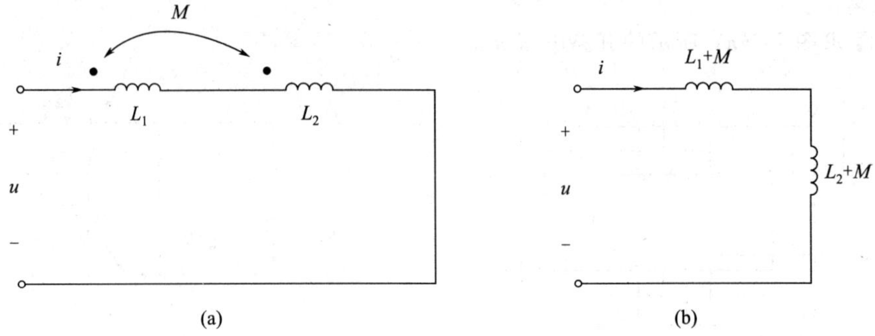

图 7-8　顺向串联及去耦合等效电路

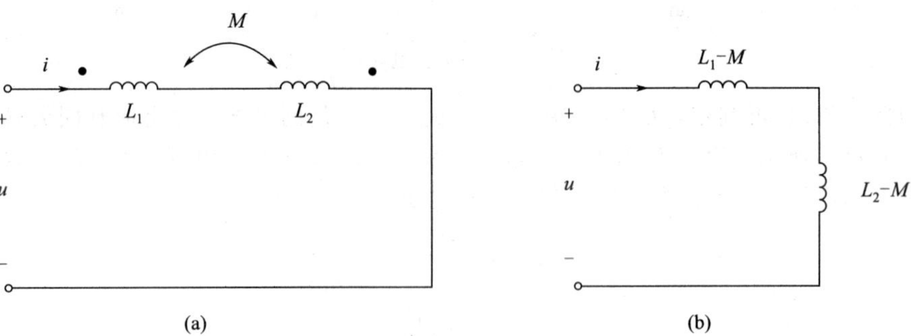

图 7-9　反向串联及支耦合等效电路

在图 7-9(a) 中，有　$\dot{U}=\mathrm{j}\omega L_1\dot{I}-\mathrm{j}\omega M\dot{I}+\mathrm{j}\omega L_2\dot{I}-\mathrm{j}\omega M\dot{I}$

$$=\mathrm{j}\omega(L_1-2M+L_2)\dot{I}=\mathrm{j}\omega L'\dot{I}$$

$$L'=L_1-2M+L_2\leqslant L_1+L_2 \tag{7-10}$$

式中，L'为反相串联时的等效电感，其去耦合等效电路如图 7-9(b) 所示。

3）同侧并联

将耦合电感两个线圈的两个同名端分别连接一起，如图 7-10(a) 所示，称为同侧并联。

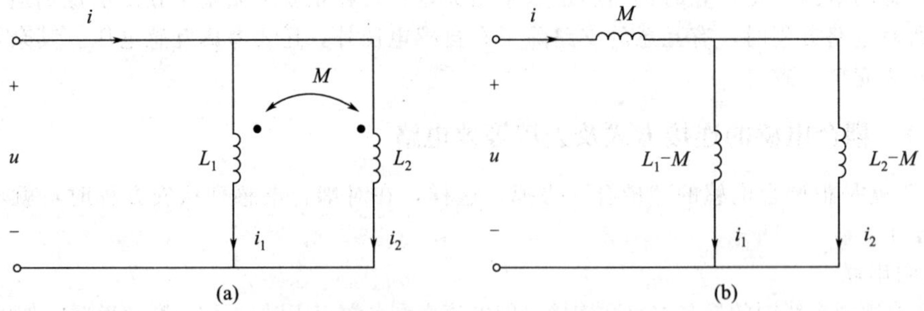

图 7-10　同侧并联及去耦合等效电路

$$\begin{aligned}\dot{U}&=\mathrm{j}\omega L_1\dot{I}_1+\mathrm{j}\omega M\dot{I}_2\\ \dot{U}&=\mathrm{j}\omega L_2\dot{I}_2+\mathrm{j}\omega M\dot{I}_1\\ \dot{I}&=\dot{I}_1+\dot{I}_2\end{aligned} \tag{7-11}$$

由以上三式得

$$\dot{I}=\frac{\dot{U}}{\mathrm{j}\omega\dfrac{L_1L_2-M^2}{L_1+L_2-2M}}=\frac{\dot{U}}{\mathrm{j}\omega L}$$

式中，等效电感

$$L=\frac{L_1L_2-M^2}{L_1+L_2-2M} \tag{7-12}$$

其去耦合等效电路如图 7-10(b) 所示。

4) 异侧并联

将耦合电感两个线圈的异名端分别连接一起，如图 7-11(a) 所示，称为异侧并联。

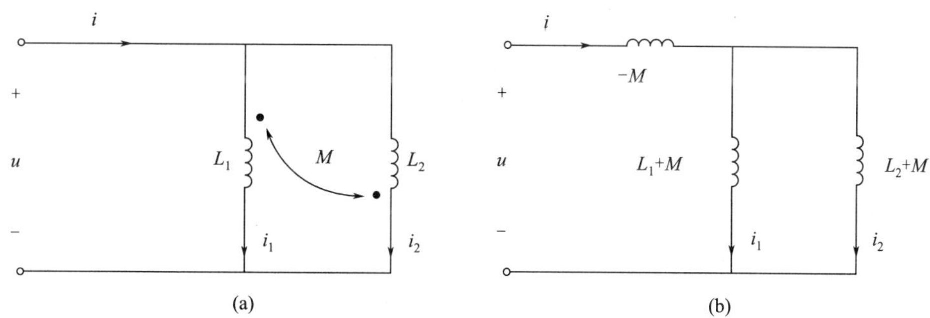

图 7-11　异侧并联及去耦合等效电路

$$\begin{aligned}\dot{U}&=\mathrm{j}\omega L_1\dot{I}_1-\mathrm{j}\omega M\dot{I}_2\\ \dot{U}&=\mathrm{j}\omega L_2\dot{I}_2-\mathrm{j}\omega M\dot{I}_1\\ \dot{I}&=\dot{I}_1+\dot{I}_2\end{aligned} \tag{7-13}$$

由以上三式得

$$\dot{I}=\frac{\dot{U}}{\mathrm{j}\omega\dfrac{L_1L_2-M^2}{L_1+L_2+2M}}=\frac{\dot{U}}{\mathrm{j}\omega L}$$

式中，等效电感

$$L=\frac{L_1L_2-M^2}{L_1+L_2+2M} \tag{7-14}$$

其去耦合等效电路如图 7-11(b) 所示。

5) 推广

(1) 单侧同名端连接

将耦合电感中的一侧同名端连接，另一侧可以连接也可以不连接，如图 7-12(a) 所示，称为单侧同名端连接。其去耦合等效电路如图 7-12(b) 所示。

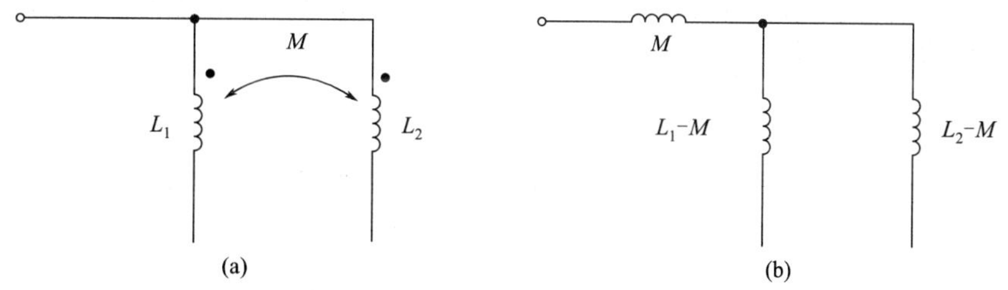

图 7-12　单侧同名端连接的去耦合等效电路

(2) 单侧异名端连接

将耦合电感中的一侧异名端连接，另一侧可以连接也可以不连接，如图 7-13(a) 所示，称为单侧异名端连接。其去耦合等效电路如图 7-13(b) 所示。

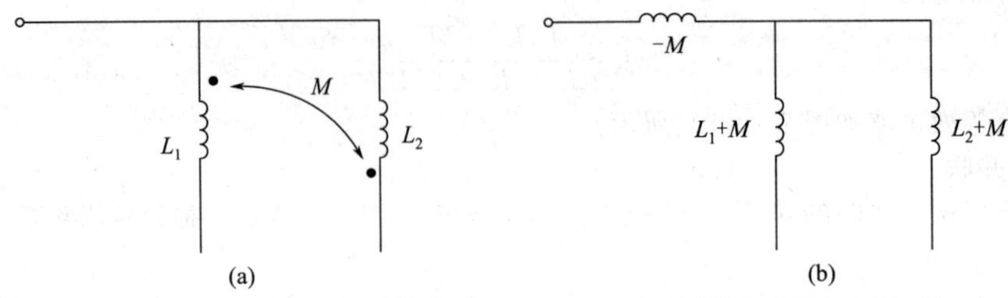

图 7-13　单侧异名端连接的去耦合等效电路

【例 7-3】电路如图 7-14(a)、(b) 所示，已知 $L_1=6\text{H}$，$L_2=3\text{H}$，$M=4\text{H}$，求端口等效电感 L。

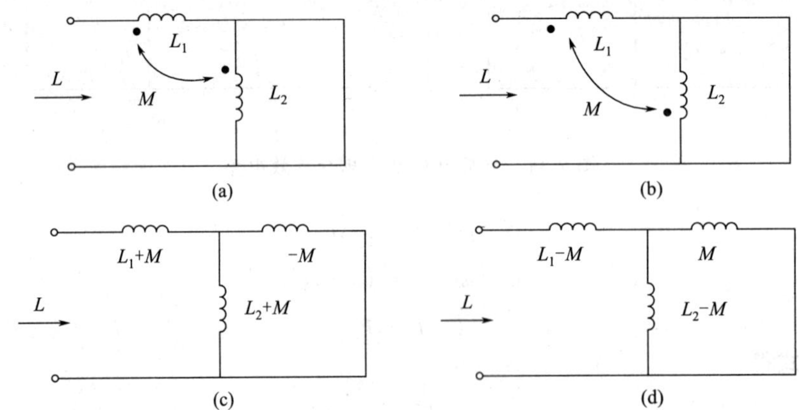

图 7-14　例 7-3 电路图

解： 图 7-14(a) 的去耦等效电路如图 7-14(c) 所示，故端口的等效电感为

$$L=\frac{(L_2+M)(-M)}{(L_2+M)+(-M)}+(L_1+M)=\frac{2}{3}(\text{H})$$

图 7-14(b) 的去耦等效电路如图 7-14(d) 所示，故端口的等效电感为

$$L=\frac{(L_2-M)M}{(L_2-M)+M}+(L_1-M)=\frac{2}{3}(\text{H})$$

6）互感系数 M 的测试

根据式（7-9）和式（7-10），可以测定两个互感线圈之间的互感系数 M。设两个互感线圈 L_1 和 L_2，其引出端分别是 A、B 端和 C、D 端。现将 B 端分别与 C 端和 D 端相连，如图 7-15 所示，并分别测其等效电感值，根据式（7-9）和式（7-10），等效电感值较大者为顺向串联值 L，较小者为反向串联值 L'。将式（7-9）减式（7-10）可得

$$M=\frac{L-L'}{4} \tag{7-15}$$

下面将耦合电感的去耦合等效电路汇总于表 7-1 中，以便于学习和查找。

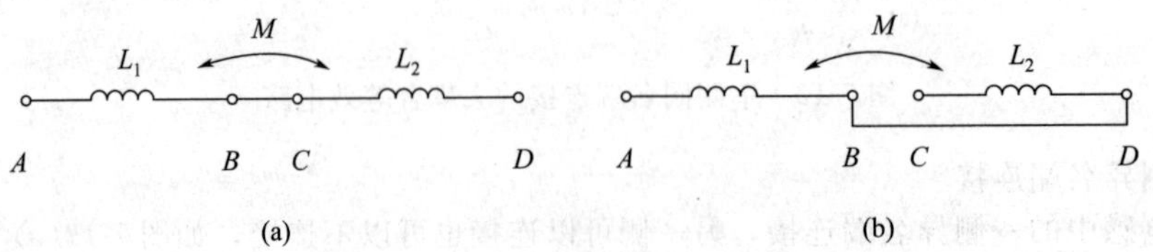

图 7-15　互感系数的测试

表 7-1 耦合电感的去耦合等效电路

连接方式	含耦合电感电路	去耦合等效电路	等效电感
顺向串联	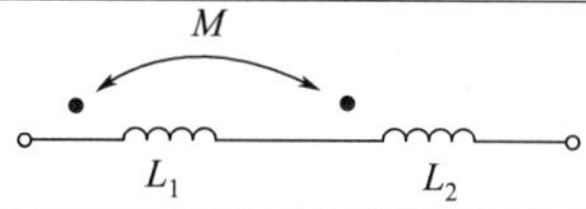 M; L_1; L_2	 L_1+M; L_2+M	$L=L_1+2M+L_2$
反向串联	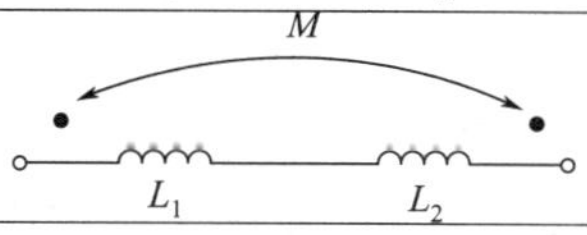 M; L_1; L_2	 L_1-M; L_2-M	$L'=L_1-2M+L_2$
同侧并联	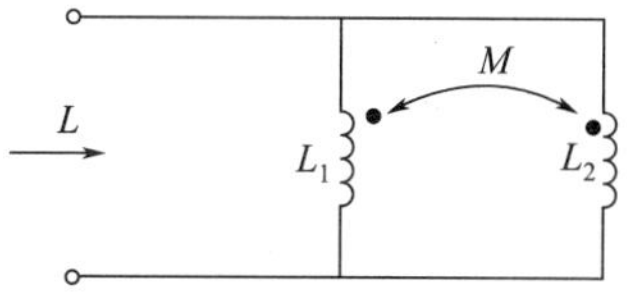 L; M; L_1; L_2	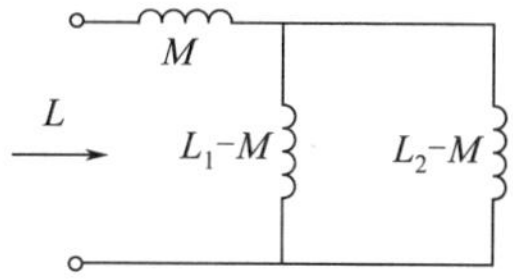 M; L; L_1-M; L_2-M	$L=\dfrac{L_1L_2-M^2}{L_1+L_2-2M}$
异侧并联	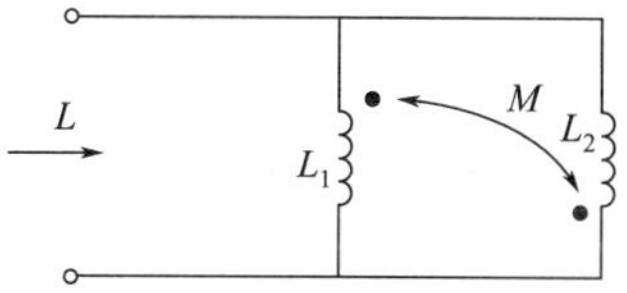 L; M; L_1; L_2	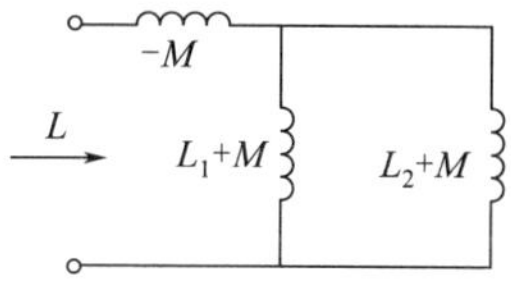 $-M$; L; L_1+M; L_2+M	$L=\dfrac{L_1L_2-M^2}{L_1+L_2+2M}$
单侧同名端连接	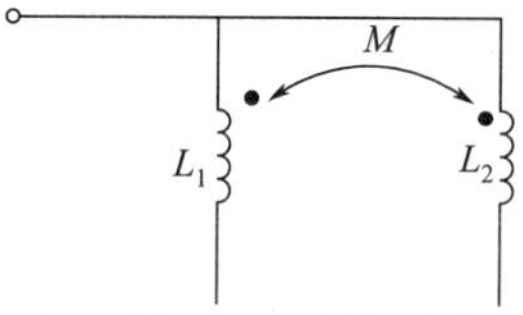 M; L_1; L_2	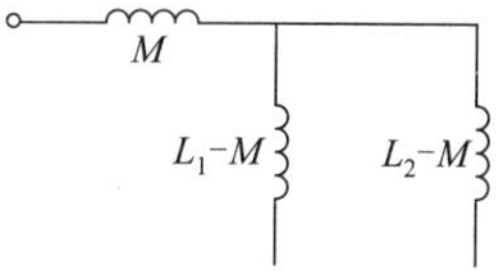 M; L_1-M; L_2-M	
单侧异名端连接	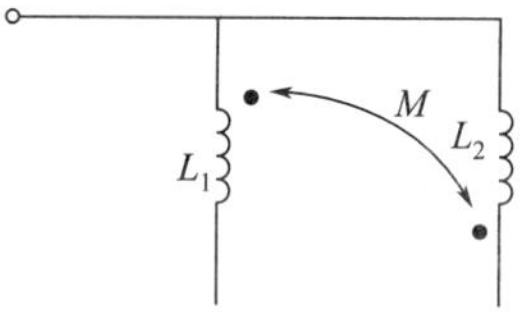 M; L_1; L_2	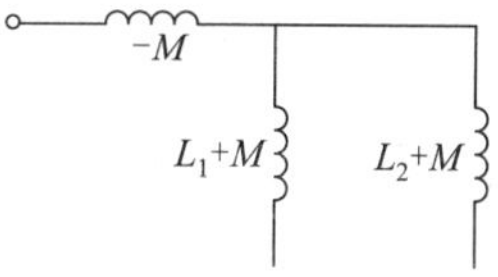 $-M$; L_1+M; L_2+M	
耦合电感	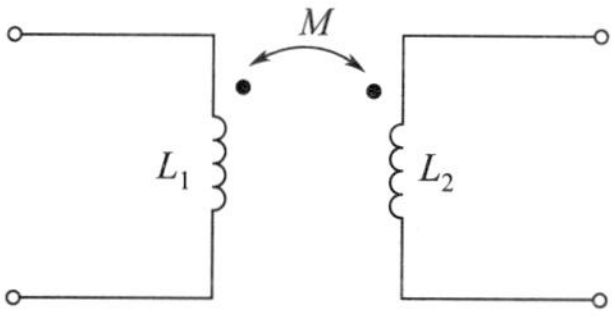 M; L_1; L_2	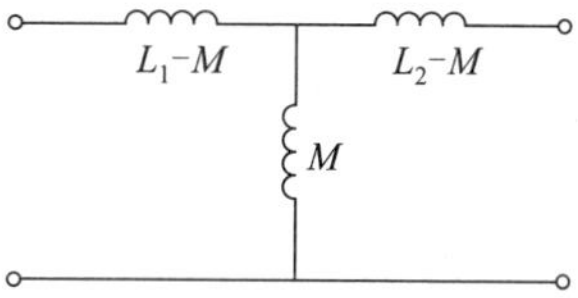 L_1-M; L_2-M; M	
	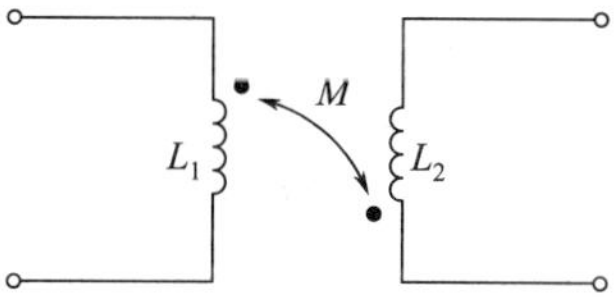 M; L_1; L_2	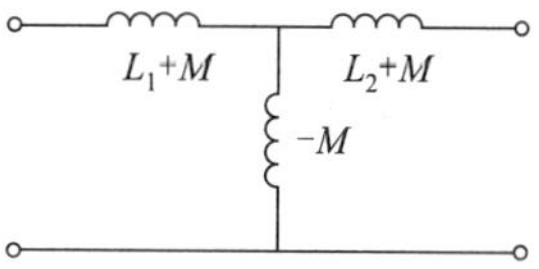 L_1+M; L_2+M; $-M$	

7.2.2 含有耦合电感电路的分析

含有耦合电感电路的分析计算有两种方法：一种是“直接法”，另一种是“去耦等效电路法”；下面举例介绍。

【例 7-4】电路如图 7-16 所示，已知$\dot{U}_S=10e^{j0^\circ}$ V，$R=10\Omega$，$j\omega L_1=j40\Omega$，$j\omega L_2=j\omega M=j10\Omega$。求 I_1，I_2，U_2和电路吸收的功率 P。

解：

$$\begin{cases}\dot{U}_S=j\omega L_1\dot{I}_1+j\omega M\dot{I}_2\\0=j\omega M\dot{I}_1+(R+j\omega L_2)\dot{I}_2\end{cases}$$

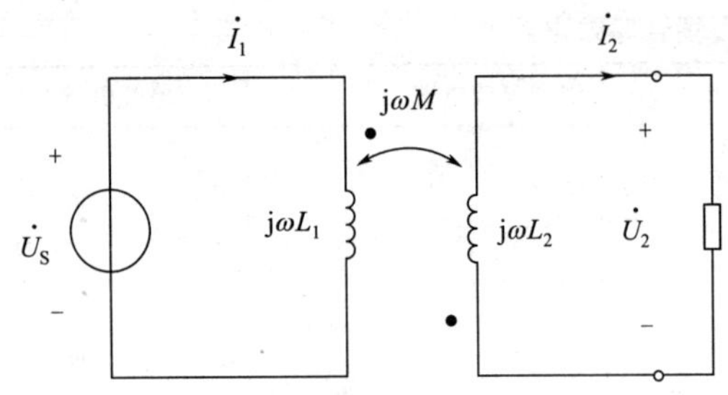

图 7-16　例 7-4 电路图

即
$$\begin{cases}10=j40\,\dot{I}_1+j10\,\dot{I}_2\\0=j10\,\dot{I}_1+(10+j10)\,\dot{I}_2\end{cases}$$

解以上两式得

$$\dot{I}_1=0.28e^{-j81.9^\circ}\text{A},\dot{I}_2=0.2e^{j143.1^\circ}(\text{A})$$

$$\dot{U}_2=R\,\dot{I}_2=10\times 0.2e^{j143.1^\circ}=2e^{j143.1^\circ}(\text{V})$$

因此得

$$I_1=0.28\text{A},I_2=0.2\text{A},U_2=2\text{V}$$

电路吸收的功率就是电阻 R 吸收的功率，有

$$P=I_2^2R=0.2^2\times 10=0.4(\text{W})$$

【例 7-5】电路如图 7-17(a) 所示，已知 $\dot{U}_S=2e^{j45^\circ}$ V，$\omega L_1=\omega L_2=3\Omega$，$\omega M=1\Omega$，$R=1\Omega$，$\frac{1}{\omega C}=2\Omega$。求 I_1，I_2，U_2 和电路吸收的功率 P。

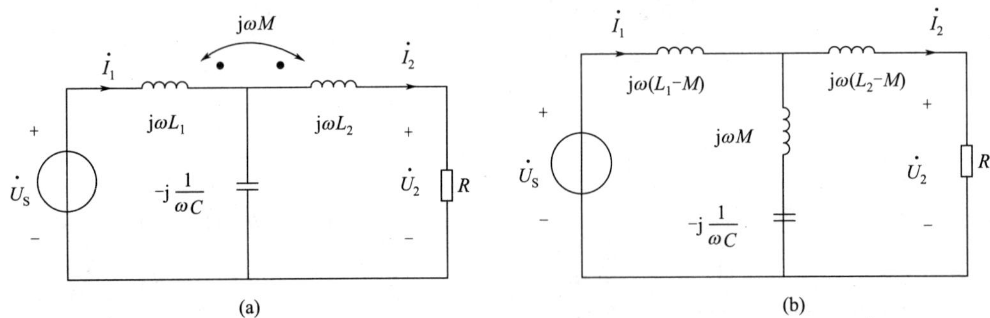

图 7-17　例 7-5 电路图

解： 图 7-17(b) 为图 7-17(a) 的去耦合等效电路。其中

$$j\omega(L_1-M)=j2\Omega$$

$$j\omega(L_2-M)=j2\Omega$$

$$j\omega M=j1\Omega$$

$$-j\frac{1}{\omega C}=-j2\Omega$$

因此，电路的输入阻抗为

$$Z=j\omega(L_1-M)+\frac{\left(j\omega M-j\frac{1}{\omega C}\right)[j\omega(L_2-M)+R]}{\left(j\omega M-j\frac{1}{\omega C}\right)+[j\omega(L_2-M)+R]}$$

$$=j2+\frac{(j1-j2)\ (j2+1)}{(j1-j2)\ +\ (j2+1)}=\frac{1}{\sqrt{2}}e^{-j135^\circ}$$

因此
$$\dot{I}_1=\frac{\dot{U}_S}{Z}=\frac{2e^{j45^\circ}}{\frac{1}{\sqrt{2}}e^{-j135^\circ}}=2\sqrt{2}\,e^{j180^\circ}(\text{A})$$

$$\dot{I}_2=\frac{\left(j\omega M-j\frac{1}{\omega C}\right)}{\left(j\omega M-j\frac{1}{\omega C}\right)+[j\omega(L_2-M)+R]}\dot{I}_1=2e^{j135^\circ}(\text{A})$$

$$\dot{U}_2=R\,\dot{I}_2=1\times 2e^{j135^\circ}=2e^{j135^\circ}(\text{V})$$

因此得 $I_1=2\sqrt{2}\,\text{A}, I_2=2\text{A}, U_2=2(\text{V})$

电路吸收的功率就是电阻 R 吸收的功率，有

$$P=I_2^2R=2^2\times 1=4(\text{W})$$

【例 7-6】 如图 7-18（a）所示电路，已知 $\dot{I}_S=2\angle 0°\ \text{A}$，$\text{j}\omega L_1=\text{j}8\Omega$，$\text{j}\omega M=\text{j}4\Omega$，试用去耦合等效电路法求端口开路电压 $\dot{U}_{OC}$ 和电压 $\dot{U}_1$。

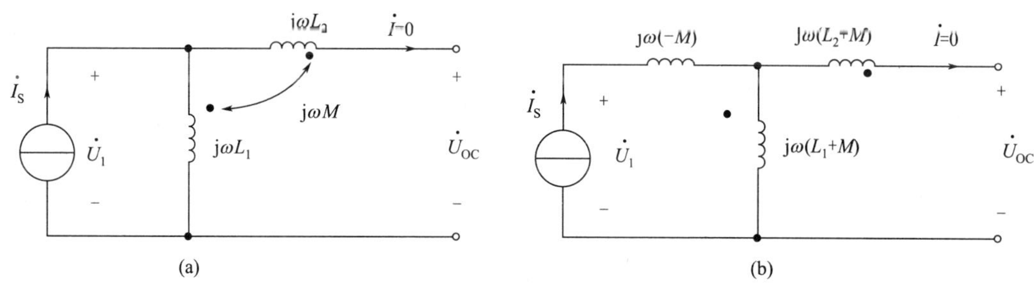

图 7-18 例 7-6 电路图

解： 图 7-18(a) 的去耦合等效电路如图 7-18(b) 所示。故有

$$\dot{U}_{OC}=\text{j}\omega(L_1+M)\dot{I}_S=(\text{j}8+\text{j}4)\times 2$$

$$\dot{U}_{OC}=\text{j}\omega(L_1+M)\dot{I}_S=(\text{j}8+\text{j}4)\times 2\angle 0°=\text{j}24(V)$$

$$\dot{U}_1=[-\text{j}\omega M+\text{j}\omega(L_1+M)]\dot{I}_S=\text{j}\omega L_1\dot{I}_S=\text{j}8\times 2\angle 0°=\text{j}16(V)$$

【例 7-7】电路如图 7-19(a) 所示，已知 $\dot{U}_S=10\angle 0°\ \text{V}$，$\text{j}\omega L_1=\text{j}4\Omega$，$\text{j}\omega L_2=\text{j}3\Omega$，$\text{j}\omega M=\text{j}2\Omega$，$-\text{j}\dfrac{1}{\omega C}=-\text{j}2\Omega$，$R=2\Omega$。求电压 $\dot{U}_2$。

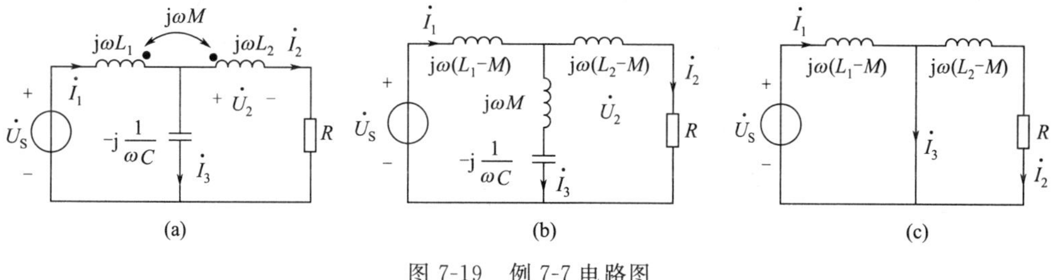

图 7-19 例 7-7 电路图

解： 图 7-19（a）的去耦合等效电路如图 7-19（b）所示。其中 $\dot{I}_3$ 支路的阻抗为

$$Z=\text{j}\omega M-\text{j}\frac{1}{\omega C}=\text{j}2-\text{j}2=0$$

所以，图 7-19（b）电路可等效成图 7-19（c）所示电路，且 $\dot{I}_2=0$

$$\dot{I}_1=\dot{I}_3=\frac{\dot{U}_S}{\text{j}\omega(L_1-M)}=\frac{10}{\text{j}4-\text{j}2}=-\text{j}5(\text{A})$$

在图 7-19（b）电路，根据 KVL 定律，有

$$\dot{U}_2=-\text{j}\omega M\dot{I}_3+\text{j}\omega(L_2-M)\dot{I}_2=-\text{j}2\times(-\text{j}5)=10e^{\text{j}180°}(\text{V})$$

7.3 空心变压器

变压器是电工、电子技术中常用的电气设备，是由两个耦合线圈绕在一个共同的心子上制成的，其中，一个线圈作为输入，接入电源后形成一个回路，称为原边回路（或初级回路）；另一

个线圈作为输出，接入负载后形成另一个回路，称为副边回路（或次级回路）。空心变压器的芯子是非铁磁材料制成的，其电路模型如图 7-20 所示，图中的负载设为电阻和电感的串联。变压器通过耦合作用，将原边的输入传递到副边输出。在正弦稳态下，有

$$\begin{cases}(R_1+\mathrm{j}\omega L_1)\dot{I}_1+\mathrm{j}\omega M\dot{I}_2=\dot{U}_1\\ \mathrm{j}\omega M\dot{I}_1+(R_2+\mathrm{j}\omega L_2+R_L+\mathrm{j}X_L)\dot{I}_2=0\end{cases}\tag{7-16}$$

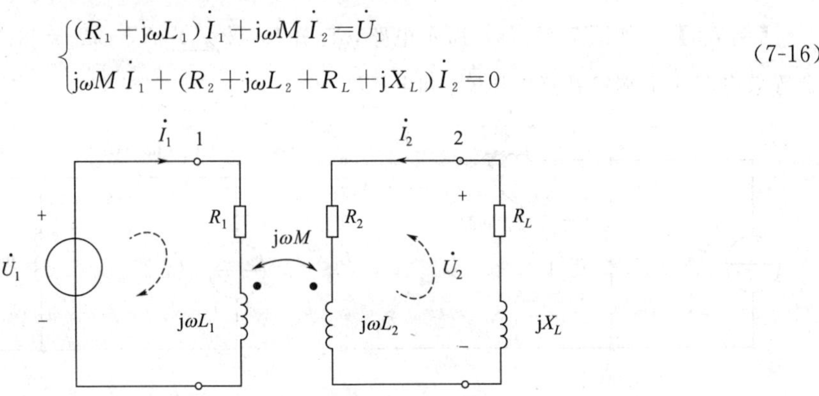

图 7-20 空心变压器的电路模型

令 $Z_{11}=R_1+\mathrm{j}\omega L_1$，称为原边回路阻抗，$Z_{22}=R_2+\mathrm{j}\omega L_2+R_L+\mathrm{j}X_L$，称为副边回路阻抗，$Z_M=\mathrm{j}\omega M$，由式（7-16）可得

$$\dot{I}_1=\frac{\dot{U}_1}{Z_{11}-Z_M^2Y_{22}}=\frac{\dot{U}_1}{Z_{11}+(\omega M)^2Y_{22}}\tag{7-17-1}$$

$$\dot{I}_2=\frac{-Z_MY_{11}\dot{U}_1}{Z_{22}-Z_M^2Y_{11}}=\frac{-\mathrm{j}\omega MY_{11}\dot{U}_1}{R_2+\mathrm{j}\omega L_2+R_L+\mathrm{j}X_L+(\omega M)^2Y_{11}}\tag{7-17-2}$$

其中，$Y_{11}=\dfrac{1}{Z_{11}}$，$Y_{22}=\dfrac{1}{Z_{22}}$。式（7-17-1）中，$Z_{11}+(\omega M)^2Y_{22}$ 是原边的输入阻抗，其中，$(\omega M)^2Y_{22}$ 称为引入阻抗，它是副边的回路阻抗通过互感反映到原边的等效阻抗。引入阻抗的性质与 Z_{22} 相反，即感性（容性）变为容性（感性）。式（7-17-1）可以用图 7-21（a）所示等效电路表示，称为原边等效电路。

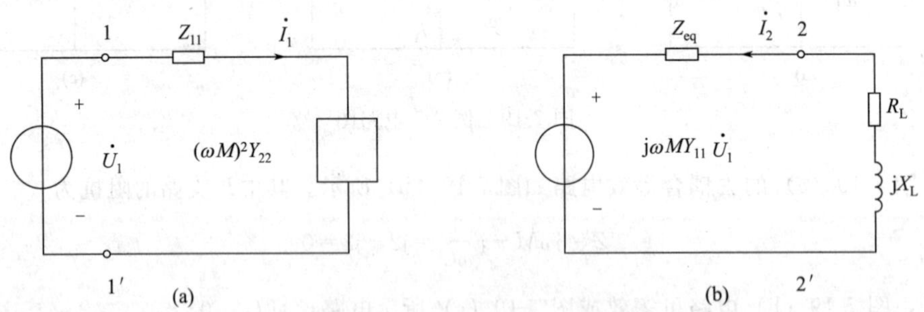

图 7-21 空心变压器的等效电路

同理，式（7-17-2）可以得出如图 7-21（b）所示的等效电路，它是从副边看进去的含源一端口的等效电路。令 $\dot{I}_2=0$，可以得出此含源一端口在端子 2-2′的开路电压 $\mathrm{j}\omega MY_{11}\dot{U}_1$，戴维宁等效阻抗 $Z_{\mathrm{eq}}=R_2+\mathrm{j}\omega L_2+(\omega M)^2Y_{11}$。

【例 7-8】 在图 7-21 中，$u_1=100\sqrt{2}\cos 10t\,\mathrm{V}$，$R_1=R_2=0$，$L_1=0.8\Omega$，$L_2=0.4\Omega$，$M=0.5\Omega$，$Z_L=R_L+jX_L=3\Omega$。求原副边电流 i_1、i_2。

解： 如图 7-21 原边等效电路求电流 $\dot{I}_1$

$$Z_{11}=\mathrm{j}\omega L_1=\mathrm{j}8(\Omega)$$

$$Z_{22}=j\omega L_2+Z_L=3+j4(\Omega)$$

$$(\omega M)^2Y_{22}=(10\times0.5)^2\frac{1}{3+j4}=(3-j4)(\Omega)$$

由已知条件得$\dot{U}_1=100\angle 0^\circ\ \text{V}$

则有 $$\dot{I}_1=\frac{\dot{U}_1}{Z_{11}+(\omega M)^2Y_{22}}=\frac{100\angle 0^\circ}{j8+3-j4}=20\angle -53.2^\circ(\text{A})$$

由式（7-16），电流 $$\dot{I}_2=\frac{-j\omega M\dot{I}_1}{Z_{22}}=\frac{-j5\times20\angle -53.2^\circ}{3+j4}=20\angle 163.6^\circ(\text{A})$$

7.4 理想变压器

理想变压器的电路模型如图 7-22（a）所示，N_1和 N_2分别为原边和副边的匝数，原、副边电压和电流满足下列关系

$$\frac{u_1}{N_1}=\frac{u_2}{N_2}\text{或 }u_1=\frac{N_1}{N_2}u_2=nu_2 \tag{7-18-1}$$

$$N_1i_1+N_2i_2=0\text{ 或 }i_1=-\frac{N_2}{N_1}i_2=-\frac{1}{n}i_2 \tag{7-18-2}$$

以上两式是根据图 7-22 所示的参考方向和同名端列出的。式中 $n=\frac{N_1}{N_2}$，称为理想变压器的变比。理想变压器的电压、电流方程是通过一个参数 n（变比）描述的代数方程，所以理想变压器不是一个动态元件。

将式（7-18-1）和式（7-18-2）相乘后得

$$u_1i_1+u_2i_2=0 \tag{7-19}$$

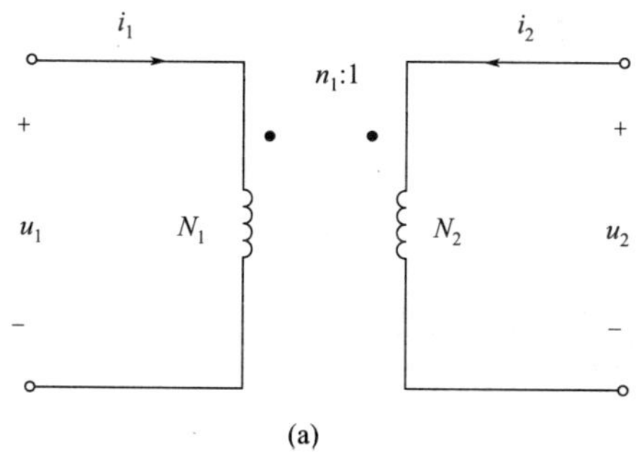

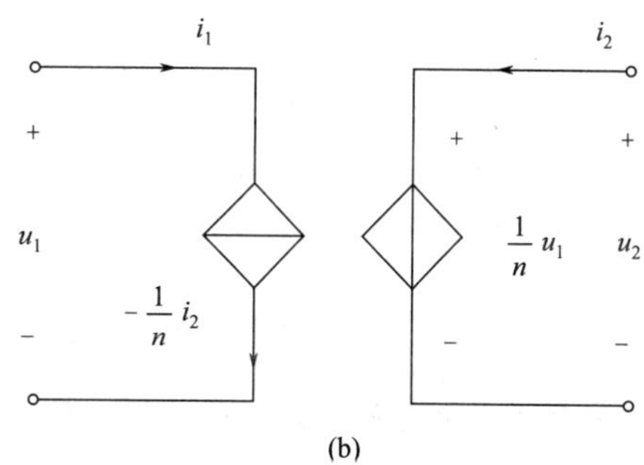

图 7-22 理想变压器电路

即输入理想变压器的瞬时功率等于零，所以它既不耗能，也不储能，它将能量由原边全部传输到副边输出，在传输过程中，仅仅将电压、电流按变比做数值变换。

理想变压器用受控源表示的电路模型如图 7-22(b) 所示。

【例 7-9】在图 7-23 所示理想变压器，变比为 1∶10，已知 $u_S=20\cos(10t)\,\text{V}$，$R_1=2\Omega$，$R_2=50\Omega$。求 u_2。

解：按图 7-23 列出方程

$$R_1i_1+u_1=u_S$$

$$R_2i_2+u_2=0$$

根据图 7-23 所示的电流参考方向和同名端，有

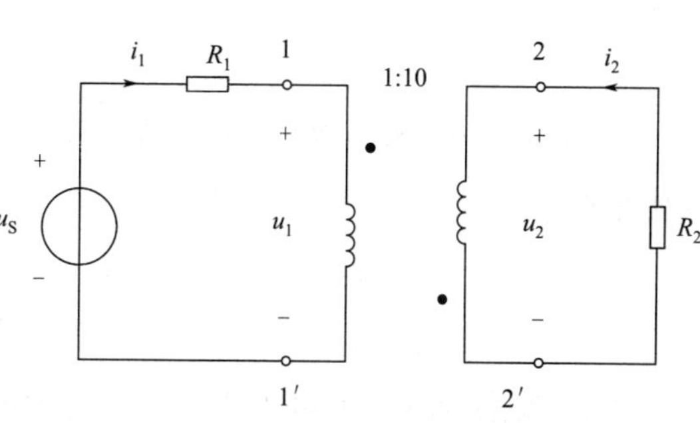

图 7-23 例 7-9 电路图

$$u_1=-\frac{N_1}{N_2}u_2=-\frac{1}{10}u_2$$

$$i_1=\frac{N_2}{N_1}i_2=10i_2$$

带入数据得 $$u_2=-2u_S=-40\cos(10t)(\mathrm{V})$$

本章小结

(1) 互感。两个彼此邻近的载流线圈，当其中一个线圈中的电流变化时，在邻近的另一个线圈中产生感应电压，这种现象称为互感现象。产生的感应电压称为互感电压。

在关联参考方向下，互感磁链与产生互感磁链的电流的比值，称为互感系数。即

$$M=\frac{\psi_{12}}{i_2}=\frac{\psi_{21}}{i_1}$$

为了表征互感线圈耦合的紧密程度，定义耦合系数

$$K=\frac{M}{\sqrt{L_1L_2}}(0\leqslant K\leqslant 1)$$

(2) 同名端。两个耦合线圈中的一对端钮，当两个线圈的电流都从某一端流进（或流出）时，自感磁链和相应的互感磁链是相互加强的，则两个线圈电流同时流进（或流出）的端钮为同名端。

(3) 含有电感电路的技算。两个具有互感的线圈，电压和电流分别为 u_1、i_1 和 u_2、i_2，且都取关联参考方向，则由电磁感应定律当线圈中的电流变化时，线圈两端产生的感应电压为

$$u_1=\frac{\mathrm{d}\Psi_1}{\mathrm{d}t}=L_1\frac{\mathrm{d}i_1}{\mathrm{d}t}\pm M\frac{\mathrm{d}i_2}{\mathrm{d}t}$$

$$u_2=\frac{\mathrm{d}\Psi_2}{\mathrm{d}t}=L_2\frac{\mathrm{d}i_2}{\mathrm{d}t}\pm M\frac{\mathrm{d}i_1}{\mathrm{d}t}$$

互感线圈串联时的等效电感 $L=L_1\pm 2M+L_2$

顺向串联时取“+”，反向串联时取“－”。

互感 $$M=\frac{L-L'}{4}$$

其中 L 是顺向串联时的等效电感，L' 是反向串联时的等效电感。

互感线圈并联时的等效电感 $$L=\frac{L_1L_2-M^2}{L_1+L_2\mp 2M}$$

同侧并联时 $2M$ 前取“－”，异侧并联时 $2M$ 前取“+”。

(4) 理想变压器。N_1 和 N_2 分别为原边和副边的匝数，原、副边电压和电流满足下列关系

$$u_1=\pm nu_2$$

$$i_1=\mp\frac{1}{n}i_2$$

式中，$n=\frac{N_1}{N_2}$，称为理想变压器的变比。正、负号与端钮电压、电流的参考方向和同名端的位置有关。

习题 7

7-1 已知两耦合线圈 $L_1=0.01\mathrm{H}$，$L_2=0.09\mathrm{H}$，$M=0.01\mathrm{H}$，试求其耦合系数 K。

7-2 互感线圈如图 7-24 所示，试标出同名端。

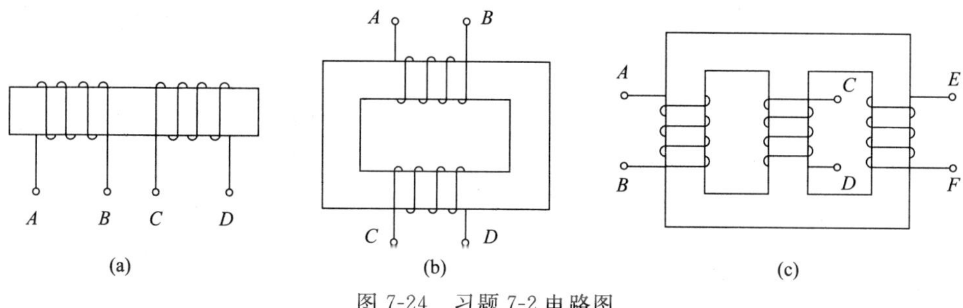

图 7-24　习题 7-2 电路图

7-3　已知两互感线圈 $L_1=7\text{H}$，$L_2=3\text{H}$，$M=2\text{H}$，试分别计算其顺相串联和反向串联时的等效电感。

7-4　两个互感线圈串联起来，接到 50Hz、220V 的正弦电源上，测得顺向串联时电流 2.7A，吸收的功率 218.7W，反向串联时电流 7A，求互感 M。

7-5　互感电路如图 7-25 所示，激励为正弦量，试写出 u_1、u_2的表达式；$\dot{U}_1$、$\dot{U}_2$的表达式。

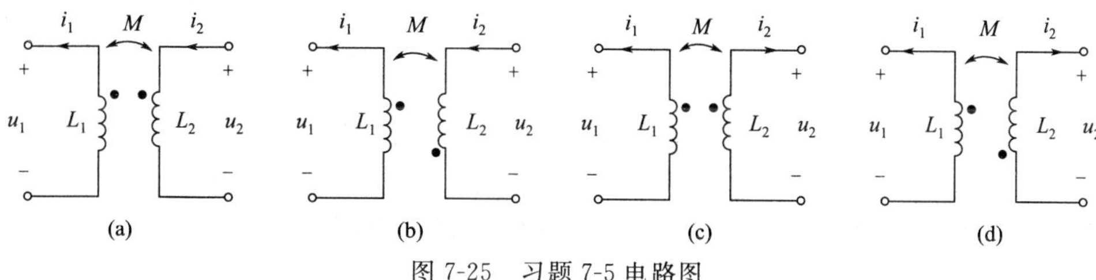

图 7-25　习题 7-5 电路图

7-6　互感电路如图 7-26 所示，已知 $R_1=4\Omega$，$R_2=6\Omega$，$L_1=1.375\text{H}$，$L_2=2.125\text{H}$，$M=0.75\text{H}$，电压 $u=50\sqrt{2}\cos 2t\,\text{V}$，试求电流 i。

7-7　互感电路如图 7-27 所示，已知 $R_1=3\Omega$，$R_2=7\Omega$，$L_1=4.75\text{H}$，$L_2=5.25\text{H}$，$M=2.5\text{H}$，电流 $i=2\sqrt{2}\cos 2t\,\text{A}$，试求电压 u。

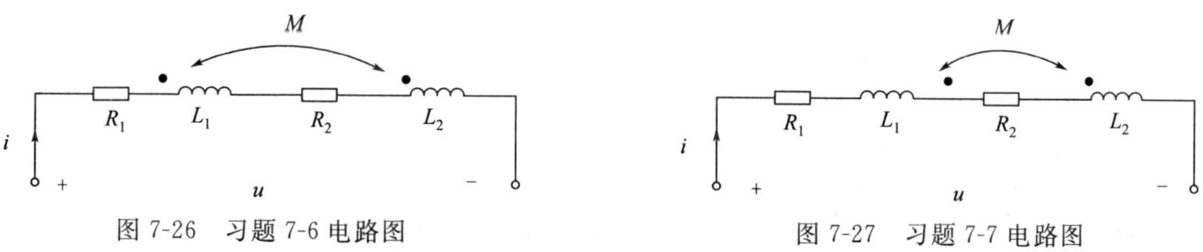
图 7-26　习题 7-6 电路图　　图 7-27　习题 7-7 电路图

7-8　互感电路如图 7-28 所示，已知 $R_1=R_2=1\Omega$，$L_1=1.5\text{H}$，$L_2=1\text{H}$，$M=1\text{H}$，电压 $u_S=50\sqrt{2}\cos 2t\,\text{V}$，试求开关 K 断开和闭合时电流 i_1。

7-9　电路如图 7-29 所示，已知 $R_1=3\Omega$，$R_2=5\Omega$，$\omega L_1=7.5\Omega$，$\omega L_2=12.5\Omega$，$\omega M=6\Omega$，$\dot{U}=50\angle 0^\circ\ \text{V}$，求：当 K 断开和 K 闭合时的电流 $\dot{I}$。

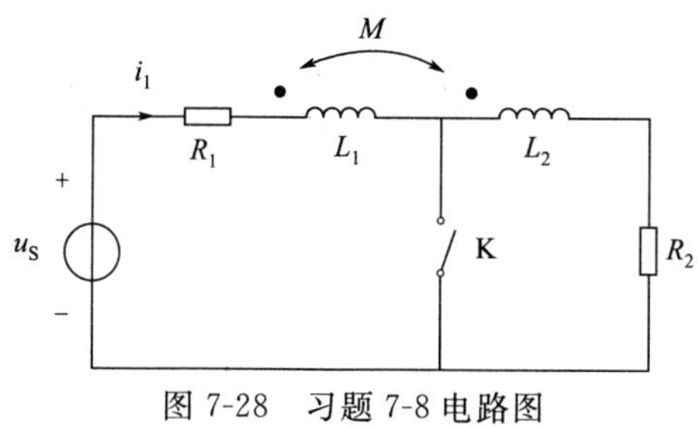

图 7-28　习题 7-8 电路图

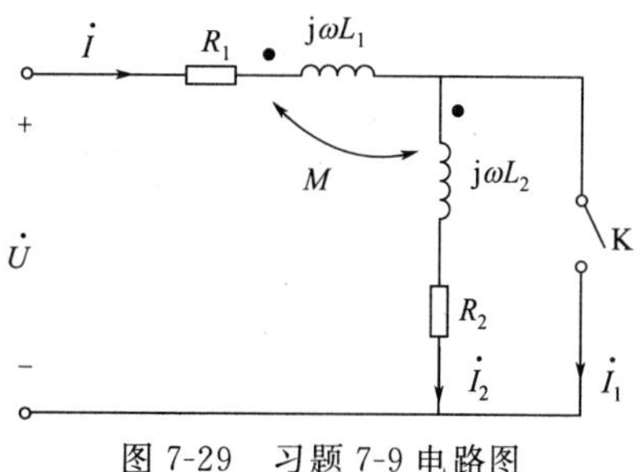

图 7-29　习题 7-9 电路图

7-10 如图 7-30 所示，$\dot{U}_1=10\angle 0^\circ$ V，$R_1=R_2=3\Omega$，$X_{L1}=X_{L2}=4\Omega$，$\omega M=2\Omega$，试求 A、B 间的开路电压$\dot{U}$。

7-11 如图 7-31 所示，$\dot{U}_1=10\angle 0^\circ$ V，$R_1=R_2=6\Omega$，$\omega L_1=\omega L_2=\omega L_3=10\Omega$，$\omega M=6\Omega$，求 A、B 间的开路电流 $\dot{I}_1$ 和电压 $\dot{U}_2$。

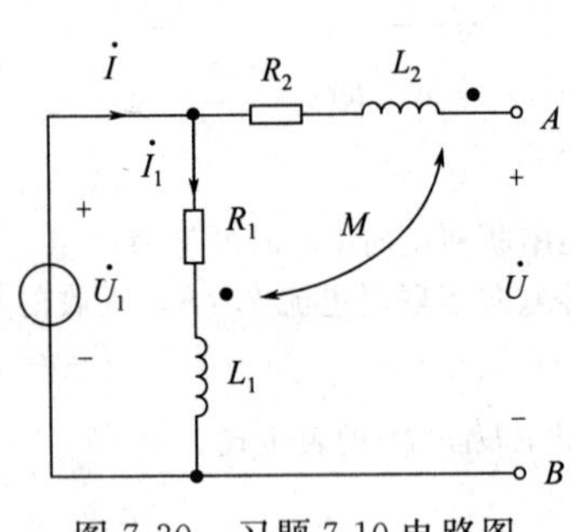

图 7-30 习题 7-10 电路图

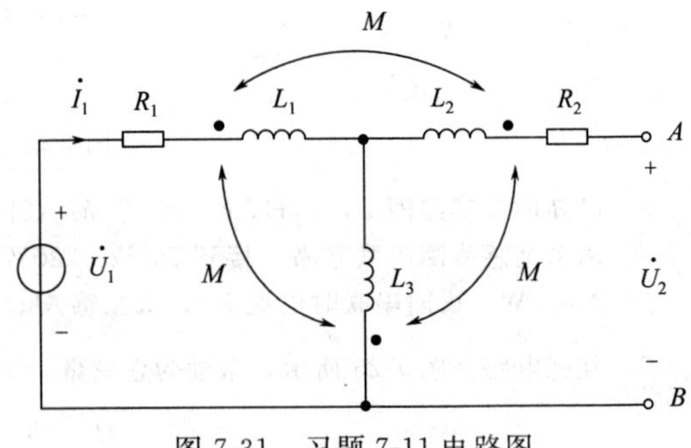

图 7-31 习题 7-11 电路图

7-12 如图 7-32 所示，已知 $u_S=100\sqrt{2}\cos(1000t)$ V，$R_1=R_2=50\Omega$，$L_1=0.75$H，$L_2=0.5$H，$M=0.25$H，$C=4\mu$F。(1) 画出去耦合等效电路；(2) 求各支路电流的时域表达式。

7-13 如图 7-33 所示，$u_S=100\sqrt{2}\cos(10t)$ V，$R_1=6\Omega$，$R_2=1\Omega$，$L_1=0.6$H，$L_2=0.2$H，$L_3=0.2$H，$M=0.2$H。(1) 画出去耦合等效电路；(2) 求各支路电流的时域表达式。

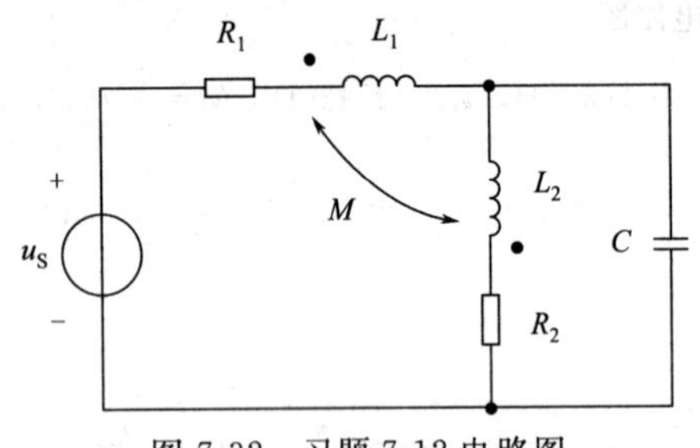

图 7-32 习题 7-12 电路图

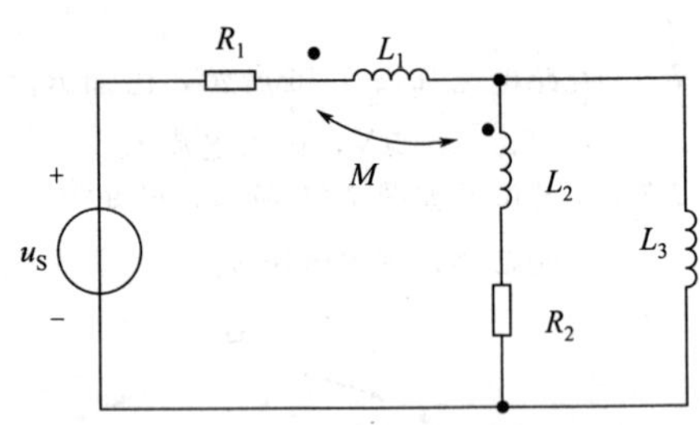

图 7-33 习题 7-13 电路图

7-14 电路如图 7-34 所示，理想变压器的变比为 10∶1。求电压 $\dot{U}_2$。

7-15 电路如图 7-35 所示，$R=10\Omega$，$L_1=10$H，$L_2=2.4$H，$M=2$H，$\omega=10$rad/s，$\dot{U}_1=10\angle 0^\circ$ V 求：电压$\dot{I}_2$。

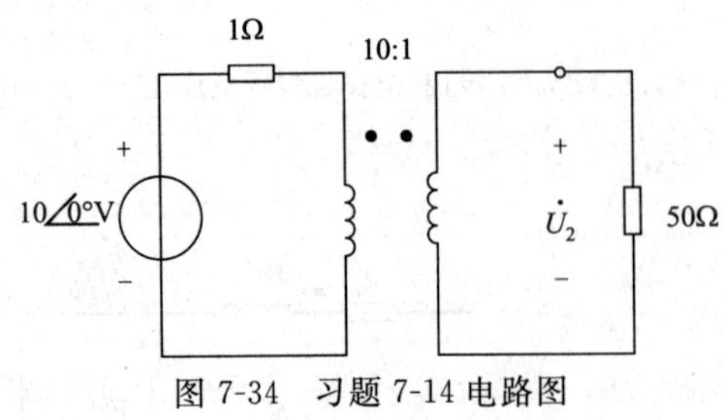

图 7-34 习题 7-14 电路图

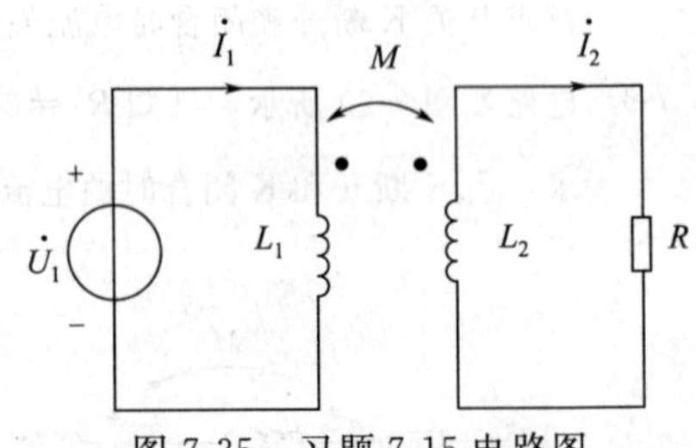

图 7-35 习题 7-15 电路图

第 8 章

动态电路的时域分析

【内容提要】

本章首先介绍动态电路和换路定律，说明动态电路时域分析法的基本思路，然后分析一阶动态电路的零输入响应、零状态响应和全响应，归纳出求解一阶动态电路的三要素法。之后对一阶动态电路的阶跃响应进行分析，最后介绍二阶动态电路。

8.1 电路的过渡过程和换路定律

8.1.1 过渡过程的产生

前面所讨论的直流电路和正弦交流电路，都是对电路的稳定状态进行分析。稳定状态是指电路中的所有响应均为定值或随时间作周期规律变化，稳定状态简称稳态。

由于电容元件和电感元件的伏安关系为微分或积分关系，这种具有储能元件（L 或 C）的电路在工作条件发生改变时，电路不能从原来的稳态立即达到新的稳态，需要经过一定的时间才能完成。电路从一种稳态经过一定时间转变到另一种稳态的物理过程称为电路的过渡过程。和稳态相对应，电路的过渡状态称为暂态。而研究电路的过渡过程中电压或电流随时间的变化规律，即在 $0\leqslant t<\infty$ 的时间领域内的 $u(t)$、$i(t)$ 称为暂态分析。

过渡过程是由于电路的接通、断开、短路、电源或电路中的参数突然改变等原因引起的。电路状态的这些改变统称为换路。然而，并不是所有的电路在换路时都产生过渡过程，换路只是产生过渡过程的外因，其内因是由于含有储能元件（电容 C、电感 L 以及耦合电感元件），其实质是由于电路中储能元件能量的释放与储存不能突变的缘故。在电容中储能表现为电场能量 $\frac{1}{2}Cu_{\mathrm{C}}^{2}$，由于换路时能量不能跃变，故电容上的电压 u_{C} 一般不能跃变；在电感中储存的磁场能量 $\frac{1}{2}Li_{\mathrm{L}}^{2}$，由于换路时能量不能跃变，故电感中的电流 i_{L} 一般也不能跃变。

电路的过渡过程虽然短暂，但对电路产生的影响却十分重要。一方面要充分利用电路的暂态规律来实现振荡信号的产生、信号波形的改善和变换、电子继电器的延时动作等；另一方面又要防止电路在暂态过程中产生的过电压或过电流现象。过电压可能会击穿电气设备的绝缘，从而影响到电气设备的安全运行；过电流可能会产生过大的机械力或引起电气设备和元件的局部过热，从而使其遭受机械损坏或热损坏，甚至造成人身安全事故。

所以，过渡过程的分析就是要充分利用电路的暂态特性来满足技术上对电气线路和电气装置性能的要求，同时又要尽量避免暂态过程中的过电压或过电流现象对电气设备或人身所产生的危害。

8.1.2 换路定律

换路瞬间电容两端的电压或电感中的电流只能连续变化，而不能发生跃变，这个理论称为换路定律。

为便于分析，作如下假定：电路在 $t=0$ 时刻发生换路，用 $t=0_-$ 表示换路前的终了瞬间，$t=0_+$ 表示换路后的初始瞬间。0_- 和 0_+ 在数值上都等于 0，前者是指 t 从负值趋近于零，后者是指 t 从正值趋近于零。换路后，电路中各电压、电流最初瞬间的值，称为初始值，用 $u(0_+)$ 和 $i(0_+)$ 表示。在 $t=0_-$ 到 $t=0_+$ 的换路瞬间，u_C 和 i_L 不能突变，用公式表示为

$$\begin{aligned} u_C(0_+)&=u_C(0_-)\\ i_L(0_+)&=i_L(0_-) \end{aligned} \tag{8-1}$$

换路定律只适用于换路瞬间，它们是计算初始值的基本依据，只有电感电流 i_L 及电容电压 u_C 满足式（8-1），而电感的电压、电容的电流以及电阻的电压和电流都是可以突变的。在特殊情况下（如 u_L 和 i_C 不是有限值时）换路定律不成立。对发生跃变现象的电路模型，初始值的计算要依据基尔霍夫定律、电荷守恒定律或磁链守恒定律。

由于电容、电感的伏安关系是微分或积分关系，因此在含有电容、电感的动态电路中，描述激励与响应的方程是一组以电压、电流为变量的微分方程或微分-积分方程。如果电路中的电阻、电容和电感都是线性非时变的常数，则电路方程为线性常系数微分方程。用经典法求解常微分方程时，必须根据电路的初始条件确定解答中的积分常数。若描述动态电路的微分方程为 n 阶，则初始条件是指电路中所求变量及其 $(n-1)$ 阶导数在 $t=0_+$ 时的值，即初始值。电容电压 $u_C(0_+)$ 和电感电流 $i_L(0_+)$ 称为独立初始值，利用换路定律可以确定，其余变量的初始值称为非独立初始值，由电路的外加激励和独立初始值共同确定。

计算初始值的步骤如下所示。

（1）根据换路前的稳态电路求出换路前的电容电压 $u_C(0_-)$ 和电感电流 $i_L(0_-)$。

（2）应用换路定律，得到独立初始值电容电压 $u_C(0_+)$ 和电感电流 $i_L(0_+)$。

（3）画出 $t=0_+$ 时原电路的等效电路，用一个电流值为 $i_L(0_+)$ 的理想电流源替代原电路的电感元件；用一个电压值为 $u_C(0_+)$ 的理想电压源替代电容元件；注意：此时的等效电路是一个电阻电路。

（4）根据 $t=0_+$ 时的等效电路，计算其余电压、电流的初始值。

【例 8-1】电路如图 8-1(a) 所示，在 $t<0$ 时电路处于稳态，$t=0$ 时开关突然接通。求初始值 $i_L(0_+)$、$u_C(0_+)$、$u(0_+)$、$u_L(0_+)$ 及 $i_C(0_+)$。

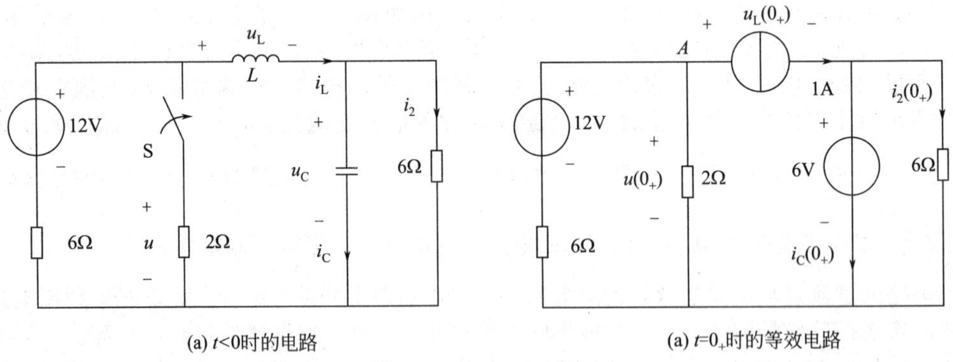

图 8-1　例 8-1 电路图

解： 第一步，在 $t<0$ 时电路处于稳态，电容相当于开路，电感相当于短路，于是求得换路前的电感电流和电容电压为

$$i_L(0_-)=\frac{12}{6+6}=1(\text{A}) \qquad u_C(0_-)=6\times i_L(0_-)=6(\text{V})$$

第二步，由换路定律得 $i_L(0_+)=i_L(0_-)=1$ (A)　$u_C(0_+)=u_C(0_-)=6(\text{V})$

第三步，画出 $t=0_+$ 时的等效电路，如图 8-1（b）所示，此时电感 L 相当于一个 1A 的电流源，电容 C 相当于一个 6V 的电压源。

第四步，根据 $t=0_+$ 时的等效电路，计算非独立初始值。

应用节点电压法列节点 A 的电压方程为 $u(0_+)\left(\frac{1}{6}+\frac{1}{2}\right)=\frac{12}{6}-1$

解得
$$u(0_+)=1.5(\text{V})$$

根据基尔霍夫定律进一步求得

$$u_L(0_+)=u(0_+)-u_C(0_+)=-4.5(\text{V})$$

$$i_C(0_+)-i_L(0_+) \quad i_2(0_+)-1 \quad \frac{u_C(0_+)}{6}-0$$

8.2 一阶电路的零输入响应

对于动态电路，常以描述该电路的微分方程的阶数加以区分。如果描述动态电路的响应与激励的方程是一阶微分方程，那么这个电路就称为一阶电路；对应于二阶微分方程的电路，称为二阶电路；当微分方程的阶数高于二阶时，称为高阶电路。

从电路结构来看，一阶电路只包含一个动态元件。凡是可以用等效的方法等效为一个动态元件（电容或电感）的电路都是一阶电路。RC 串、并联电路和 RL 串、并联电路都是最简单的一阶电路。

在动态电路中，外加激励和储能元件的初始储能都能产生响应。换路后无独立电源，仅有元件的初始储能引起的响应，称为零输入响应。换路前储能元件无原始储能，仅由独立电源引起的响应，称为零状态响应。本节先研究一阶电路的零输入响应。

8.2.1 RC 电路的零输入响应

RC 电路表示由电阻元件和电容元件组成的电路。RC 电路的零输入响应实质是电容放电的过程。

如图 8-2(a) 所示的 RC 串联电路，在 $t=0$ 时换路，换路前即 $t<0$ 时，开关 S 打在 1 的位置，且电路处于稳态，电容已被充电，电容电压 $u_C(0_-)=U_0$，电容的初始储能为 $\frac{1}{2}CU_0^2$。当 $t=0$ 时，开关 S 由位置 1 打向位置 2，根据换路定则，$u_C(0_+)=u_C(0_-)=U_0$，此时电路外部激励为零，仅在电容初始储能的作用下，通过电阻 R 进行放电，从而在电路中引起电压、电流的变化，故为零输入响应。由于电阻 R 是耗能元件，且电路在零输入条件下得不到能量的补充，电容电压降逐渐下降，放电电流也将逐渐减小，最后，电容储能全部被电阻耗尽，电路中的电压、电流也趋向于零。下面对 RC 电路放电过程中电压、电流随时间变化的规律进行分析。

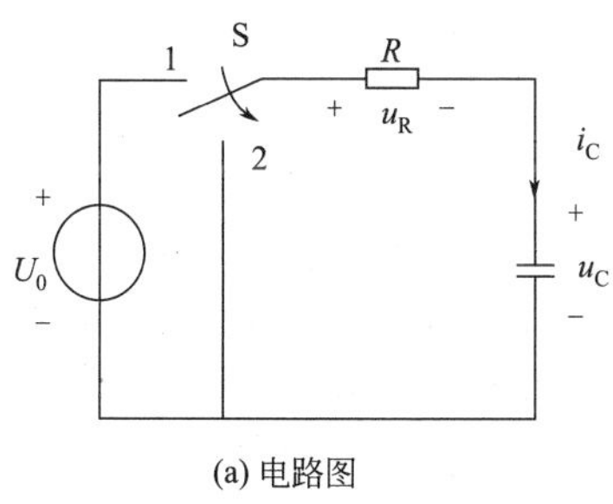

(a) 电路图

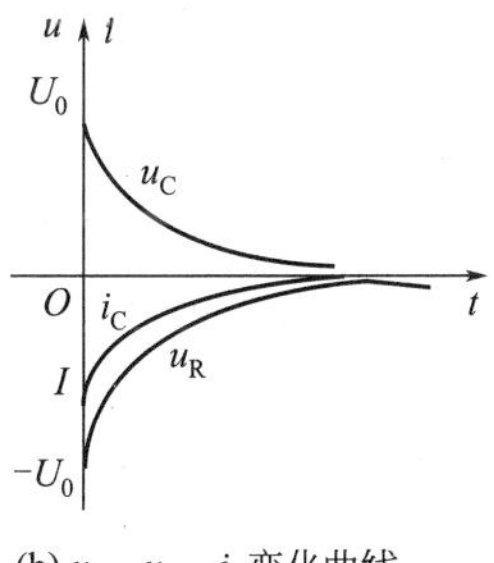

(b) u_C、u_R、i_C变化曲线

图 8-2 RC 电路的零输入响应

在如图 8-2(a) 所示的电压电流的参考方向下，根据基尔霍夫电压定律，可列出换路后（$t\geqslant 0$）电路的微分方程为

$$u_R+u_C=0 \tag{8-2}$$

将 $u_R = i_C R$ 及 $i_C = C\dfrac{du_C}{dt}$ 代入式（8-2），得

$$RC\frac{du_C}{dt} + u_C = 0 \tag{8-3}$$

式（8-3）是一个一阶线性常系数齐次微分方程，其通解为

$$u_C(t) = A\mathrm{e}^{pt}$$

将其代入式（8-3），得特征方程

$$RCp + 1 = 0$$

解得特征根为

$$p = -\frac{1}{RC}$$

所以

$$u_C(t) = A\mathrm{e}^{-\frac{t}{RC}} \tag{8-4}$$

式（8-4）中的常数 A 由电路的初始条件 $u_C(0_+) = u_C(0_-) = U_0$ 确定，则 $A = u_C(0_+) = U_0$。

$$u_C(t) = u_C(0_+)\mathrm{e}^{-\frac{t}{RC}} = U_0\mathrm{e}^{-\frac{t}{RC}} = U_0\mathrm{e}^{-\frac{t}{\tau}}, t \geqslant 0 \tag{8-5}$$

式（8-5）是电容放电过程中，电容电压的变化规律。此时，电路中电容的放电电流和电阻上的电压分别为

$$i_C(t) = C\frac{du_C(t)}{dt} = -\frac{U_0}{R}\mathrm{e}^{-\frac{t}{\tau}}, t \geqslant 0 \tag{8-6}$$

$$u_R(t) = iR = -U_0\mathrm{e}^{-\frac{t}{\tau}}, t \geqslant 0 \tag{8-7}$$

根据式（8-5）、式（8-6）及式（8-7）可得 $u_C(t)$、$i_C(t)$ 和 $u_R(t)$ 随时间变化的曲线如图 8-2(b) 所示。可见 RC 电路的零输入响应 u_C、i_C、u_R 都是随时间按同一指数规律衰减的，其衰减快慢取决于指数中 τ 的大小。$\tau = RC$ 称为 RC 电路的时间常数；当电阻的单位为欧姆（Ω），电容的单位为法拉（F）时，τ 的单位为秒（s）。如果电路中不止一个电阻，甚至还可能包含受控源，则 $\tau = RC$ 中电阻是指从电容元件两端看进去的等效电阻 R_{eq}。

时间常数 τ 值越大，放电过程的时间就越长，τ 越小，衰减越快，过渡过程越短。从理论上讲，只有当 $t \to \infty$ 时，u_C、i_C、u_R 才能达到稳态值，但是指数函数开始变化较快，而后逐渐变慢，见表 8-1。从表中可明显看出，经过 $3\tau \sim 5\tau$ 的时间后，u_C 已衰减到初始值的 5% 以下。在工程实际中通常认为经过（3～5）τ 后电路的过渡过程已经结束，电路已经进入新的稳定状态。

表 8-1　$\mathrm{e}^{-\frac{t}{\tau}}$ 随时间变化的数值

t	τ	2τ	3τ	4τ	5τ	…	∞
$\mathrm{e}^{-\frac{t}{\tau}}$	0.368	0.135	0.050	0.018	0.007	…	0

时间常数 τ 的大小决定于电路的结构与参数，与电容电压的初始值大小无关。电容初始电压相同的情况下，电容越大则电容原来所充电荷越多，放电时间越长；电阻越大，放电电流越小，放电越缓慢。如图 8-3 所示给出了三个不同 τ 值下电压 u_C 随时间变化的曲线。

由表 8-1 可知，时间常数 $\tau = RC$ 的物理意义是电容电压衰减为初始值的 36.8% 所经过的时间，指数曲线在 $t = 0_+$ 处的切线与横轴的交点即为 τ，如图 8-4 所示。

在上述放电过程中，电容逐渐放出其储能，为电阻所消耗，此间电阻消耗的能量为

$$W_R = \int_0^{\infty} Ri^2\mathrm{d}t = \int_0^{\infty} R\left(\frac{U_0}{R}\mathrm{e}^{-\frac{t}{RC}}\right)^2\mathrm{d}t = \frac{U_0^2}{R}\int_0^{\infty}\mathrm{e}^{-\frac{2t}{RC}}\mathrm{d}t = -\frac{1}{2}CU_0^2\left(\mathrm{e}^{-\frac{2t}{RC}}\right)\Big|_0^{\infty} = \frac{1}{2}CU_0^2$$

其值正好等于电容的初始储能。可见，电容中原先储存的电场能量 $W_C = \frac{1}{2}CU_0^2$ 全部被电阻

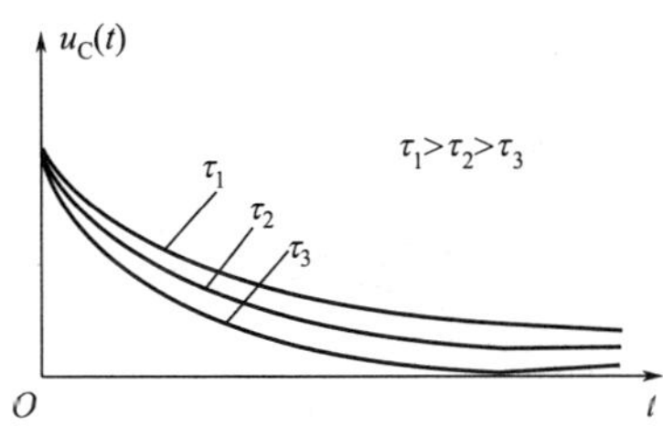

图 8-3 不同 τ 值下的曲线

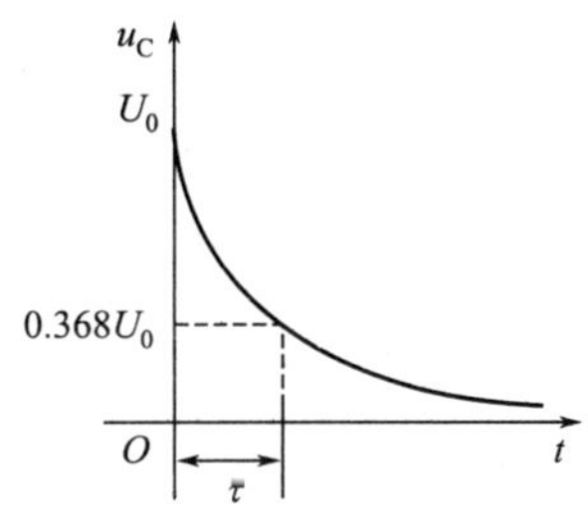

图 8-4 电压随时间 t 变化图

吸收而转换为热能。

【例 8-2】电路如图 8-5(a) 所示，开关 S 原在位置 1，且电路已达稳态。$t=0$ 时开关由 1 合向 2，试求 $t>0$ 时电压 u_C 和电流 i_C、i_1 及 i_2。

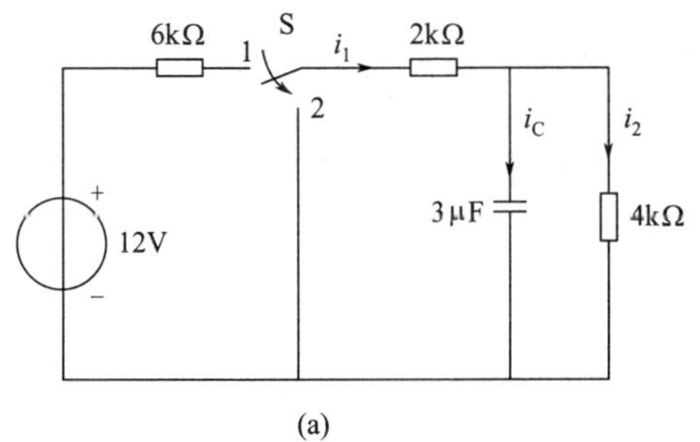

(a)

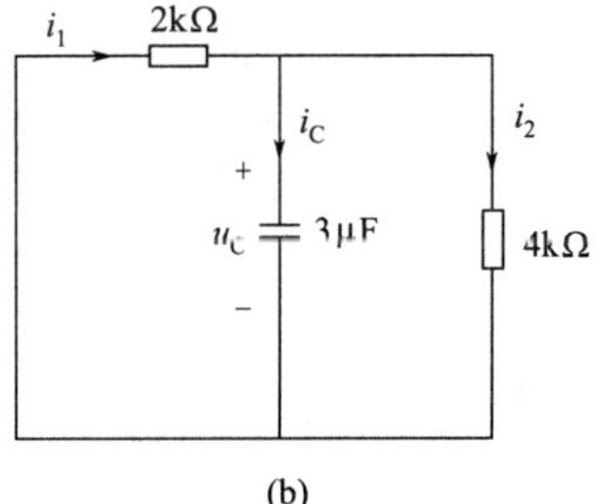

(b)

图 8-5 例 8-2 电路图

解：

$$u_C(0_+)=u_C(0_-)=\frac{12}{6+2+4}\times 4=4(\mathrm{V})$$

换路后，电路如图 8-5（b）所示，电容通过电阻 1Ω 和 2Ω 两支路放电，等效电阻为 $R=\frac{2\times 4}{2+4}=\frac{4}{3}(\mathrm{k\Omega})$，故时间常数为

$$\tau=RC=\frac{4}{3}\times 3\times 10^{-6}=4\times 10^{-6}(\mathrm{s})$$

由式（8-5）和式（8-6）得

$$u_C(t)=u_C(0_+)\mathrm{e}^{-\frac{t}{\tau}}=4\mathrm{e}^{-2.5\times 10^5 t}(\mathrm{V})$$

$$i_C(t)=-\frac{u_C(0_+)}{R}\mathrm{e}^{-\frac{t}{\tau}}=-\frac{4}{\frac{4}{3}}\mathrm{e}^{-\frac{t}{4\times 10-6}}=-3\mathrm{e}^{-2.5\times 10^5 t}(\mathrm{A})$$

$$i_2(t)=\frac{u_C(t)}{4}=\mathrm{e}^{-2.5\times 10^5 t}(\mathrm{A})$$

$$i_1(t)=i_C(t)+i_2(t)=-2\mathrm{e}^{-2.5\times 10^5 t}(\mathrm{A})$$

8.2.2 RL 电路的零输入响应

RL 电路表示由电阻元件和电感元件组成的电路。RL 电路的零输入响应，实质是具有磁场储能的电感对电阻释放储能的响应。

RL 串联电路如图 8-6（a）所示，在 $t=0$ 时换路，换路前即 $t<0$ 时，开关 S 打在 1 的位置，且电路处于稳态，电感中有储能，电感电流 i_L $(0_-)=\frac{U_S}{R}=I_0$，电感的初始储能为 $\frac{1}{2}LI_0^2$。当 $t=0$时，开关 S 由位置 1 打向位置 2，根据换路定则，$i_L(0_+)=i_L(0_-)=\frac{U_S}{R}=I_0$，此时电路外部

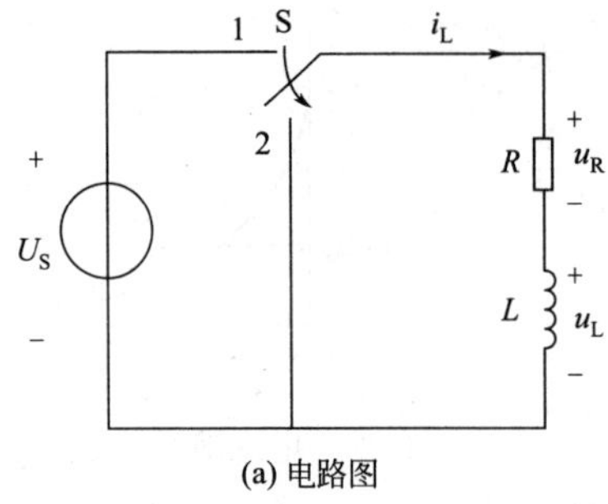

(a) 电路图

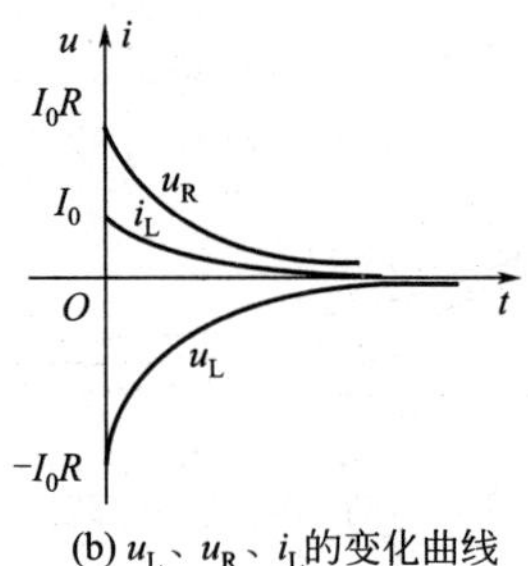

(b) u_L、u_R、i_L的变化曲线

图 8-6　RL 电路的零输入响应

激励为零，仅在电感初始储能的作用下，通过电阻 R 进行放电，从而在电路中引起电压、电流的变化，故为零输入响应。由于电阻 R 是耗能元件，且电路在零输入条件下得不到能量的补充，电感电流逐渐减小，最后，电感储存的全部能量被电阻耗尽，电路中的电压、电流也趋向于零。下面对 RL 电路放电过程中电压、电流随时间变化的规律进行分析。

在图 8-6(a) 所示的电压电流的参考方向下，根据基尔霍夫电压定律，可列出换路后（$t \geqslant 0$）电路的微分方程

$$u_R + u_L = 0 \tag{8-8}$$

将 $u_L = L\dfrac{di_L}{dt}$ 及 $u_R = Ri_L$ 代入式（8-8），得

$$L\frac{di_L}{dt} + i_L R = 0 \tag{8-9}$$

式（8-9）是一个以 i_L 为变量的一阶线性常系数齐次微分方程，其通解为

$$i_L = Ae^{pt}$$

其特征根为 $p = -\dfrac{R}{L}$

所以

$$i_L(t) = Ae^{-\frac{R}{L}t} \tag{8-10}$$

式（8-10）中的常数 A 由电路的初始条件 $i_L(0_+) = i_L(0_-) = \dfrac{U_S}{R} = I_0$ 确定，得 $A = i_L(0_+) = \dfrac{U_S}{R}$。

所以电感电流的零输入响应为

$$i_L = i_L(0_+)e^{-\frac{R}{L}t} = I_0 e^{\frac{t}{\tau}} \tag{8-11}$$

电感和电阻上的电压分别为

$$u_L(t) = L\frac{di_L(t)}{dt} = -RI_0 e^{-\frac{t}{\tau}} \tag{8-12}$$

$$u_R(t) = i_L R = I_0 Re^{-\frac{t}{\tau}} \tag{8-13}$$

根据式（8-11）、式（8-12）及式（8-13）可得 $i_L(t)$、$u_L(t)$ 和 $u_R(t)$ 随时间变化的曲线如图 8-6(b) 所示。同 RC 电路一样，RL 电路的零输入响应 $i_L(t)$、$u_L(t)$ 和 $u_R(t)$ 也都是随时间按同一指数规律衰减的，其衰减快慢取决于指数中 τ 的大小。$\tau = \dfrac{L}{R}$ 称为 RL 电路的时间常数；当电阻的单位为欧姆（Ω），电感的单位为亨利（H）时，τ 的单位为秒（s）。时间常数 τ 值越大，放电过程的时间就越长，τ 越小，衰减越快，过渡过程越短。

在上述放电过程中，电感逐渐放出其储能，为电阻所消耗，此间电阻消耗的能量为

$$W_R = \int_0^\infty Ri^2 dt = \int_0^\infty R(I_0 e^{-\frac{Rt}{L}})^2 dt = RI_0^2\int_0^\infty e^{-\frac{L2t}{R}} dt = -\frac{1}{2}LI_0^2(e^{-\frac{L2t}{R}})\Big|_0^\infty = \frac{1}{2}LI_0^2$$

其值正好等于电感的初始储能。可见，电感中原先储存的电场能量 $W_L=\frac{1}{2}LI_0^2$ 全部被电阻吸收而转换为热能。

由图 8-6(b) 可以看出，换路瞬间电感的电流 $i_L(t)$ 是连续的，而电感电压 $u_L(t)$ 则从 $t=0_-$ 时的零值跃变到 $t=0_+$ 时的 $-RI_0$，这是因为电感电压的大小与 L 和 $\frac{di_L(t)}{dt}$ 成正比，换路时，电感电流要在极短的时间内急剧的降为零，所以电流的变化率很大，导致电感两端会产生很高的自感电动势，它可能将开关两触点之间的空气击穿而造成电弧以延缓电流的中断，开关触点因而被烧坏。此外，很高的电动势对线圈的绝缘和人身安全及并联在线圈两端的测量仪表也都是不利的。因此可采用如图 8-7 所示的电路来防止产生高压电。正常工作时，由于二极管的单相导电性，因此不会影响电路的正常工作，而在开关 S 断开时，二极管可以给电感线圈提供放电回路。自感电动势维持电流 i 经二极管 VD 在原方向流动而逐渐衰减为零。这个反向连接的二极管称为续流二极管。

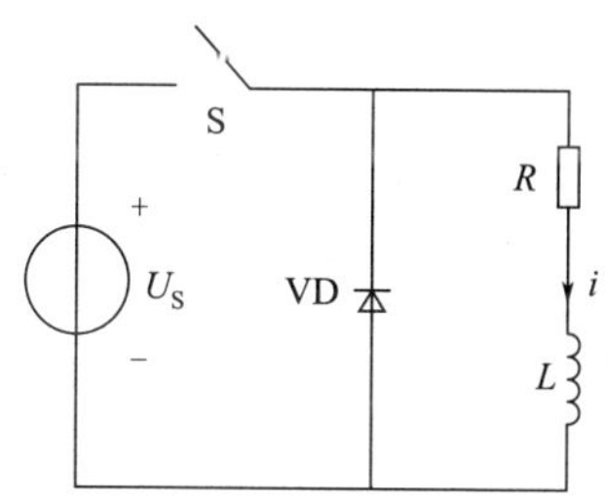

图 8-7　用二极管防止产生高压电

电感电压的突变有时也可以利用。例如在汽车点火上，利用拉开开关时电感线圈产生的高电压击穿火花间隙，产生电火花而将汽缸点燃。

【例 8-3】电路如图 8-8 所示，$U_S=10$V，$R_1=R_3=10\Omega$，$R_2=20\Omega$，$L=1$H，在 $t=0$ 时开关由 a 投向 b，试求 $t\geqslant0$ 时 $i(t)$、$u_L(t)$。

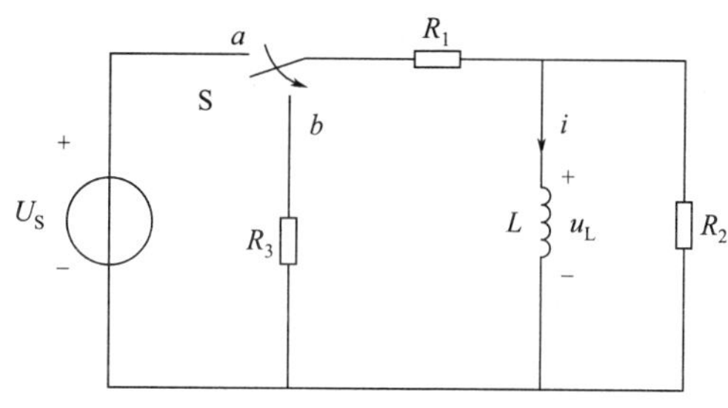

图 8-8　例 8-3 电路图

解： $t<0$ 时，开关在 a 的位置，此时电感元件相当于短路。

$$i(0_-)=\frac{U_S}{R_1}=\frac{10}{10}=1(\text{A})$$

根据换路定律

$$i(0_+)=i(0_-)=1(\text{A})$$

时间常数

$$\tau=\frac{L}{R}=\frac{L}{(R_1+R_3)//R_2}=0.1(\text{s})$$

所以

$$i(t)=i(0_+)e^{-\frac{t}{\tau}}=1\times e^{-\frac{t}{0.1}}=e^{-10t}(\text{A}),t\geqslant0$$

$$u_L=L\frac{di}{dt}=1\times(-10)e^{-10t}=-10e^{-10t}(\text{V}),t\geqslant0$$

8.3 一阶电路的零状态响应

在上一节中已经指出，在动态电路中，若所有储能元件的初始储能为零，则称为零状态。由外施激励在零状态一阶电路中所引起的响应，称为一阶电路的零状态响应。

8.3.1 RC 电路的零状态响应

RC 电路在直流激励下的零状态响应，就是未充电的电容经电阻接至直流电源充电的响应。

RC 电路如图 8-9（a）所示，换路前电路处于零状态，即电容中无储能，$u_C(0_-)=0$。$t=0$ 时，将开关 S 闭合，电路与恒压源接通，电压源 u_S 开始向电容充电。由换路定律可知，$u_C(0_+)=u_C(0_-)=0$，所以换路瞬间，电容元件相当于短路，电压源的电压 u_S 全部加在电阻的两端，此时电路的充电电流最大，$i(0_+)=\dfrac{U_S}{R}$。随着充电的进行，电容电压和电场能量开始增加，充电电流 i 随之减小，导致电阻电压减小。直至电容电压 u_C 等于电源电压 U_S，电流 i 为零，电容相当于开路，充电停止，电路达到新的直流稳态。下面对换路后 RC 电路充电过程中电压、电流随时间变化的规律进行分析。

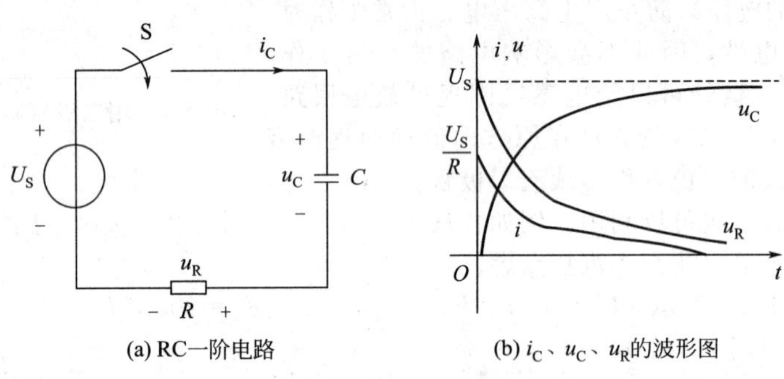

(a) RC一阶电路　　(b) i_C、u_C、u_R的波形图

图 8-9　RC 电路的零状态响应

在如图 8-9（a）所示的电压电流的参考方向下，根据基尔霍夫电压定律，可列出换路后（$t\geqslant 0$）电路的微分方程

$$u_R+u_C=u_S \tag{8-14}$$

将 $u_R=Ri$ 及 $i_C=C\dfrac{du_C}{dt}$ 代入式（8-14），得

$$RC\frac{du_C}{dt}+u_C=u_S \tag{8-15}$$

式（8-15）是一个以电容电压 u_C 为变量的一阶线性常系数非齐次微分方程，其解由特解 u_C' 和通解 u_C'' 两部分组成，即 $u_C=u_C'+u_C''$。

特解 u_C' 是满足式（8-15）的任意一个解，与外加激励有关，所以称为强制分量；因为电路达到稳态时也满足式（8-15），且稳态值很容易求得，故特解取电路的稳态值，即 $t\to\infty$ 时的值。

$$u_C'=u_C(t)\big|_{t\to\infty}=u_C(\infty)=U_S$$

式（8-15）对应的齐次方程为式（8-3），其通解与外加激励无关，仅由电路的结构和参数所决定，所以称为自由分量。

$$u''_C=Ae^{-\frac{t}{RC}}$$

因此

$$u_C(t)=U_S+Ae^{-\frac{t}{RC}} \tag{8-16}$$

根据换路定则可知 $u_C(0_+)=u_C(0_-)=0$，将初始条件代入式（8-16）得，

$$A=-U_S=-u_C(\infty)$$

所以电容的零状态响应电压为

$$u_C(t)=u_C(\infty)-u_C(\infty)e^{-\frac{t}{RC}}=u_C(\infty)(1-e^{-\frac{t}{\tau}})-U_S(1-e^{-\frac{t}{\tau}}),t\geqslant 0 \tag{8-17}$$

电容的充电电流为

$$i_C(t)=C\frac{du_C(t)}{dt}=\frac{U_S}{R}e^{-\frac{t}{\tau}}=I_0e^{-\frac{t}{\tau}},t\geqslant 0 \tag{8-18}$$

$$u_R = U_S - u_C = U_S e^{-\frac{t}{\tau}}, t \geqslant 0 \tag{8-19}$$

零状态电压响应 u_C，电流响应 i_C和电阻电压 u_R随时间 t 变化的曲线如图 8-9(b) 所示，u_C是由初始值按指数规律随时间逐渐增长，最后趋近于直流电压源的电压 U_S，电路达到稳定状态，此时特解 $u'_C = U_S$又称为稳态分量，非齐次方程的通解 $u''_C = Ae^{-\frac{t}{\tau}}$按指数规律衰减而趋于零，所以又称为暂态分量；充电电流方向与电容电压方向一致，充电开始其值最大，由零跃变到 I_0，然后按指数规律衰减为零。

RC 电路的充电速度由时间常数 τ 来决定，RC 越大，τ 越大，充电越慢；反之则充电越快。经过一个时间常数 τ，电容电压增长为 $u_C(\tau) = U_S(1-e^{-1}) = 0.632U_S$；当 $t=5\tau$ 时，$u_C(5\tau) = 0.993U_S$，可以认为充电过程已经结束。此外，由于换路瞬间 $u_C(0_+) = 0$，电容元件相当于短路，电路中的电流会发生突变，产生初始冲击电流，所以此时若电路中串有电流表，要注意初始冲击电流是否会超过其量程。

在充电过程中，电阻消耗的总能量为

$$W_R = \int_0^\infty Ri^2 dt = \int_0^\infty R\left(\frac{U_S}{R}e^{-\frac{t}{RC}}\right)^2 dt = \frac{U_S^2}{R}\int_0^\infty e^{-\frac{2t}{RC}} dt = -\frac{1}{2}CU_S^2\left(e^{-\frac{2t}{RC}}\right)\Big|_0^\infty = \frac{1}{2}CU_S^2$$

电阻消耗的能量与 R 的大小无关，因为电容被充电至电压 U_S时，其储能为 $W_C = \frac{1}{2}CU_S^2$，所以在充电过程中，电阻消耗的总功率与电容最后储存的能量是相等的。电源提供的总能量为 CU_S^2，电源提供的能量只有一半变成电场能量储存于电容中，充电效率只有 50%。

【例 8-4】RC 串联电路如图 8-9(a) 所示，已知 $U_S = 120V$，$R = 2k\Omega$，$C = 20\mu F$，$u_C(0_-) = 0$，在 $t=0$ 时闭合开关 S。求：

(1) 最大充电电流；

(2) 开关闭合后经历多长时间，电容上的电压才能达到 80V？

解：(1) 根据 RC 充电电路原理可知，开关 S 合上瞬间充电电流最大，其值为

$$i_{max} = \frac{U_S}{R} = \frac{120}{2\times 10^3} = 0.06(A)$$

(2) 设开关合上后到 t_1时，电容上电压充到 80V，已知 $U_S = 120V$，电路的时间常数为

$$\tau = RC = 2\times 10^3 \times 20 \times 10^{-6} = 40(ms)$$

由于 $u_C(0_-) = 0$，所以 $u_C(0_+) = u_C(0_-) = 0$，根据式 (8-17)，得

$$u_C = U_S(1-e^{-\frac{t}{\tau}})$$

因此

$$u_C(t_1) = 80 = 120(1-e^{-\frac{t}{40\times 10-3}})$$

所以 $t_1 = 43.9ms$

【例 8-5】电路如图 8-10 (a) 所示，$R_1 = 3k\Omega$，$R_2 = 4k\Omega$，$R_3 = 6k\Omega$，$C = 10\mu F$，$U_S = 90V$，开关 S 在 $t=0$ 时闭合。设开关 S 闭合之前电路已处于稳定状态，试求 $u_C(t)$。

解： 开关 S 闭合之前电路已处于稳定状态，$u_C(0_-) = 0$，电路为零状态响应。

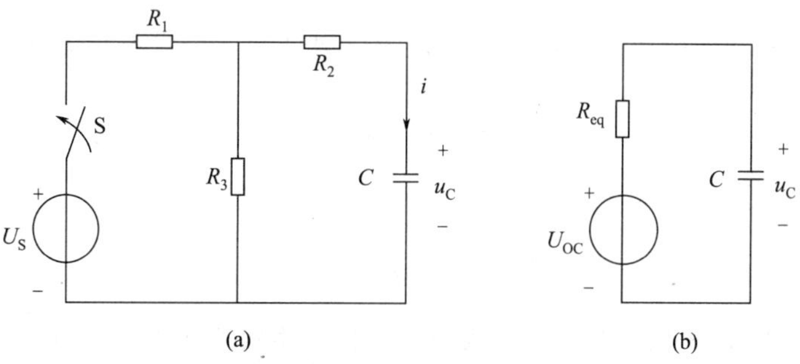

图 8-10 例 8-5 电路图

方法一：u_C的稳态分量

$$u_C(\infty)=\frac{R_3}{R_1+R_3}U_S=\frac{6}{3+6}\times 90=60(\mathrm{V})$$

时间常数

$$\tau=RC=(R_1//R_3+R_2)C=(3//6+4)\times 10^3\times 10\times 10^{-6}=0.06(\mathrm{s})$$

所以

$$u_C=u_C(\infty)(1-\mathrm{e}^{-\frac{t}{\tau}})=60(1-\mathrm{e}^{-\frac{t}{0.06}})=8(1-\mathrm{e}^{-16.7t})(\mathrm{V}),t\geqslant 0$$

方法二：把换路以后除电容 C 以外的部分电路简化为戴维南等效电路，如图 8-10（b）所示。其中

$$U_{OC}=\frac{R_3}{R_1+R_3}U_S=\frac{6}{3+6}\times 90=60(\mathrm{V})$$

$$R_{eq}=R_3+(R_1//R_2)=(4+\frac{3\times 6}{3+6})=6(\mathrm{k\Omega})$$

所以

$$\tau=R_{eq}C=6\times 10^3\times 10\times 10^{-6}=0.06(\mathrm{s})$$

$$u_C=U_{OC}(1-\mathrm{e}^{-\frac{t}{\tau}})=60(1-\mathrm{e}^{-\frac{t}{0.06}})=8(1-\mathrm{e}^{-16.7t})(\mathrm{V}),t\geqslant 0$$

8.3.2 RL 电路的零状态响应

RL 的零状态响应就是没有储能的电感经电阻接至直流电源充电的响应。

RL 电路如图 8-11(a) 所示，换路前电路处于零状态。即电感中无储能，i_L（0_-）$=0$。$t=0$ 时，将开关 S 闭合，电路与恒压源接通，电源经电阻开始给电感元件充磁。根据换路定则，换路瞬间 $i_L(0_+)=i_L(0_-)=0$，此时电阻电压为零，直流电压源 U_S的电压全部施加于电感两端，使电感电压由零跃变到 $u_L(0_+)=U_S$。随着时间的增加，电路中的电流和电阻上的电压由零逐渐增加，直到电阻电压等于电源电压，电路达到新的稳态，此时电流值 $i_L(\infty)=\frac{U_S}{R}$。用与 RC 电路类似的分析方法，可得出如图 8-11(b) 所示电路的电压、电流随时间变化的规律。

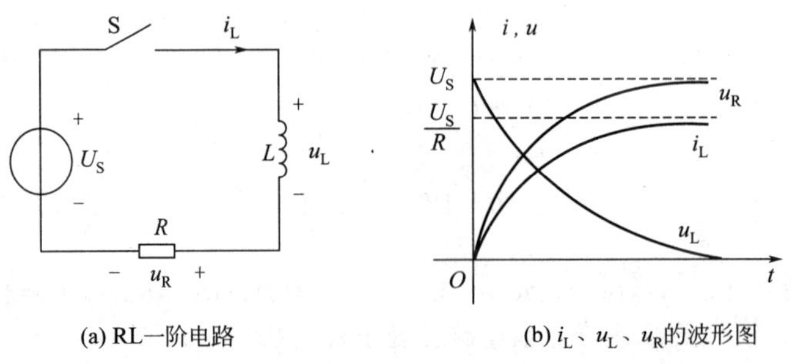

(a) RL一阶电路　　(b) i_L、u_L、u_R的波形图

图 8-11　RL 电路的零状态响应

在如图 8-11（a）所示的电压电流的参考方向下，根据基尔霍夫电压定律，可列出换路后 $(t\geqslant 0)$电路的微分方程

$$i_L R+u_L=u_S \tag{8-20}$$

将 $u_L=L\frac{\mathrm{d}i_L}{\mathrm{d}t}$代入式（8-20），得

$$L\frac{\mathrm{d}i_L}{\mathrm{d}t}+i_L R=U_S \tag{8-21}$$

式（8-21）是一个以电感电流 i_L为变量的一阶线性常系数非齐次微分方程，其求解过程与 RC 电路的零状态响应相同，只需用 i_L代替 u_C，待求量的稳态值由 $u_C(\infty)$改为 $i_L(\infty)$，时间常

数 τ 由 RC 改为$\frac{L}{R}$，就可直接得到 i_L，并进而求得 u_L，所得结果如下。

电感的零状态响应电流为

$$i_L(t)=i_L(\infty)(1-e^{-\frac{t}{\tau}})=\frac{U_S}{R}(1-e^{-\frac{t}{\tau}})=I_L(1-e^{-\frac{t}{\tau}}),t\geqslant 0 \tag{8-22}$$

电感电压

$$u_L(t)=L\frac{di_L(t)}{dt}=U_S e^{-\frac{t}{\tau}},t\geqslant 0 \tag{8-23}$$

电阻电压

$$u_R(t)=U_S(1-e^{-\frac{t}{\tau}}),t\geqslant 0 \tag{8-24}$$

$i_L(t)$、$u_L(t)$ 和 $u_R(t)$ 随时间变化的曲线如图 8-11(b) 所示。可见，电感电流和电容电压的增长规律相同，都是按指数规律由初始值增加到稳态值。电感电压 u_L 在 $t=0$ 时的换路瞬间由零跃变到 U_S，然后按指数规律衰减趋于零。过渡过程进行的快慢，同样取决于电路的时间常数$\tau=\frac{L}{R}$。

其他有关分析与 RC 零状态响应电路类似，这里不再赘述。

【例 8-6】电路如图 8-12(a) 所示，已知 $U_S=30V$，$R_1=R_2=R=10\Omega$，$L=0.15H$，电感中电流 $i_L(0_-)=0$，$t=0$ 时开关闭合，求各支路电流。

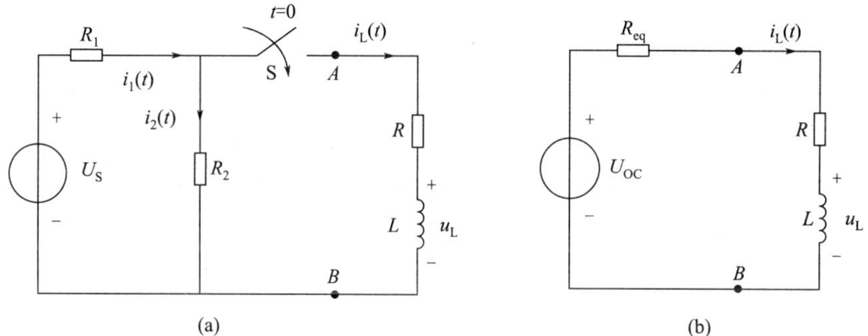

图 8-12　例 8-6 电路图

解：将 R 和 L 以外的电路看作一个二端网络，应用戴维南定理将其化简，有

$$U_{OC}=\frac{R_2}{R_1+R_2}U_S=\frac{10}{10+10}\times 30=15(V)$$

$$R_{eq}=\frac{R_1\times R_2}{R_1+R_2}=\frac{10\times 10}{10+10}=5(\Omega)$$

如图 8-12(b) 所示。

由于电感中电流 $i_L(0_-)=0$，电路为零状态响应，所以

$$i_L(\infty)=\frac{U_{OC}}{R_{eq}+R}=\frac{15}{5+10}=1(A)$$

电路时间常数

$$\tau=\frac{L}{R_{eq}+R}=\frac{0.15}{15}=0.01(s)$$

根据式 (8-22) 求得电感电流的零状态响应

$$i_L(t)=i_L(\infty)(1-e^{-\frac{t}{\tau}})=1\times(1-e^{-\frac{t}{0.01}})=(1-e^{-100t})(A),t\geqslant 0$$

$$u_{AB}=Ri_L+L\frac{di_L}{dt}=10\times(1-e^{-100t})+0.15\frac{d}{dt}(1-e^{-100t})=10+5e^{-100t}(V),t\geqslant 0$$

$$i_2(t)=\frac{u_{AB}}{R_2}=\frac{10+5e^{-100t}}{10}=1+0.5e^{-100t}\text{(A)},t\geqslant 0$$

$$i_1(t)=i_2+i=2-0.5e^{-100t}\text{(A)},t\geqslant 0$$

8.4 一阶电路的全响应和三要素法

8.4.1 一阶电路的全响应

在一阶电路中，由储能元件的初始储能和外施激励共同作用产生的响应称为一阶电路的全响应。

以外加恒定激励的 RC 串联电路为例来讨论一阶电路的全响应。RC 电路如图 8-13(a) 所示，开关 S 在闭合前电容电压 $u_C(0_-)=U_0$。设在 $t=0$ 瞬间换路，即 $t=0$ 时将 S 闭合，电路与恒压源接通，此时电容电压既有初始值又受外加电源激励，因此换路后，该电路为全响应电路。

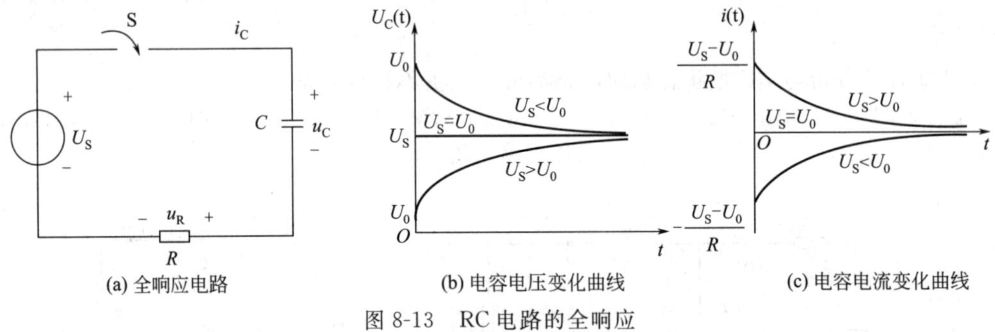

图 8-13 RC 电路的全响应

为求得全响应 u_C（t），对图 8-13(a) 开关闭合后的电路根据基尔霍夫定律，有

$$u_C+i_CR=U_S,t\geqslant 0$$

将 $i_C=C\frac{du_C}{dt}$ 代入上式得

$$RC\frac{du_C}{dt}+u_C=U_S \tag{8-25}$$

令式（8-25）的通解为 $u_C=u'_C+u''_C$

与一阶 RC 电路的零状态响应类似，取换路后的稳定状态为方程的特解，则

$$u'_C=U_S$$

同样令方程（8-25）对应的齐次微分方程的通解为 $u''_C=Ae^{-\frac{t}{\tau}}$。其中 $\tau=RC$ 为电路的时间常数，所以有

$$u_C=U_S+Ae^{-\frac{t}{\tau}}$$

将初始条件与通解代入原方程，得到积分常数为

$$A=U_0-U_S$$

所以电容电压最终可表示为

$$u_C(t)=U_S+(U_0-U_S)e^{-\frac{t}{\tau}},t\geqslant 0 \tag{8-26}$$

即

全响应＝强制分量＋自由分量

全响应＝稳态分量＋暂态分量

电阻电压、电流的全响应分别为

$$u_R=U_S-u_C=(U_S-U_0)e^{-\frac{t}{\tau}}$$

$$i=\frac{u_R}{R}=\frac{U_S-U_0}{R}e^{-\frac{t}{\tau}}$$

全响应 u_C的表达式［式（8-26）］可改写成

$$u_C(t)=U_0 e^{-\frac{t}{\tau}}+U_S(1-e^{-\frac{t}{\tau}})$$

显然，上式中 $U_0 e^{-\frac{t}{\tau}}$是 u_C的零输入响应，U_S（$1-e^{-\frac{t}{\tau}}$）是 u_C的零状态响应。因而有

全响应＝零输入响应＋零状态响应

这说明一阶电路中，全响应是零输入响应和零状态响应的叠加，这是线性电路叠加性的体现。

如图 8-13（b）、（c）所示描述了 U_S、U_0均大于零时，$U_S>U_0$、$U_S=U_0$、$U_S<U_0$三种情况下，u_C（t）、i（t）全响应的波形。由图可知，当 $U_S>U_0$时，换路后 $i>0$，电容充电，电容电压从初始值 U_0开始按指数规律逐渐增加到 U_S；当 $U_S<U_0$时，换路后 $i<0$，电容放电，电容电压从初始值 U_0开始按指数规律逐渐减小到 U_S；当 $U_S=U_0$时，换路后 $i=0$，u_C（0_+）$=U_0=U_S$，电路中无过渡过程产生，其原因是换路前后电容中电场能量没有变化，电容的初始值就是电路的稳态值。

【例 8-7】在如图 8-14 所示的电路中，开关 S 闭合前电路处于稳态。在 $t=0$ 时将开关 S 闭合。试求：换路后的 i_L和 u_L。

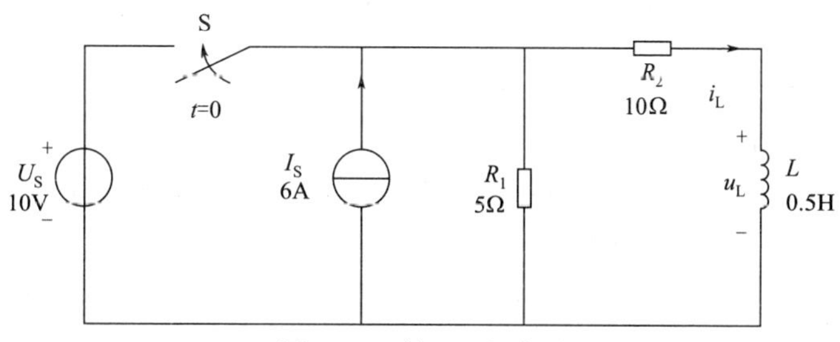

图 8-14　例 8-7 电路图

解：根据换路定则，由换路前电路求得

$$i_L(0_+)=i_L(0_-)=I_0=\frac{R_1}{R_1+R_2}I_S=2(\mathrm{A})$$

由换路后的电路求得稳态值为　$i_L(\infty)=\dfrac{U_S}{R_2}=1(\mathrm{A})$

电路的时间常数为　$\tau=\dfrac{L}{R_2}=0.05(\mathrm{S})$

i_L的零输入响应为　$i'_L=I_0 e^{-\frac{t}{\tau}}=2e^{-\frac{t}{0.05}}=2e^{-20t}(\mathrm{A})$

i_L的零状态响应为 $i''_L=i_L(\infty)(1-e^{-\frac{t}{\tau}})=1\times(1-e^{-\frac{t}{0.05}})=1-e^{-20t}(\mathrm{A})$

所以 i_L的全响应为　$i_L=i'_L+i''_L=(2e^{-20t}+1-e^{-20t})=(1+e^{-20t})(\mathrm{A})$

所以 u_L的全响应为　$u_L=L\dfrac{di_L}{dt}=0.5\times(-20)e^{-20t}=10e^{-20t}(\mathrm{V})$

8.4.2　三要素法

由前面的分析可知，一阶电路中任意响应（任意电压或电流）

$$f(t)=\text{稳态分量}+\text{暂态分量}$$

在直流激励情况下，稳态分量即为稳态值，用 $f(\infty)$ 表示，暂态分量为 $Ae^{-\frac{t}{\tau}}$。则有

$$f(t)=f(\infty)+Ae^{-\frac{t}{\tau}}$$

将初始值 f（0_+）代入上式，可求出积分常数

$$A=f(0_+)-f(\infty)$$

则一阶电路任意响应为

$$f(t)=f(\infty)+[f(0_+)-f(\infty)]e^{-\frac{t}{\tau}} \tag{8-27}$$

式（8-27）表明，如果已求得一阶电路的 $f(0_+)$、$f(\infty)$ 和 τ 三个量的值，一阶电路的全响应也就唯一确定了，因此这三个量，称为一阶电路的三要素，由三要素直接求得电路全响应的方法称为三要素法。

三要素法不但可以用来求解非零初始状态的一阶电路的全响应，而且也可以用来求解一阶电路的零输入响应和零状态响应；不但可以求解电容上的电压和电感中的电流，而且可以用来求解电路中任意处的电压或电流。

需要注意的是，式（8-27）只适用于外加激励为恒定直流的一阶线性电路。在正弦激励情况下，稳态分量是时间的正弦函数，用 $f_\infty(t)$ 表示，则有

$$f(t)=f_\infty(t)+A\mathrm{e}^{-\frac{t}{\tau}}$$

将初始值 $f(0_+)$ 代入上式，可求出积分常数

$$A=f(0_+)-f_\infty(0_+)$$

则有

$$f(t)=f_\infty(t)+[f(0_+)-f_\infty(0_+)]\mathrm{e}^{-\frac{t}{\tau}} \tag{8-28}$$

式中，$f_\infty(t)$ 为正弦稳态响应，$f_\infty(0_+)$ 为正弦稳态响应的初始值。

用三要素法求解一阶电路时，不用建立电路的微分方程，只要求出三个要素，即可求出任意响应。对于较复杂的电路，也不用对电路进行等效交换，只是在求时间常数 $\left(\tau=R_{eq}C \text{ 或 } \tau=\frac{L}{R_{eq}}\right)$ 时，注意 R_{eq} 为等效戴维南电阻即可。

【例 8-8】电路如图 8-15(a) 所示，$R_1=30\Omega$，$R_2=60\Omega$，$C=0.5\text{F}$，$U_{S1}=60\text{V}$，$U_{S2}=30\text{V}$，$t<0$ 时处于稳态，$t=0$ 时开关接通。求 $t>0$ 时的电压 u_C 和电流 i。

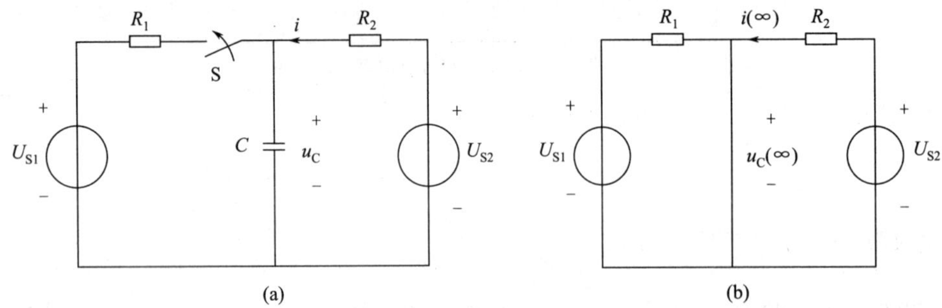

图 8-15　例 8-8 电路图

解：由图 8-15 换路前的电路求得初始值

$$u_C(0_-)=U_{S2}=30(\text{V})$$

由换路定律得

$$u_C(0_+)=u_C(0_-)=30(\text{V})$$

计算直流稳态电压 $u_C(\infty)$ 的电路如图 8-15(b) 所示，求得

$$i(\infty)=\frac{U_{S2}-U_{S1}}{R_1+R_2}=\frac{30-60}{30+60}=-\frac{1}{3}(\text{A})$$

$$u_C(\infty)=R_1 i(\infty)+U_{S1}=30\times\left(-\frac{1}{3}\right)+60=50(\text{V})$$

将两个独立电源指令，计算等效电阻，得

$$R_{eq}=\frac{R_1R_2}{R_1+R_2}=\frac{30\times60}{30+60}=20(\Omega)$$

时间常数

$$\tau=R_{eq}\times C=20\times0.5=10(\text{s})$$

将 $u_C(0_+)$、$u_C(\infty)$ 和 τ 代入三要素公式（8-27）得电容电压全响应为

$$u_C=u_C(\infty)+[u_C(0_+)-u_C(\infty)]e^{-\frac{t}{\tau}}=50-20e^{-0.1t}(V)\quad(t\geqslant 0)$$

利用欧姆定律计算电阻电流

$$i(t)=\frac{U_{S2}-u_C}{R_2}=-\frac{1}{3}(1-e^{-0.1t})(A)\quad(t>0)$$

8.5 一阶电路的阶跃响应

前面分析的动态电路的换路过程是通过开关控制来实现的，开关闭合或断开时外加激励接入或脱离动态电路而产生过渡过程。除了使用开关来描述动态电路在外加激励下的响应外，在动态电路分析中还广泛引用阶跃函数来描述电路的激励和响应。下面简要介绍阶跃函数及阶跃响应。

8.5.1 阶跃函数

单位阶跃函数用 $\varepsilon(t)$ 表示，其定义为

$$\varepsilon(t)=\begin{cases}0 & (t\leqslant 0_-)\\ 1 & (t\geqslant 0_+)\end{cases}\tag{8-29}$$

单位阶跃函数 $\varepsilon(t)$ 的波形如图 8-16(a) 所示，它在 $t=0$ 点处不连续，有一台阶形跃变，跃变幅度为 1。

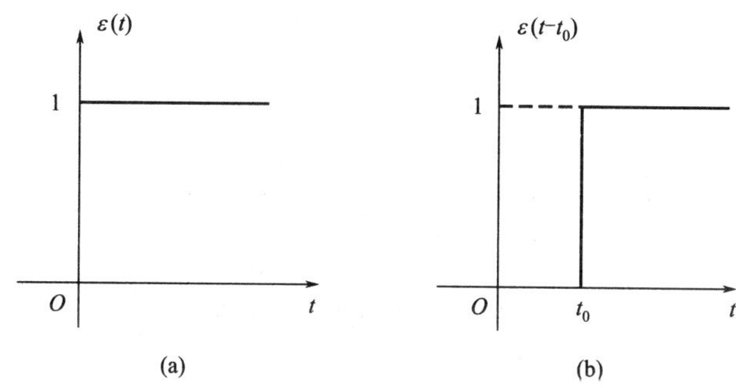

图 8-16　阶跃函数

将单位阶跃函数乘以常数 K，则得一般的阶跃函数 $K\varepsilon(t)$。它在 $t=0$ 点处跃变幅度为 K。

如果单位跃阶发生在 $t=t_0$ 时刻，则称为延迟的单位阶跃函数，记为 $\varepsilon(t-t_0)$，可表示为

$$\varepsilon(t-t_0)=\begin{cases}0 & (t\leqslant t_{0-})\\ 1 & (t\geqslant t_{0+})\end{cases}$$

其波形如图 8-16(b) 所示。

阶跃函数本身无量纲，当用它表示电压或电流时量纲分别为伏特和安培，并统称为阶跃信号。

阶跃函数可以用来描述电源的接入，表示开关的动作。如图 8-17(a) 所示用来表示在 $t=0$ 时把电路接到 2V 直流电压源上；如图 8-17(b) 所示用来表示在 $t=t_0$ 时把电路接到 8A 直流电流源上。由此可见，阶跃函数可以作为开关动作的数学模型。

利用阶跃信号的组合可以很方便地表示各种信号。如图 8-18(a) 所示的信号，可以看成是由图 8-18(b)、(c)、(d) 的三个阶跃信号的叠加组成的，即

$$f(t)=\varepsilon(t)-2\varepsilon(t-1)+\varepsilon(t-2)$$

把波形 $f(t)$ 用阶跃函数的代数和表示，会给电路分析带来很多方便。

此外，还可用单位阶跃函数描述电路响应的时间区间，可以给电路响应的函数表达式的书写带来方便。

设信号 $f(t)$ 的波形如图 8-19(a) 所示，若要求 $f(t)$ 在 $t=t_0$ 时刻开始作用，可以把 $f(t)$ 乘以 $\varepsilon(t-t_0)$，如图 8-19(b) 所示，即

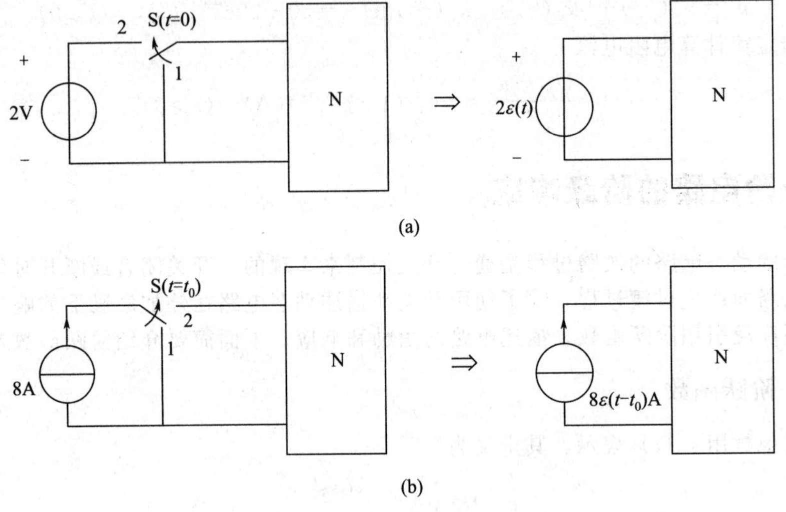

图 8-17　用阶跃函数表示开关动作

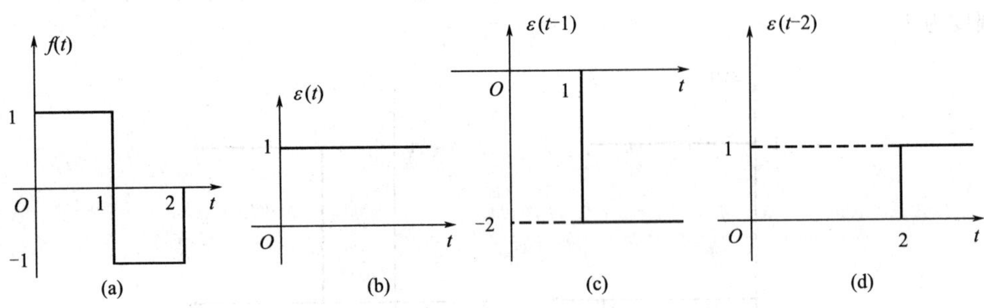

图 8-18　阶跃函数分解波形

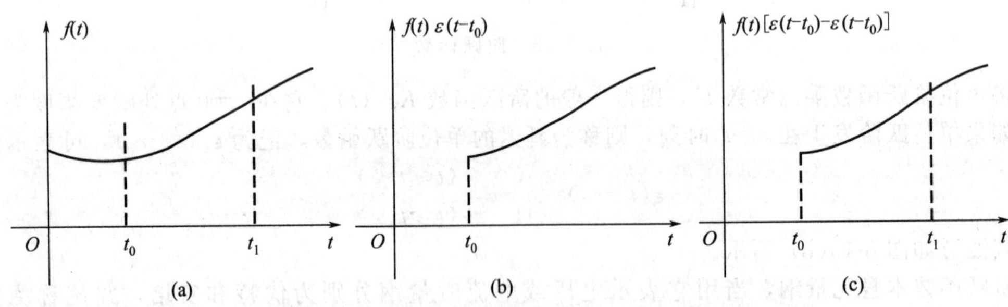

图 8-19　用单位阶跃函数表示信号的作用区间

$$f(t)\varepsilon(t-t_0)=\begin{cases}0 & (t\leqslant t_{0-})\\ f(t) & (t\geqslant t_{0+})\end{cases}$$

若要求 $f(t)$ 仅在区间 (t_0,t_1) 上信号起作用，则将 $f(t)$ 乘以$[\varepsilon(t-t_0)-\varepsilon(t-t_1)]$即可，波形如图 8-19(c) 所示。

8.5.2　一阶电路的阶跃响应

电路在单位阶跃函数激励下产生的零状态响应，称为单位阶跃响应，记为 $s(t)$。将单位阶跃函数 $\varepsilon(t)$ 接入电路，相当于在 $t=0$ 时，给电路接入 1V 或 1A 的直流电源，因此单位阶跃响应与单位直流激励下的零状态响应相同。

以如图 8-20 所示的 RL 电路为例，讨论一阶电路的阶跃响应。

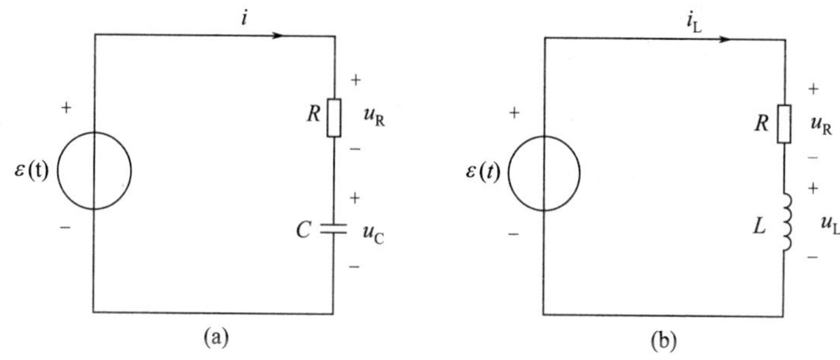

图 8-20　RC 串联和 RL 串联单位阶跃电路

对于如图 8-20(a) 所示的 RC 串联电路，电容电压的单位阶跃响应为

$$u_C=(1-e^{-\frac{t}{RC}})\varepsilon(t) \tag{8-30}$$

对于如图 8-20(b) 所示的 RL 串联电路，电感电流的单位阶跃响应为

$$i_L=\frac{1}{R}(1-e^{-\frac{t}{\tau}})\varepsilon(t) \tag{8-31}$$

若已知电路的单位阶跃响应，则电路在任意激励下的零状态响应可求，只要将单位阶跃响应乘以该直流激励的量值即可。例如对如图 8-20(a) 所示的电路，在 $U\varepsilon(t)$ 阶跃激励下，电容电压的响应变为 $u_C=U(1-e^{-\frac{t}{RC}})\varepsilon(t)$。对于延迟阶跃激励 $U\varepsilon(t-t_0)$ 的零状态响应为 $u_C=U(1-e^{-\frac{t-t_0}{RC}})\varepsilon(t-t_0)$。

【例 8-9】电路如图 8-21(a) 所示，$R=10\Omega$，$L=1\text{H}$，如图 8-21(b) 所示的矩形脉冲电压 $u(t)$ 在 $t=0$ 时作用于电路，求其零状态响应 $i(t)$。

解：脉冲电压可分解成两个阶跃电压之和，即

$$u(t)=5\varepsilon(t)-5\varepsilon(t-1)$$

时间常数

$$\tau=\frac{L}{R}=\frac{1}{10}=0.1(\text{s})$$

阶跃电压 $5\varepsilon(t)$ 作用于电路时的零状态响应为

$$i_1(t)=\frac{5}{10}(1-e^{-\frac{t}{0.1}})\varepsilon(t)=0.5(1-e^{-10t})\varepsilon(t)$$

阶跃电压 $-5\varepsilon(t-1)$ 作用于电路时的零状态响应为

$$i_2(t)=\frac{-5}{10}(1-e^{-\frac{t-1}{\tau}})\varepsilon(t-1)=-0.5(1-e^{-\frac{t-1}{0.1}})\varepsilon(t-1)=-0.5(1-e^{-10(t-1)})\varepsilon(t-1)$$

$u(t)$ 作用于电路时的零状态响应为

$$i(t)=i_1(t)+i_2(t)=0.5(1-e^{-10t})\varepsilon(t)-0.5[1-e^{-10(t-1)}]\varepsilon(t-1)$$

【例 8-10】若作用于如图 8-22 所示电路的电压 $u_S(t)=[6+6\varepsilon(t)]\text{V}$，试求 $u(t)$。

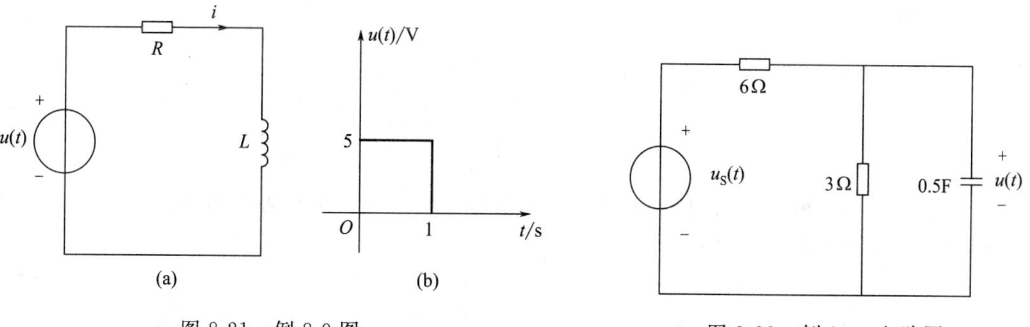

图 8-21　例 8-9 图

图 8-22　例 8-10 电路图

解：可利用叠加定理求解。

当6V直流电压作用时，电容可视为开路，其电压为

$$u'(t)=\frac{3}{6+3}\times6=2(\mathrm{V})$$

当 $6\varepsilon(t)$ 作用时，电容的零状态响应为

$$u''(t)=u(\infty)(1-\mathrm{e}^{-\frac{t}{\tau}})\varepsilon(t)$$

其中

$$u(\infty)=6\times\frac{3}{6+3}=2(\mathrm{V})$$

$$\tau=RC=\frac{6\times3}{6+3}\times0.5=1(\mathrm{s})$$

故
$$u(t)=u'(t)+u''(t)=2+2(1-\mathrm{e}^{-\frac{t}{1}})\varepsilon(t)(\mathrm{V})$$

8.6 二阶电路的时域分析

用二阶线性常系数微分方程来描述的动态电路称为二阶（线性）电路。二阶电路的分析方法是建立二阶微分方程，并利用初始条件解得电路的响应。从电路的结构来看，二阶电路包含两个独立的动态元件，故给定的初始条件应有两个，由储能元件的初始值来决定。以RLC串联电路为例，分析二阶电路的零输入响应。

在如图8-23所示的电路中，当 $t<0$ 时，假设电容 C 曾充过电，初始电压为 U_0，电感L处于零初始状态，即 $u_C(0_-)=U_0$，$i_L(0_-)=0$。在 $t=0$ 时，开关S闭合，下面研究在零输入情况下 $u_C(t)$、$i(t)$ 与 $u_L(t)$。

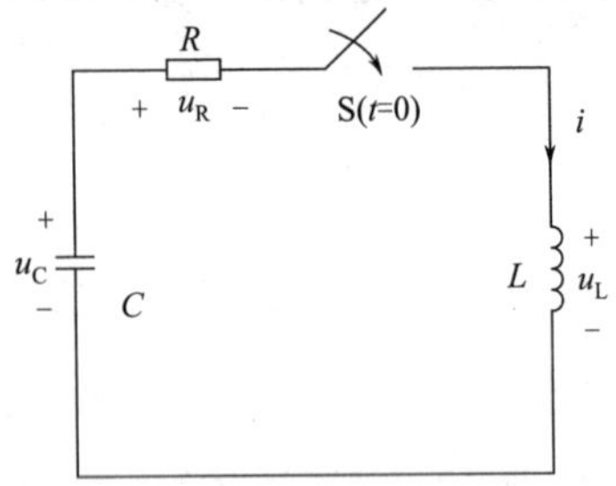

R
\+ u_R −
S(t=0)
i
\+
u_C
−
C
L
\+
u_L
−

图8-23 RLC电路的零输入响应

在图8-23所示电路的各电压、电流的参考方向下，由KVL得

$$u_R+u_L-u_C=0\quad(t\geqslant0)\tag{8-32}$$

将元件的伏安关系 $u_R=Ri$，$i=-C\frac{\mathrm{d}u_C}{\mathrm{d}t}$，$u_L=L\frac{\mathrm{d}i}{\mathrm{d}t}$ 代入式（8-32）并整理得

$$LC\frac{\mathrm{d}^2u_C}{\mathrm{d}t^2}+RC\frac{\mathrm{d}u_C}{\mathrm{d}t}+u_C=0\quad(t\geqslant0)\tag{8-33}$$

式（8-33）是以 u_C 为未知量的RLC串联电路放电过程的微分方程。这是一个线性常系数二阶齐次微分方程。求解这类方程时，仍然先设 $u_C=A\mathrm{e}^{pt}$，然后再来确定其中的特征根 p 和积分常数 A。

设 $u_C=A\mathrm{e}^{pt}$，有 $\frac{\mathrm{d}u_C}{\mathrm{d}t}=pA\mathrm{e}^{pt}$；$\frac{\mathrm{d}^2u_C}{\mathrm{d}t^2}=p^2A\mathrm{e}^{pt}$，代入式（8-33），得出特征方程为

$$LCp^2+RCp+1=0$$

其特征根为

$$\left.\begin{aligned}p_1&=-\frac{R}{2L}+\sqrt{\left(\frac{R}{2L}\right)^2-\frac{1}{LC}}\\p_2&=-\frac{R}{2L}-\sqrt{\left(\frac{R}{2L}\right)^2-\frac{1}{LC}}\end{aligned}\right\}\tag{8-34}$$

上式表明，特征根 p_1 和 p_2 仅与元件参数和电路结构有关，而与激励和初始条件无关。因二阶方程对应两个特征根，所以 u_C 应写成

$$u_C(t)=A_1\mathrm{e}^{p_1t}+A_2\mathrm{e}^{p_2t},t\geqslant0\tag{8-35}$$

积分常数 A_1 和 A_2 由两个初始条件 $u_C(0_+)$ 和 $\left.\frac{\mathrm{d}u_C}{\mathrm{d}t}\right|_{t=0_+}$ 确定。已知的初始条件是 $u_C(0_+)$ 和

$i_L(0_+)$，故应先求出$\left.\frac{du_C}{dt}\right|_{t=0_+}$。

因为 $i=-C\frac{du_C}{dt}$，所以$\left.\frac{du_C}{dt}\right|_{t=0_+}=-\frac{i\ (0_+)}{C}=0$

将两个初始值代入式（8-35），得

$$\left.\begin{aligned}&A_1+A_2=U_0\\&\left.\frac{du_C}{dt}\right|_{t=0_+}=A_1p_1+A_2p_2=0\end{aligned}\right\}\tag{8-36}$$

解得

$$\left.\begin{aligned}A_1&=\frac{p_2U_0}{p_2-p_1}\\A_2&=-\frac{p_1U_0}{p_2-p_1}\end{aligned}\right\}\tag{8-37}$$

将式（8-37）代入式（8-35）就可以得到 RLC 串联电路零输入响应的表达式。

根据电路中 R、L、C 的具体值不同，特征根的值有 3 种情况。

(a) $\left(\frac{R}{2L}\right)^2-\frac{1}{LC}>0\Rightarrow R>2\sqrt{\frac{L}{C}}$，特征根 p_1、p_2是两个不等的负实数；

(b) $\left(\frac{R}{2L}\right)^2-\frac{1}{LC}<0\Rightarrow R<2\sqrt{\frac{L}{C}}$，特征根 p_1、p_2是一对实部为负的共轭复数；

(c) $\left(\frac{R}{2L}\right)^2-\frac{1}{LC}=0\Rightarrow R=2\sqrt{\frac{L}{C}}$，特征根 p_1、p_2是一对相等的负实数；

下面分别分析这三种情况。

1) $R>2\sqrt{\frac{L}{C}}$，非振荡放电过程

在这种情况下，电容上电压

$$u_C(t)=\frac{U_0}{p_2-p_1}(p_2e^{p_1t}-p_1e^{p_2t})$$

电路中电流、电感电压分别为

$$i(t)=-C\frac{du_C}{dt}=\frac{CU_0p_1p_2}{p_2-p_1}(e^{p_1t}-e^{p_2t})=-\frac{U_0}{L(p_2-p_1)}(e^{p_1t}-e^{p_2t})\tag{8-38}$$

$$u_L(t)=L\frac{di}{dt}=-\frac{U_0}{p_2-p_1}(p_1e^{p_1t}-p_2e^{p_2t})\tag{8-39}$$

式中，$p_1p_2=\frac{1}{LC}$

u_C、i、u_L随时间变化的曲线如图 8-24 所示。

可以看出，u_C在 $t\geqslant 0_+$的所有时间内均为正，并且从初始值 U_0开始单调下降到零，电容释放所储存的电能；放电电流 i 的初始值和稳态值均为零，因此放电电流必有一个上升和下降的过程，电流从零开始增加，在某一时刻 t_m达到最大值，然后衰减，趋近于零；利用式（8-39）可求得 $i(t)$ 的极值，即$\frac{di}{dt}=0$ 必有 $u_L(t_m)$ $=0$，可得 $t_m=\frac{1}{p_1-p_2}\ln\frac{p_2}{p_1}$。

在这个过程中，由于 u_C和 i 实际方向相反，表明电容始终在释放电场能量。当 $0<t<t_m$时，i 和 u_L方向相同，表明电感吸收电容释放的一部分电场能，建立磁场；在 $t=t_m$时电流达到最大值，电感的储能也达到最大值。当 $t>t_m$时，u_L和 i 的方向相反，电感释放原先储存的能量，磁场逐渐衰减，趋向消失，在此期间电容和电感共同放出能量供电阻消耗。放电过程结束时，$u_C=0$、$i=0$、$u_L=0$，电容储存的初始能量全部被电阻消耗。整个放电过程是一个非振荡的放电

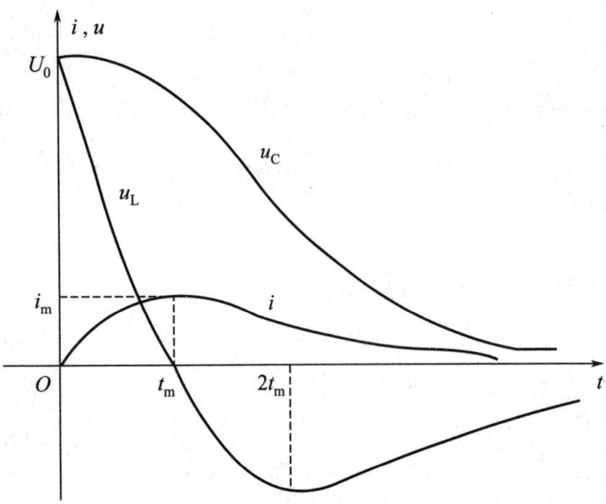

图 8-24　非振荡放电过程中零输入响应曲线

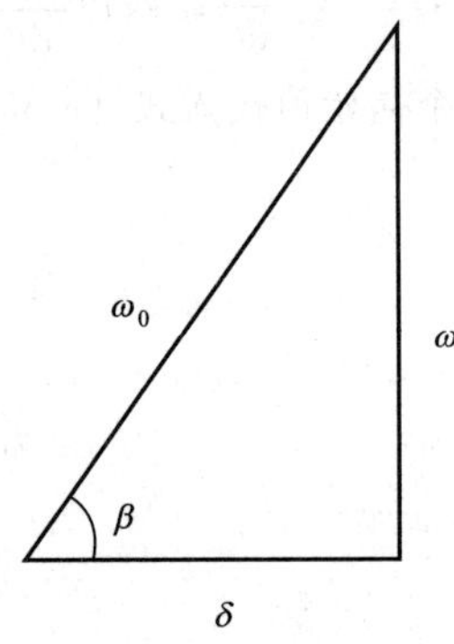

图 8-25　表示 ω_0、ω、和 δ 的关系

过程。因为此时 $R>2\sqrt{\dfrac{L}{C}}$，电阻较大，电阻耗能迅速，造成非振荡现象，所以这种情况又称为过阻尼情况。

2）$R<2\sqrt{\dfrac{L}{C}}$，振荡放电过程

此时，$\left(\dfrac{R}{2L}\right)^2<\dfrac{1}{LC}$，故 p_1、p_2是一对共轭复根，令

$$\delta=\frac{R}{2L},\omega^2=\frac{1}{LC}-\left(\frac{R}{2L}\right)^2$$

则

$$\sqrt{\left(\frac{R}{2L}\right)^2-\frac{1}{LC}}=\sqrt{-\omega^2}=\mathrm{j}\omega$$

于是有

$$p_1=-\delta+\mathrm{j}\omega,p_2=-\delta-\mathrm{j}\omega;$$

令 $\sqrt{\delta^2+\omega^2}=\omega_0$，$\beta=\arctan\dfrac{\omega}{\delta}$，如图 8-25 所示，则有 $\delta=\omega_0\cos\beta$，$\omega=\omega_0\sin\beta$；根据 $\mathrm{e}^{\mathrm{j}\beta}=\cos\beta+\mathrm{j}\sin\beta$，$\mathrm{e}^{-\mathrm{j}\beta}=\cos\beta-\mathrm{j}\sin\beta$，可求得

$$p_1=-\omega_0\mathrm{e}^{-\mathrm{j}\beta},p_2=-\omega_0\mathrm{e}^{\mathrm{j}\beta}$$

因而有

$$\begin{aligned}u_C&=\frac{U_0}{p_2-p_1}(p_2\mathrm{e}^{p_1t}-p_1\mathrm{e}^{p_2t})\\&=\frac{U_0\omega_0}{\omega}\mathrm{e}^{-\delta t}\left[\frac{\mathrm{e}^{\mathrm{j}(\omega t+\beta)}-\mathrm{e}^{-\mathrm{j}(\omega t+\beta)}}{\mathrm{j}2}\right]\\&=\frac{U_0\omega_0}{\omega}\mathrm{e}^{-\delta t}\sin\ (\omega t+\beta)\end{aligned}$$

根据 $i=-C\dfrac{\mathrm{d}u_C}{\mathrm{d}t}$可求得 i 为

$$i=\frac{U_0}{\omega L}\mathrm{e}^{-\delta t}\sin(\omega t)$$

所以电感电压为

$$u_L=-\frac{U_0\omega_0}{\omega}\mathrm{e}^{-\delta t}\sin(\omega t-\beta)$$

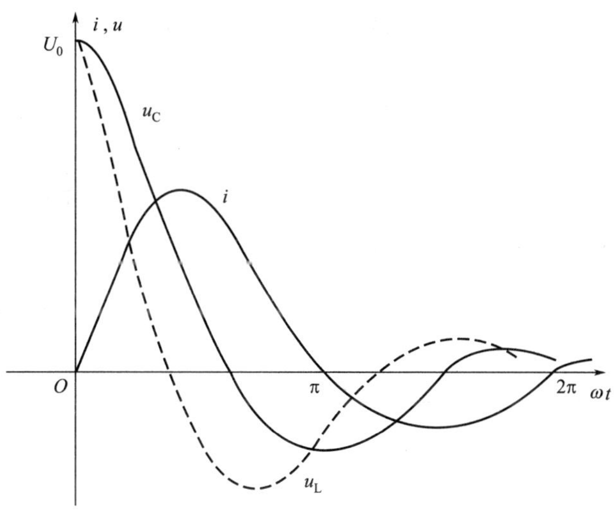

图 8-26　振荡放电过程中零输入响应曲线

从 u_C、i、u_L的表达式可以看出，它们的波形呈现衰减振荡的状态，振幅按指数规律衰减的正弦函数，所以这种放电过程称为振荡放电过程，因为 $R<2\sqrt{\frac{L}{C}}$，故又称为欠阻尼电路。在整个放电过程中，u_C、i、u_L将周期性地改变方向，储能元件 L、C 也周期性地交换能量。它们的变化曲线如图 8-26 所示。

通过 u_C、i、u_L的表达式，可以得出以下结论。

(1) $\omega t=k\pi$，$k=0$，1，2，3，…，为电流 i 的过零点，即电容电压 u_C的极值点。

(2) $\omega t=k\pi+\beta$，$k=0$，1，2，3，…，为电感电压 u_L的过零点，即电流 i 的极值点。

(3) $\omega t=k\pi-\beta$，$k=1$，2，3，…，为电容电压 u_C的过零点。

(4) $\omega t=k\pi+2\beta$，$k=0$，1，2，3，…，为电感电压 u_L的极值点。

由图 8-26 所示的变换曲线，可以看出在振荡过程中，两个储能元件之间能量转换、吸收的情况，见表 8-2。

表 8-2　储能元件的能量转换

元件	$0<\omega t<\beta$	$\beta<\omega t<\pi-\beta$	$\pi-\beta<\omega t<\pi$
电感	吸收	释放	释放
电容	释放	释放	吸收
电阻	消耗	消耗	消耗

【例 8-11】 电路如图 8-23 所示，$R=2\text{k}\Omega$，$C=0.5\mu\text{F}$，$L=2\text{H}$，开关在 $t=0$ 时闭合。电容已充电至 $u_C(0_-)=12\text{V}$，$i_L(0_-)=0\text{A}$。求开关 S 闭合后电容电压 u_C、电流 i、电感电压 u_L和 i_{max}。

解：由已知条件可得

$$2\sqrt{\frac{L}{C}}=2\sqrt{\frac{2}{0.5\times10^{-6}}}\,\Omega=4\text{k}\Omega>R$$

故为振荡放电过程，则有

$$\delta=\frac{R}{2L}=\frac{2\times10^{3}}{2\times2}=500(\text{s}^{-1})$$

$$\omega=\sqrt{\left(\frac{R}{2L}\right)^{2}-\frac{1}{LC}}=\sqrt{500^{2}-\frac{1}{2\times0.5\times10^{-6}}}=\text{j}866.025(\text{rad/s})$$

$$\beta=\arctan\frac{\omega}{\delta}=\arctan\frac{866.025}{500}=\frac{\pi}{3}(\text{rad})$$

$$\omega_0=\sqrt{\delta^2+\omega^2}=1000(\text{rad/s})$$

所以

$$\begin{aligned}u_C&=\frac{U_0\omega_0}{\omega}e^{-\delta t}\sin(\omega t+\beta)\\&=\frac{12\times1000}{866.025}e^{-500t}\sin\left(866.025t+\frac{\pi}{3}\right)\\&=13.856e^{-500t}\sin\left(866.025t+\frac{\pi}{3}\right)(\text{V})\end{aligned}$$

$$\begin{aligned}i&=\frac{U_0}{\omega L}e^{-\delta t}\sin(\omega t)\\&=\frac{12}{866.025\times2}e^{-500t}\sin(866.025t)\\&=6.928e^{-500t}\sin(866.025t)(\text{A})\end{aligned}$$

$$\begin{aligned}u_L&=-\frac{U_0\omega_0}{\omega}e^{-\delta t}\sin(\omega t-\beta)\\&=-13.856e^{-500t}\sin\left(866.025t-\frac{\pi}{3}\right)(\text{V})\end{aligned}$$

当 $u_L=0$，即 $\omega t-\beta=0$ 时，电流达到最大值（第一个极值），求出

$$t=\frac{\beta}{\omega}=\frac{\frac{\pi}{3}}{866.025}=1.209\times10^{-3}(\text{s})$$

$$i_{max}=6.928e^{-500\times1.209\times10^{-3}}\sin(866.025\times1.209\times10^{-3})=3.278(\text{mA})$$

3）$R=2\sqrt{\frac{L}{C}}$，临界情况

此时，p_1、p_2 为相等的负实根，即 $p_1=p_2=-\frac{R}{2L}=-\delta$，式（8-33）的通解为

$$u_C(t)=(A_1+A_2t)e^{-\delta t}$$

则

$$\frac{du_C}{dt}=A_1e^{-\delta t}+(A_1+A_2t)(-\delta e^{-\delta t})$$

将初始条件 $u_C(0_+)=U_0$，$\left.\frac{du_C}{dt}\right|_{0_+}=0$ 代入上式，得

$$A_1=U_0,A_2=\delta U_0$$

因此

$$u_C(t)=U_0(1+\delta t)e^{-\delta t},$$

$$i(t)=-C\frac{du_C}{dt}=\frac{U_0}{L}te^{-\delta t}$$

$$u_L(t)=L\frac{di}{dt}=U_0e^{-\delta t}(1-\delta t)$$

从上述表达式可以看出，u_C、i、u_L 放电情况是非振荡的性质，波形与图 8-24 所示相似。因为这种过程是振荡与非振荡过程的分界线，所以 $R=2\sqrt{\frac{L}{C}}$ 时的瞬态过程也称为临界非振荡过程，此时的电阻称为临界电阻。

【例 8-12】在 RLC 放电电路中，电容 C 已充电至 $U_0=10\text{V}$，并已知 $C=4\mu\text{F}$，$R=1000\Omega$，$L=1\text{H}$，求换路后的电容电压 u_C、电流 i、电感电压 u_L。

解： 由于 $2\sqrt{\frac{L}{C}}=2\sqrt{\frac{1}{4\times10^{-6}}}\Omega=1\text{k}\Omega=R$

故为临界非振荡放电过程，则有

$$\delta=\frac{R}{2L}=\frac{1\times10^{3}}{2\times1}=500(\mathrm{s}^{-1})$$

$$u_{\mathrm{C}}(t)=U_0(1+\delta t)\mathrm{e}^{-\delta t}=10(1+500t)\mathrm{e}^{-500t}(\mathrm{V}),$$

$$i(t)=\frac{U_0}{L}t\mathrm{e}^{-\delta t}=\frac{10}{1}t\mathrm{e}^{-500t}(\mathrm{A})$$

$$u_{\mathrm{L}}(t)=U_0\mathrm{e}^{-\delta t}(1-\delta t)=10\mathrm{e}^{-500t}(1-500t)(\mathrm{V})$$

本节所导出的 u_{C}、i 和 u_{L} 的表达式只适用于初始条件为 $u_{\mathrm{C}}(0_-)=U_0$，$i_{\mathrm{L}}(0_-)=0$ 的 RLC 串联电路的零输入响应过程。当初始条件或电路结构发生变化时，上述公式不适用。但是，本节对二阶电路零输入响应的分析求解过程适用于一般二阶电路。

本章小结

本章介绍了电路的暂态过程、换路定则、一阶电路的零输入响应、一阶电路的零状态响应和一阶电路的全响应及三要素法、一阶电路的阶跃响应、二阶电路的分析。主要内容归纳如下。

(1) 暂态过程指的是电路从一个稳定的状态变化到另一个稳定状态的过程。当电路中含有储能元件，并且发生了换路，才能够产生暂态过程。产生暂态过程的原因是能量不能跃变。

(2) 当电路的结构或参数发生变化时，称为换路。换路时电容电压不能跃变，电感电流不能跃变，即

$$u_{\mathrm{C}}(0_+)=u_{\mathrm{C}}(0_-)$$

$$i_{\mathrm{L}}(0_+)=i_{\mathrm{L}}(0_-)$$

(3) 一阶电路的响应。RC 和 RL 电路的暂态分析是本章的重点内容。分析暂态电路的基本方法是，根据基尔霍夫定律和元件的伏安关系，应用换路后电压和电流的初始值、稳态值，列出并求解微分方程。还应理解电容和电感充、放电的规律和特点。

① 零输入响应是指无电源激励，仅有初始储能引起的响应，其实质是储能元件放电的过程。

② 零状态响应是指换路前初始储能为零，仅有外加激励引起的响应，其实质是储能元件充电的过程。

③ 全响应是指电源激励和初始储能共同作用的结果，其实质是零输入响应和零状态响应的叠加，同时又可以看作为稳态分量和暂态分量之和。

(4) 时间常数 τ。时间常数 τ 决定过渡过程进行的快慢：τ 越大、暂态过程越慢：τ 越小、暂态过程越快。在 RC 电路中 $\tau=RC$，在 RL 电路中 $\tau=\frac{L}{R}$。

(5) 三要素法。利用三要素法，可以简单的求解一阶电路的各种响应，其一般形式为

$$f(t)=f(\infty)+[f(0_+)-f(\infty)]\mathrm{e}^{-\frac{t}{\tau}}$$

式中，$f(t)$ 为响应；$f(\infty)$ 为响应的稳态值；$f(0_+)$ 为响应的初始值；τ 是电路的时间常数。

(6) 一阶电路的阶跃响应。阶跃响应 $s(t)$ 为相应直流激励状况下的零状态响应乘 $\varepsilon(t)$。若激励为延迟阶跃函数 $\varepsilon(t-t_0)$，则相应响应为 $s(t-t_0)$。

(7) 二阶电路零输入响应。二阶电路零输入响应分为非振荡放电、振荡放电、临界非振荡放电三种情况。

① 列出 $t\geqslant0$ 时的微分方程。

② 根据特征根确定零输入响应的形式：

(a) p_1、p_2 为不相等的负实根时，则

$$\text{零输入响应}=A_1\mathrm{e}^{p_1t}+A_2\mathrm{e}^{p_2t}$$

(b) p_1、p_2 为共轭复根时，令 $p_1=-\delta+\mathrm{j}\omega$，$p_2=-\delta-j\omega$，则

$$\text{零输入响应}=A\mathrm{e}^{-\delta t}\sin(\omega t+\beta)$$

(c) $p_1=p_2=-\delta$ 时，则

$$零输入响应=(A_1+A_2 t)e^{-\delta t}$$

③ 将两个初始值 $u_C(0_+)$、$\left.\frac{du_C}{dt}\right|_{t=0_+}$ 或 $i_L(0_+)$、$\left.\frac{di_L}{dt}\right|_{t=0_+}$ 代入零输入响应表达式中，求出两个待定系数，即可求出二阶电路的零输入响应。

习题 8

8-1 电路如图 8-27 所示，直流电压源的电压 $U_S=50V$，电阻 $R_1=30\Omega$，$R_2=20\Omega$，电路原先已达稳态，在 $t=0$ 时闭合开关 S，试求电容电压初始值 $u_C(0_+)$ 和电容电流初始值 $i_C(0_+)$。

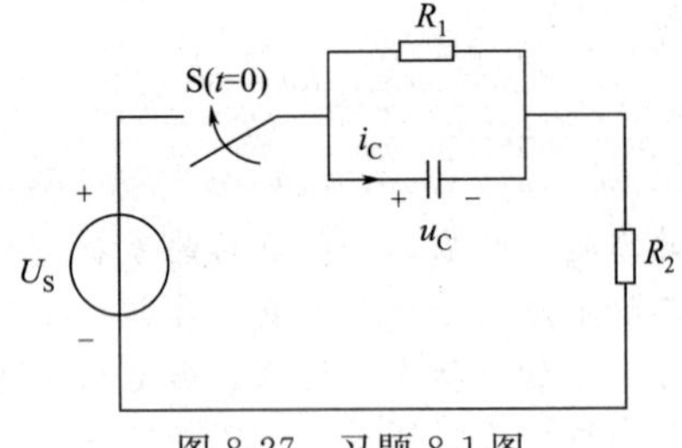

图 8-27 习题 8-1 图

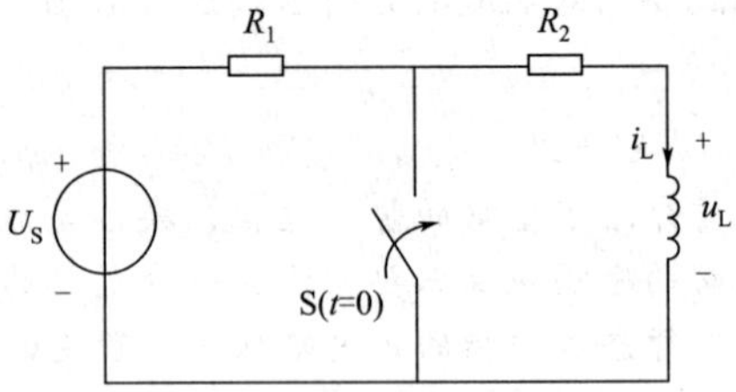

图 8-28 习题 8-2 图

8-2 电路如图 8-28 所示，直流电压源的电压 $U_S=40V$，电阻 $R_1=25\Omega$，$R_2=15\Omega$，电路原先已达稳态，在 $t=0$ 时闭合开关 S，试求电感电流初始值 $i_L(0_+)$ 和电感电压初始值 $u_L(0_+)$。

8-3 在如图 8-29 所示的电路中，开关 S 闭合前电路已处于稳态，试确定 S 闭合后电压 u_C 和电流 i_C、i_1、i_2 的初始值。

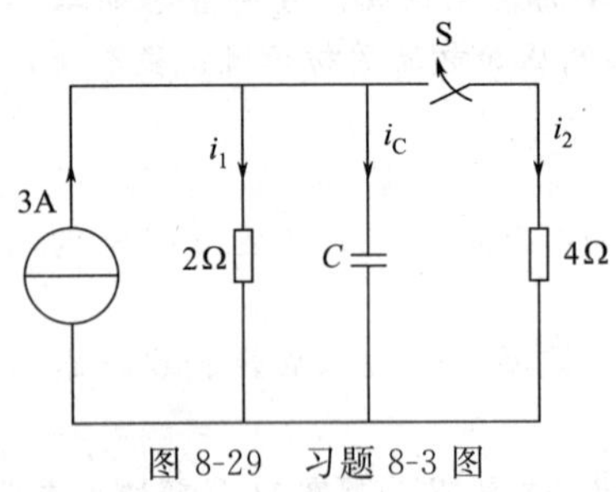

图 8-29 习题 8-3 图

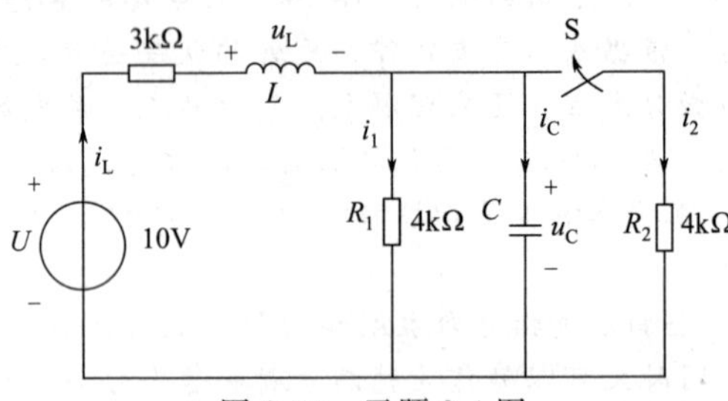

图 8-30 习题 8-4 图

8-4 在如图 8-30 所示的电路中，开关 S 在 $t=0$ 时闭合，开关 S 闭合前电路已处于稳态。试求开关 S 闭合后各元件电压、电流的初始值。

8-5 如图 8-31 所示的电路原已稳定。$t=0$ 开关由位置 1 改接位置 2，试求 $t=0_+$ 时刻的 $\left.\frac{du_C(t)}{dt}\right|_{t=0+}$ 和 $\left.\frac{di_L(t)}{dt}\right|_{t=0+}$ 的值。

8-6 如图 8-32 所示的电路原已处于稳态，在 $t=0$ 时，将开关 S 闭合，试求开关闭合后的 u_C 和 i_C。

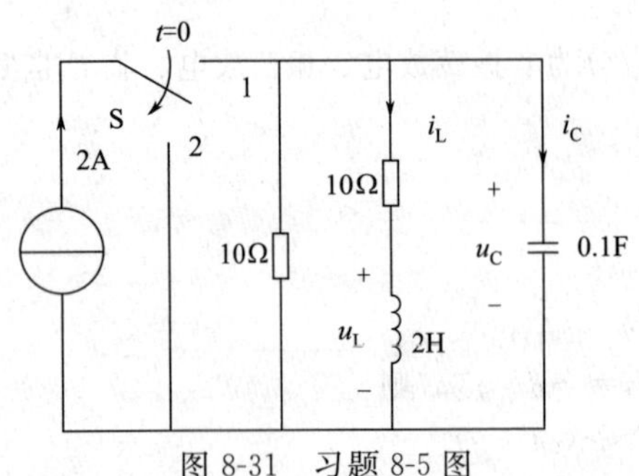

图 8-31 习题 8-5 图

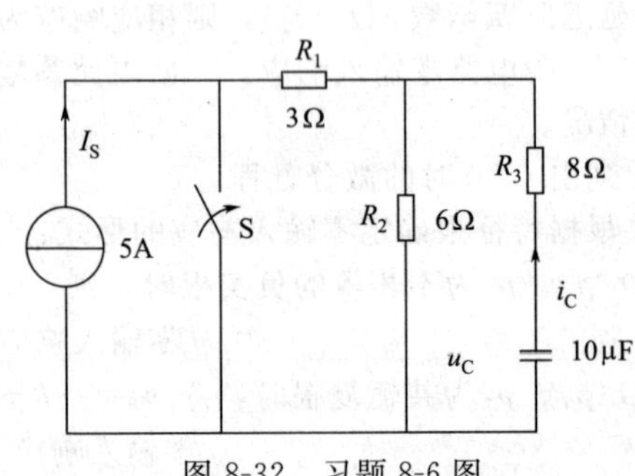

图 8-32 习题 8-6 图

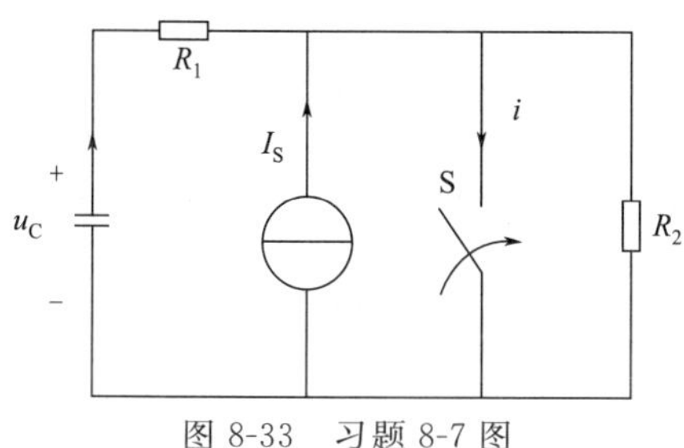

图 8-33　习题 8-7 图

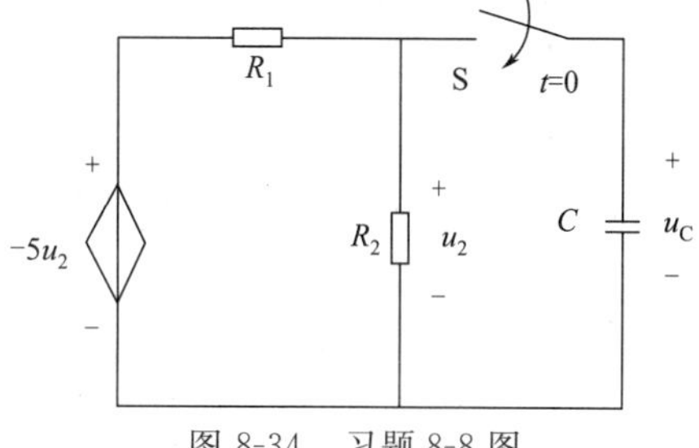

图 8-34　习题 8-8 图

8-7　在如图 8-33 所示的电路中，$I_S=10\text{mA}$，$R_1=4\text{k}\Omega$，$R_2=5\text{k}\Omega$，$C=20\mu\text{F}$，开关 S 闭合前电路已稳定，求 S 闭合后电容电压 u_C 及电流 i。

8-8　在如图 8-34 所示的电路中，$R_1=200\Omega$，$R_2=300\Omega$，$C=50\mu\text{F}$，$u_C(0_-)=100\text{V}$、$t=0$ 时闭合开关，求零输入响应 $u_C(t)$。

8-9　电路如图 8-35 所示，已知 $U_S=30\text{V}$，$R_1=5\Omega$，$R_2=10\Omega$，$R_3=10\Omega$，$L=0.5\text{mH}$，开关 S 在 $t=0$ 时断开。S 断开前电路已进入稳态，求 $i(t)$、$u_L(t)$。

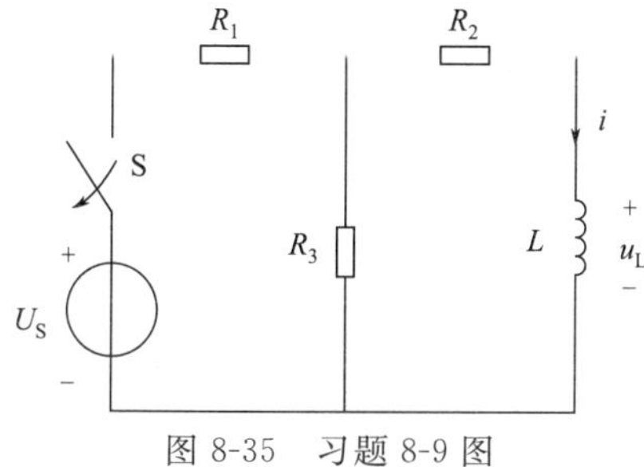

图 8-35　习题 8-9 图

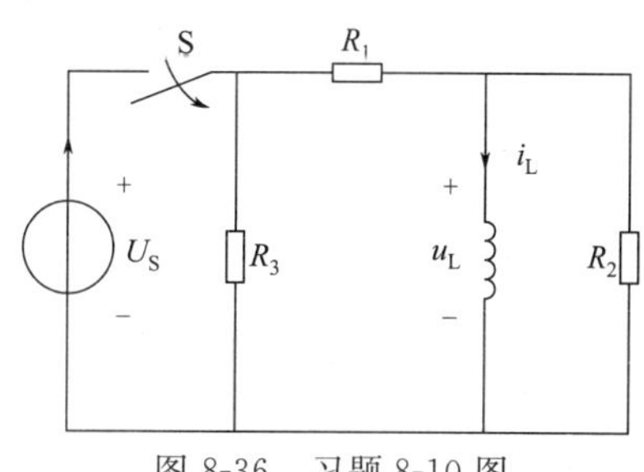

图 8-36　习题 8-10 图

8-10　在如图 8-36 所示的电路中，$R_1=10\Omega$，$R_2=20\Omega$，$L=1\text{H}$，$R_3=10\Omega$，$U_S=10\text{V}$。电路原已稳定，求开关 S 换接后的电流 i_L 和电压 u_L。

8-11　电路如图 8-37 所示，$R_1=6\text{k}\Omega$，$R_2=3\text{k}\Omega$，$C=20\mu\text{F}$，$U_S=24\text{V}$，开关 S 在 $t=0$ 时闭合。设开关 S 闭合之前电路已处于稳定状态，试求 $u_C(t)$。

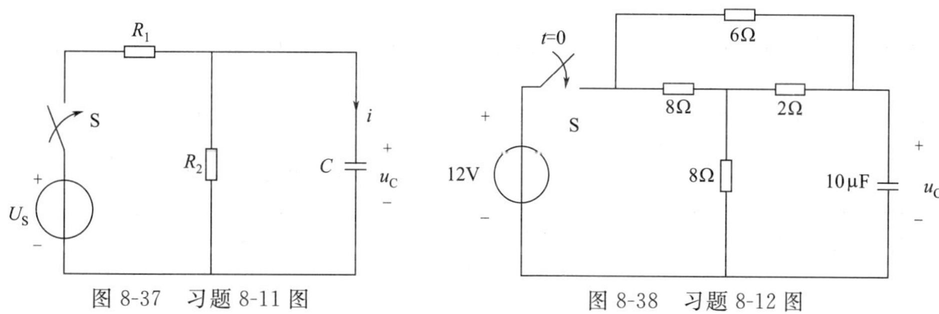

图 8-37　习题 8-11 图　　图 8-38　习题 8-12 图

8-12　如图 8-38 所示电路换路后的零状态响应 $u_C(t)$。

8-13　如图 8-39 所示的电路中，已知 $R_1=100\text{k}\Omega$，$R_2=400\text{k}\Omega$，$C=50\mu\text{F}$，$U_S=10\text{V}$。开 S 闭合前电路为零状态，$t=0$ 时 S 突然闭合，试求从 S 闭合的那一瞬间起，经多长时间 u_C 可达到 4V。

8-14　在如图 8-40 所示的电路中，$t=0$ 时，开关闭合，求 $t\geqslant 0$ 时的 $i_L(t)$。

8-15　在如图 8-41 所示的电路中，$L_1=0.01\text{H}$，$L_2=0.02\text{H}$，$R_1=2\Omega$，$R_2=1\Omega$，$U=6\text{V}$，试求：

（1）S_1 闭合后 i_1 的变化规律；

（2）S_1 闭合达稳态后，再闭合 S_2，i_1、i_2 的变化规律。

8-16　电路如图 8-42 所示，在开关闭合前电路已处于稳态，求开关闭合后的电压 u_C。

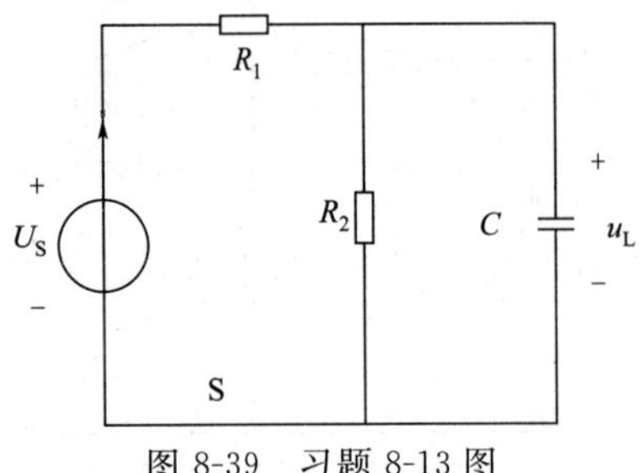

图 8-39　习题 8-13 图

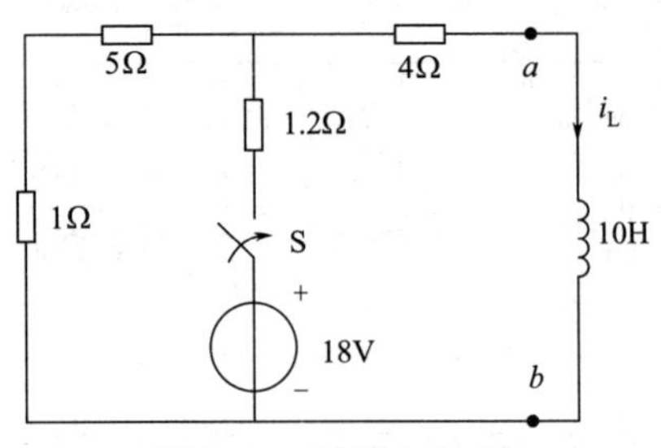

图 8-40　习题 8-14 图

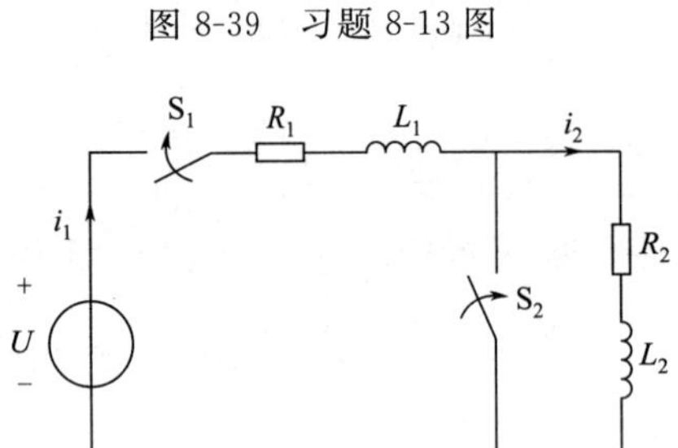

图 8-41　习题 8-15 图

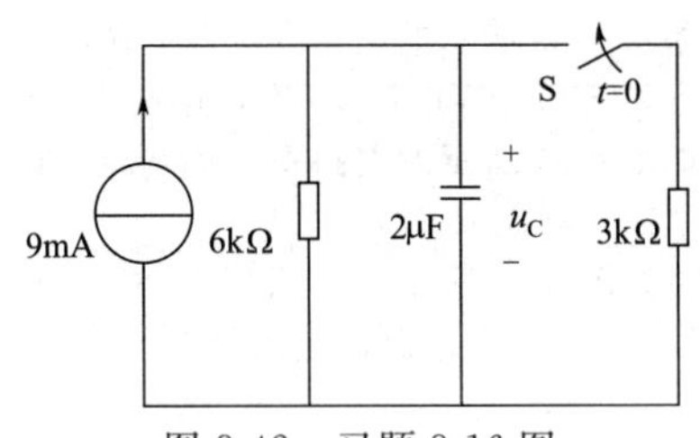

图 8-42　习题 8-16 图

8-17　在如图 8-43 所示的电路中，$U=2V$，$R_1=R_2=1\Omega$，$L=2H$，$C=0.5F$。原来电路处于稳定状态，$t=0$时将开关 S 闭合。试求：

(1) 电路中电压 u_C、i_L和 i 的变化规律。(2) 画出 u_C、i_L和 i 的变化曲线。

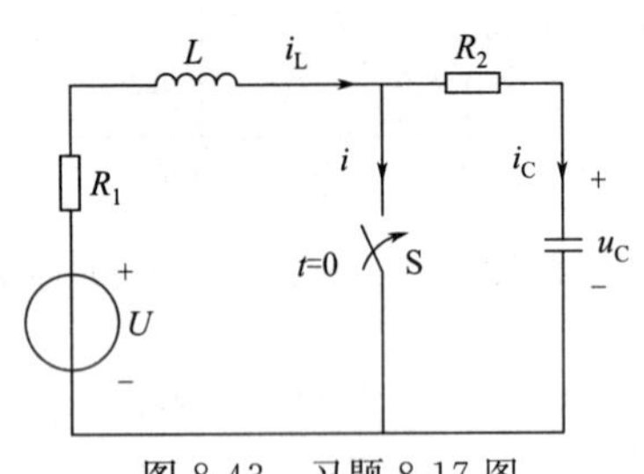

图 8-43　习题 8-17 图

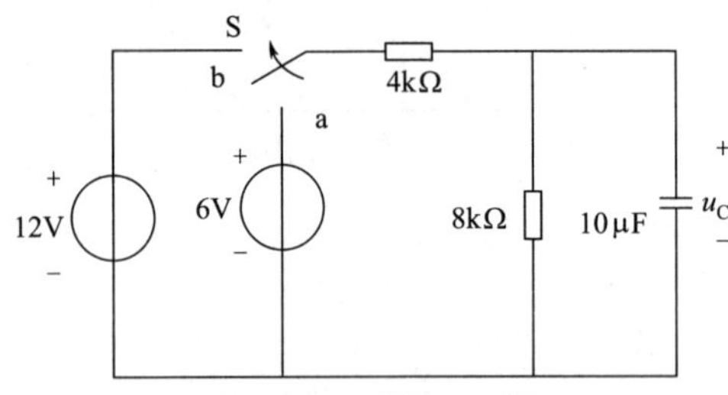

图 8-44　习题 8-18 图

8-18　电路如图 8-44 所示，S 原已合在 a 位置上，试求当开关 S 在 $t=0$ 时合上 b 位置后，电容元件端电压 u_C。

8-19　电路如图 8-45 所示。求开关 S 断开后的 u_C 和 i_L。

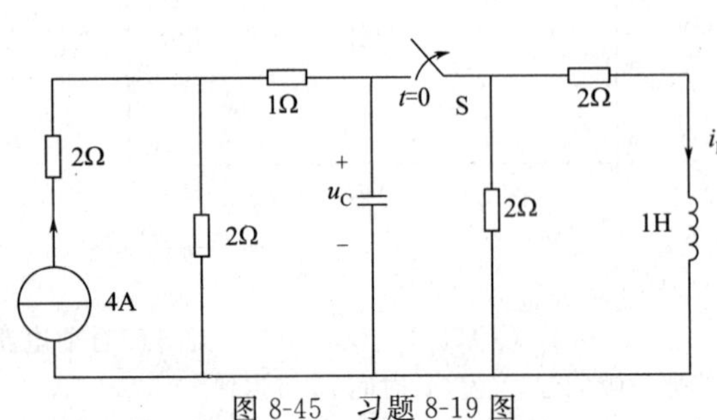

图 8-45　习题 8-19 图

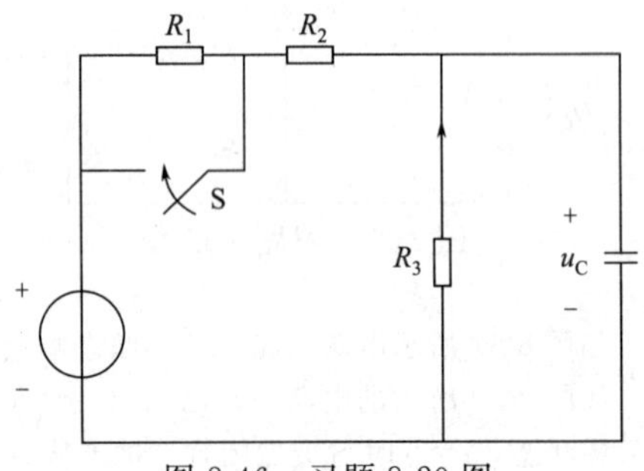

图 8-46　习题 8-20 图

8-20　在如图 8-46 所示的电路中，已知 $R_1-R_2-R_3-10\Omega$，$C-100\mu F$，U_S-12V，开关 S 闭合前电路已处于稳态，S 在 $t=0$ 时闭合。求 S 闭合后 u_C的变化规律。

8-21　在如图 8-47 所示的电路中，已知 $U_S=9V$ $R_1=6k\Omega$，$R_2=3k\Omega$，$C=1\mu F$。$t=0$ 时开关闭合，试用三要素法分别求出 $u_C(0_-)=0$、3V 和 6V 时 u_C的表达式，并画出对应的波形。

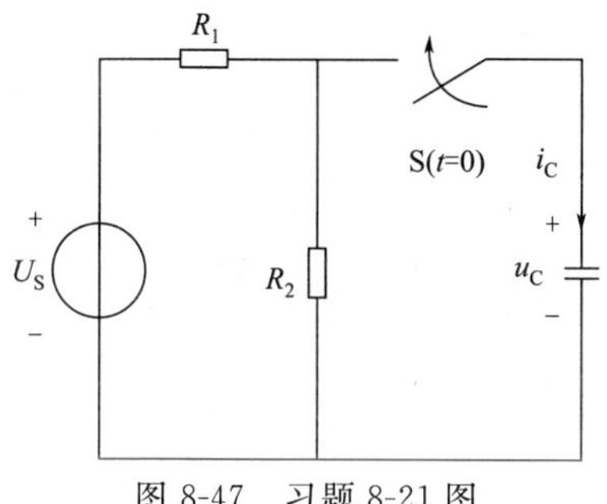

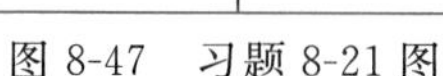
图 8-47 习题 8-21 图

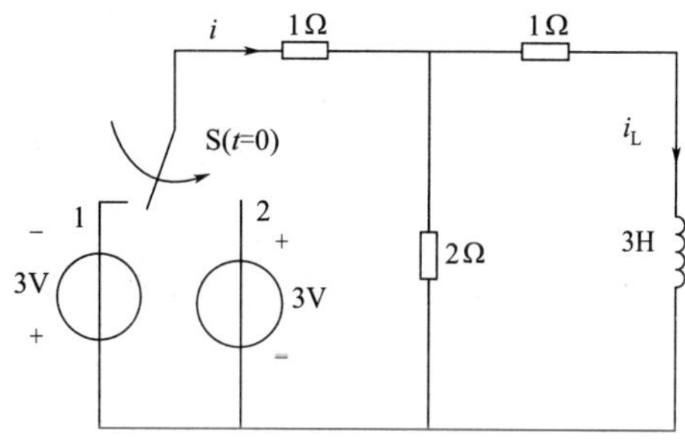

图 8-48 习题 8-22 图

8-22 在如图 8-48 所示的电路中，开关 S 长期闭合在位置 1 上，在 $t=0$ 时由位置 1 切换到位置 2，试求 i 并绘出它的波形。

8-23 在如图 8-49 所示的电路中，$\varepsilon(t)$V 为单位阶跃电压源。(1) $i_L(0_-)=0$ 时，求 $i_L(t)$ 及 $i(t)$；(2) $i_L(0_-)=2$A 时，求 $i_L(t)$ 及 $i(t)$。

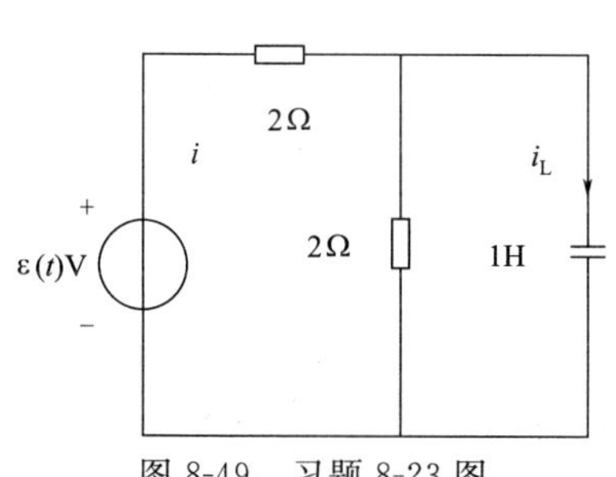

图 8-49 习题 8-23 图

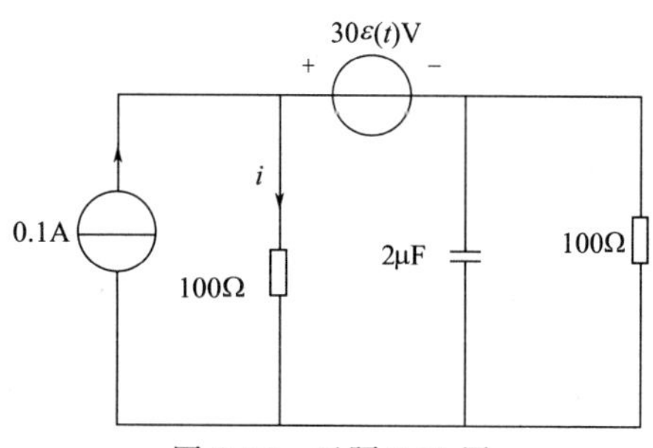

图 8-50 习题 8-24 图

8-24 电路如图 8-50 所示，试求 $t \geqslant 0$ 时的 $i(t)$。

8-25 试求如图 8-51 所示的电路中阶跃响应 $i(t)$ 和 $i_L(t)$。

8-26 已知 $u_C(0_-)=1$V，$i(0_-)=0$，试求 $R=1\Omega$，$L=1$H，$C=1$F 串联电路的零输入响应 $u_C(t)$、$i(t)$。

8-27 电路如图 8-52 所示，已知 $U_S=300$V，$R=250\Omega$，$L=0.25$H，$C=25\mu$F，开关 S 打开前电路已达稳态，$t=0$ 时将 S 打开。求 S 打开后电容和电感上的电压 u_C、u_L 和电流 i_C、i_L。

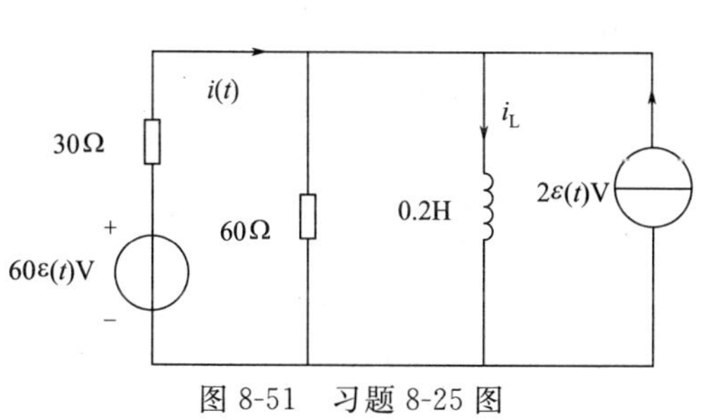

图 8-51 习题 8-25 图

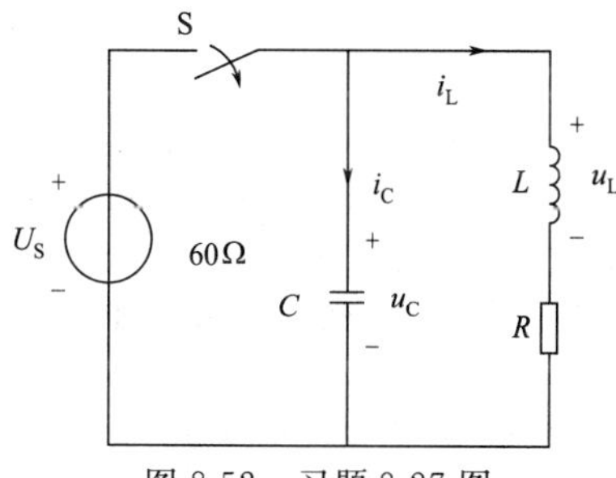

图 8-52 习题 8-27 图

第9章

线性动态电路的复频域分析

● 【内容提要】 ●

本章首先介绍拉普拉斯变换的定义、性质。接着介绍拉普拉斯反变换的部分分式法（分解定理）。然后介绍基尔霍夫定律的复频域形式和元件方程的复频域形式，并在此基础上讨论复频域分析法。

9.1 拉普拉斯变换的定义

分析线性非时变电路时，为便于求解微分方程，常常在数学上实行某种变换，即从时域变换到频域。例如，在正弦交流电路中应用相量分析法，将时域中求微分方程的正弦函数特解的问题转化为在频域中求解相量代数方程的问题。如果激励是非周期信号，则通常采用傅里叶变换的方法。傅里叶变换由傅里叶级数发展而来，拉普拉斯变换则是傅里叶变换的扩展。通过拉普拉斯变换，可以把在时域求解微分方程全解的问题转化为在频域求解代数方程的问题。其分析思路是：先通过拉普拉斯变换，将已知的时域函数变换为频域函数（也称象函数），将时域函数的微分方程转化为相应的频域函数的代数方程，求解代数方程，得到响应的象函数，然后进行拉普拉斯反变换，返回时域，最后得到满足电路初始条件的原时域微分方程的全解。用拉普拉斯变换求解电路过渡过程的方法，称为运算法。

一个定义在$[0, \infty)$区间的函数，它的拉普拉斯变换式$F(s)$定义为

$$F(s)=\int_{0_-}^{\infty} f(t)\mathrm{e}^{-st}\,\mathrm{d}t \tag{9-1}$$

式（9-1）中$s=\sigma+\mathrm{j}\omega$为复数，且具有频率的量纲，故称为复频率，实部$\sigma$为实常数，虚部$\omega$为实角频率。式（9-1）称为$f(t)$的单边拉普拉斯变换，它是把一个时间域的函数$f(t)$变换到$s$域内的复频域函数$F(s)$，一般称$F(s)$为$f(t)$的象函数，$f(t)$为$F(s)$的原函数。拉普拉斯变换简称为拉氏变换，并记作

$$\varphi[f(t)]=F(s) \tag{9-2}$$

式（9-1）表明拉氏变换是一种积分变换。$f(t)$的积分变换$F(s)$存在的条件是式（9-1）右边的积分为有限值，故e^{-st}称为收敛因子。对于一个函数$f(t)$，如果存在正的有限值M和σ，使得对于所有t满足条件

$$|f(t)|\leqslant M\mathrm{e}^{\sigma t} \tag{9-3}$$

则$f(t)$的拉氏变换式$F(s)$总存在，因为总可以找到一个合适的s值，使式（9-1）中的积分为有限值，假设本书中所涉及的$f(t)$都满足此条件。

下面按拉普拉斯变换的定义式（9-1）导出一些常用函数的象函数。

（1）单位阶跃函数$f(t)=\varepsilon(t)$的象函数

$$F(s)=\varphi[f(t)]=\int_{0_-}^{\infty}\varepsilon(t)\mathrm{e}^{-st}\,\mathrm{d}t=\int_{0_-}^{\infty}\mathrm{e}^{-st}\,\mathrm{d}t=-\frac{1}{s}\mathrm{e}^{-st}\Big|_{0_-}^{\infty}=\frac{1}{s}$$

(2) 单位冲激函数 $f(t)=\delta(t)$ 的象函数

$$F(s)=\varphi[f(t)]=\int_{0_-}^{\infty}\delta(t)e^{-st}dt=\int_{0_-}^{0_+}\delta(t)e^{-st}dt=\int_{0_-}^{0_+}\delta(t)e^{0}dt=\int_{0_-}^{0_+}\delta(t)dt=1$$

(3) 指数函数 $f(t)=e^{\alpha t}$ 的象函数

$$F(s)=\varphi[f(t)]=\int_{0_-}^{\infty}e^{\alpha t}e^{-st}dt=\int_{0_-}^{\infty}e^{-(s-\alpha)t}dt=-\frac{1}{s-\alpha}e^{-(s-\alpha)t}\Big|_{0_-}^{\infty}=\frac{1}{s-\alpha}$$

(4) 单位斜坡函数 $f(t)=t$ 的象函数

$$F(s)=\varphi[f(t)]=\int_{0_-}^{\infty}te^{-st}dt=\left[t\frac{e^{-st}}{-s}\right]\Big|_{0_-}^{\infty}-\int_{0-}^{\infty}\frac{e^{-st}}{-s}dt=\frac{1}{s^2}$$

一些常用函数的拉普拉斯变换见表 9-1。

表 9-1　常见函数的拉普拉斯变换表

原函数 $f(t)$	象函数 $F(s)$	原函数 $f(t)$	象函数 $F(s)$
$\varepsilon(t)$	$\frac{1}{s}$	$\frac{1}{n!}t^n e^{-\alpha t}$	$\frac{1}{(s+\alpha)^{n+1}}$
$\delta(t)$	1	$(1-\alpha t)e^{-\alpha t}$	$\frac{s}{s+\alpha^2}$
$\delta^n(t)$	s^n	$f(t)e^{-\alpha t}$	$F(s+\alpha)$
t	$\frac{1}{s^2}$	$\sin\omega t$	$\frac{\omega}{s+\omega^2}$
$\frac{1}{n!}t^n$	$\frac{1}{s^{n+1}}$	$\cos\omega t$	$\frac{s}{s+\omega^2}$
$e^{-\alpha t}$	$\frac{1}{s+\alpha}$	$e^{-\alpha t}\sin\omega t$	$\frac{\omega}{(s+\alpha)^2+\omega^2}$
$te^{-\alpha t}$	$\frac{1}{(s+\alpha)^2}$	$e^{-\alpha t}\cos\omega t$	$\frac{s+\alpha}{(s+\alpha)^2+\omega^2}$

9.2 拉普拉斯变换的基本性质

运用拉普拉斯变换的定义求得一些简单函数的象函数后，再利用拉普拉斯变换的性质，可以求出较复杂函数的象函数。利用这些性质，可将时域内的线性常系数微分方程转换为复频域的线性代数方程。这里仅介绍分析线性电路过渡过程时常用的一些基本性质。

1）线性性质

设函数 $f_1(t)$ 和 $f_2(t)$ 对应的象函数分别为 $F_1(s)$ 和 $F_2(s)$，即 $\varphi[f_1(t)]=F_1(s)$，$\varphi[f_2(t)]=F_2(s)$，且 a 和 b 为任意常数，则

$$\varphi[af_1(t)\pm bf_2(t)]=aF_1(s)\pm bF_2(s) \tag{9-4}$$

证明：

$$\begin{aligned}\varphi[af_1(t)\pm bf_2(t)]&=\int_{0_-}^{\infty}[af_1(t)\pm bf_2(t)]e^{-st}dt\\&=a\int_{0_-}^{\infty}af_1(t)e^{-st}dt\pm b\int_{0_-}^{\infty}bf_2(t)e^{-st}dt\\&=aF_1(s)\pm bF_2(s)\end{aligned}$$

【例 9-1】利用线性性质求 $\sin\omega t$ 和 $\cos\omega t$ 的象函数。

解： 因为 $\sin\omega t=\frac{e^{j\omega t}-e^{-j\omega t}}{2j}$，$\cos\omega t=\frac{e^{j\omega t}+e^{-j\omega t}}{2}$

所以

$$\varphi[\sin\omega t]=\varphi\left[\frac{1}{2j}e^{j\omega t}-\frac{1}{2j}e^{-j\omega t}\right]=\frac{1}{2j}\varphi[e^{j\omega t}]-\frac{1}{2j}\varphi[e^{-j\omega t}]$$

$$=\frac{1}{2\mathrm{j}}\left(\frac{1}{s-\mathrm{j}\omega}-\frac{1}{s+\mathrm{j}\omega}\right)=\frac{\omega}{s^2+\omega^2}$$

同理可得

$$\varphi[\cos\omega t]=\varphi\left[\frac{1}{2}\mathrm{e}^{\mathrm{j}\omega t}+\frac{1}{2}\mathrm{e}^{-\mathrm{j}\omega t}\right]=\frac{1}{2}\varphi[\mathrm{e}^{\mathrm{j}\omega t}]+\frac{1}{2}\varphi[\mathrm{e}^{-\mathrm{j}\omega t}]$$

$$=\frac{1}{2}\left(\frac{1}{s-\mathrm{j}\omega}+\frac{1}{s+\mathrm{j}\omega}\right)=\frac{s}{s^2+\omega^2}$$

【例 9-2】利用线性性质求 $f(t)=K(1-\mathrm{e}^{-\alpha t})$ 的象函数。

解：$\varphi[K(1-\mathrm{e}^{-\alpha t})]=\varphi[K]-\varphi[K\mathrm{e}^{-\alpha t}]$

$$=\left(\frac{K}{s}-\frac{K}{s+\alpha}\right)=\frac{K\alpha}{s(s+\alpha)}$$

由此可见，根据拉普拉斯变换的线性性质，求函数乘以常数的象函数以及求几个函数相加减的结果的象函数时，可以先求各函数的象函数再利用线性性质进行求解。

2）微分性质

设函数 $f(t)$ 对应的象函数为 $F(s)$，即 $\varphi[f(t)]=F(s)$，则其导数 $f'(t)=\dfrac{\mathrm{d}f(t)}{\mathrm{d}t}$ 的象函数与 $F(s)$ 满足

$$\varphi[f'(t)]=sF(s)-f(0_-) \tag{9-5}$$

证明：应用分部积分法，有

$$\varphi[f'(t)]=\int_{0_-}^{\infty}f'(t)\mathrm{e}^{-st}\mathrm{d}t$$

$$=f(t)\mathrm{e}^{-st}\Big|_{0_-}^{\infty}-\int_{0_-}^{\infty}f(t)\mathrm{d}\mathrm{e}^{-st}$$

$$=f(\infty)\mathrm{e}^{-s\cdot\infty}-f(0_-)+s\int_{0_-}^{\infty}f(t)\mathrm{e}^{-st}\mathrm{d}t$$

$$=sF(s)-f(0_-)+f(\infty)\mathrm{e}^{-s\cdot\infty}$$

只要 s 的实部 δ 取正值，则上式中 $f(\infty)\mathrm{e}^{-s\cdot\infty}=0$，所以有

$$\varphi[f'(t)]=sF(s)-f(0_-)$$

微分性质也可推广到二阶导数的变换式

$$\varphi\left[\frac{\mathrm{d}^2}{\mathrm{d}t^2}f(t)\right]=s^2F(s)-sf(0_-)-f'(0_-) \tag{9-6}$$

进一步以此类推，对高阶倒数的变换式有

$$\varphi\left[\frac{\mathrm{d}^n}{\mathrm{d}t^n}f(t)\right]=s^nF(s)-s^{(n-1)}f(0_-)-s^{(n-2)}f'(0_-)-\cdots-f^{(n-1)}(0_-)$$

【例 9-3】　已知 $\varphi[\delta(t)]=1$，应用微分性质求 $\delta(t)$ 各阶导数的象函数。

解：由微分性质，可得 $\delta(t)$ 各阶导数的象函数为

$$\varphi[\delta'(t)]=s,\varphi[\delta''(t)]=s^2,\cdots,\varphi[\delta^n(t)]=s^n$$

3）积分性质

设函数 $f(t)$ 对应的象函数为 $F(s)$，即 $\varphi[f(t)]=F(s)$，则其积分 $\int_{0_-}^{t}f(\xi)\mathrm{d}\xi$ 的象函数与 $F(s)$ 满足

$$\varphi\left[\int_{0-}^{t}f(\xi)\mathrm{d}\xi\right]=\frac{F(s)}{s}$$

证明：应用分部积分法，有

$$\varphi\left[\int_{0-}^{t}f(\xi)\mathrm{d}\xi\right]=\int_{0_-}^{\infty}\left[\int_{0-}^{t}f(\xi)\mathrm{d}\xi\right]\mathrm{e}^{-st}\mathrm{d}t$$

$$=\frac{e^{-st}}{-s}\left[\int_{0_-}^{t} f(\xi)d\xi\right]\Bigg|_{0_-}^{\infty}-\int_{0_-}^{\infty} f(t)\frac{e^{-st}}{-s}dt$$

$$=\frac{e^{-s\cdot\infty}}{-s}\left[\int_{0_-}^{\infty} f(\xi)d\xi\right]+\frac{1}{s}\int_{0_-}^{\infty} f(t)e^{-st}dt$$

$$=\frac{F(s)}{s}+\frac{e^{-s\cdot\infty}}{-s}\left[\int_{0_-}^{\infty} f(\xi)d\xi\right]$$

只要 s 的实部 δ 取正值，则 $\frac{e^{-s\cdot\infty}}{-s}\left[\int_{0_-}^{\infty} f(\xi)d\xi\right]=0$，所以有

$$\varphi\left[\int_{0_-}^{t} f(\xi)d\xi\right]=\frac{F(s)}{s} \tag{9-7}$$

【例 9-4】利用积分性质求下列函数的象函数

（1）$f(t)=t$　　（2）$f(t)=\frac{1}{2}t^2$　　（3）$f(t)=\sin\omega t$

解：（1）由于 $f(t)=t=\int_{0_-}^{t}\varepsilon(\xi)d\xi$，而 $\varphi[\varepsilon(t)]=\frac{1}{s}$，所以有

$$\varphi[t]=\varphi\left[\int_{0_-}^{t}\varepsilon(\xi)d\xi\right]=\frac{\varphi[\varepsilon(t)]}{s}=\frac{1}{s}\times\frac{1}{s}=\frac{1}{s^2}$$

（2）由于 $f(t)=\frac{1}{2}t^2=\int_{0_-}^{t}\xi d\xi$，而 $\varphi[t]=\frac{1}{s^2}$，所以有

$$\varphi\left[\frac{1}{2}t^2\right]=\varphi\left[\int_{0_-}^{t}\xi d\xi\right]=\frac{\varphi[t]}{s}=\frac{1}{s}\times\frac{1}{s^2}=\frac{1}{s^3}$$

（3）由于 $f(t)=\sin\omega t=\omega\int_{0_-}^{t}\cos\omega\xi d\xi$，而 $\varphi[\cos\omega t]=\frac{s}{s^2+\omega^2}$，所以有

$$\varphi[\sin\omega t]=\varphi\left[\omega\int_{0_-}^{t}\cos\omega\xi d\xi\right]=\omega\frac{\varphi[\cos\omega t]}{s}=\omega\frac{1}{s}\times\frac{s}{s^2+\omega^2}=\frac{\omega}{s^2+\omega^2}$$

微分性质和积分性质是拉普拉斯变换的两个重要性质，这两个性质使原函数对时间的求导、积分运算变为象函数乘、除 s 的运算，复变量 s 因此也常常被称为微分算于，拉普拉斯变换法，则常被称为算子法或运算法。

【例 9-5】用拉普拉斯变换法求电感 L 通过电阻 R 放电电路中的电感电流 $i_L(t)$。设已知电感电流的原始值为 I_0。

解：上一章中讲过，电感对电阻放电的微分方程为

$$L\frac{di_L}{dt}+Ri_L=0$$

设 i_L（t）的象函数为 I_L（s），将方程式各项进行拉普拉斯变换，并考虑到 $i_L(0_-)=\frac{U_0}{R}$，得

$$L\left[sI_L(s)-\frac{U_0}{R}\right]+RI_L(s)=0$$

$$(sL+R)I_L(s)=\frac{\frac{U_0}{R}}{\frac{R}{L}}$$

$$I_L(s)=\frac{\frac{U_0}{R}}{s+\frac{R}{L}}$$

由表 9-1 可知 $e^{-\alpha t}$ 的象函数为 $\frac{1}{s+\alpha}$，故 $I_L(s)$ 的原函数为

$$i_L(t)=\frac{U_0}{R}e^{-\frac{t}{\tau}} \qquad (\tau=\frac{L}{R})$$

由此例可以看出，用运算法可将求解微分方程的问题变成相应的求解代数方程问题，而且初始条件直接包含在方程之中，省去了由初始条件确定积分方程的步骤。

4）时域延迟性质

设函数 $f(t)\varepsilon(t)$对应的象函数为 $F(s)$，即 $\varphi[f(t)]=F(s)$，则其延迟函数 $f(t-t_0)\varepsilon(t-t_0)$的象函数为 $e^{-st_0}F(s)$，即

$$\varphi[f(t-t_0)\varepsilon(t-t_0)]=e^{-st_0}F(s) \tag{9-8}$$

证明：根据拉普拉斯变换的定义有

$$\varphi[f(t-t_0)\varepsilon(t-t_0)]=\int_{0_-}^{\infty}[f(t-t_0)\varepsilon(t-t_0)]e^{-st}dt$$
$$=\int_{t_0}^{\infty}f(t-t_0)e^{-st}dt$$

令 $\xi=t-t_0$，则

$$\varphi[f(t-t_0)\varepsilon(t-t_0)]=\int_{0_-}^{\infty}f(\xi)e^{-s(\xi+t_0)}d\xi$$
$$=e^{-st_0}\int_{0-}^{\infty}f(\xi)e^{-s\xi}d\xi$$
$$=e^{-st_0}F(s)$$

【例 9-6】$f(t)$ 的波形如图 9-1 所示。求其象函数。

解：由图 9-1 可得函数的时域表达式为

$$f(t)=t\varepsilon(t)-t\varepsilon(t-1)+\varepsilon(t-1)-\varepsilon(t-2)$$
$$=t\varepsilon(t)-(t-1)\varepsilon(t-1)-\varepsilon(t-2)$$

根据拉普拉斯变换的线性性质和时域延迟性质可得其象函数为

$$F(s)=\frac{1}{s^2}-\frac{1}{s^2}e^{-s}-\frac{1}{s}e^{-2s}$$

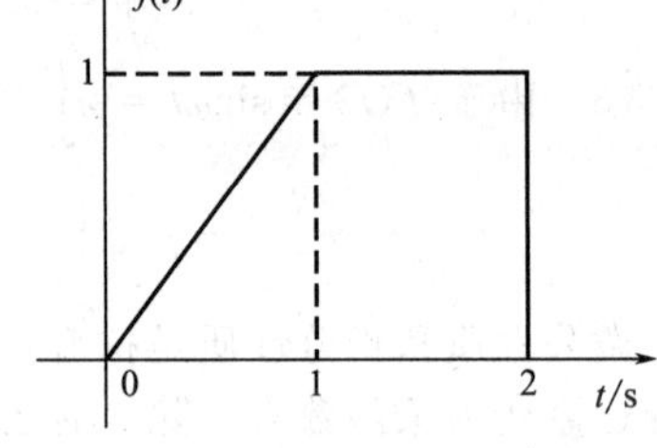

图 9-1 例 9-6 波形图

5）频域位移性质

设 $f(t)$ 的象函数为 $F(s)$，即若 $\varphi[f(t)]=F(s)$，则 $F(s+t)\cdot e^{-\alpha t}$的象函数为$F(s+\alpha)$，即

$$\varphi[f(t)e^{-\alpha t}]=F(s+\alpha) \tag{9-9}$$

证明：根据拉普拉斯变换的定义

$$\varphi[f(t)e^{-\alpha t}]=\int_{0-}^{\infty}f(t)e^{-\alpha t}e^{-st}dt$$
$$=\int_{0-}^{\infty}f(t)e^{-(s+\alpha)t}dt$$
$$=F(s+\alpha)$$

【例 9-7】利用复频域平移性质求 $f(t)=te^{-\alpha t}$和 $f(t)=e^{-\alpha t}\cos\omega t$ 的原函数。

解：因为 $\varphi[t]=\frac{1}{s^2}$，根据复频域平移性质，可得

$$L[te^{-\alpha t}]=\frac{1}{(s+\alpha)^2}$$

因为 $\varphi[\cos\omega t]=\frac{s}{s^2+\omega^2}$，根据复频域平移性质，可得

$$L[e^{-\alpha t}\cos\omega t]=\frac{s+\alpha}{(s+\alpha)^2+\omega^2}$$

9.3 拉普拉斯反变换

9.3.1 拉普拉斯反变换

应用拉普拉斯变换分析电路时，首先要将时域中的问题变换为复频域中的问题，求得电路的响应的象函数以后，再将象函数还原为时间函数。由 $F(s)$ 到 $f(t)$ 的变换称为拉普拉斯反变换，其定义式为

$$f(t)=\frac{1}{2\pi \mathrm{j}}\int_{c-\mathrm{j}\infty}^{c+\mathrm{j}\infty}F(s)\mathrm{e}^{st}\mathrm{d}s \tag{9-10}$$

式中，c 为正的有限常数。式（9-10）还可简写为 $f(t)=\varphi^{-1}[F(s)]$，式中符号 $\varphi^{1}[]$表示对方括号里的函数作拉普拉斯反变换。

用拉普拉斯反变换定义计算一个复变函数的积分一般比较复杂，实际应用中，通常是将复杂的象函数分解为若干个较简单的象函数的线性组合，而每个简单的象函数均可查阅拉普拉斯变换表（见表 9-1）得到其原函数，然后根据线性组合定理即可求得整个原函数。

这种方法称为部分分解展开法，或称为分解定理。

9.3.2 部分分式展开法

在电路分析中，数学方程的形式取决于支路的 VCR 关系和电路结构的 KCL、KVL 关系。从前面可以判断，在 s 域中线性电路响应的象函数 $F(s)$ 通常是两个实系数的 s 的多项式之比，即

$$F(s)=\frac{N(s)}{D(s)}=\frac{a_m s^m+a_{m-1}s^{m-1}+\cdots+a_1 s+a_0}{b_n s^n+b_{n-1}s^{n-1}+\cdots+b_1 s+b_0} \tag{9-11}$$

上式中 m 和 n 均为正整数，所有的系数均为实数，且 $m\leqslant n$。当 $m=n$ 时，有理分式 $F(s)$ 应化为常数项和余数项之和。常数项的象函数查表 9-1 可得其原函数，余数项为真分式。当 $m<n$ 时，$F(s)$ 为有理真分式，将真分式用部分分式法展开成若干简单分式之和，就可以查表 9-1 求得其原函数。用部分分式展开真分式时，需要对分母多项式作因式分解，这需要先求出 $D(s)=0$ 的根。$D(s)=0$ 的根可以是单根，共轭复根和重根几种情况。

1）$D(s)=0$ 具有 n 个单根的情况

若 $D(s)=0$ 有 n 个单根，分别为 p_1，p_2，…，p_n表示，则 $F(s)$ 可分解为

$$F(s)=\frac{N(s)}{D(s)}=\frac{k_1}{s-p_1}+\frac{k_2}{s-p_2}+\cdots+\frac{k_n}{s-p_n} \tag{9-12}$$

上式中，k_1，k_2，…，k_n为待定系数，各系数可按下述方法确定。

将式（9-12）两边同时乘以（$s-p_1$），得

$$(s-p_1)F(s)=k_1+(s-p_1)\left(\frac{k_2}{s-p_2}+\cdots+\frac{k_n}{s-p_n}\right)$$

令 $s=p_1$，则等号右边除第一项外都变为零，所以

$$k_1=(s-p_1)F(s)\big|_{s=p_1}$$

同理可求得 k_2，…，k_n

所以式（9-12）中各待定系数的计算公式为

$$k_i=(s-p_i)F(s)\big|_{s=p_i}(i=1,2,\cdots,n) \tag{9-13}$$

由于 p_i为 $D(s)=0$ 的一个根，所以式（9-13）可视为 $s\to p_i$时的极限，在求极限的过程中，出现$\frac{0}{0}$的不定式，应用罗比塔法则，得

$$k_i=\lim_{s\to p_i}\frac{(s-p_i)N(s)}{D(s)}=\lim_{s\to p_i}\frac{(s-p_i)N'(s)+N(s)}{D'(s)}=\frac{N(p_i)}{D'(p_i)}$$

所以确定式（9-12）中各待定系数的另一个公式为

$$k_i=\left.\frac{N(s)}{D'(s)}\right|_{s=p_i} \qquad (i=1,\ 2,\ \cdots,\ n) \tag{9-14}$$

确定了各系数后，利用 $\varphi^{-1}\left[\frac{1}{s-p_i}\right]=e^{p_it}$，并根据拉式变换的线性性质，可求得 $F(s)$ 的原函数为

$$f(t)=\sum_{i=1}^{n}k_ie^{p_it},t\geqslant 0 \tag{9-15}$$

【例 9-8】求象函数 $F(s)=\frac{s+24}{s^3+7s^2+12s}$对应的原函数 $f(t)$。

解：因为 $D(s)=s^3+7s^2+12s=s(s+3)(s+4)=0$ 的根为 $p_1=0$，$p_2=-3$，$p_3=-4$，所以 $F(s)$ 可分解为

$$F(s)=\frac{k_1}{s}+\frac{k_2}{s+3}+\frac{k_3}{s+4}$$

根据式（9-13）可求出各待定系数为

$$k_1=sF(s)|_{s=0}=\left.\frac{s+24}{(s+3)(s+4)}\right|_{s=0}=2$$

$$k_2=(s+3)F(s)|_{s=-3}=\left.\frac{s+24}{s(s+4)}\right|_{s=-3}=-7$$

$$k_3=(s+4)F(s)|_{s=-4}=\left.\frac{s+24}{s(s+3)}\right|_{s=-4}=5$$

或者根据式（9-14）求出各待定系数为

$$k_1=\left.\frac{N(s)}{D'(s)}\right|_{s=0}=\left.\frac{s+24}{3s^2+14s+12}\right|_{s=0}=2$$

$$k_2=\left.\frac{N(s)}{D'(s)}\right|_{s=-3}=\left.\frac{s+24}{3s^2+14s+12}\right|_{s=-3}=-7$$

$$k_3=\left.\frac{N(s)}{D'(s)}\right|_{s=-4}=\left.\frac{s+24}{3s^2+14s+12}\right|_{s=-4}=5$$

则有

$$F(s)=\frac{2}{s}-\frac{7}{s+3}+\frac{5}{s+4}$$

故得原函数为

$$f(t)=2-7e^{-3t}+5e^{-4t},\ t\geqslant 0$$

【例 9-9】求象函数 $F(s)=\frac{3s-1}{3s^2+6s}$对应的原函数 $f(t)$。

解：分母的最高次幂项系数（$b_2=3$）不等于 1，因此先将分子和分母都除以 b_2，即

$$F(s)=\frac{3s-1}{3s^2+6s}=\frac{s-\frac{1}{3}}{s^2+2s}$$

因为 $D(s)=s^2+2s=s(s+2)=0$ 的根为 $p_1=0$，$p_2=-2$，所以 $F(s)$ 可分解为

$$F(s)=\frac{k_1}{s}+\frac{k_2}{s+2}$$

根据式（9-13）可求出各待定系数为

$$k_1=sF(s)|_{s=0}=\left.\frac{s-\frac{1}{3}}{(s+2)}\right|_{s=0}=-\frac{1}{6}$$

$$k_2=(s+2)F(s)\big|_{s=-2}=\left.\frac{s-\frac{1}{3}}{s}\right|_{s=-2}=\frac{7}{6}$$

则有

$$F(s)=-\frac{1}{6}\times\frac{1}{s}+\frac{7}{6}\times\frac{1}{s+2}$$

故得原函数为

$$f(t)=-\frac{1}{6}+\frac{7}{6}e^{-2t}, \quad t\geqslant 0$$

2）$D(s)=0$ 具有共轭复根的情况

设 $D(s)=0$ 具有共轭复根，分别为 $p_1=\alpha+j\omega$，$p_2=\alpha-j\omega$。可以将两个共轭复根当成两个单根一样处理，则 F（s）的展开式中一定含有以下两项

$$\frac{k_1}{s-\alpha-j\omega}+\frac{k_2}{s-\alpha+j\omega} \tag{9-16}$$

利用式（9-13）或式（9-14），可求出 k_1，k_2

$$k_1=[s-(\alpha+j\omega)]F(s)\big|_{s=\alpha+j\omega}=\left.\frac{N(s)}{D'(s)}\right|_{s=\alpha+j\omega}$$

$$k_2=[s-(\alpha-j\omega)]F(s)\big|_{s=\alpha-j\omega}=\left.\frac{N(s)}{D'(s)}\right|_{s=\alpha-j\omega}$$

因为 $F(s)$ 是两个实系数的多项式之比，所以 k_1，k_2也为共轭复数。

设 $k_1=|k_1|e^{j\theta_1}$，则 $k_2=|k_1|e^{-j\theta_1}$，所以式（9-18）对应的原函数为

$$\begin{aligned}f(t)&=k_1e^{(\alpha+j\omega)t}+k_2e^{(\alpha-j\omega)t}\\&=|k_1|e^{j\theta_1}e^{(\alpha+j\omega)t}+|k_1|e^{-j\theta_1}e^{(\alpha-j\omega)t}\\&=|k_1|e^{\alpha t}\left[e^{j(\omega t+\theta_1)}+e^{-j(\omega t+\theta_1)}\right]\\&=2|k_1|e^{\alpha t}\cos(\omega t+\theta_1)\end{aligned} \tag{9-17}$$

上式表明，每对共轭复根的分式对应的原函数是一个衰减的正弦函数。

【例 9-10】已知象函数 $F(s)=\dfrac{4s}{s^2+4s+8}$，求其原函数 $f(t)$。

解： $D(s)=s^2+4s+8=0$ 的根为 $p_1=-2+j2$，$p_2=-2-j2$，所以 $F(s)$ 可分解为

$$F(s)=\frac{k_1}{s-(-2+j2)}+\frac{k_2}{s-(-2-j2)}$$

根据式（9-14）可求出各待定系数为

$$k_1=\left.\frac{N(s)}{D'(s)}\right|_{s=-2+j2}=\left.\frac{4s}{2s+4}\right|_{s=-2+j2}=2+j2=2\sqrt{2}e^{j45^\circ}$$

$$k_2=\left.\frac{N(s)}{D'(s)}\right|_{s=-2-j2}=\left.\frac{4s}{2s+4}\right|_{s=-2-j2}=2-j2=2\sqrt{2}e^{-j45^\circ}$$

根据式（9-17）有

$$\begin{aligned}f(t)&=2|k_1|e^{\alpha t}\cos(\omega t+\theta_1)\\&=4\sqrt{2}e^{-2t}\cos(2t+45^\circ)\end{aligned}$$

3）$D(s)=0$ 具有重根的情况

设

$$F(s)=\frac{N(s)}{D(s)}=\frac{N(s)}{(s-p_1)^m(s-p_2)(s-p_3)\cdots(s-p_q)}$$

则表示 $D(s)$ 有 $q-1$ 个单根，$p_2\cdots p_q$，m 重根，p_1为重根。现以 $m=3$ 为例，先讨论三重根情况下，$F(s)$ 的分解。

$$F(s)=\frac{k_{11}}{(s-p_1)^3}+\frac{k_{12}}{(s-p_1)^2}+\frac{k_{13}}{s-p_1}+\frac{k_2}{s-p_2}+\frac{k_3}{s-p_3}+\cdots+\frac{k_q}{s-p_q} \tag{9-18}$$

其中单根 $p_2 \cdots p_q$ 对应的待定系数可根据式（9-13）或式（9-14）求得，下面讨论 k_{11}、k_{12}、k_{13} 的求解。

在式（9-18）两边同时乘以 $(s-p_1)^3$，则

$$(s-p_1)^3F(s)=k_{11}+(s-p_1)k_{12}+(s-p_1)^2k_{13}+(s-p_1)^3\left(\frac{k_2}{s-p_2}+\cdots+\frac{k_q}{s-p_q}\right) \tag{9-19}$$

令 $s=p_1$，则

$$k_{11}=(s-p_1)^3F(s)\big|_{s=p_1}$$

再将式（9-19）求导，则

$$\frac{\mathrm{d}}{\mathrm{d}s}[(s-p_1)^3F(s)]=k_{12}+2(s-p_1)k_{13}+\frac{\mathrm{d}}{\mathrm{d}s}\left[(s-p_1)^3\left(\frac{k_2}{s-p_2}+\cdots+\frac{k_q}{s-p_q}\right)\right] \tag{9-20}$$

所以，有

$$k_{12}=\frac{\mathrm{d}}{\mathrm{d}s}[(s-p_1)^3F(s)]\big|_{s=p_1}$$

再对式（9-20）求导，则

$$k_{13}=\frac{1}{2}\frac{\mathrm{d}^2}{\mathrm{d}s^2}[(s-p_1)^3F(s)]\big|_{s=p_1}$$

从以上分析过程可以推出，若 $D(s)=0$ 具有 m 重根，其余为单根时的情况。

式（9-18）中各待定系数为

$$\left.\begin{aligned}
&k_{11}=(s-p_1)^mF(s)\big|_{s=p_1}\\
&k_{12}=\frac{\mathrm{d}}{\mathrm{d}s}[(s-p_1)^mF(s)]\big|_{s=p_1}\\
&k_{13}=\frac{1}{2!}\frac{\mathrm{d}^2}{\mathrm{d}s^2}[(s-p_1)^mF(s)]\big|_{s=p_1}\\
&\cdots\\
&k_{1m}=\frac{1}{(m-1)!}\frac{\mathrm{d}^{m-1}}{\mathrm{d}s^{m-1}}[(s-p_1)^mF(s)]\big|_{s=p_1}\\
&k_2=(s-p_2)F(s)\big|_{s=p_2}=\frac{N(s)}{D'(s)}\bigg|_{s=p_2}\\
&\cdots\\
&k_q=(s-p_q)F(s)\big|_{s=p_q}=\frac{N(s)}{D'(s)}\bigg|_{s=p_q}
\end{aligned}\right\} \tag{9-21}$$

如果 $D(s)=0$ 具有多重根时，应对每个重根分别利用上述方法求出各待定系数。

【例 9-11】求象函数 $F(s)=\dfrac{s-2}{s(s+1)^3}$ 的原函数 $f(t)$。

解：将 $F(s)$ 分解成

$$F(s)=\frac{k_{11}}{(s+1)^3}+\frac{k_{12}}{(s+1)^2}+\frac{k_{13}}{s+1}+\frac{k_2}{s}$$

根据式（9-21）可得

$$k_{11}=(s+1)^3F(s)\big|_{s=-1}=3$$

$$k_{12}=\frac{\mathrm{d}}{\mathrm{d}s}[(s+1)^3F(s)]\big|_{s=-1}=2$$

$$k_{13}=\frac{1}{2}\frac{\mathrm{d}^2}{\mathrm{d}s^2}[(s+1)^3F(s)]\big|_{s=-1}=2$$

$$k_2=sF(s)\big|_{s=0}=-2$$

所以

$$F(s)=\frac{3}{(s+1)^3}+\frac{2}{(s+1)^2}+\frac{2}{s+1}-\frac{2}{s}$$

查表 9-1 可得出相应的原函数

$$f(t)=\frac{3}{2}t^{2}e^{-t}+2te^{-t}+2e^{-t}-2 \qquad (t\geqslant 0)$$

9.4 复频域中的电路定律和电路模型

动态电路的复频域分析有两种思路。第一，在时域内列出动态电路的微分方程，然后对微分方程进行拉普拉斯变换，得到复频域的代数方程，求解该代数方程，得到响应的象函数，再利用拉普拉斯反变换得到响应的时间函数，如例 9-5 即属于此类型。第二，对电路定律和元件的约束关系进行拉普拉斯变换，得到复频域形式，建立电路的复频域模型（即运算电路），列出电路的复频域代数方程，求出响应的象函数，经过拉普拉斯反变换求得时域响应。

本节主要介绍电路定律和电路元件的复频域模型。

9.4.1 基尔霍夫定律的复频域形式

基尔霍夫定律的时域形式为

$$\sum i(t)=0$$
$$\sum u(t)=0$$

对上面两式取拉普拉斯变换，并根据拉普拉斯变换的线性性质，可得

$$\sum I(s)=0 \tag{9-22}$$
$$\sum U(s)=0 \tag{9-23}$$

式（9-22）表明对于任意节点，流入电流的象函数的代数和恒为零；式（9-23）表明对于任意回路，各支路电压的象函数代数和恒为零。

9.4.2 电路元件的复频域分析

1）电阻元件

如图 9-2(a) 所示线性电阻元件的电压电流关系为

$$u_R(t)=i_R(t)R$$

或

$$i_R(t)=u_R(t)G$$

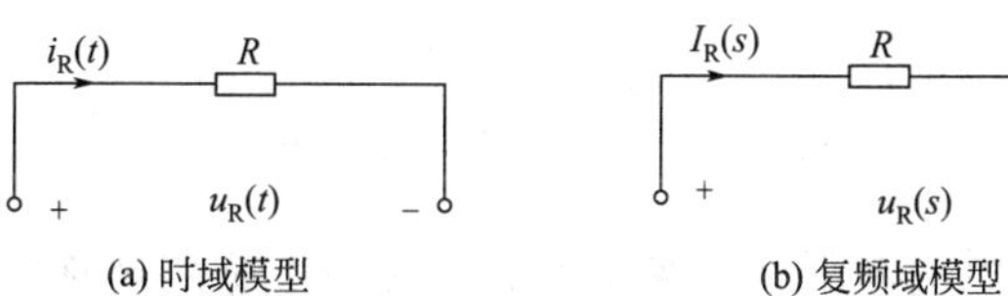

图 9-2 电阻元件

对以上两式取拉普拉斯变换，得

$$U_R(s)=I_R(s)R \tag{9-24}$$
$$I_R(s)=U_R(s)G \tag{9-25}$$

式（9-24）为欧姆定律的复频域形式，如图 9-2(b) 所示为电阻元件的复频域模型，即电阻元件的运算电路。

2）电容元件

如图 9-3(a) 所示线性电容元件的电压与电流关系为

$$u_C(t)=\frac{1}{C}\int_{0_-}^{t}i(\tau)d\tau+u_C(0_-)$$

和

$$i_C(t)=C\frac{du_C(t)}{dt}$$

对上两式进行拉普拉斯变换，再根据线性、微分、积分性质，得电容元件的电压电流的复频

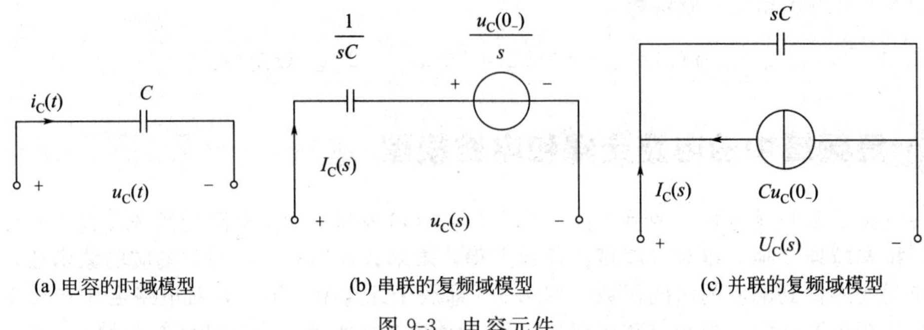

(a) 电容的时域模型　(b) 串联的复频域模型　(c) 并联的复频域模型

图 9-3　电容元件

域形式

$$U_C(s)=\frac{1}{sC}I_C(s)+\frac{u_C(0_-)}{s} \tag{9-26}$$

$$I_C(s)=sCU_C(s)-Cu_C(0_-) \tag{9-27}$$

其中$\frac{1}{sC}$具有阻抗的量纲，称为电容的运算阻抗；sC 具有导纳的量纲，称为电容的运算导纳。$\frac{u_C(0_-)}{s}$和 $Cu_C(0_-)$ 只取决于电容 C 在 $t=0_-$ 时刻的电压值 $u_C(0_-)$。$\frac{u_C(0_-)}{s}$为附加电压源，$Cu_C(0_-)$ 为附加电流源，它们都体现了电容电压初始值对动态过程的影响。

由式（9-26）和式（9-27）可以得出电容元件的复频域模型，分别如图 9-3(b) 和图 9-3(c) 所示。

3）电感元件

如图 9-4(a) 所示线性电感元件的电压与电流关系为

$$u_L(t)=L\frac{di_L(t)}{dt}$$

和

$$i_L(t)=\frac{1}{L}\int_{0-}^{t}u_L(\tau)d\tau+i_L(0_-)$$

对上两式进行拉普拉斯变换，再根据线性、微分、积分性质，得电感元件的电压电流的复频域形式

$$U_L(s)=sLI_L(s)-Li_L(0_-) \tag{9-28}$$

$$I_L(s)=\frac{1}{sL}U_L(s)+\frac{i_L(0_-)}{s} \tag{9-29}$$

其中 sL 和$\frac{1}{sL}$分别具有阻抗和导纳的量纲，分别称为电感的运算阻抗和电感的运算导纳。$Li_L(0_-)$ 和$\frac{i_L(0_-)}{s}$只取决于电感在 $t=0_-$ 时刻的电流值 $i_L(0_-)$。$Li_L(0_-)$ 为附加电压源，

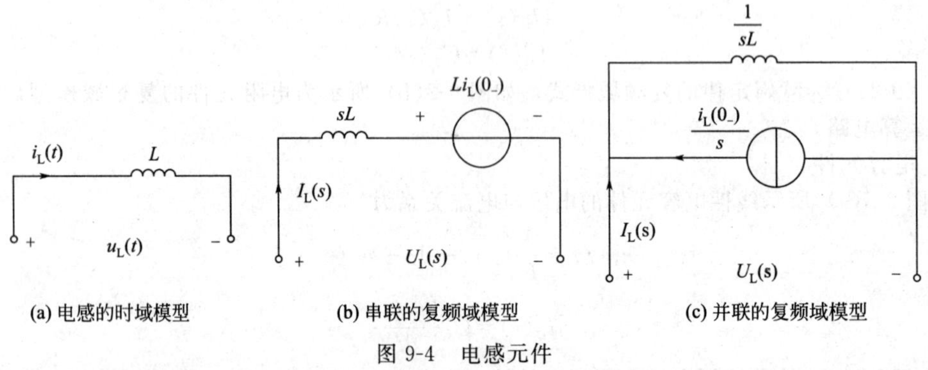

(a) 电感的时域模型　(b) 串联的复频域模型　(c) 并联的复频域模型

图 9-4　电感元件

$\dfrac{i_L(0_-)}{s}$为附加电流源，它们都体现了电感电流初始值对动态过程的影响。

由式（9-28）和式（9-29）可以得出电感元件的复频域模型，分别如图 9-4(b) 和图 9-4(c) 所示。

4）互感元件

如图 9-5(a) 所示互感元件电压电流关系的时域形式为

$$\begin{cases} u_1 = L_1 \dfrac{\mathrm{d}i_1}{\mathrm{d}t} + M \dfrac{\mathrm{d}i_2}{\mathrm{d}t} \\ u_2 = M \dfrac{\mathrm{d}i_1}{\mathrm{d}t} + L_2 \dfrac{\mathrm{d}i_2}{\mathrm{d}t} \end{cases}$$

对上两式进行拉普拉斯变换，再根据线性和微分性质，可得

$$\begin{cases} U_1(s) = sL_1 I_1(s) - L_1 i_1(0_-) + sMI_2(s) - Mi_2(0_-) \\ U_2(s) = sL_2 I_2(s) - L_2 i_2(0_-) + sMI_1(s) - Mi_1(0_-) \end{cases} \tag{9-30}$$

其中，sM 称为互感运算阻抗，$Mi_1(0_-)$ 和 $Mi_2(0_-)$ 都是附加电压源，其极性与电流 i_1、i_2的参考方向及同名端有关。

式（9-30）对应的复频域模型如图 9-5(b) 所示。

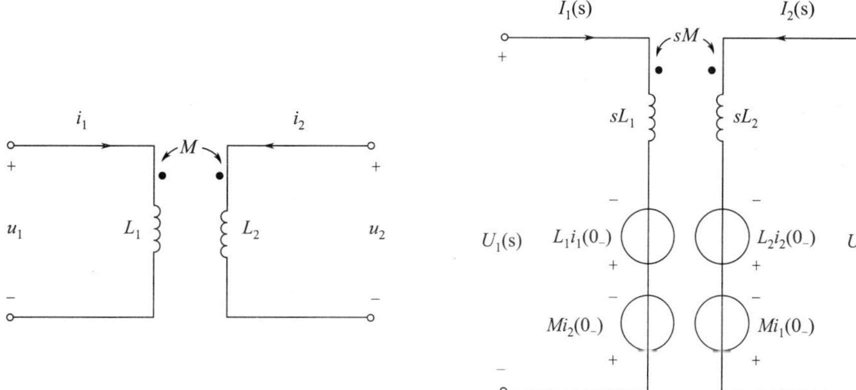

(a) 耦合电感的时域模型　　(b) 耦合电感的复频域模型

图 9-5　耦合电感元件

5）RLC 串联元件

图 9-6(a) 为 RLC 串联电路电压电流关系的时域形式，设电源电压为 $u(t)$，电感初始电流为 $i(0_-)$，电容初始电压为 $u_C(0_-)$，可得

$$u_R(t) + u_L(t) + u_C(t) = u(t)$$

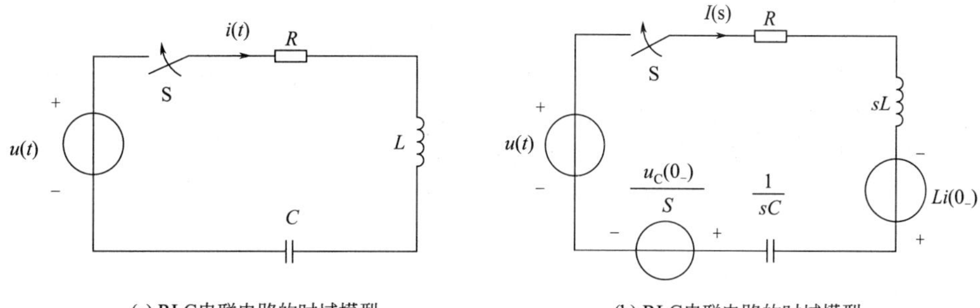

(a) RLC串联电路的时域模型　　(b) RLC串联电路的时域模型

图 9-6　RLC 串联电路

即 $$i(t)R+L\frac{\mathrm{d}i(t)}{\mathrm{d}t}+\frac{1}{C}\int_{0_-}^{t}i(\tau)\mathrm{d}\tau+u_C(0_-)=u(t)$$

对上式进行拉普拉斯变换，得

$$RI(s)+L[sI(s)-i(0_-)]+\frac{1}{C}\left[\frac{1}{s}I(s)+\frac{u_C(0_-)}{s}\right]=U(s)$$

整理，得

$$\left(R+sL+\frac{1}{sC}\right)I(s)=U(s)+Li(0_-)-\frac{u_C(0_-)}{s} \tag{9-31}$$

由式（9-31）可得 RLC 串联电路的复频域模型，如图 9-6(b) 所示。

令 $Z(s)=R+sL+\frac{1}{sC}$，称为 RLC 串联电路的运算阻抗，$Y(s)=\frac{1}{Z(s)}$称为运算导纳，在零初始条件下

$$I(s)\cdot Z(s)=U(s) \tag{9-32}$$

式（9-32）称为运算形式的欧姆定律。

从上述元件的复频域模型可以总结出：在时域中用导数关系表述的元件方程，经拉普拉斯变换后，电压象函数与电流象函数之间都成了代数关系。所以对复频域电路模型只需列写代数方程。

6）复频域电路模型

将电路中所有电流、电压和激励等时间函数均改用它们的象函数表示，电路元件均用其复频域模型表示，这样得到的电路图称为运算电路图或复频域模型。

【例 9-12】电路如图 9-7(a) 所示，开关 S 闭合前电路已达稳态，$t=0$ 时将 S 闭合，画出其运算电路图。

解： $i_L(0_-)=\frac{U_S}{R_1+R_2}$，$u_C(0_-)=\frac{U_S}{R_1+R_2}\times R_2$

根据各元件的复频域模型可画出图 9-7(a) 所对应的运算电路图如图 9-7(b) 所示。

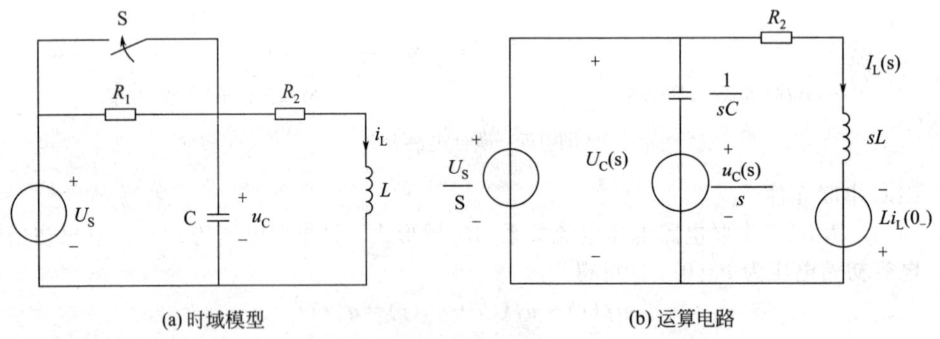

图 9-7 例 9-12 电路图

【例 9-13】电路如图 9-8(a) 所示，已知 $R_1=20\Omega$，$R_2=40\Omega$，$L=0.5\text{H}$，$C=50\mu\text{F}$，$U_S=40\text{V}$。若原来电路已达稳态，$t=0$ 时闭合开关 S。试画出相应的运算电路。

解： $t=0_-$ 时刻电路处于直流稳态，电路的起始状态为

$$(20+40)i_L(0_-)=40+20i_L(0_-)$$

解得 $i_L(0_-)=1\text{A}$。则

$$u_C(0_-)=40i_L(0_-)-20i_L(0_-)=40-20=20(\text{V})$$

运算电路如图 9-8(b) 所示。注意，开关 S 闭合后，$i_{R1}=0$，所以受控源电压为零，相当于短路。

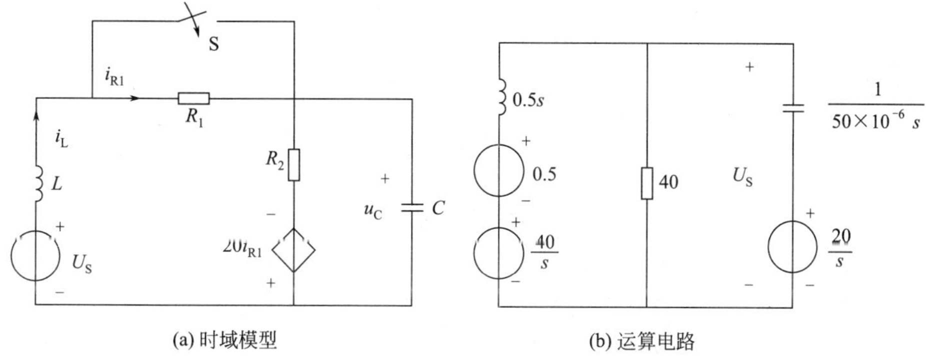

(a) 时域模型　　(b) 运算电路

图 9-8　例 9-13 电路图

9.5 线性动态电路的复频域分析

由于复频域形式的 KCL、KVL 及欧姆定律在形式上与相量形式的 KCL、KVL 及欧姆定律形同，因此关于相量法中的电路分析的各种方法、各种电路定理以及电路的各种等效变换方法与原则，均适用于复频域的电路分析。

线性动态电路的复频域分析方法的一般步骤如下。

(1) 由换路前的稳态电路求出电感电流的初始值 $i_L(0_-)$ 和电容电压的初始值 $u_C(0_-)$；

(2) 画出换路后电路的复频域（s 域）电路模型；

(3) 对运算电路进行分析，可应用支路电流法、网孔电流法、节点电压法、电源模型等效变换、叠加定理、戴维南定理等方法求响应的象函数；

(4) 将响应的象函数进行部分分式展开求响应的时域形式。

【例 9-14】电路如图 9-9(a) 所示，在开关 S 闭合前已处于稳态，试用运算法求 $u_L(t)$。

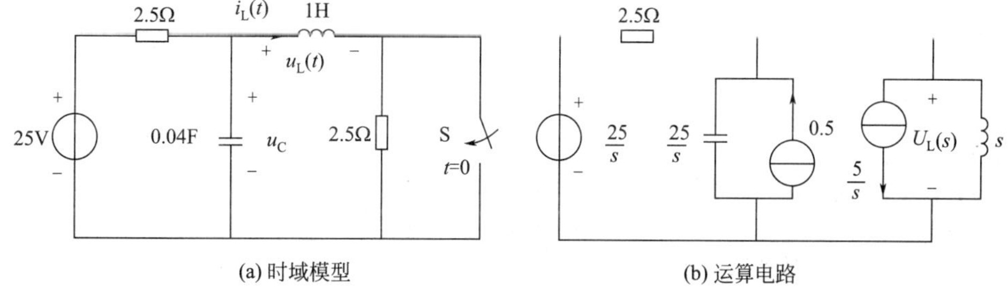

(a) 时域模型　　(b) 运算电路

图 9-9　例 9-14 电路图

解：(1) 求 $i_L(0_-)$ 和 $u_C(0_-)$。

$t=0_-$时，电路处于直流稳态，电感短路，电容开路，所以

$$i_L(0_-)=\frac{25}{2.5+2.5}=5(\text{A}),u_C(0_-)=2.5i_L(0_-)=12.5(\text{V})$$

(2) 求 $U_L(s)$。

画出运算电路如图 9-9(b) 所示。由该图得

$$\left(\frac{1}{2.5}+\frac{s}{25}+\frac{1}{s}\right)U_L(s)=\frac{\frac{25}{s}}{2.5}+0.5-\frac{5}{s}$$

整理得

$$(s^2+10s+25)U_L(s)=12.5s+125$$

所以 $$U_L(s)=\frac{12.5s+125}{(s+5)^2}=\frac{62.5}{(s+5)^2}+\frac{12.5}{s+5}$$

(3) 求 $u_L(t)$。

对 $U_L(s)$ 取拉普拉斯反变换得

$$u_L(t)=(62.5t+12.5)e^{-5t}=12.5(5t+1)e^{-5t}(\text{V})\quad (t>0)$$

本章小结

本章首先介绍了拉普拉斯变换的定义、性质，拉普拉斯反变换，然后介绍了动态元件的复频域形式，最后介绍了利用拉普拉斯变换求解动态电路的方法，即运算电路法。

(1) 拉普拉斯变换。函数的拉普拉斯变换可采用拉氏变换的定义求得，另外常用函数的拉普拉斯变换可参阅表 9-1，也可利用拉氏变换的线性、微分、积分等性质进行求解。

(2) 拉普拉斯反变换。利用拉普拉斯反变换可求原函数，方法如下：

① 查表法；

② 真分式可用部分分式，结合常用公式和性质求解。

(3) 运算法求解线性动态电路步骤如下。

① 由换路前的稳态电路求出电感电流的初始值 $i_L(0_-)$ 和电容电压的初始值 $u_C(0_-)$，确定附加电源。

② 把 $L\to sL$，$C\to\frac{1}{sC}$，画出换路后电路的复频域（s 域）电路模型；

③ 对运算电路进行分析，简单电路可利用分压公式或分流公式求解，复杂电路可应用支路电流法、网孔电流法、节点电压法、电源模型等效变换、叠加定理、戴维南定理等方法求响应的象函数；

④ 将响应的象函数进行部分分式展开求响应的时域形式。

习题 9

9-1 用拉普拉斯变换的定义求下列函数的象函数。

(1) $f(t)=3\delta(t-1)$　　(2) $f(t)=3-2e^{-at}$

(3) $f(t)=\varepsilon(t-4)$　　(4) $f(t)=(1-2t)e^{-2t}$

9-2 用拉普拉斯变换的性质求下列函数的象函数。

(1) $f(t)=\cos(\omega t+\varphi)$　　(2) $f(t)=(1+e^{-3t})\varepsilon(t)$

(3) $f(t)=e^{-2t}\sin(4t)$　　(4) $f(t)=te^{-t}\sin(2t)$

(5) $f(t)=2\varepsilon(t)-2\varepsilon(t-1)$　　(6) $f(t)=t\varepsilon(t-1)$

9-3 计算如图 9-10 所示函数的象函数。

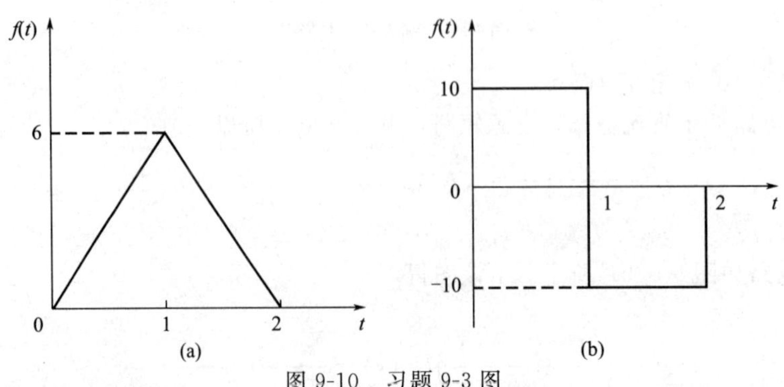

图 9-10 习题 9-3 图

9-4 求下列象函数的原函数。

(1) $F(s)=\frac{s+4}{s^3+3s^2+2s}$　　(2) $F(s)=\frac{4s+6}{s^3+5s^2+6s}$

(3) $F(s)=\dfrac{2s+1}{2s^2+6s}$　　(4) $F(s)=\dfrac{s+3}{(s+1)^3(s+2)}$

(5) $F(s)=\dfrac{s+2}{s^2+2s+5}$　　(6) $F(s)=\dfrac{2s^2+5s+6}{s^2+2s+2}$

9-5　电路如图 9-11 所示，求二端口网络的运算阻抗。

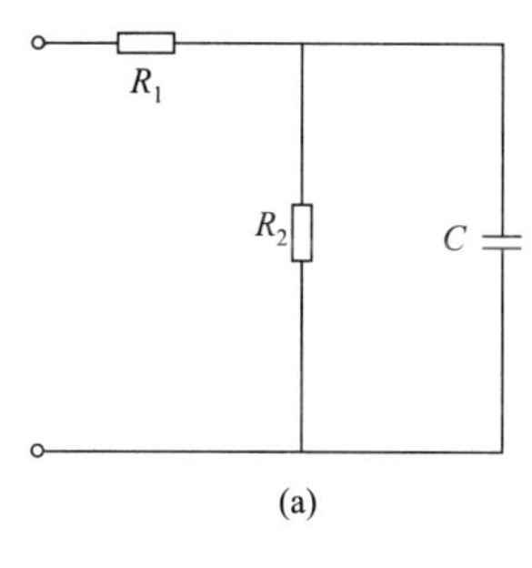

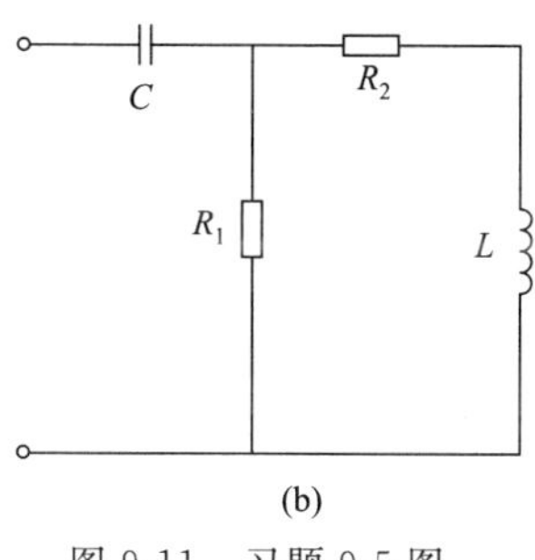

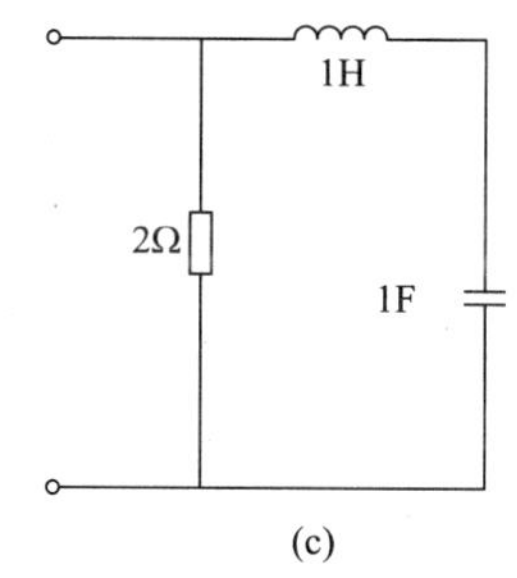

图 9-11　习题 9-5 图

9-6　电路如图 9-12 所示，已知初始状态为 $i_L(0_-)=1\text{A}$，$u_C(0_-)=2\text{V}$，求 $t\geqslant 0$ 时的零输入响应 $u_C(t)$。

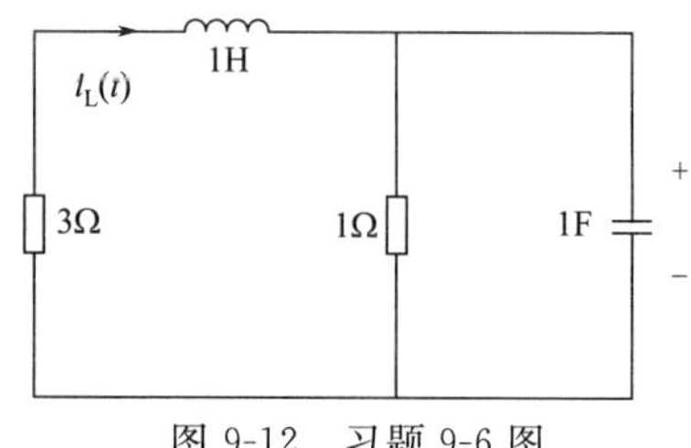

图 9-12　习题 9-6 图

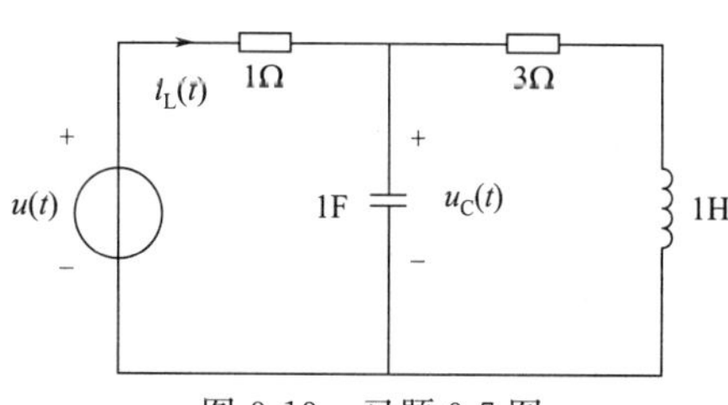

图 9-13　习题 9-7 图

9-7　电路如图 9-13 所示，已知 $u(t)=(4-4e^{-3t})\varepsilon(t)\text{ V}$，求 $t\geqslant 0$ 时的零状态响应 $u_C(t)$。

9-8　在如图 9-14 所示电路中，已知 $R_1=R_2=2\Omega$，$C=0.1\text{F}$，$L=\dfrac{5}{8}\text{H}$，$U_{S1}=4\text{V}$，$U_{S2}=2\text{V}$，原电路已处于稳态，$t=0$ 时闭合开关 S，试求

(1) 运算电路图；(2) 求 $u_C(t)$ 的运算电压 $U_C(s)$；(3) 求 $u_C(t)$。

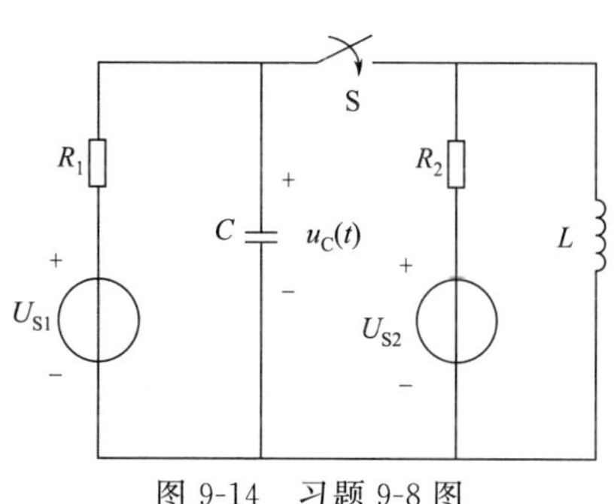

图 9-14　习题 9-8 图

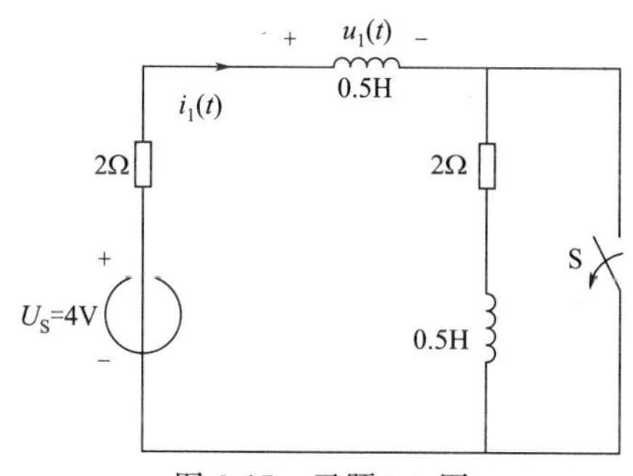

图 9-15　习题 9-9 图

9-9　如图 9-15 所示的电路原已稳定。试求换路后的 (1) 复频域电路；(2) $i_1(t)$ 及 $u_1(t)$。

9-10　如图 9-16 所示的电路原已稳定，3μF 电容未充电，$t=0$ 时开关 S 由 1 合到 2，(1) 试作出复频域电路模型；(2) 用复频域法求 $i(t)$；(3) 求在 $t=2\mu\text{s}$ 时的电流值。

9-11　如图 9-17 所示的电路原已稳定。试求：(1) 换路后的复频域电路模型；(2) 求换路后的电流 $i(t)$。

9-12　如图 9-18 所示的电路原已稳定，试求：(1) 换路后的复频域电路；(2) 用复频域法求 $i_L(t)$ 及 $u_C(t)$。

9-13　如图 9-19 所示的电路原已稳定，试求：换路后的复频域电路及换路后的电流 $i_L(t)$。

9-14　如图 9-20 所示的电路原已稳定，$u_{C1}(0_-)=0$。试求：(1) 换路后的复频域电路；(2) 换路后的电流 $i(t)$(C_1 原来未充电)。

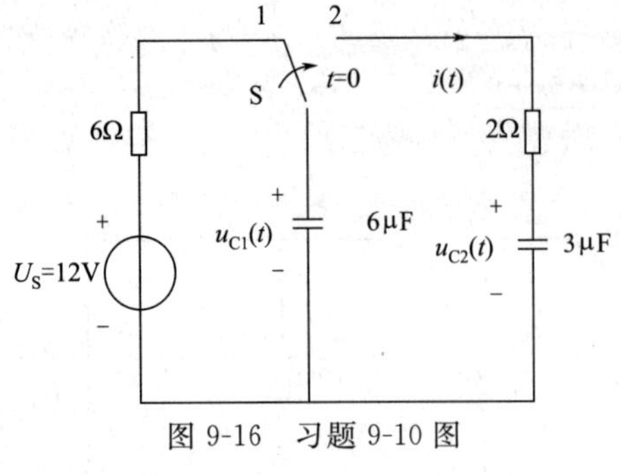

图 9-16　习题 9-10 图

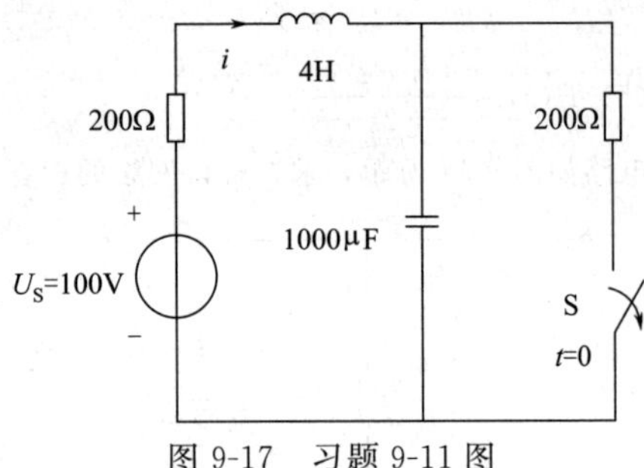

图 9-17　习题 9-11 图

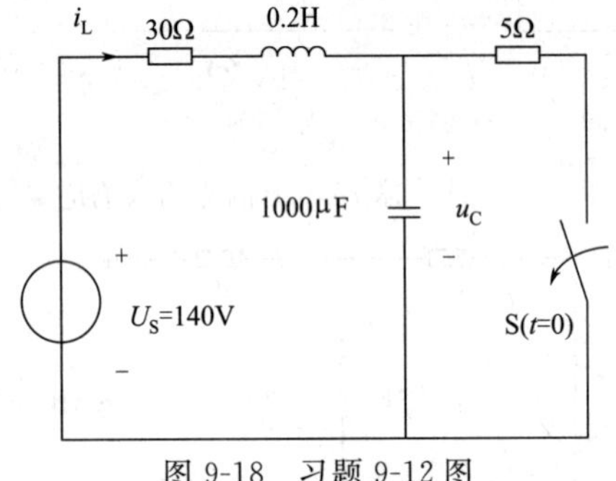

图 9-18　习题 9-12 图

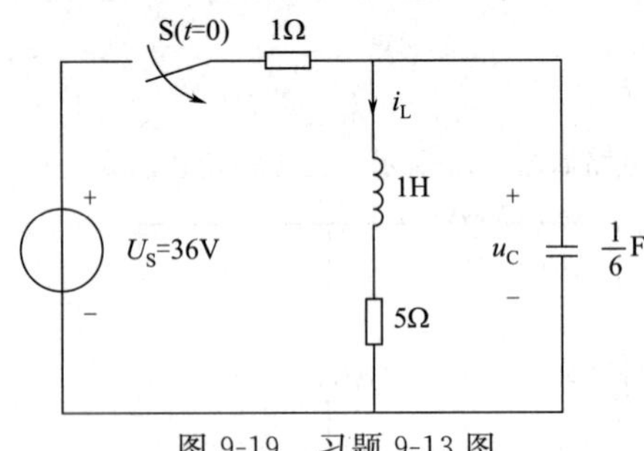

图 9-19　习题 9-13 图

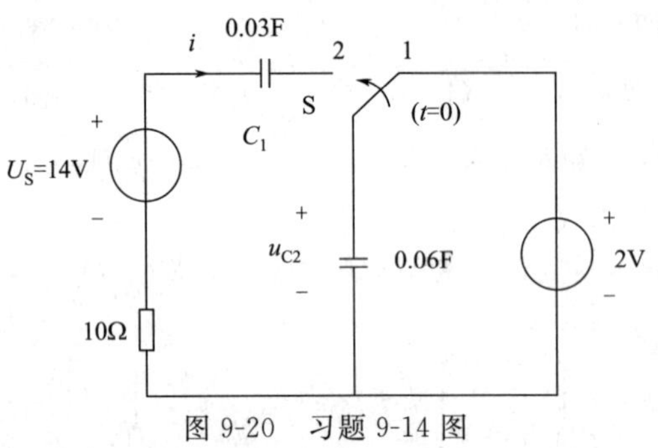

图 9-20　习题 9-14 图

第 10 章

二端口网络

● 【内容提要】 ●

在工程中，很多实际网络的内部情况是很复杂的，电路内部的结构和状态难于观测，有的甚至被封装起来，只引出一些端子、端口与外电路相连。分析电路的性能时，只能由其端子、端口的电流和电压来表征。为了解决工程中的这些问题，引入了二端口网络理论。本章主要介绍二端口网络的基本概念，二端口网络的方程和参数，二端口网络的连接和等效电路，输入阻抗、输出阻抗等。

10.1 二端口网络基本概念

网络分析中，在研究与外电路连接的一个端口情况时，可将网络看作是一端口网络，如前述戴维南等效电路。与此相似，具有两个端口的网络则称为二端口网络（或双口网络），简称二端口。只有两对端子都满足端口条件的四端网络才是二端口网络，即要满足在构成一个端口的一对端子中，任一瞬间流入一个端子的电流等于流出另一个端子的电流，如图 10-1(a) 所示。许多实

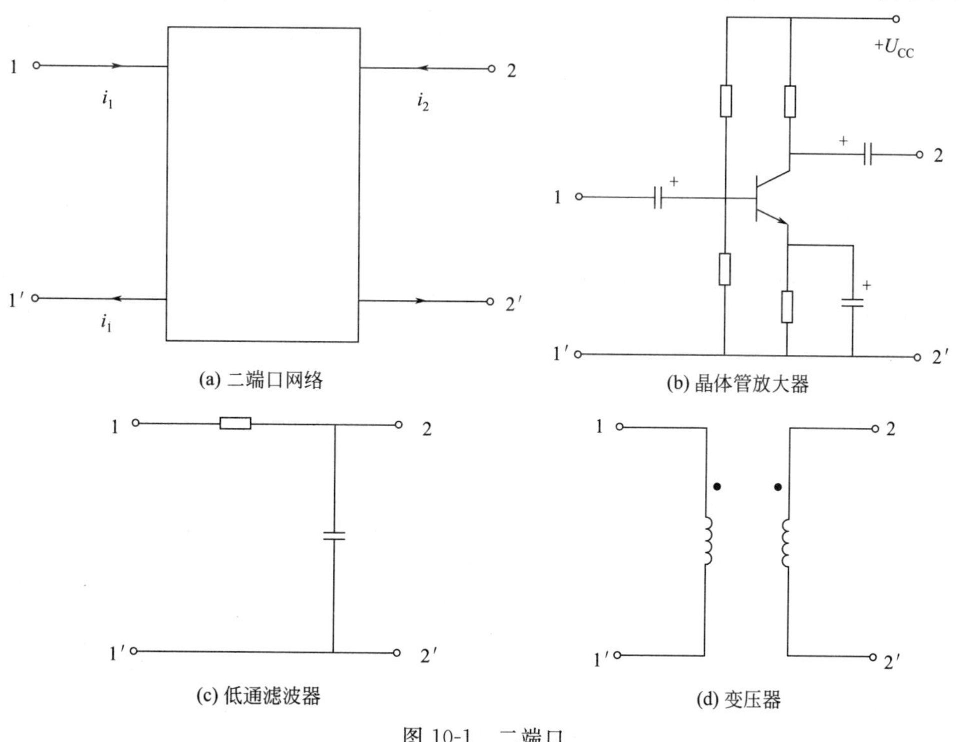

图 10-1　二端口

际网络都具有二端口网络的特点，如图 10-1(b)、(c)、(d) 所示，放大器、滤波器、变压器等都属于二端口网络，因此研究二端口网络具有重要的意义。

二端口网络的图形符号如图 10-1 (a) 所示，由于二端口网络常用于传输能量或信号，一个端口引入激励，另一个端口产生响应，所以常把二端口网络中由端子 1-1′组成的端口称为输入端口，由端子 2-2′组成的端口称为输出端口。

如果二端口网络仅由线性元件构成，且不含有任何独立电源时，称为线性无源二端口网络。线性无源二端口网络具有互易性，即激励与响应互换位置后其结果不变。本章只讨论在正弦稳态情况下的线性无源二端口网络，仍采用相量法分析。

10.2 二端口网络的方程和参数

如图 10-2 所示，二端口网络端口处有 4 个变量即输入端口的电压 $\dot{U}_1$、电流 $\dot{I}_1$，输出端口的电压 $\dot{U}_2$、电流 $\dot{I}_2$。研究二端口网络时，重要的是要找出这 4 个变量之间的关系。在这四个变量中，只有两个是独立变量；可以将其中的任意 4 个变量作为自变量（已知量），另外两个变量作为因变量（未知量），则有 6 种组合的网络方程来表示 4 个变量的相互关系。用两个自变量表示两个因变量的方程就是二端口网络的外特性方程，简称为二端口网络的方程。由于自变量和因变量有 6 种不同的组合方式，相应的网络方程和参数也有 6 种，分别是 Z 参数、Y 参数、H 参数、G 参数、T 参数和 T'参数。这里仅介绍常用的 Y 参数、Z 参数、T 参数和 H 参数。

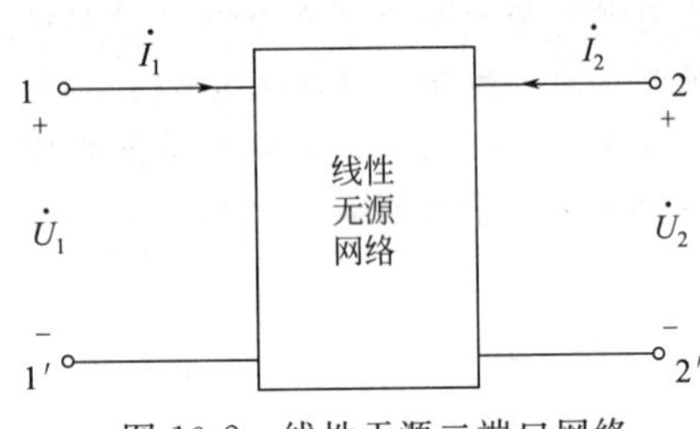

图 10-2　线性无源二端口网络

10.2.1　Y 参数

Y 参数方程是一组以二端口网络的电压 $\dot{U}_1$、$\dot{U}_2$表征电流 $\dot{I}_1$、$\dot{I}_2$的方程。

如图 10-2 所示，选择端口电压 $\dot{U}_1$和 $\dot{U}_2$为已知量，$\dot{I}_1$和 $\dot{I}_2$为未知量。设 $\dot{U}_1$、$\dot{U}_2$分别作用在端口，相当于电压源为激励，如图 10-3(a) 所示，根据叠加定理，可得

$$\left.\begin{aligned}\dot{I}_1=Y_{11}\dot{U}_1+Y_{12}\dot{U}_2\\ \dot{I}_2=Y_{21}\dot{U}_1+Y_{22}\dot{U}_2\end{aligned}\right\}\tag{10-1}$$

式 (10-1) 称为二端口网络的 Y 参数方程，其中 Y_{11}、Y_{12}、Y_{21}、Y_{22}称为二端口网络的 Y 参数。不难看出，Y 参数具有导纳的性质，也称导纳参数。

Y 参数由二端口网络的内部结构、元件参数及电源频率决定，可通过网络的输入端、输出端短路测量或计算来确定。由式 (10-1) 可知，二端口网络的输出端口 2-2′短路，如图 10-3(b) 所示，可求得参数

$$Y_{11}=\left.\frac{\dot{I}_1}{\dot{U}_1}\right|_{\dot{U}_2=0}$$

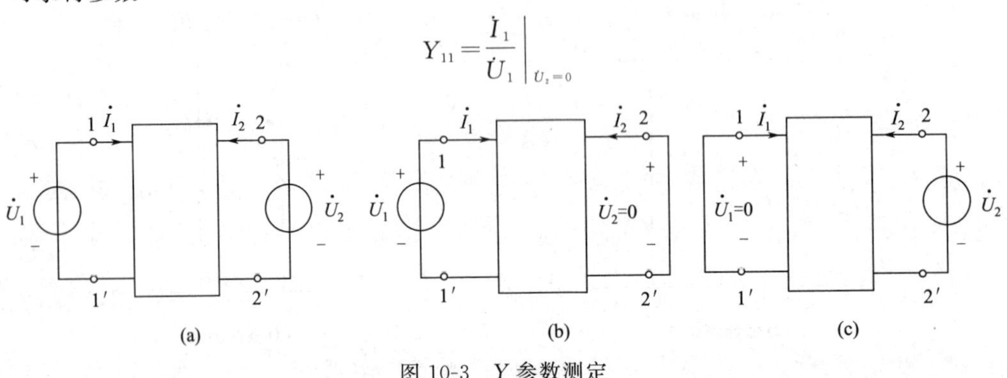

图 10-3　Y 参数测定

$$Y_{21}=\left.\frac{\dot{I}_2}{\dot{U}_1}\right|_{\dot{U}_2=0}$$

其中，Y_{11}是输出端 2-2′短路时，输入端的输入导纳；Y_{21}是输出端 2-2′短路时，输出端对输入端的转移导纳。

同理，二端口网络的输入端口 1-1′短路，如图 10-3(c) 所示，可求得参数

$$Y_{12}=\left.\frac{\dot{I}_1}{\dot{U}_2}\right|_{\dot{U}_1=0}$$

$$Y_{22}=\left.\frac{\dot{I}_2}{\dot{U}_2}\right|_{\dot{U}_1=0}$$

其中，Y_{12}是输入端口 1-1′短路时，输入端对输出端的转移导纳；Y_{22}是输入端口 1-1′短路时，输出端的输入导纳。

式（10-1）还可以写成矩阵形式

$$\begin{bmatrix}\dot{I}_1\\\dot{I}_2\end{bmatrix}=\begin{bmatrix}Y_{11} & Y_{12}\\Y_{21} & Y_{22}\end{bmatrix}\begin{bmatrix}\dot{U}_1\\\dot{U}_2\end{bmatrix}=\boldsymbol{Y}\begin{bmatrix}\dot{U}_1\\\dot{U}_2\end{bmatrix}$$

式中

$$\boldsymbol{Y}=\begin{bmatrix}Y_{11} & Y_{12}\\Y_{21} & Y_{22}\end{bmatrix}$$

称为二端口网络的 **Y** 参数矩阵。

如果二端口网络具有互易性，$Y_{12}=Y_{21}$，将有三个参数是独立的；如果二端口网络是对称网络时，$Y_{11}=Y_{22}$，那么网络的独立参数就减少到两个。

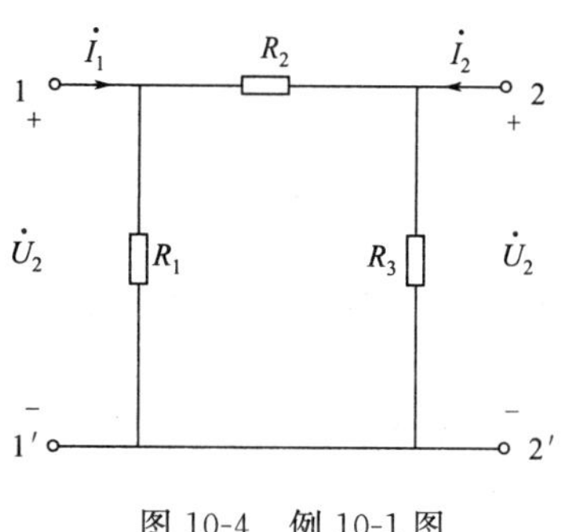

图 10-4　例 10-1 图

【例 10-1】电路如图 10-4 所示，已知 $R_1=\frac{1}{2}\Omega$，$R_2=\frac{1}{4}\Omega$，$R_3=\frac{1}{3}\Omega$，求其 Y 参数。

解：将输出端口短路 2-2′短路，有

$$\dot{I}_1=\frac{\dot{U}_1}{R_1}+\frac{\dot{U}_1}{R_2}=\frac{\dot{U}_1}{1/2}+\frac{\dot{U}_1}{1/4}=6\dot{U}_1$$

$$\dot{I}_2=-\frac{\dot{U}_1}{R_2}=-\frac{\dot{U}_1}{1/4}=-4\dot{U}_1$$

整理，可求得参数

$$Y_{11}=\left.\frac{\dot{I}_1}{\dot{U}_1}\right|_{\dot{U}_2=0}=6\text{S}$$

$$Y_{21}=\left.\frac{\dot{I}_2}{\dot{U}_1}\right|_{\dot{U}_2=0}=-4\text{S}$$

将输入端口 1-1′短路，有

$$\dot{I}_2=\frac{\dot{U}_2}{R_3}+\frac{\dot{U}_2}{R_2}=\frac{\dot{U}_2}{1/3}+\frac{\dot{U}_2}{1/4}=7\dot{U}_2$$

$$\dot{I}_1=-\frac{\dot{U}_2}{R_2}=-\frac{\dot{U}_2}{1/4}=-4\dot{U}_2$$

整理，可求得参数

$$Y_{12}=\left.\frac{\dot{I}_1}{\dot{U}_2}\right|_{\dot{U}_1=0}=-4\text{S}$$

$$Y_{22}=\left.\frac{\dot{I}_2}{\dot{U}_2}\right|_{\dot{U}_1=0}=7\text{S}$$

故二端口网络的**Y**参数矩阵为

$$\boldsymbol{Y}=\begin{bmatrix}Y_{11} & Y_{12}\\ Y_{21} & Y_{22}\end{bmatrix}=\begin{bmatrix}6 & -4\\ -4 & 7\end{bmatrix}\text{S}$$

由本例可见，$Y_{12}=Y_{21}$，二端口网络具有互易性，4 个参数中有 3 个参数是独立的。

10.2.2 Z 参数

Z 参数方程是一组以二端口网络的电流 $\dot{I}_1$、$\dot{I}_2$表征电压 $\dot{U}_1$、$\dot{U}_2$的方程。

如图 10-2 所示，选择端口电流 $\dot{I}_1$和 $\dot{I}_2$为已知量，$\dot{U}_1$和 $\dot{U}_2$为未知量。设 $\dot{I}_1$和 $\dot{I}_2$分别作用在端口，相当于激励为电流源，根据叠加定理，可得

$$\left.\begin{aligned}\dot{U}_1=Z_{11}\dot{I}_1+Z_{12}\dot{I}_2\\ \dot{U}_2=Z_{21}\dot{I}_1+Z_{22}\dot{I}_2\end{aligned}\right\} \tag{10-2}$$

式（10-2）称为二端口网络的 Z 参数方程，其中 Z_{11}、Z_{12}、Z_{21}、Z_{22}称为二端口网络的 Z 参数。不难看出，Z 参数具有阻抗的性质，也称阻抗参数。

Z 参数也由二端口网络的内部结构、元件参数及电源频率决定，亦可通过网络的输入端、输出端开路测量或计算来确定。由式（10-2）可知，将二端口网络的输出端口 2-2′开路，可求得参数

$$Z_{11}=\left.\frac{\dot{U}_1}{\dot{I}_1}\right|_{\dot{I}_2=0}$$

$$Z_{21}=\left.\frac{\dot{U}_2}{\dot{I}_1}\right|_{\dot{I}_2=0}$$

其中，Z_{11}是输出端 2-2′开路时，输入端的输入阻抗；Z_{21}是输出端 2-2′开路时，输出端对输入端的转移阻抗。

同理，将二端口网络的输入端口 1-1′开路，可求得参数

$$Z_{12}=\left.\frac{\dot{U}_1}{\dot{I}_2}\right|_{\dot{I}_1=0}$$

$$Z_{22}=\left.\frac{\dot{U}_2}{\dot{I}_2}\right|_{\dot{I}_1=0}$$

其中，Z_{12}是输入端口 1-1′开路时，输入端对输出端的转移阻抗；Z_{22}是输入端口 1-1′开路时，输出端的输入阻抗。

式（10-2）还可以写成矩阵形式

$$\begin{bmatrix}\dot{U}_1\\ \dot{U}_2\end{bmatrix}=\begin{bmatrix}Z_{11} & Z_{12}\\ Z_{21} & Z_{22}\end{bmatrix}\begin{bmatrix}\dot{I}_1\\ \dot{I}_2\end{bmatrix}=\boldsymbol{Z}\begin{bmatrix}\dot{I}_1\\ \dot{I}_2\end{bmatrix}$$

式中

$$\boldsymbol{Z}=\begin{bmatrix}Z_{11} & Z_{12}\\ Z_{21} & Z_{22}\end{bmatrix}$$

称为二端口的 **Z** 参数矩阵。

同理，若二端口网络具有互易性，$Z_{12}=Z_{21}$，4 个参数中有 3 个参数是独立的；如果二端口网络也是对称网络，$Z_{11}=Z_{22}$，网络的独立参数也减少到 2 个。

【例 10-2】电路如图 10-4 所示，已知 $R_1=\frac{1}{2}\Omega$，$R_2=\frac{1}{4}\Omega$，$R_3=\frac{1}{3}\Omega$，求其 Z 参数。

解：将二端口网络的输出端口 2-2′开路，有

$$\dot{I}_1=\frac{\dot{U}_1}{R_1}+\frac{\dot{U}_1}{R_2+R_3}=\frac{\dot{U}_1}{\frac{1}{2}}+\frac{\dot{U}_1}{\frac{1}{4}+\frac{1}{3}}=\frac{26}{7}\dot{U}_1$$

整理，可求得参数

$$Z_{11}=\left.\frac{\dot{U}_1}{\dot{I}_1}\right|_{\dot{I}_2=0}=\frac{7}{26}\Omega=0.270(\Omega)$$

$$Z_{21}=\left.\frac{\dot{U}_2}{\dot{I}_1}\right|_{\dot{I}_2=0}=\frac{4}{7}\times\frac{7}{26}\Omega=\frac{2}{13}\Omega=0.154(\Omega)$$

将二端口网络的输入端口 1-1′开路，有

$$\dot{I}_2=\frac{\dot{U}_2}{R_3}+\frac{\dot{U}_2}{R_2+R_1}=\frac{\dot{U}_2}{\frac{1}{3}}+\frac{\dot{U}_2}{\frac{1}{4}+\frac{1}{2}}=\frac{13}{3}\dot{U}_2$$

$$\dot{U}_1=\frac{R_1\dot{U}_2}{R_1+R_2}=\frac{1/2}{\frac{1}{4}+\frac{1}{2}}\dot{U}_2=\frac{2}{3}\dot{U}_2$$

整理，可求得参数

$$Z_{12}=\left.\frac{\dot{U}_1}{\dot{I}_2}\right|_{\dot{I}_1=0}=\frac{2}{3}\times\frac{3}{13}=\frac{2}{13}=0.154(\Omega)$$

$$Z_{22}=\left.\frac{\dot{U}_2}{\dot{I}_2}\right|_{\dot{I}_1=0}=\frac{3}{13}=0.231(\Omega)$$

故二端口网络的 **Z** 参数矩阵为

$$\boldsymbol{Z}=\begin{bmatrix}Z_{11} & Z_{12}\\ Z_{21} & Z_{22}\end{bmatrix}=\begin{bmatrix}0.270 & 0.154\\ 0.154 & 0.231\end{bmatrix}(\Omega)$$

由本例可见，$Z_{12}=Z_{21}$，二端口网络具有互易性，有三个参数是独立的。

【例 10-3】电路如图 10-5 所示，已知 $R_1=R_2=2\Omega$，求其 Z 参数。

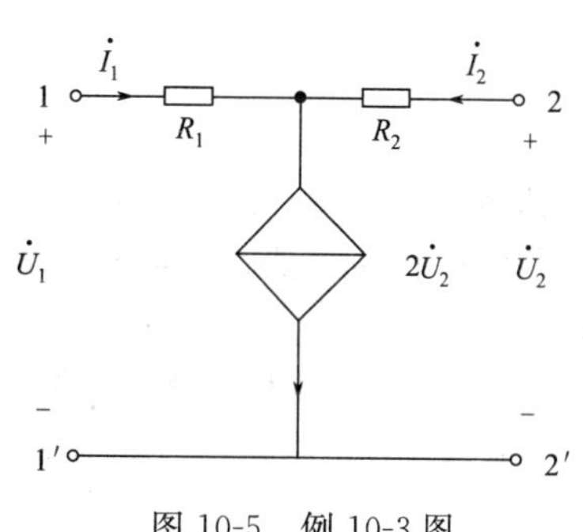

图 10-5　例 10-3 图

解：将二端口网络的输出端口 2-2′开路，有

$$\dot{I}_1=2\dot{U}_2$$

$$\dot{U}_1=2\dot{I}_1+\dot{U}_2$$

整理，可求得参数

$$Z_{11}=\left.\frac{\dot{U}_1}{\dot{I}_1}\right|_{\dot{I}_2=0}=\frac{5}{2}=2.5(\Omega)$$

$$Z_{21}=\left.\frac{\dot{U}_2}{\dot{I}_1}\right|_{\dot{I}_2=0}=\frac{1}{2}=0.5(\Omega)$$

将二端口网络的输入端口 1-1′开路，有

$$\dot{I}_2=2\dot{U}_2$$

$$\dot{U}_1=\dot{U}_2-2\dot{I}_1$$

整理，可求得参数

$$Z_{12}=\left.\frac{\dot{U}_1}{\dot{I}_2}\right|_{\dot{I}_1=0}=-\frac{3}{2}=-1.5(\Omega)$$

$$Z_{22}=\left.\frac{\dot{U}_2}{\dot{I}_2}\right|_{\dot{I}_1=0}=\frac{1}{2}=0.5(\Omega)$$

故二端口网络的 $\boldsymbol{Z}$ 参数矩阵为

$$\boldsymbol{Z}=\begin{bmatrix}Z_{11} & Z_{12}\\ Z_{21} & Z_{22}\end{bmatrix}=\begin{bmatrix}2.5 & -1.5\\ 0.5 & 0.5\end{bmatrix}(\Omega)$$

由本例可见，$Z_{12}\neq Z_{21}$，二端口网络不具有互易性，这是因为网络中含有受控源，但并不是含有受控源的二端口网络都不是互易网络。

10.2.3 *T* 参数

在工程中，常需要讨论的是二端口网络的输入与输出关系，如在分析电力、电信传输线路时，往往用一个已知端口的电压和电流去求另一个端口的电压和电流，这时采用 T 参数研究问题比较方便。

如图 10-2 所示，选择端口电压 $\dot{U}_2$ 和电流 $\dot{I}_2$ 为已知量，$\dot{U}_1$ 和 $\dot{I}_1$ 为未知量，可得

$$\left.\begin{aligned}\dot{U}_1&=A\dot{U}_2+B(-\dot{I}_2)\\ \dot{I}_1&=C\dot{U}_2+D(-\dot{I}_2)\end{aligned}\right\}\tag{10-3}$$

式（10-3）称为二端口网络的 T 参数方程，其中 A、B、C、D 称为二端口网络的 T 参数或传输参数。不难看出，式中系数 A 和 D 没有量纲，系数 B 具有阻抗性质，系数 C 具有导纳的性质，它们也由二端口网络的内部结构、元件参数及电源频率决定。

式（10-3）中 $\dot{I}_2$ 前加一个负号，是因为人们习惯上认为既然是“传输”，$\dot{I}_1$ 从输入端口电压正极性流入，$\dot{I}_2$ 应从输出端口电压正极性流出，和图中假定的参考方向相反，所以在 $\dot{I}_2$ 前加负号。

由式（10-3）不难得出

$$\left.\begin{aligned}A&=\left.\frac{\dot{U}_1}{\dot{U}_2}\right|_{\dot{I}_2=0} \quad & B&=\left.\frac{\dot{U}_1}{-\dot{I}_2}\right|_{\dot{U}_2=0}\\ C&=\left.\frac{\dot{I}_1}{\dot{U}_2}\right|_{\dot{I}_2=0} \quad & D&=\left.\frac{\dot{I}_1}{-\dot{I}_2}\right|_{\dot{U}_2=0}\end{aligned}\right\}$$

其中，A 是输出端口开路 2-2′开路时，输入端口对输出端口的电压比；B 是输出端口 2-2′短路时的转移阻抗；C 是输出端口 2-2′开路时的转移导纳；D 是输出端口 2-2′短路时的电流比。

式（10-3）还可以写成矩阵形式

$$\begin{bmatrix}\dot{U}_1\\ \dot{I}_1\end{bmatrix}=\begin{bmatrix}A & B\\ C & D\end{bmatrix}\begin{bmatrix}\dot{U}_2\\ -\dot{I}_2\end{bmatrix}=\boldsymbol{T}\begin{bmatrix}\dot{U}_2\\ -\dot{I}_2\end{bmatrix}$$

式中

$$\boldsymbol{T}=\begin{bmatrix}A & B\\ C & D\end{bmatrix}$$

称为二端口的 T 参数矩阵。

实际上，T 参数方程也可以从阻抗参数方程直接推导出来，同样选择端口电流 $\dot{U}_2$ 和 $\dot{I}_2$ 为已知量，$\dot{U}_1$ 和 $\dot{I}_1$ 为未知量，式（10-2）可以改写成如下形式

$$\left.\begin{aligned}\dot{U}_1&=\frac{Z_{11}}{Z_{21}}\dot{U}_2+\frac{\Delta_Z}{Z_{21}}(-\dot{I}_2)=A\dot{U}_2+B(-\dot{I}_2)\\ \dot{I}_1&=\frac{1}{Z_{21}}\dot{U}_2+\frac{Z_{22}}{Z_{21}}(-\dot{I}_2)=C\dot{U}_2+D(-\dot{I}_2)\end{aligned}\right\}\tag{10-4}$$

式中

$$\Delta_Z=Z_{11}Z_{22}-Z_{12}Z_{21},A=\frac{Z_{11}}{Z_{21}},B=\frac{|Z|}{Z_{21}},C=\frac{1}{Z_{21}},D=\frac{Z_{22}}{Z_{21}}$$

对于互易网络，$Z_{12}=Z_{21}$，有 $AD-BC=1$。这表示互易二端口网络的 4 个参数中只有 3 个是独立的。对于对称二端口网络，还有 $A=D$。

【例 10-4】空心变压器如图 10-6 所示，已知 $R_1=1.5\Omega$，$R_2=5.1\Omega$，$L_1=5\text{mH}$，$L_2=21\text{mH}$，$M=6\text{mH}$，$f=50\text{Hz}$，求该变压器的 T 参数。

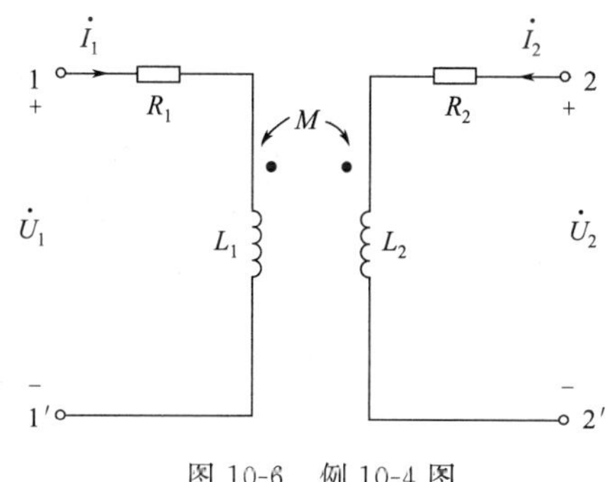

图 10-6 例 10-4 图

解：将二端口的输出端口 2-2′开路，有

$$\dot{I}_1=\frac{\dot{U}_1}{R_1+\text{j}\omega L_1}$$

$$\dot{U}_2=\text{j}\omega M\dot{I}_1$$

整理，可求得参数

$$A=\left.\frac{\dot{U}_1}{\dot{U}_2}\right|_{\dot{I}_2=0}=\frac{R_1+\text{j}\omega L_1}{\text{j}\omega M}=(0.83-\text{j}0.8)$$

$$C=\left.\frac{\dot{I}_1}{\dot{U}_2}\right|_{\dot{I}_2=0}=\frac{1}{\text{j}\omega M}=(-\text{j}0.53)\text{S}$$

将二端口的输出端口 2-2′短路，有

$$\dot{I}_2=-\frac{\text{j}\omega M\dot{I}_1}{R_2+\text{j}\omega L_2}$$

$$\dot{U}_1=\left[(R_1+\text{j}\omega L_1)+\frac{\omega^2M^2}{R_2+j\omega L_2}\right]\dot{I}_1$$

整理，可求得参数

$$B=\left.\frac{\dot{U}_1}{-\dot{I}_2}\right|_{\dot{U}_2=0}=\frac{(R_1+\text{j}\omega L_1)(R_2+\text{j}\omega L_2)+\omega^2M^2}{\text{j}\omega M}=9.5-\text{j}0.45(\Omega)$$

$$D=\left.\frac{\dot{I}_1}{-\dot{I}_2}\right|_{\dot{U}_2=0}=\frac{R_2+\text{j}\omega L_2}{\text{j}\omega M}=(3.5-\text{j}2.7)$$

故二端口网络的 $\boldsymbol{T}$ 参数矩阵为

$$\boldsymbol{T}=\begin{bmatrix}A & B\\ C & D\end{bmatrix}=\begin{bmatrix}(0.83-\text{j}0.8) & (9.5-\text{j}0.45)\Omega\\ (-\text{j}0.53)\text{S} & (3.5-\text{j}2.7)\end{bmatrix}$$

10.2.4 *H* 参数

在低频电子线路中，常以一个端口的电压和另一个端口的电流为已知量，其他两个量为待求量。若端口电压 $\dot{U}_2$ 和电流 $\dot{I}_1$ 为已知量，$\dot{U}_1$ 和 $\dot{I}_2$ 为未知量，可得

$$\left.\begin{aligned}\dot{U}_1=H_{11}\dot{I}_1+H_{12}\dot{U}_2\\ \dot{I}_2=H_{21}\dot{I}_1+H_{22}\dot{U}_2\end{aligned}\right\}\tag{10-5}$$

上式称为二端口网络的 H 参数方程，其中 H_{11}、H_{12}、H_{21}、H_{22} 称为二端口网络的 H 参数或混合参数。

H 参数可由下式求得

$$\left.\begin{aligned}H_{11}=\left.\frac{\dot{U}_1}{\dot{I}_1}\right|_{\dot{U}_2=0}\quad H_{12}=\left.\frac{\dot{U}_1}{\dot{U}_2}\right|_{\dot{I}_1=0}\\ H_{21}=\left.\frac{\dot{I}_2}{\dot{I}_1}\right|_{\dot{U}_2=0}\quad H_{22}=\left.\frac{\dot{I}_2}{\dot{U}_2}\right|_{\dot{I}_1=0}\end{aligned}\right\}$$

其中，H_{11}是输出端口 2-2′短路时，输入端的输入阻抗；H_{12}是输入端口 1-1′开路时，输入端电压与输出端电压之比；H_{21}是输出端口 2-2′短路时，输出端电流与输入端电流之比；H_{22}是输入端口 1-1′开路时，输出端的输入导纳。

式（10-5）还可以写成矩阵形式

$$\begin{bmatrix}\dot{U}_1\\ \dot{I}_2\end{bmatrix}=\begin{bmatrix}H_{11} & H_{12}\\ H_{21} & H_{22}\end{bmatrix}\begin{bmatrix}\dot{I}_1\\ \dot{U}_2\end{bmatrix}=\boldsymbol{H}\begin{bmatrix}\dot{I}_1\\ \dot{U}_2\end{bmatrix}$$

式中

$$\boldsymbol{H}=\begin{bmatrix}H_{11} & H_{12}\\ H_{21} & H_{22}\end{bmatrix}$$

称为二端口网络的 $\boldsymbol{H}$ 参数矩阵。

可以证明，当二端口网络为互易网络时，有 $H_{12}=-H_{21}$。

【例 10-5】晶体管的小信号模型如图 10-7 所示，求该电路的混合参数。

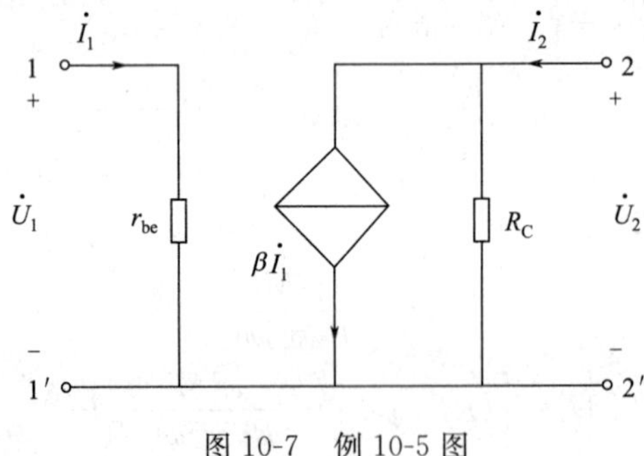

图 10-7 例 10-5 图

解：将二端口网络的输出端口 2-2′短路，在输入端口 1-1′加电压，整理，有

$$H_{11}=\left.\frac{\dot{U}_1}{\dot{I}_1}\right|_{\dot{U}_2=0}=r_{be}$$

$$H_{21}=\left.\frac{\dot{I}_2}{\dot{I}_1}\right|_{\dot{U}_2=0}=\beta$$

实际上，r_{be}为晶体管的输入电阻；β 为晶体管电流放大倍数。

将二端口网络的输入端口 1-1′开路，在输出端口 2-2′加电压，整理，有

$$H_{12}=\left.\frac{\dot{U}_1}{\dot{U}_2}\right|_{\dot{I}_1=0}=0$$

$$H_{22}=\left.\frac{\dot{I}_2}{\dot{U}_2}\right|_{\dot{I}_1=0}=\frac{1}{R_C}$$

10.2.5 二端口网络参数间的关系

同一个二端口网络的电气性能均可以用上述 4 种参数方程及参数来表征。它们在描述网络本身方面是等价的，都能表征二端口网络端口电压、电流关系。

实际工程中，根据不同的场合采用不同参数。例如在电力和电信传输中，常采用 T 参数分析传输线的端口电压、电流关系；而 H 参数在电子电路中得到广泛的应用；Y 参数在高频电路中用得较多。由式（10-4）可知，参数之间是有联系的，不难用一组参数求出其他 3 组参数。表 10-1 列出了它们之间的转换关系。但要注意，并不是所有的二端口网络都同时存在这 4 种参数，有的网络无 Z 参数，有的网络无 Y 参数，有的既无 Z 参数又无 Y 参数（如理想变压器）。

表 10-1　二端口网络 4 种参数的转换关系

	Y 参数	Z 参数	T 参数	H 参数
Y 参数	$\begin{matrix} Y_{11} & Y_{12} \\ Y_{21} & Y_{22} \end{matrix}$	$\begin{matrix} \frac{Z_{22}}{\Delta_Z} & -\frac{Z_{12}}{\Delta_Z} \\ -\frac{Z_{21}}{\Delta_Z} & \frac{Z_{11}}{\Delta_Z} \end{matrix}$	$\begin{matrix} \frac{D}{B} & -\frac{\Delta_A}{B} \\ -\frac{1}{B} & \frac{A}{B} \end{matrix}$	$\begin{matrix} \frac{1}{H_{11}} & -\frac{H_{12}}{H_{11}} \\ \frac{H_{21}}{H_{11}} & \frac{\Delta_H}{H_{11}} \end{matrix}$
Z 参数	$\begin{matrix} \frac{Y_{22}}{\Delta_Y} & -\frac{Y_{12}}{\Delta_Y} \\ -\frac{Y_{21}}{\Delta_Y} & \frac{Y_{11}}{\Delta_Y} \end{matrix}$	$\begin{matrix} Z_{11} & Z_{12} \\ Z_{21} & Z_{22} \end{matrix}$	$\begin{matrix} \frac{A}{C} & \frac{\Delta_A}{C} \\ \frac{1}{C} & \frac{D}{C} \end{matrix}$	$\begin{matrix} \frac{\Delta_H}{H_{22}} & \frac{H_{12}}{H_{22}} \\ \frac{H_{21}}{H_{22}} & \frac{1}{H_{22}} \end{matrix}$
T 参数	$\begin{matrix} -\frac{Y_{22}}{Y_{21}} & -\frac{1}{Y_{21}} \\ -\frac{\Delta_Y}{Y_{21}} & -\frac{Y_{11}}{Y_{21}} \end{matrix}$	$\begin{matrix} \frac{Z_{11}}{Z_{21}} & \frac{\Delta_Z}{Z_{21}} \\ \frac{1}{Z_{21}} & \frac{Z_{22}}{Z_{21}} \end{matrix}$	$\begin{matrix} A & B \\ C & D \end{matrix}$	$\begin{matrix} -\frac{\Delta_H}{H_{21}} & -\frac{H_{11}}{H_{21}} \\ \frac{H_{22}}{H_{21}} & -\frac{1}{H_{21}} \end{matrix}$
H 参数	$\begin{matrix} \frac{1}{Y_{11}} & -\frac{Y_{12}}{Y_{11}} \\ \frac{Y_{21}}{Y_{11}} & \frac{\Delta_Y}{Y_{11}} \end{matrix}$	$\begin{matrix} \frac{\Delta_Z}{Z_{22}} & \frac{Z_{12}}{Z_{22}} \\ -\frac{Z_{21}}{Z_{22}} & \frac{1}{Z_{22}} \end{matrix}$	$\begin{matrix} \frac{B}{D} & \frac{\Delta_A}{D} \\ -\frac{1}{D} & \frac{C}{D} \end{matrix}$	$\begin{matrix} H_{11} & H_{12} \\ H_{21} & H_{22} \end{matrix}$
互易条件	$Y_{12}=Y_{21}$	$Z_{12}=Z_{21}$	$AD-BC=1$	$H_{12}=-H_{21}$

表 10-1 中

$$\Delta_Y=Y_{11}Y_{22}-Y_{12}Y_{21}$$
$$\Delta_Z=Z_{11}Z_{22}-Z_{12}Z_{21}$$
$$\Delta_A=AB-CD$$
$$\Delta_H=H_{11}H_{22}-H_{12}H_{21}$$

10.3 二端口网络的连接和等效电路

10.3.1 二端口网络的连接

一个复杂的二端口网络可以看作是由若干个简单的二端口网络按不同方式连接而成的；反过来，若干个二端口网络按不同方式连接起来，就形成了具有所需特性的复合二端口网络。因此讨论二端口网络的连接对其分析与综合有很重要的意义。

二端口网络的基本联接方式有级联、串联、并联、串并联、并串联 5 种，本节只讨论其中的 3 种，即二端口网络的级联、串联和并联。

如果一个二端口网络 N_1 的输出端口是第二个二端口网络 N_2 的输入端口，则称为二端口网络的级联，如图 10-8 所示。

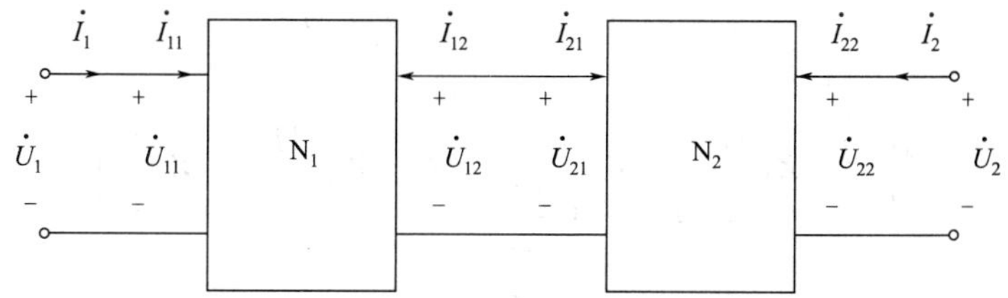

图 10-8　二端口网络的级联

由图 10-8 可知

$$\dot{U}_1=\dot{U}_{11}\quad \dot{I}_1=\dot{I}_{11}$$

$$\dot{U}_{12}=\dot{U}_{21} \quad \dot{I}_{12}=-\dot{I}_{21}$$
$$\dot{U}_{2}=\dot{U}_{22} \quad \dot{I}_{2}=\dot{I}_{22}$$

所以

$$\begin{bmatrix}\dot{U}_1\\ \dot{I}_1\end{bmatrix}=\begin{bmatrix}\dot{U}_{11}\\ \dot{I}_{11}\end{bmatrix}=\boldsymbol{T}_1\begin{bmatrix}\dot{U}_{12}\\ -\dot{I}_{12}\end{bmatrix}=\boldsymbol{T}_1\begin{bmatrix}\dot{U}_{21}\\ \dot{I}_{21}\end{bmatrix}=\boldsymbol{T}_1\boldsymbol{T}_2\begin{bmatrix}\dot{U}_2\\ -\dot{I}_2\end{bmatrix}=\boldsymbol{T}\begin{bmatrix}\dot{U}_2\\ -\dot{I}_2\end{bmatrix}$$

式中

$$\boldsymbol{T}=\boldsymbol{T}_1\boldsymbol{T}_2$$

即级联二端口网络的传输矩阵等于各部分二端口网络的传输矩阵之积。

【例 10-6】电路如图 10-9 所示，求其传输矩阵。

解： 图 10-9 所示二端口网络可以看成 3 个简单二端口网络的级联。其中

$$\boldsymbol{T}_1=\begin{bmatrix}1 & 0\\ Y_1 & 1\end{bmatrix} \quad \boldsymbol{T}_2=\begin{bmatrix}1 & \dfrac{1}{Y_2}\\ 0 & 1\end{bmatrix} \quad \boldsymbol{T}_3=\begin{bmatrix}1 & 0\\ Y_3 & 1\end{bmatrix}$$

所以

$$\boldsymbol{T}=\boldsymbol{T}_1\boldsymbol{T}_2\boldsymbol{T}_3=\begin{bmatrix}1+\dfrac{Y_3}{Y_2} & \dfrac{1}{Y_2}\\ Y_1+Y_3+\dfrac{Y_1Y_3}{Y_2} & 1+\dfrac{Y_1}{Y_2}\end{bmatrix}$$

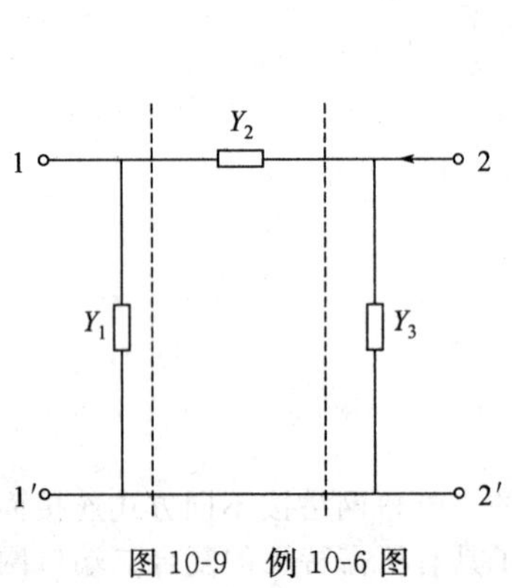

图 10-9　例 10-6 图

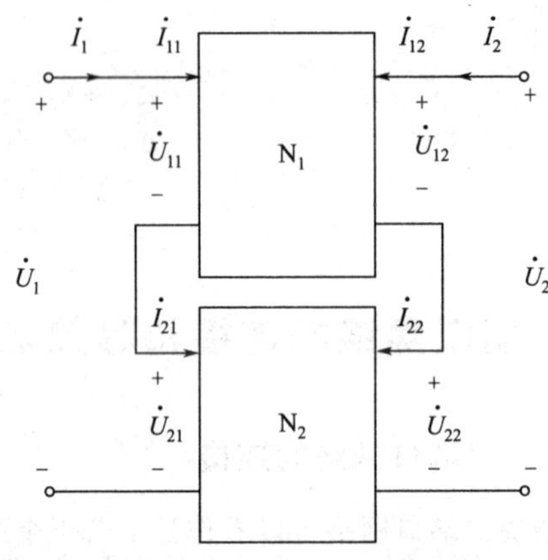

图 10-10　二端口网络的串联

如果两个二端口网络 N_1 和 N_2 对应的端口都串联相接，则称为二端口网络的串联，如图 10-10 所示。

由图 10-10 可知

$$\dot{U}_1=\dot{U}_{11}+\dot{U}_{21} \quad \dot{U}_2=\dot{U}_{12}+\dot{U}_{22}$$
$$\dot{I}_1=\dot{I}_{11}=\dot{I}_{21} \quad \dot{I}_2=\dot{I}_{12}=\dot{I}_{22}$$

所以

$$\begin{bmatrix}\dot{U}_1\\ \dot{U}_2\end{bmatrix}=\boldsymbol{Z}_1\begin{bmatrix}\dot{I}_{11}\\ \dot{I}_{12}\end{bmatrix}+\boldsymbol{Z}_2\begin{bmatrix}\dot{I}_{21}\\ \dot{I}_{22}\end{bmatrix}=(\boldsymbol{Z}_1+\boldsymbol{Z}_2)\begin{bmatrix}\dot{I}_1\\ \dot{I}_2\end{bmatrix}=\boldsymbol{Z}\begin{bmatrix}\dot{I}_1\\ \dot{I}_2\end{bmatrix}$$

式中

$$\boldsymbol{Z}=\boldsymbol{Z}_1+\boldsymbol{Z}_2$$

即串联二端口网络的 $\boldsymbol{Z}$ 参数矩阵等于各部分二端口网络的 $\boldsymbol{Z}$ 参数矩阵之和。

如果两个二端口网络 N_1 和 N_2 对应的端口都并联相接，则称为二端口网络的并联，如图10-11 所示。

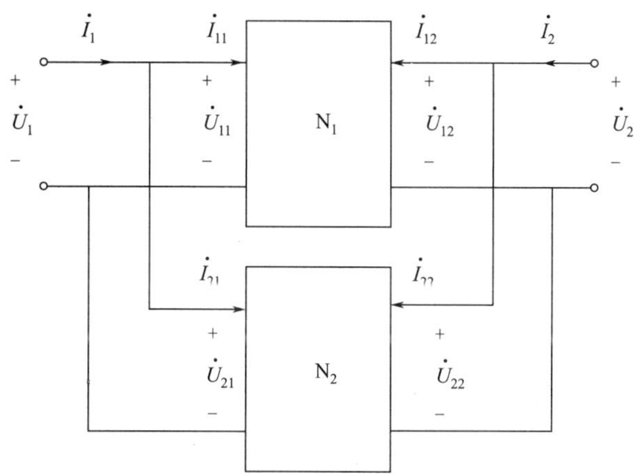

图 10-11　二端口网络的并联

由图 10-11 可知

$$\dot{I}_1=\dot{I}_{11}+\dot{I}_{21}\qquad \dot{I}_2=\dot{I}_{12}+\dot{I}_{22}$$
$$\dot{U}_1=\dot{U}_{11}=\dot{U}_{21}\qquad \dot{U}_2=\dot{U}_{12}=\dot{U}_{22}$$

所以

$$\begin{bmatrix}\dot{I}_1\\ \dot{I}_2\end{bmatrix}=\boldsymbol{Y}_1\begin{bmatrix}\dot{U}_{11}\\ \dot{U}_{12}\end{bmatrix}+\boldsymbol{Y}_2\begin{bmatrix}\dot{U}_{21}\\ \dot{U}_{22}\end{bmatrix}=(\boldsymbol{Y}_1+\boldsymbol{Y}_2)\begin{bmatrix}\dot{U}_1\\ \dot{U}_2\end{bmatrix}=\boldsymbol{Z}\begin{bmatrix}\dot{U}_1\\ \dot{U}_2\end{bmatrix}$$

式中

$$\boldsymbol{Y}=\boldsymbol{Y}_1+\boldsymbol{Y}_2$$

即并联二端口网络的 $\boldsymbol{Y}$ 参数矩阵等于各部分二端口网络的 $\boldsymbol{Y}$ 参数矩阵之和。

10.3.2　二端口网络的等效电路

对于任意不含独立电源的一端口网络，从其外部特性来看，在保持其端口的伏安关系不变的情况下，可以用一个阻抗（或导纳）来等效代替。同理，对于一个不含独立电源的二端口网络，在满足端口的伏安关系不变的前提下，也可以找到与之等效的电路来等效代替。

具有互易性的二端口网络，为了完整地反映 3 个独立的网络参数，一般用 3 个阻抗或导纳组成的 T 形（星形）或 π 形（三角形）网络作为其等效电路，如图 10-12 所示。

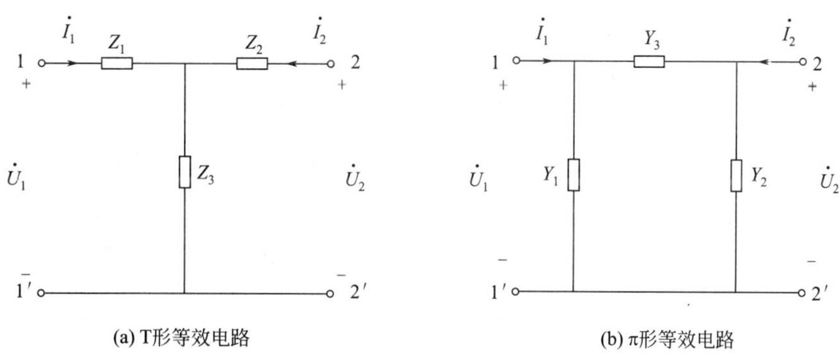

图 10-12　互易二端口网络的等效电路

1）T 形（星形）等效电路

T 形等效电路如图 10-12(a) 所示，根据 KVL，列方程，有

$$\left.\begin{aligned}\dot{U}_1&=Z_1\dot{I}_1+Z_3(\dot{I}_1+\dot{I}_2)=(Z_1+Z_3)\dot{I}_1+Z_3\dot{I}_2\\ \dot{U}_2&=Z_2\dot{I}_2+Z_3(\dot{I}_1+\dot{I}_2)=Z_3\dot{I}_1+(Z_2+Z_3)\dot{I}_2\end{aligned}\right\}\qquad(10\text{-}6)$$

把式（10-6）与式（10-2）对比，有

$$\left.\begin{aligned}Z_{11}&=Z_1+Z_3\\Z_{12}&=Z_{21}=Z_3\\Z_{22}&=Z_2+Z_3\end{aligned}\right\}$$

整理，可得

$$\left.\begin{aligned}Z_1&=Z_{11}-Z_{12}\\Z_2&=Z_{22}-Z_{12}\\Z_3&=Z_{12}=Z_{21}\end{aligned}\right\}\tag{10-7}$$

所以，T 形等效电路的 3 个参数可以通过原网络的 Z 参数求解。若已知其他参数，可以利用表 10-1 转换成 Z 参数，再通过式（10-7）确定 T 形等效电路的参数。

2）π 形（三角形）等效电路

π 形等效电路如图 10-12（b）所示，列方程，有

$$\left.\begin{aligned}\dot{I}_1&=Y_1\dot{U}_1+Y_3(\dot{U}_1-\dot{U}_2)=(Y_1+Y_3)\dot{U}_1-Y_3\dot{U}_2\\\dot{I}_2&=Y_2\dot{U}_2+Y_3(\dot{U}_2-\dot{U}_1)=-Y_3\dot{U}_1+(Y_2+Y_3)\dot{U}_2\end{aligned}\right\}\tag{10-8}$$

把式（10-8）与式（10-1）对比，有

$$\left.\begin{aligned}Y_{11}&=Y_1+Y_3\\Y_{12}&=Y_{21}=-Y_3\\Y_{22}&=Y_2+Y_3\end{aligned}\right\}$$

整理，可得

$$\left.\begin{aligned}Y_1&=Y_{11}+Y_{12}\\Y_2&=Y_{22}+Y_{12}\\Y_3&=-Y_{12}=-Y_{21}\end{aligned}\right\}\tag{10-9}$$

所以，π 形等效电路的 3 个参数可以通过原网络的 Y 参数求解。若已知其他参数，可以利用表 10-1 转换成 Y 参数，再通过式（10-9）确定 π 形等效电路的参数。

10.4 二端口网络的输入输出阻抗

在研究二端口网络时，根据实际情况，还要考虑二端口网络接上电源和负载后的一些特性。如图 10-13 所示，对于一个给定的无源线性二端口网络，其输入端口与含有内阻的激励源相连，输出端口与负载 Z_L 相连接。本节通过讨论输入阻抗、输出阻抗等概念来表示网络的工作特性。

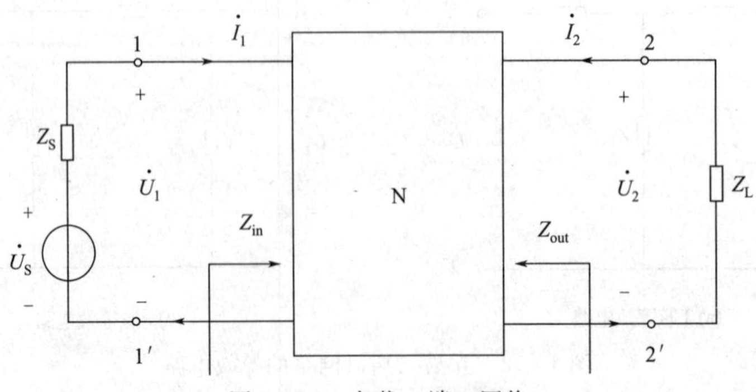

图 10-13　有载二端口网络

10.4.1 输入阻抗

如图 10-14(a) 所示，输入端口的电压与电流之比称为二端口网络的输入阻抗，即

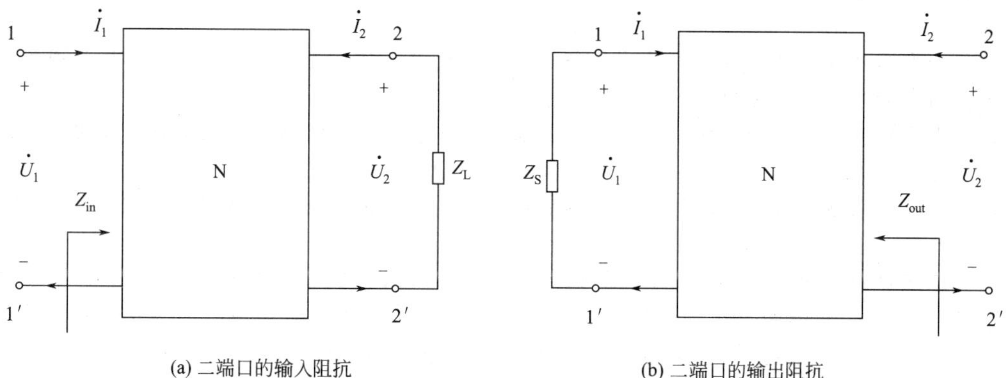

(a) 二端口的输入阻抗　　(b) 二端口的输出阻抗

图 10-14　二端口网络的输入输出阻抗

$$Z_{in}=\frac{\dot{U}_1}{\dot{I}_1}$$

若用传输参数表示，则

$$Z_{in}=\frac{\dot{U}_1}{\dot{I}_1}=\frac{A\dot{U}_2+B(-\dot{I}_2)}{C\dot{U}_2+D(-\dot{I}_2)}$$

因为

$$\dot{U}_2=-\dot{I}_2Z_L$$

所以

$$Z_{in}=\frac{AZ_L+B}{CZ_L+D} \tag{10-10}$$

从式（10-10）可知，接不同负载时，其输入阻抗不同，所以二端口网络具有变换输入阻抗的作用。

10.4.2　输出阻抗

如图 10-14(b) 所示，输出端口的电压与电流之比称为二端口网络的输出阻抗，即在输出端口加一个电压 $\dot{U}_2$，相当于二端口网络反方向传输，把输入端口的激励源 $\dot{U}_S$置零，内阻抗 Z_S保留，有

$$Z_{out}=\frac{\dot{U}_2}{\dot{I}_2}$$

因为

$$\dot{U}_1=-\dot{I}_1Z_S$$

所以，用传输参数表示，可得

$$Z_{out}=\frac{DZ_S+B}{CZ_S+A} \tag{10-11}$$

从式（10-11）可知，激励源内阻不同时，其输出阻抗不同，所以二端口网络具有变换输出阻抗的作用。

本章小结

(1) 二端口网络是指满足端口条件的四端网络，即满足在构成一个端口的一对端子中，任一瞬间流入一个端子的电流等于流出另一个端子的电流。

(2) 二端口网络方程及参数。从端口电压、电流的关系分析二端口，其特性由网络方程及参

数表示，如 Y 参数方程及 Y 参数、Z 参数方程及 Z 参数、T 参数方程及 T 参数和 H 参数方程及 H 参数。

(3) 如果二端口网络具有互易性，则每组 4 个参数中有 3 个是独立的；如果二端口网络具有对称性，则参数只有 2 个是独立的。

(4) 当已知网络结构和元件参数时，可以求出网络参数；当网络结构未知时，可用实验测量和计算网络参数。

(5) 二端口网络参数之间的转换。网络参数与其内部结构、元件参数及信号源的频率有关，二端口网络的 4 个参数之间转换关系见表 10-1。

(6) 二端口网络的连接。二端口网络的连接主要有级联、串联和并联。二端口网络的级联是指一个二端口网络 N_1 的输出端口是第二个二端口网络 N_2 的输入端口；两个二端口网络对应的端口都串联相接，则称为二端口网络的串联；两个二端口网络对应的端口都并联相接，则称为二端口网络的并联。

(7) 二端口网络的等效电路。二端口网络的最简单等效电路是 T 形（星形）或 π 形（三角形）电路。等效电路为 T 形电路时，采用 Z 参数表示；等效电路是 π 形电路，采用 Y 参数表示。

(8) 在研究二端口网络时，根据实际情况，通过讨论输入阻抗、输出阻抗等概念来表示网络的工作特性。

习题 10

10-1 什么是二端口网络？四端网络一定是二端口网络吗？

10-2 二端口网络的互易性是什么？二端口网络的对称性是什么？

10-3 如图 10-15 所示，求二端口网络的 Y 参数。

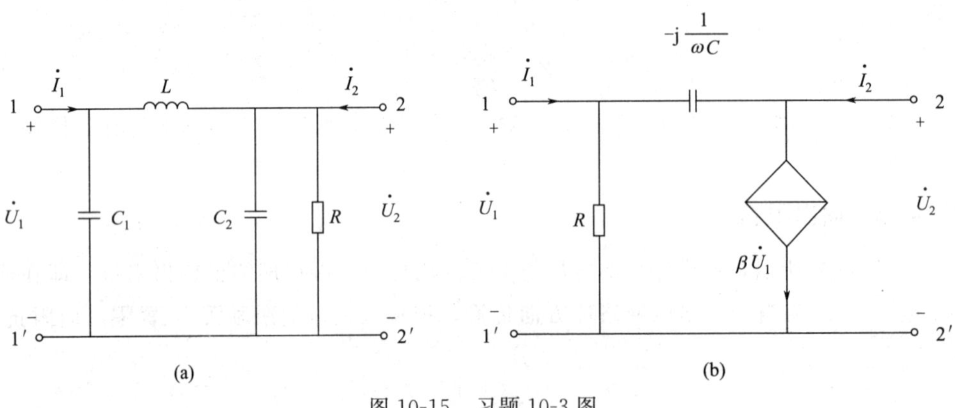

图 10-15 习题 10-3 图

10-4 如图 10-16 所示，已知 $R_1=1\Omega$，$R_2=2\Omega$，$R_3=3\Omega$，求二端口网络的 Y 参数和 Z 参数。

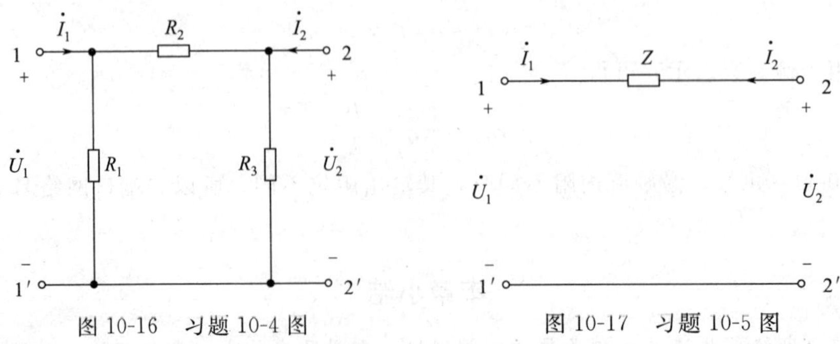

图 10-16 习题 10-4 图　　图 10-17 习题 10-5 图

10-5 如图 10-17 所示，求二端口网络的 Y 参数和 T 参数。

10-6 如图 10-18 所示，求二端口网络的 T 参数。

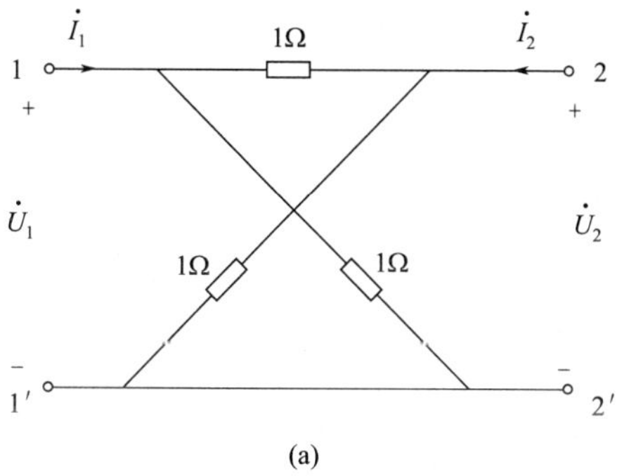

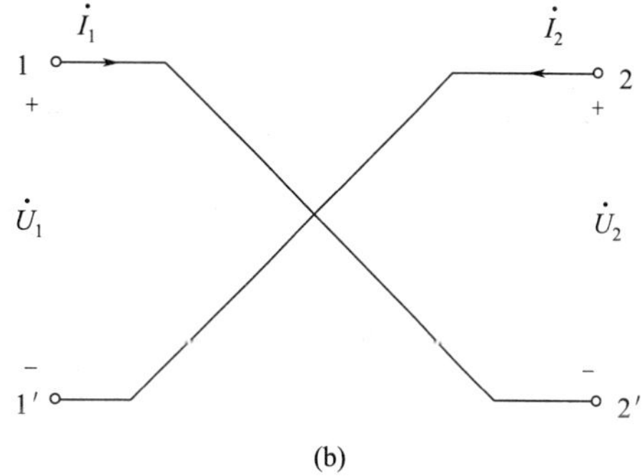

图 10-18　习题 10-6 图

10-7　如图 10-19 所示，求二端口网络的 H 参数。

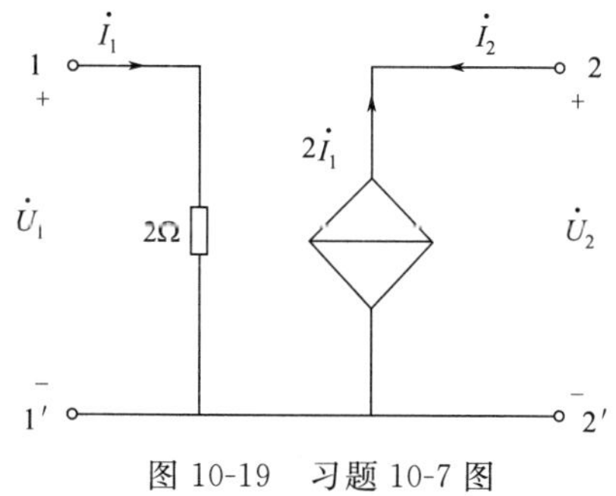

图 10-19　习题 10-7 图

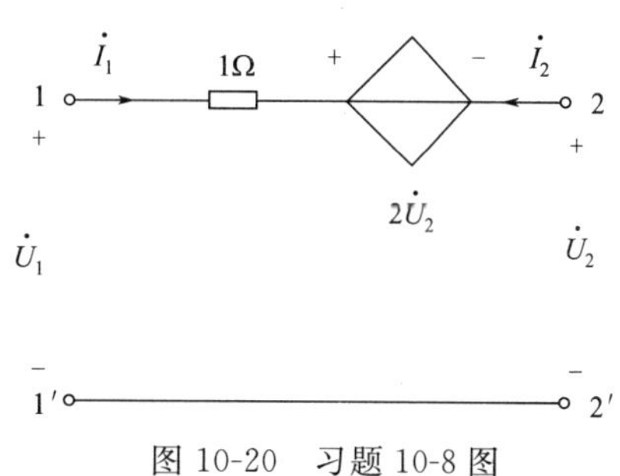

图 10-20　习题 10-8 图

10-8　如图 10-20 所示，求二端口网络的 Y 参数、Z 参数、T 参数和 H 参数。

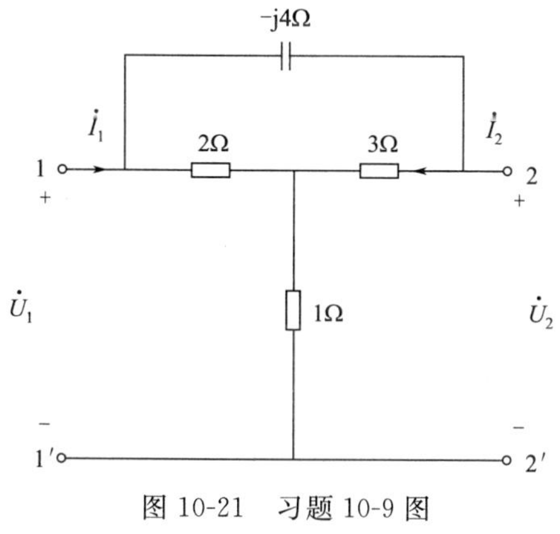

图 10-21　习题 10-9 图

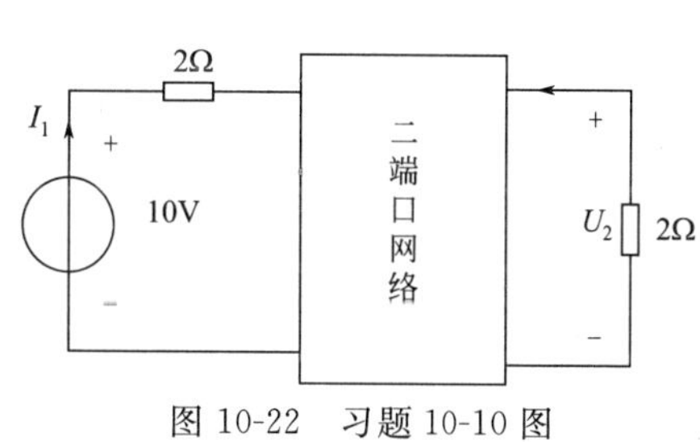

图 10-22　习题 10-10 图

10-9　如图 10-21 所示，求二端口网络的 Y 参数。

10-10　电路如图 10-22 所示，其中的二端口网络的 Z 参数为 $Z_{11}=5\Omega$，$Z_{12}=Z_{21}=3\Omega$，$Z_{22}=7\Omega$，求 I_1 和 U_2。

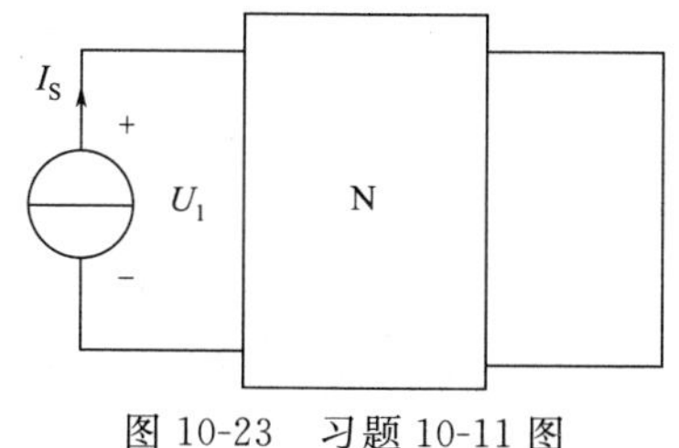

图 10-23　习题 10-11 图

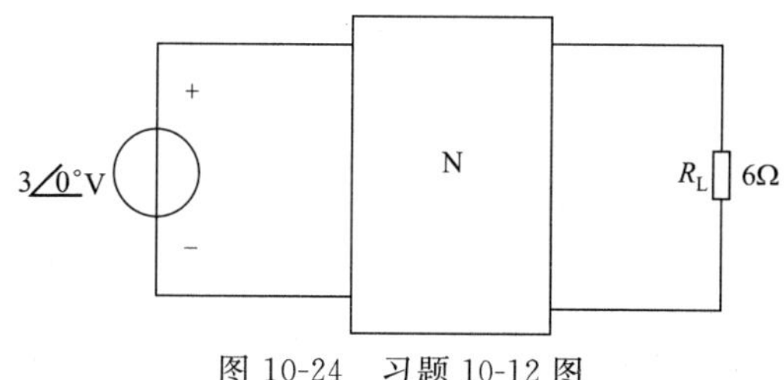

图 10-24　习题 10-12 图

10-11 如图 10-23 所示，电路 N 的阻抗参数矩阵 $Z=\begin{bmatrix} j3 & j6 \\ j6 & j6 \end{bmatrix}\Omega$，求 R_L 吸收的功率。

10-12 如图 10-24 所示，电路 N 的导纳参数矩阵 $Y=\begin{bmatrix} 0.4 & -0.2 \\ -0.2 & 0.6 \end{bmatrix}S$，若 $I_S=4A$，求 U_1。

10-13 对某二端口网络进行测量，第一次测量：端口 1 开路，$U_2=10V$，测得 $U_1=5mV$，$I_2=0.5mA$；第二次测量：端口 1 短路，$U_2=10V$，测得 $I_1=-2.5\mu A$，$I_2=0.75mA$；求该二端口网络的 Z 参数矩阵。

10-14 已知某线性二端口网络的传输参数 $A=0.83-j0.8$，$B=(9.52-j0.48)\Omega$，$C=-j0.53S$，$D=3.5-j2.7$。求该二端口网络的 T 形等效电路。

10-15 已知某 T 形电路，$Z_A=j5\Omega$，$Z_B=-j5\Omega$，$Z_C=1\Omega$，求其 π 形等效电路。

第 11 章

磁路与铁芯线圈

●【内容提要】●

在电工设备中，往往不仅有电路的问题，同时还有磁路的问题，只有同时掌握了电路和磁路的基本理论，才能对各种电工设备作全面的分析。本章首先介绍磁路的基本知识，并对交流铁芯线圈电路加以分析。

11.1 磁路及基本物理量

11.1.1 磁路概念

在很多电工设备，如变压器、电动机中，为了获得较强的磁场，常采用导磁性能良好的铁磁材料做成一定形状的铁芯，将线圈绕在铁芯上。当线圈中通过电流时，铁芯即被磁化，这时通电线圈产生的磁通主要集中在由铁芯构成的闭合路径内。工程上把这种主要由铁磁物质所组成的，能使绝大部分磁通通过的路径称为磁路。如图 11-1 所示的是几种常见的电工设备的磁路。

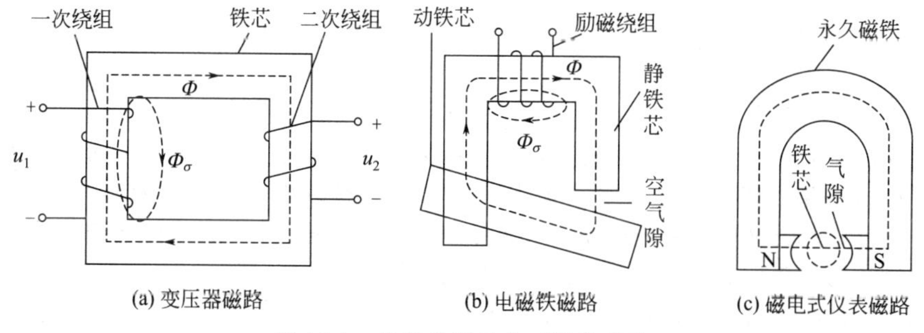

图 11-1 几种常用的电工设备磁路

虽然利用铁芯可以使磁通尽量集中在磁路内，使绝大部分磁通通过磁路而闭合，这部分磁通称为主磁通，用 Φ 表示。但仍然有少量磁通通过磁路周围的物质而闭合，这部分磁通称为漏磁通，用 Φ_σ 表示。在实际应用中，由于漏磁通很少，所以工程上分析计算时常将其忽略。

主磁通磁路有纯铁芯磁路，如图 11-1(a) 所示，也有包含有气隙的磁路，如图 11-1(b)、(c) 所示。磁路中的磁通可由线圈通过的电流产生，如图 11-1(a)、(b) 所示，也可由永久磁铁产生，如图 11-1(c) 所示。用于产生磁通的电流称为励磁电流，通过励磁电流的线圈称为励磁线圈或励磁绕组。由直流电流励磁的磁路叫直流磁路，由交流电流励磁的磁路称为交流磁路。

11.1.2 磁路的主要物理量

1） 磁感应强度 B

磁感应强度 B 是表示磁场内某点的磁场强弱和方向的物理量，它是一个矢量。磁感应强度与产生它的电流之间的方向关系满足右螺旋法则。磁感应强度的大小可用该点磁场作用于长1m，通有1A电流的导体上的力 F 的大小来衡量，该导体与磁场方向垂直，可用下式表示

$$B=\frac{F}{Il} \tag{11-1}$$

在国际单位制中磁感应强度 B 的单位为特斯拉（T），简称特。若磁场内各点的磁感应强度大小相等，方向也相同，则称该磁场为均匀磁场。

2）磁通 Φ

在均匀磁场中，磁感应强度 B 与垂直于磁场方向的面积 S 的乘积，称为通过该面积的磁通 Φ，即

$$\Phi=BS \text{ 或 } B=\frac{\Phi}{S} \tag{11-2}$$

由此可见，磁感应强度 B 在数值上等于与磁场方向垂直的单位面积上通过的磁通，所以磁感应强度又称为磁通密度。

在国际单位制中，磁通的单位是韦伯（Wb），简称韦。

3）磁导率 μ

磁导率 μ 是用来表征物质导磁能力的物理量，它的单位是H/m（亨/米）。实验测出，真空（或空气）的磁导率是一个常数，为

$$\mu_0=4\pi\times10^{-7}\,\text{H/m}$$

其他物质的磁导率 μ 与真空的磁导率 μ_0 的比值，称为该物质的相对磁导率 μ_r，即

$$\mu_r=\frac{\mu}{\mu_0} \tag{11-3}$$

4）磁场强度 H

磁场强度 H 是为了方便分析和计算磁路而引入的一个物理量，它也是一个矢量，反映的是电流产生的磁场中某点磁场的强弱和方向，而与磁场中有无磁介质无关。故定义为

$$H=\frac{B}{\mu} \text{或} B=\mu H \tag{11-4}$$

即磁场强度 H 为磁场中某点的磁感应强度 B 与磁导率 μ 的比值，它的单位是安/米（A/m）。

11.1.3 铁磁材料的磁性能

根据导磁性能的好坏，自然界的物质可分为两大类。一类称为铁磁材料，如铁、钢、镍、钴等，这类材料的导磁性能好，磁导率 μ 值大，可以被强烈磁化；另一类为非铁磁材料，如铜、铝、纸、空气等，此类材料的导磁性能差，磁导率 $\mu\approx\mu_0$，基本上不具有磁化的特性。

铁磁材料是制造变压器、电机、电器等各种电工设备的主要材料，铁磁材料的磁性能对电磁器件的性能和工件状态有很大的影响。铁磁材料的磁性能主要体现为高导磁性、磁饱和性和磁滞性。

1）高导磁性

铁磁材料具有很强的导磁能力，在外磁场的作用下，其内部的磁感应强度会大大增强，相对磁导率 μ_r 可达 $10^2\sim10^4$ 的数量级。这是因为在铁磁材料的内部存在许多磁化小区，称为磁畴，在没有外磁场作用时，这些磁畴呈无规则排列，磁场相互抵消，对外不显示磁性。如图11-2(a)所示。在一定强度的外磁场作用下，铁磁材料内部的磁畴将顺着外磁场的方向转向；当外磁场逐渐增强，磁畴就逐渐转到与外磁场相同的方向，产生一个与外磁场同方向的附加磁场，使铁磁材料内的磁感应强度大大增强，如图11-2(b) 所示，这种现象称为磁化。

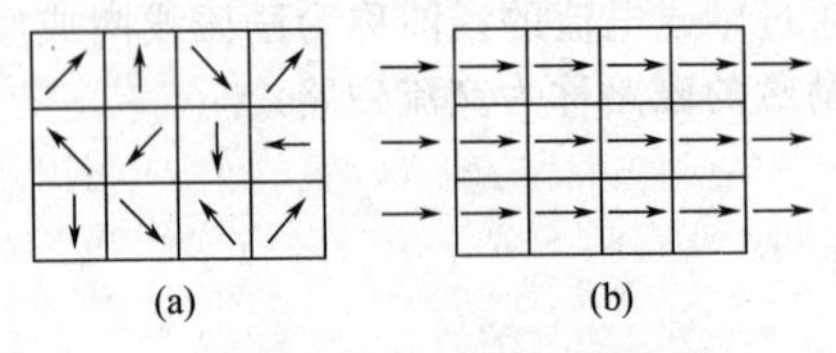

图 11-2　铁磁材料的磁化

通电线圈中放入铁芯后，磁场会大大增强，这时的磁场是线圈产生的磁场和铁芯被磁化后产生的附加磁场的叠加。变压器、电机和各种电工设备的线圈中都有铁

芯，在这种有铁芯的线圈中通入不大的励磁电流，便可产生足够大的磁感应强度和磁通。

非铁磁材料由于其内部不存在磁畴，所以不具有磁化特性。

2）磁饱和性

铁磁材料由于磁化所产生的磁化磁场不会随着外磁场增强而无限地增强，当外磁场增强到一定数值时，磁化磁场的磁感应强度几乎不再增加，这种现象称为磁饱和现象。这是由于铁磁材料内部的磁畴已经全部转向与外磁场相同的方向，铁磁材料的磁化过程可由 B-H 曲线描述，B-H 曲线称为铁磁材料的磁化曲线。磁化曲线可由实验测出，如图 11-3 所示为某磁介质的磁化曲线，它大致上可分为 4 段，其中 Oa 段的磁感应强度 B 随磁场强度 H 增加较慢；ab 段的磁感应强度 B 随磁场强度 H 几乎成正比地增加；过了 b 点以后，B 随 H 的增加速度又减慢下来，逐渐趋于饱和；过了 c 点以后，其磁化曲线近似于直线，且与真空或非铁磁物质的磁化曲线 $B_0=f(H)$ 平行。工程上称 a 点为附点，称 b 点为膝点，c 点为饱和点。

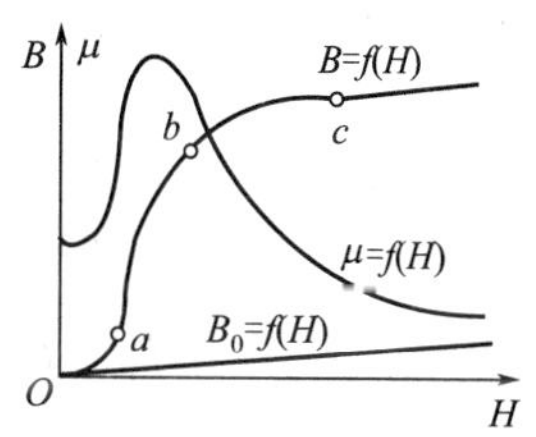

图 11-3 铁磁材料的磁化曲线

由于铁磁材料的 B 与 H 的关系是非线性的，故由 $B=\mu H$ 的关系可知，其磁导率 μ 的数值将随磁场强度 H 的变化而改变，如图 11-3 中的 $\mu=f(H)$ 曲线所示。铁磁材料在磁化起始的 oa 段和进入饱和以后，μ 值均不大，在膝点 b 附近的 μ 值达到最大。所以电气工程上通常要求铁材料工作在膝点附近。

非磁性材料不具备磁化的性质，μ_0 是常数，磁化曲线如图 11-3 中的 $B_0=f(H)$ 所示。

如图 11-4 所示是用实验方法测得的铸铁、铸钢和硅钢片三条常用磁化曲线。这三条曲线分别从 a、b、c 三点分为 2 段，下段的 H 从 0 至 1.0×10^3（A/m），横坐标在曲线的下方，上段的 H 从 1 至 10×10^3（A/m），横坐标在曲线的上方。

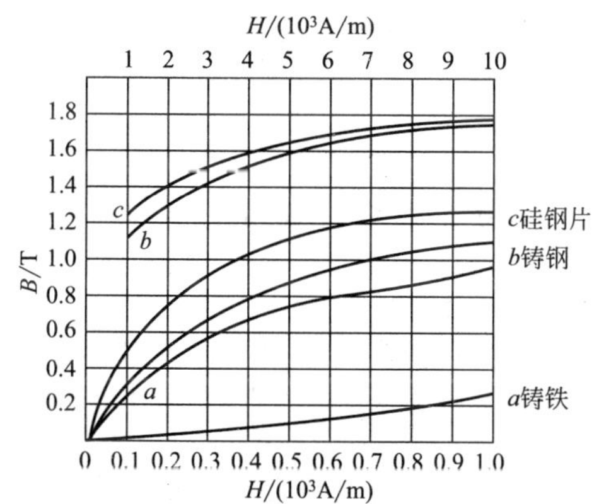

图 11-4 三种铁磁材料的磁化曲线

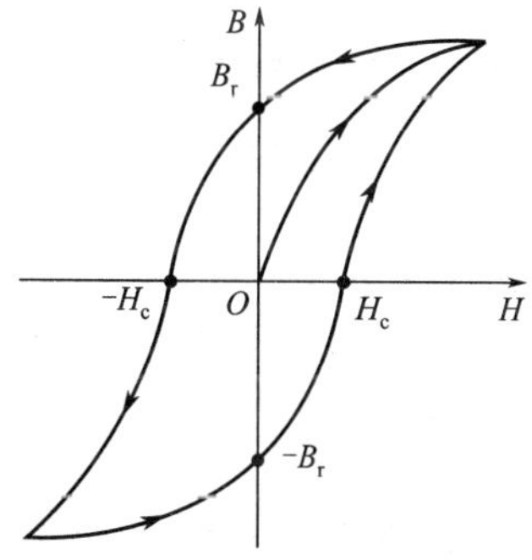

图 11-5 铁磁材料的磁滞回线

3）磁滞性

当铁芯线圈中通有交变电流时，铁芯受到交变磁化。当电流变化一个周期，磁感应强度 B 随磁场强度 H 而变化的关系曲线如图 11-5 所示。当磁场强度 H 减小时，磁感应强度 B 并不沿着原来的曲线回降，而是沿着一条比它高的曲线缓慢下降。当 $H=0$ 时，$B\neq0$，而仍保留一定的磁性，此时的 B 称为剩磁（B_r）。这说明铁磁材料内部已经排齐的磁畴不会完全回复到磁化前杂乱无章的状态。要想使剩磁消失（即 $B=0$），必须加入反向磁场。使 $B=0$ 所需的磁场，称为矫顽磁力 H_C，它表示铁磁材料反抗退磁的能力。

若再反向增大磁场，则铁磁材料将反向磁化；当反向磁场减小时，同样会产生反向剩磁（$-B_r$）。随着磁场强度不断正反向变化，得到的磁化曲线为一封闭曲线。在铁磁材料反复磁化的过程中，磁感应强度的变化总是落后于磁场强度的变化，这种现象称为磁滞现象，如图 11-5

所示的封闭曲线称为磁滞回线。

永久磁铁的磁性就是由剩磁产生的。磁滞和剩磁现象的发生，是由于磁化过程的不可逆性。当外磁场强度降为零，各磁畴间的某种排列仍将保留下来，而表现为剩磁和磁滞现象。

铁磁材料按其磁性能又可分为软磁材料、硬磁材料和矩磁材料3种类型，如图11-6所示。

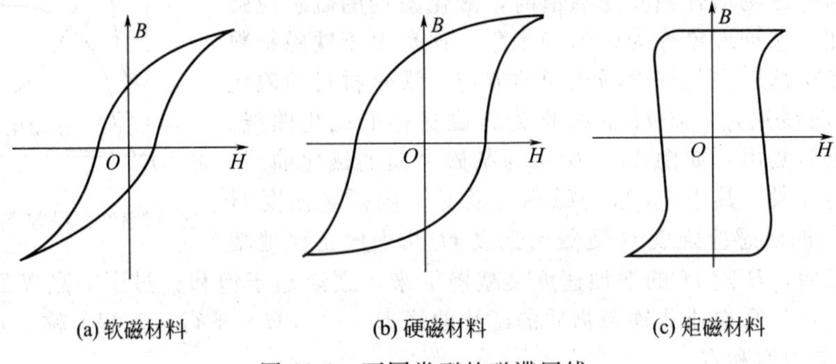

图11-6　不同类型的磁滞回线

软磁材料的剩磁和矫顽磁力较小，磁滞回线较窄，磁导率高，所包围的面积较小。它既容易磁化，又容易退磁，一般用于有交变磁场的场合，如用来制造镇流器、变压器、电动机以及各种中、高频电磁元件的铁芯等。常见的软磁材料有硅钢片、铁镍合金、纯铁、铸铁、铸钢以及非金属软磁铁氧体等。

硬磁材料的剩磁和矫顽磁力较大，磁滞回线较宽，所包围的面积较大，适用于制作永久磁铁，如扬声器、耳机、电话机、录音机以及各种磁电式仪表中的永久磁铁都是由硬磁材料制成的。常见的硬磁材料有碳钢、钴钢及铁镍铝钴合金等。

矩磁材料的磁滞回线近似于矩形，具有较小的矫顽磁力和较大的剩磁，接近饱和磁感应强度，稳定性好。但由于矫顽磁力较小，易于翻转，常在计算机和控制系统中作记忆元件和开关元件，矩磁材料有镁锰铁氧体及某些铁镍合金等。

11.1.4　简单磁路的分析

对于磁场中任意封闭曲面，进入该封闭曲面的磁通等于穿出该封闭曲面的磁通，则有

$$\Phi=\oint B\cdot \mathrm{d}S=0$$

上式为基尔霍夫磁通定律，又称磁路的基尔霍夫第一定律。

磁路中磁通 Φ 是由匝数为 N 的励磁绕组中通入电流 I 而产生的。显然，Φ 的大小和 IN 的大小有关。为了了解 Φ 和 IN 之间的关系以及空气隙对磁路工作情况的影响，下面对简单磁路进行分析。

分析磁路问题的依据是物理学中学过的磁通连续性原理和全电流定律（安培环路定律）。全电流定律的数学表示式为

$$\oint H\cdot \mathrm{d}l=\sum I \tag{11-5}$$

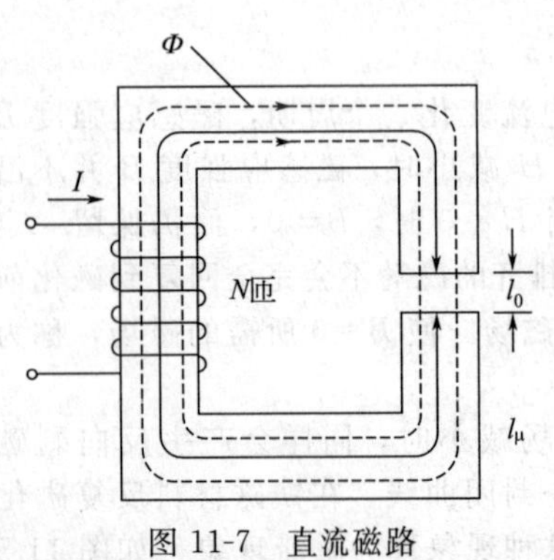

图11-7　直流磁路

即在闭合曲线上磁场强度矢量 H 沿整个回路 l 的线积分等于穿过该闭合曲线所围曲面的电流的代数和。凡是电流方向和预先任取的闭合曲线循行的参考方向合乎右手螺旋定则的电流作为正，反之为负。

对于如图11-7所示的具有铁芯和空气隙的直流磁路，当励磁绕组中通入电流 I 后，磁路中就产生磁通 Φ。根据磁通连续性原理，通过铁芯中的磁通必等于通过空气隙中的磁通。如果认为空气隙和铁芯具有相同的截面积 S，那么两者中的磁感应强度 $B=\dfrac{\Phi}{S}$ 也必然相等。但因为空气的 μ_0 远小于铁芯

的 μ，故空气隙中的 $H_0=\frac{B}{\mu_0}$将远大于铁芯中的 $H_\mu=\frac{B}{\mu}$。

根据全电流定律，如果取一条磁力线作为闭合曲线，并以磁力线方向作为循行方向，由于 H_μ和 H_0的方向处处和循行方向一致，故

$$\oint H \cdot dl=H_\mu l_\mu+H_0 l_0$$

Hl 称为磁位差，用 U_m表示，即 $U_m=Hl$。由于励磁绕组为 N 匝，有 N 个电流 I 穿过磁力线所围曲面，故

$$\sum I=IN$$

于是

$$H_\mu l_\mu+H_0 l_0=IN \tag{11-6}$$

即

$$\frac{B}{\mu}l_\mu+\frac{B}{\mu_0}l_0=IN$$

$$\frac{\Phi}{\mu S}l_\mu+\frac{\Phi}{\mu_0 S}l_0=IN$$

所以

$$\Phi=\frac{IN}{\frac{l_\mu}{\mu S}+\frac{l_0}{\mu_0 S}}=\frac{IN}{R_\mu+R_0}=\frac{F}{R_\mu+R_0} \tag{11-7}$$

式（11-7）中 l_μ为铁芯的平均长度；l_0为空气隙长度；S 为铁芯和空气隙的截面积；μ 和 μ_0为铁芯和空气的磁导率；$R_\mu=\frac{l_\mu}{\mu S}$为铁芯中的磁阻；$R_0=\frac{l_0}{\mu_0 S}$为空气隙中的磁阻；$IN$ 产生磁通的磁化力，称为磁动势，用 F 表示。由式（11-6）可知，$U_m=F$，称为基尔霍夫磁位差定律，又称磁路的基尔霍夫第二定律。

如磁路由几段串联组成，则

$$\Phi=\frac{F}{\sum R_m} \tag{11-8}$$

式（11-8）中$\sum R_m$为各段磁阻之和。式（11-8）的结构和电路的欧姆定律类似：磁通相当于电流；磁动势相当于电动势；磁阻相当于电阻。因此，通常把式（11-8）表达的关系称为磁路的欧姆定律。必须注意的是，由于铁芯的 μ 不是常数，因此，即使铁芯的长度和截面积一定，R_μ也不是常数，R_μ要随 B 的变化而变化。

下面根据磁路的欧姆定律来分析一下空气隙对磁路工作情况的影响。例如对于图 11-7 的直流磁路，其磁阻为$\frac{l_\mu}{\mu S}+\frac{l_0}{\mu_0 S}$，虽然 $l_\mu>l_0$，但因 $\mu>>\mu_0$，所以空气隙长度虽然不大，磁阻却是比较大的。如果保持这个磁路的尺寸大小不变，把原有的空气隙换成铁芯，则整个磁路的磁阻减小。这时如保持前后两种情况的磁动势不变，则磁通增加。因此在磁路中，总是希望空气隙尽可能小些。

【例 11-1】如图 11-8 所示为一 U 形直流电磁铁磁路，电磁铁的励磁绕组匝数为 N，铁芯由硅钢片叠成，衔铁由铸钢制成，尺寸如图 11-8 所示，单位为厘米。硅钢和铸钢的磁化曲线如图 11-4所示。今欲在衔铁和铁芯之间的气隙中产生 $\Phi=3\times10^{-3}$ Wb 的磁通，求所需的安匝数。

解：这个磁路分为铁芯、气隙和衔铁三段，其截面积和平均长度分别为

$$S_1=6\times5=30(\mathrm{cm}^2)=30\times10^{-4}(\mathrm{m}^2)$$

$$S_2=8\times5=40(\mathrm{cm}^2)=40\times10^{-4}(\mathrm{m}^2)$$

$$S_0=S_1=30\times10^{-4}(\mathrm{m}^2)$$

$$l_1=2\times(30-3)+(30-6)=78(\mathrm{cm})=0.78(\mathrm{m})$$

$$l_2=(30-6)+2\times4=32(\mathrm{cm})=0.32(\mathrm{m})$$

$$l_0=2\times0.1=0.2(\mathrm{cm})=0.2\times10^{-2}(\mathrm{m})$$

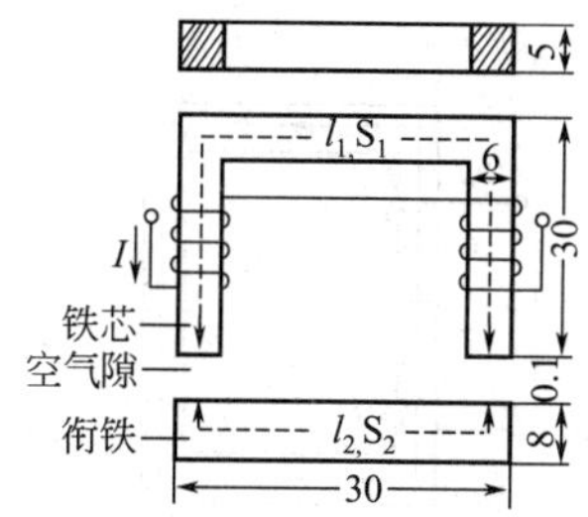

图 11-8　例 11-1 的磁路图

磁路中各段的磁感应强度分别为

$$B_1=\frac{\Phi}{S_1}=\frac{3\times10^{-3}}{30\times10^{-4}}=1(\mathrm{Wb/m^2})=1(\mathrm{T})$$

$$B_0=B_1=1(\mathrm{T})$$

$$B_2=\frac{\Phi}{S_2}=\frac{3\times10^{-3}}{40\times10^{-4}}=0.75(\mathrm{T})$$

从 $B_1=1\mathrm{T}$，可在图 11-4 硅钢的磁化曲线上查得其 $H_1=350\mathrm{A/m}$；从 $B_2=0.75\mathrm{T}$，可在铸钢的磁化曲线上查得其 $H_2=360\mathrm{A/m}$。空气的 $\mu_0=4\pi\times10^{-7}\mathrm{H/m}$，故

$$H_0=\frac{B_0}{\mu_0}=\frac{1}{4\pi\times10^{-7}}=79.6\times10^4(\mathrm{A/m})$$

根据全电流定律，所需的安匝数为

$$\begin{aligned}IN&=H_1l_1+H_2l_2+H_0l_0\\&=350\times0.78+360\times0.32+79.6\times10^4\times0.2\times10^{-2}\\&=273+115+1592\\&=1980(\mathrm{A})\end{aligned}$$

【例 11-2】电磁铁的吸力 F 和空气隙的截面积 S_0 及空气隙中磁感应强度 B_0 的大小有关。当磁场均匀分布时，电磁吸力 $F=\frac{1}{2\mu_0}S_0B_0{}^2=\frac{10^7}{8\pi}S_0B_0{}^2$，式中 S_0 的单位是 $\mathrm{m^2}$，B_0 的单位是 T，F 的单位是 N（牛顿）。试计算【例 11-1】中电磁铁的吸力。

解：由于【例 11-1】电磁铁有两个磁极面，故衔铁所受的吸力为

$$F=2\times\frac{10^7}{8\pi}S_0B_0{}^2=2\times\frac{10^7}{8\pi}\times30\times10^{-4}\times1^2=2387.3(\mathrm{N})$$

这是衔铁处于如图 11-8 所示的位置（即空气隙为 0.1cm）时所受的吸力。在衔铁被吸向静铁芯的过程中，空气隙逐渐变小，若励磁绕组中的电流 I 不变，则 B_0 将随着气隙的减小而增大。因吸力 F 和 B_0 的平方成正比，故随着气隙的减小，电磁吸力将有较大的增加。

11.2 交流铁芯线圈

铁芯线圈是把导线缠绕在由铁磁材料加工而成的具有一定形状的骨架上而构成的。根据铁芯线圈所连接电源种类的不同，将其分为直流铁芯线圈和交流铁芯线圈两种。直流铁芯线圈由直流电来励磁，产生的磁通是恒定的，线圈中不会产生感应电动势，线圈中的电流由外加电压和线圈本身的电阻决定，功率损耗也只有线圈电阻上的损耗，分析比较简单。交流铁芯线圈由交流电来励磁，产生的磁通是交变的，其电磁关系、电压电流关系以及功率损耗等方面与直流铁芯线圈不同，其分析计算要复杂得多。

1）交流铁芯线圈的电磁关系

如图 11-9 所示是一个闭合的铁芯线圈电路，设线圈电阻为 R，线圈的匝数为 N，当在线圈两端加上正弦交流电压 u 时，就有交变励磁电流 i 流过，在交变磁动势 Ni 的作用下产生交变的主磁通 Φ 和漏磁通 Φ_σ。这两种交变的磁通将在线圈中产生感应电动势 e 和 e_σ，对图 11-9 所示参考方向，有

$$e=-N\frac{\mathrm{d}\Phi}{\mathrm{d}t},e_\sigma=-N\frac{\mathrm{d}\Phi_\sigma}{\mathrm{d}t}$$

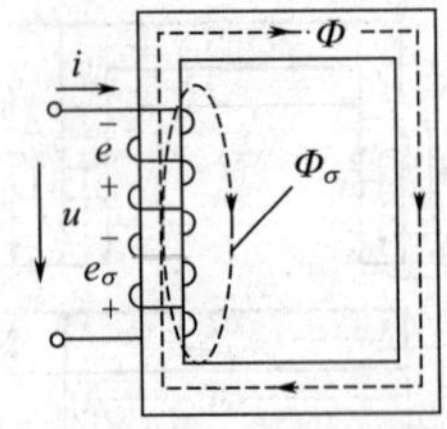

图 11-9　交流铁芯线圈电路

由于漏磁通 Φ_σ 大部分经过空气闭合，而空气是非磁性物质，μ_0 是常数，所以励磁电流 i 与漏磁通 Φ_σ 可认为呈线性关系，铁芯线圈的漏磁电感 L_σ 是一个常数，为

$$L_\sigma=\frac{N\Phi_\sigma}{i}$$

则
$$e_\sigma=-N\frac{\mathrm{d}\Phi_\sigma}{\mathrm{d}t}=-L_\sigma\frac{\mathrm{d}i}{\mathrm{d}t}$$

但主磁通 Φ 是通过铁芯的，而铁芯材料的磁化曲线呈非线性，即 μ 不是常数，使得 Φ 与 i 之间具有非线性关系。铁芯线圈的等效主磁电感 L 与励磁电流 i 的关系类似于 μ 与 H 的变化关系。因此，铁芯线圈是一个非线性电感元件。

对于图 11-9，由基尔霍夫电压定律，可得
$$u=Ri-e-e_\sigma \tag{11-9}$$

由于线圈电阻上的电压降 Ri 和漏磁通电动势 e_σ 都很小，与主磁通电动势 e 比较，均可忽略，故式（11-9）可写成
$$u\approx-e \tag{11-10}$$

设主磁通 $\Phi=\Phi_m\sin\omega t$，则
$$e=-N\frac{\mathrm{d}\Phi}{\mathrm{d}t}=-N\omega\Phi_m\cos\omega t$$
$$=2\pi fN\Phi_m\sin(\omega t-90°)=E_m\sin(\omega t-90°)$$

式中，$E_m=2\pi fN\Phi_m$ 是主电动势 e 的幅值，其有效值为
$$E=\frac{E_m}{\sqrt{2}}=4.44fN\Phi_m$$

故 $u\approx-e=E_m\sin(\omega t+90°)$

可见，外加电压的相位超前于铁芯中磁通 90°，而外加电压的有效值
$$U\approx E=4.44fN\Phi_m=4.44fNB_mS \tag{11-11}$$

式（11-11）中，B_m 为铁芯中磁感应强度的最大值。

式（11-11）给出了铁芯线圈在正弦交流电压作用下，铁芯中磁通最大值与电压有效值的数量关系。在忽略线圈电阻和漏磁通的条件下，当线圈匝数 N 和电源频率 f 一定时，铁芯中的磁通最大值 Φ_m 近似与外加电压有效值 U 成正比。也就是说，当线圈匝数 N、外加电压 U 和频率 f 都一定时，铁芯中的磁通最大值 Φ_m 将基本保持不变。这个结论对于分析交流电机及变压器的工作原理是十分重要的。

2）交流铁芯线圈电路的功率损耗

在交流铁芯线圈电路中，除了在线圈电阻上有功率损耗外，铁芯中也会有功率损耗。线圈上损耗的功率称为铜损，用 P_{Cu} 表示，$P_{Cu}=I^2R$，其中 I 是铁芯线圈中交流电流的有效值，R 是线圈的等效电阻。铁芯中损耗的功率称为铁损，用 P_{Fe} 表示，铁损包括磁滞损耗和涡流损耗两部分。

由磁滞现象所引起的损耗称为磁滞损耗，用 P_h 表示。铁磁性物质在反复磁化和去磁过程中，由励磁电流形成的外磁场不断地驱使铁芯内部的磁畴来回翻转，磁畴翻转时要克服一定的阻力，因此要消耗一定的能量，这就是磁滞损耗。实验证明，磁滞损耗 P_h 与励磁电流频率 f、铁芯材料的磁滞回线面积 S 及铁芯磁感应强度的最大值 B_m 等有关系，即 $P_h\propto fB_m^2S$。为了减小磁滞损耗，应选用磁滞回线面积小的铁磁材料制造铁芯。

由涡流所引起的损耗称为涡流损耗，用 P_e 表示。铁磁材料不仅有导磁能力，同时也有导电能力，因而在交变磁通的作用下铁芯内将产生感应电动势和感应电流，感应电流在垂直于磁通的铁芯平面内围绕磁力线呈旋涡状，如图 11-10(a) 所示，故称为涡流。铁芯具有一定的电阻，涡流的存在并不断的交变，也会引起铁芯发热，其功率损耗就称为涡流损耗。实验证明，$P_e\propto f^2B_m^2$。为了减小涡流损失，铁芯可用彼此绝缘的平行于磁场方向的钢片叠成，这样就可以限制涡流只能在较小的截面内流通，如图 11-10(b) 所示。

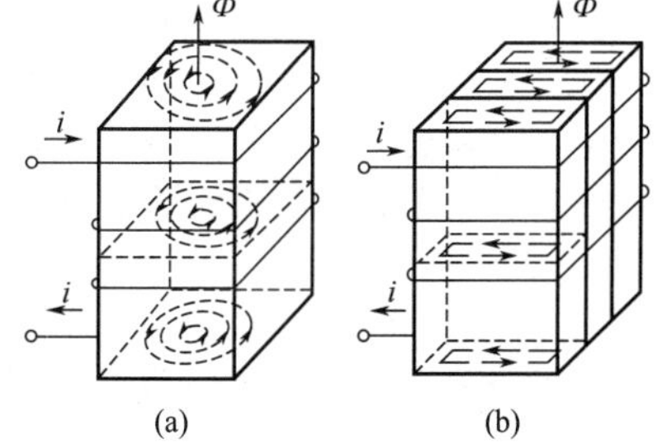

图 11-10 铁芯中的涡流

交流铁芯线圈的功率损耗为

$$\Delta P = UI\cos\varphi = P_{Cu} + P_{Fe} = I^2R + P_h + P_e$$

在直流磁路的铁芯中，因磁通是恒定的，故不存在铁损耗。

【例 11-3】某铁芯线圈，加 10V 直流电压时，电流为 1A；加 220V 交流电压时，电流为 2A，且消耗功率为 188W。试求加 220V 交流电压时铁芯线圈的 P_{Cu}、P_{Fe} 及 $\cos\varphi$。

解：设铁芯的等效电阻为 R，则 $R=\dfrac{U}{I}=\dfrac{10}{1}=10(\Omega)$

在 220V 交流电压作用下的铜损为　$P_{Cu}=I^2R=2^2\times 10=40(\text{W})$

则铁损为　$P_{Fe}=P-P_{Cu}=188-40=144(\text{W})$

由 $P=UI\cos\varphi$ 可求得　$\cos\varphi=\dfrac{P}{UI}=\dfrac{188}{220\times 2}=0.43$

11.3 电磁铁

电磁铁是利用铁芯线圈通电产生磁场，吸引衔铁动作，带动其他机械装置联动的一种电器。当电源断开时，磁场消失，衔铁复位。

1）结构

电磁铁由励磁绕组、铁芯和衔铁三部分组成，如图 11-11 所示。

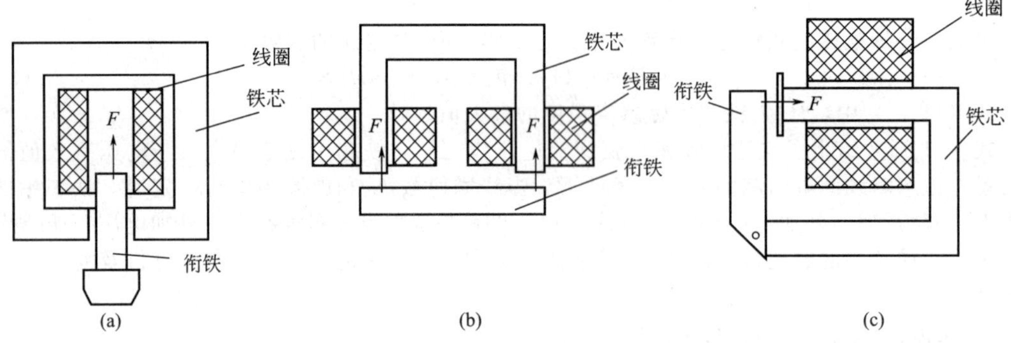

图 11-11　电磁铁的几种形式

2）电磁吸力

电磁铁的主要参数是电磁吸力，其大小为

$$F=\frac{\Phi^2}{2\mu_0 S_0}=\frac{10^7}{8\pi}B_0^2 S_0 \tag{11-12}$$

式中，Φ 为磁路磁通，单位为韦伯（Wb）；μ_0 为真空中的磁导率，$\mu_0=4\pi\times 10^{-7}\,\text{H/m}$；$S_0$ 为气隙截面积，单位为平方米（m^2）；B_0 为气隙中磁感应强度，单位为特斯拉（T）；F 的单位为牛顿（N）。

3）直流电磁铁

电磁铁按励磁电流的种类不同可分为直流电磁铁和交流电磁铁。

直流电磁铁的励磁电流为直流，其大小取决于励磁线圈所加的直流电压（可为稳恒直流或脉动直流）和线圈直流电阻，因此磁动势 IN 的变化规律也与线圈所加直流电压相同。但随着衔铁的吸合，气隙变小，磁阻变小，气息中的磁感应强度增大。因此，衔铁吸合后的电磁力要比吸合前大得多。由于直流电磁铁的励磁电流为直流，铁芯中的铁损很小，因此铁芯常用整块软磁钢制成。

4）交流电磁铁

交流电磁铁的励磁电流为正弦交流电，因此而产生的磁通也是正弦交变。设 $B_0=B_m\sin\omega t$，则其吸力

$$
\begin{aligned}
F &= \frac{10^7}{8\pi} B_m^2 S_0 \sin^2 \omega t \\
&= \frac{10^7}{8\pi} B_m^2 S_0 \left(\frac{1-\cos 2\omega t}{2}\right) \\
&= F_m \left(\frac{1-\cos 2\omega t}{2}\right) \\
&= \frac{1}{2} F_m - \frac{1}{2} F_m \cos 2\omega t
\end{aligned}
\tag{11-13}
$$

式中，$F_m = \frac{10^7}{8\pi} B_m^2 S_0$，为最大吸力值。上式表明，交流电磁铁的吸力在零与 F_m之间脉动。

交流电磁铁为了减小铁损，铁芯由硅钢片叠成。

交流电磁铁在吸合过程中，随着气隙减小，磁阻减小，线圈的电感量和电抗增大，因而电流逐渐减小。若因某种机械故障，衔铁和机械可动部分被卡住，通电后衔铁吸合不上，励磁线圈中将长期维持较大电流，使线圈严重发热，甚至烧毁，因此在使用时必须注意。

5）电磁铁的用途

电磁铁的用途十分广泛，是构成电磁开关、电磁阀门、继电器和接触器等由电流控制的自动控制元件的基本部件。

【例 11-4】已知某交流电磁铁，气隙截面积 $S_0 = 4\text{cm}^2$，接工频交流电压 220V，要求在初始气隙 $l_0 = 1\text{cm}$ 时最大吸力 $F_m = 100\text{N}$，试求励磁线圈匝数和励磁电流有效值。若该电磁铁线圈直流电阻 $R = 10\Omega$，误接直流电压 220V，试求励磁电流。

解：交流电磁铁最大吸力 $F_m = \frac{10^7}{8\pi} B_m^2 S_0$

$$
B_m = \sqrt{\frac{8\pi F_m}{10^7 S_0}} = \sqrt{\frac{8\pi \times 100}{10^7 \times 4 \times 10^{-4}}} = 0.793(\text{T})
$$

$$
N = \frac{U}{4.44 f B_m S_0} = \frac{220}{4.44 \times 50 \times 0.793 \times 4 \times 10^{-4}} = 3124(\text{匝})
$$

电磁铁的初始气隙一般较大，此时气隙的磁阻很大，铁芯与衔铁的磁阻可忽略不计，即铁芯与衔铁耗费的磁通势可忽略不计，$\sum Hl \approx H_0 l_0$。因此

$$
I \approx \frac{H_0 l_0}{N} = \frac{H_m l_0}{\sqrt{2} N} = \frac{B_m l_0}{\sqrt{2} \mu_0 N} = \frac{0.793 \times 1 \times 10^{-2}}{\sqrt{2} \times 4\pi \times 10^{-7} \times 3124} = 1.43(\text{A})
$$

若该电磁铁误接直流电压 220V，则

$$
I = \frac{U}{R} = \frac{220}{10} = 22(\text{A})
$$

显然，按交流励磁设计的线圈不能承受 22A 的大电流。因此，交流电磁铁绝不能误接较高的直流电压，否则将烧毁励磁线圈。

本章小结

1）磁路的基本概念

（1）磁路的基本物理量

① 磁感应强度 $B = \frac{F}{Il}$

② 磁通 $\Phi = BS$

③ 磁导率 μ 用来表征物质导磁能力的物理量。

真空中的磁导率 $\mu_0 = 4\pi \times 10^{-7}\,\text{H/m}$

相对磁导率 $\mu_r = \frac{\mu}{\mu_0}$

④ 磁场强度 $H=\frac{B}{\mu}$ 或 $B=\mu H$

⑤ 磁阻 $R_\mu=\frac{l_\mu}{\mu S}$

⑥ 磁动势 $F=IN$

⑦ 磁位差 $U_m=Hl$

(2) 磁路的基本定律

① 磁路的基尔霍夫第一定律

$$\Phi=\oint B\cdot dS=0$$

② 磁路的基尔霍夫第二定律

$$U_m=F$$

即

$$\sum Hl=\sum IN$$

③ 磁路的欧姆定律 $\Phi=\frac{F}{\sum R_m}$

(3) 铁磁材料的分类

① 软磁材料。软磁材料的剩磁和矫顽磁力较小，磁滞回线较窄，磁导率高，所包围的面积较小。它既容易磁化，又容易退磁，一般用于有交变磁场的场合，如用来制造镇流器、变压器、电动机以及各种中、高频电磁元件的铁芯等。

② 硬磁材料。硬磁材料的剩磁和矫顽磁力较大，磁滞回线较宽，所包围的面积较大，适用于制作永久磁铁，如扬声器、耳机、电话机、录音机以及各种磁电式仪表中的永久磁铁都是由硬磁材料制成的。

③ 矩磁材料。矩磁材料的磁滞回线近似于矩形，具有较小的矫顽磁力和较大的剩磁，接近饱和磁感应强度，稳定性好。

2) 交流铁芯线圈

(1) 磁通与电压的关系

$$U\approx 4.44fN\Phi_m$$

(2) 功率损耗

① 铜损。在交流铁芯线圈电路中，在线圈电阻上损耗的功率称为铜损，用 P_{Cu} 表示，即 $P_{Cu}=I^2R$。

② 铁损。在铁芯中损耗的功率称为铁损，用 P_{Fe} 表示。主要由两部分组成，即磁滞损耗和涡流损耗。

3) 电磁铁

电磁铁按励磁电流的种类不同可分为直流电磁铁和交流电磁铁。

① 直流电磁铁。直流电磁铁的励磁电流为直流。

② 交流电磁铁。交流电磁铁的励磁电流为正弦交流电，因此而产生的磁通也是正弦交变。

习题 11

11-1 发电机的一个磁极中的磁通为 1.15×10^{-2} Wb，磁极横截面积为 96cm^2，试求该磁极中的磁感应强度 B?

11-2 已知某铁芯线圈，匝数 $N=500$，磁路平均长度 $l=50$cm，要使铁芯中的磁场强度 $H=2000$A/m，试求该铁芯线圈流入的电流 I。

11-3 空心圆环形螺旋线圈，平均长度为 $l=10$cm，横截面积为 $S=10$cm^2，匝数 $N=1000$，通入的电流为 $I=10$A，求螺旋线圈内的磁通。

11-4 有一交流铁芯线圈接在 220V、50Hz 的正弦交流电源上，线圈的匝数为 733 匝，铁芯截面积为 13cm^2。求：

（1）铁芯中的磁通最大值和磁感应强度最大值是多少？

（2）若在此铁芯上再套一个匝数为 60 的线圈，则此线圈的开路电压是多少？

11-5 某铁芯线圈，接入 50Hz、220V 交流电源上，线圈电流为 3A，消耗功率 100W。如果改接 12V 的直流电源，电流为 10A。试求：

（1）铁芯线圈在直流作用时的铜损和铁损；

（2）铁芯线圈在交流作用时的铜损、铁损及其功率因数。

11-6 有一交流铁芯绕圈，接入 220V、50Hz 的交流电源时，通过的电流为 4A，消耗功率 100W，若忽略线圈漏阻抗压降，试求：（1）铁芯线圈的功率因数；（2）铁芯线圈的等效电阻和等效电抗。

部分习题答案

习题 1

1-1 (a) 5V；(b) −15V；(c) 3A；(d) −2A

1-2 (a) 5V，−1V；(b) −7A

1-3 $P_{6V}=6W$(吸收)，$P_{10V}=10W$(吸收)，$P_{5A}=-50W$(发出)，
$P_{-3A}=30W$(吸收)，$P_{1A}=4W$(吸收)

1-4 $P_{10V}=-10W$（发出），$P_{1\Omega}=5W$（吸收），$P_{1A}=5W$（吸收）

1-5 (a) 6V；(b) 20Ω；(c) 60V；(d) −2A

1-6 (a) −1A；(b) −20V；(c) −1A；(d) −6mW

1-7 3V

1-8 (1) $40\cos 10\pi t$ A；(2) $30e^{-3t}$ A；(3) 6A；(4) 0

1-9 $u=20e^{-10t}$ V

1-10 (1) 略；(2) 7.5×10^{-11} J，0

1-11 $u=\begin{cases}4V & 0\leqslant t\leqslant 1s\\ -4V & 1s\leqslant t\leqslant 3s\\ 4V & 3s\leqslant t\leqslant 4s\end{cases}$，0J

1-12 A、C 是电源

1-13 8.333V

1-14 $\frac{1}{1+\beta}\Omega$

1-15 −1Ω

习题 2

2-1 (1) $i_2=i_3=8.333$mA，$U_2=66.67$V；(2) $i_2=10$mA，$i_3=0$A，$U_2=80$V；
(3) $i_2=0$A，$i_3=50$mA，$U_2=0$V

2-2 不可以

2-3 (a) 图

2-4 (a) $R_{ab}=3.5\Omega$；(b) $R_{ab}=5\Omega$

2-5 (a) $R_{ab}=4.40\Omega$；(b) $R_{ab}=0.5\Omega$

2-6 (a) $R_{ab}=R/7$；(b) $R_{ab}=\frac{3}{2}R$

2-7 (1) 对角线电压 $U=5V$；(2) 电压 $U_{ab}=150V$

2-8 $\frac{5}{9}\Omega$

2-9 (d) 理想电压源无电流源模型

2-10 $U_S=-6V$，$R_S=2\Omega$

2-11 $R_4=10\Omega$，$U_S=18V$

2-14 $I=1A$

2-15 $u=0.75u_S$

习题 3

3-1 $i_1=0.5A$，$i_2=-0.1A$，$i_3=-0.4A$

3-2 $i_1=-1A$, $i_2=2A$, $i_3=4A$

3-3 $i_1=2A$

3-4 $i_x=4.5A$

3-5 (a) $\begin{cases}4i_1+2i_2+i_3=-2\\5i_2+2i_1=-6\\3i_3+i_1=6\end{cases}$；(b) $\begin{cases}5i_1-3i_2=-2+2i_a\\5i_2+2i_3=-4\\3i_3+2i_2=2i_a\\i_a=i_2+i_3\end{cases}$

3-6 $u=9V$

3-7 网孔电流法：

$$(R_1+R_2+R_3)i_1-R_2i_2-R_3i_S=u_{S1}$$
$$(R_2+R_4)i_2-R_2i_1-R_4i_S=-u_{S2}$$

节点电压法：

$$\left(\frac{1}{R_2}+\frac{1}{R_3}+\frac{1}{R_4}\right)u_2-\frac{1}{R_3}u_3-\frac{1}{R_2}u_{S2}=0$$
$$\left(\frac{1}{R_1}+\frac{1}{R_3}\right)u_3-\frac{1}{R_3}u_2-\frac{1}{R_1}u_{S2}=i_S-\frac{u_{S1}}{R_1}$$

3-8 $u_a=4.5V$, $u_b=7.5V$

3-9 $u=16V$, $i=-4A$

3-10 $u=-1.5V$

3-11 (1) $u_x=-4V$；(2) $u_x=-3V$；(3) $u_x=-1V$

3-12 $u=20V$

3-13 $u=-5V$, $i=1A$

3-14 $u=2V$

3-15 $R_x=4.6\Omega$

3-16 (1) $u=2V$；(2) $i_{ab}=0.5A$

3-17 (1) $u_{OC}=10V$, $R_0=5k\Omega$；$i_{SC}=2mA$, $R_0=5k\Omega$；
(2) $R_L=2\Omega$, $P_{max}=(25/8)$ W

3-18 (a) $u_{OC}=30V$, $R_0=1\Omega$；$i_{SC}=30A$, $R_0=1\Omega$
(b) $u_{OC}=4V$, $R_0=1\Omega$；$i_{SC}=4A$, $R_0=1\Omega$

3-19 $P=6.25W$

3-20 $R=4\Omega$

3-21 $R=6\Omega$, $P_{max}=6W$

3-22 $R_L=2k\Omega$, $P_{max}=(9/8)mW$

3-23 $i=4A$

习题 4

4-5 $u_1=220\sqrt{2}\sin(314t+90^\circ)$ V；$u_2=220\sin(314t-45^\circ)$ V；$i=10\sqrt{2}\sin(314t)$ A

4-6 图 (a) 50V；图(b) $30\sqrt{2}$ V

4-7 R=20Ω；L=1.19mH

4-8 (1) $Z=4.47\angle 10.4^\circ\Omega$；(2) $\dot{I}_1=2e^{-j36.9^\circ}A$；$\dot{I}_2=1e^{-j53.1^\circ}A$

4-9 $\dot{I}=10\sqrt{2}e^{j45^\circ}A$；$\dot{U}_S=100V$

4-10 $\dot{U}=\sqrt{2}e^{-j45^\circ}V$

4-11 $Z=10\angle-53.1^\circ\Omega$；$\dot{I}=22\angle 53.1^\circ A$；$P=2.9kW$

4-12 $R=20\Omega$；$X_L=51.2\Omega$；$X_C=6.6\Omega$

4-13 $I=13.4A$；$I_1=20A$；$I_2=10A$；$\lambda_1=0.6$；$\lambda=0.9$

4-14 $\cos\varphi=0.8$；$R=8\Omega$；$L=2\text{mH}$

4-15 26.3A；10kV·A；8kvar

4-16 $R=10\Omega$；Q=4var

习题 5

5-1 星形连接：$I_p=22\text{A}$ 和 $I_l=22\text{A}$；三角形连接：$I_p=38\text{A}$ 和 $I_l=65.8\text{A}$

5-2 (1) $U_l=380\text{V}$（Y 连接），$U_l=2200\text{V}$（△连接）

(2) $I_p=I_l=6.1\text{A}$（Y 连接），$I_l=\sqrt{3}I_p=10.6\text{A}$（△连接）

5-3 $\dot{I}_1=25.4\angle-6.9°\text{A}$，$\dot{I}_2=25.4\angle-126.9°\text{A}$，$\dot{I}_3=25.4\angle113.1°\text{A}$

5-4 (1) $\dot{I}_A=26.44\angle-43.8°\text{A}$，$\dot{I}_B=26.44\angle-163.8°\text{A}$，$\dot{I}_C=26.44\angle76.2°\text{A}$；

(2) $P=12.6\text{kW}$

5-5 (1) $\dot{I}_A=25.4\angle-43.8°\text{A}$，$\dot{I}_B=17.2\angle60°\text{A}$，$\dot{I}_C=16.93\angle-75°\text{A}$，

$\dot{I}_N=37.38\angle-28.88°\text{A}$

(2) $\dot{I}_A=6.01\angle26.25°\text{A}$，$\dot{I}_B=21.95\angle82.2°\text{A}$、$\dot{I}_C=25.8\angle-108.94°\text{A}$，

$\dot{U}_{N'N}=226.2\angle-12.75°\text{V}$

5-6 电流表的读数分别为 5.774A，10A，5.774A

5-7 星形连接：$R=11\Omega$ 和 $X_L=19\Omega$；三角形连接：$R=33\Omega$ 和 $X_L=57\Omega$

5-8 $I_Y=22\text{A}$，$I_{\Delta p}=10\text{A}$，$I_{\Delta l}=17.3\text{A}$，$I_l=39.3\text{A}$

5-9 $I_1=I_2=I_3=22\text{A}$，$I_N=60.1\text{A}$，$P=12.6\text{kW}$

5-10 $P=4654\text{W}$

5-11 $P_1=4320\text{W}$，$P_2=380\text{W}$，$P=5322\text{W}$

5-12 $Q=866\text{var}$

习题 6

6-1 4 次

6-2 25Ω

6-3 100Ω

6-4 $P=658\text{W}$

6-5 (1) $U=12.25\text{V}$；(2) $I=7.2\text{A}$；(3) $P=30.35\text{W}$

6-6 $U=U_m\sqrt{\frac{1}{4}+\frac{1}{2\pi^2}\left(1+\frac{1}{4}+\frac{1}{9}+\cdots+\frac{1}{n^2}\right)}$，$U_{av}=\frac{U_m}{2}$

6-7 $u(t)=[100\sin(\omega t+120°)+150\sin(2\omega t+150°)]\text{V}$，$U=127.48\text{V}$

6-8 $i(t)=[0.5\sin(\omega t+110°)+1.2\sin(3\omega t+130°)]\text{A}$；$I=0.92\text{A}$

6-9 $i(t)=[10\sin(t-60°)+2\sin(3t-135°)]\text{A}$；$P=1.61\text{W}$

6-10 $u(t)=[0.17\sin(200t+83.7°)+0.16\sin(400t+18.43°)]\text{V}$；$P=271.77\text{W}$

6-11 (1) $R=10\Omega$，$L=0.03\text{H}$，$C=371\mu\text{F}$；(2) $\phi=66.4°$；(3) $P=540.24\text{W}$

6-12 $R=1\Omega$；$L=0.014\text{H}$

习题 7

7-1 $\frac{1}{3}$

7-2 (a) B、C；(b) B、C；(c) A 和 D，C 和 E，A 和 E

7-3 $L=14\text{H}$，$L'=6\text{H}$

7-4 $M=52.86\text{mH}$

7-5 （a）$\begin{cases} u_1=-L_1\dfrac{\mathrm{d}i_1}{\mathrm{d}t}+M\dfrac{\mathrm{d}i_2}{\mathrm{d}t} \\ u_2=L_2\dfrac{\mathrm{d}i_2}{\mathrm{d}t}-M\dfrac{\mathrm{d}i_1}{\mathrm{d}t} \end{cases}$；$\begin{cases} \dot{U}_1=-\mathrm{j}\omega L_1\dot{I}_1+\mathrm{j}\omega M\dot{I}_2 \\ \dot{U}_2=\mathrm{j}\omega L_2\dot{I}_2-\mathrm{j}\omega M\dot{I}_1 \end{cases}$

（b）$\begin{cases} u_1=-L_1\dfrac{\mathrm{d}i_1}{\mathrm{d}t}-M\dfrac{\mathrm{d}i_2}{\mathrm{d}t} \\ u_2=L_2\dfrac{\mathrm{d}i_2}{\mathrm{d}t}+M\dfrac{\mathrm{d}i_1}{\mathrm{d}t} \end{cases}$；$\begin{cases} \dot{U}_1=-\mathrm{j}\omega L_1\dot{I}_1-\mathrm{j}\omega M\dot{I}_2 \\ \dot{U}_2=\mathrm{j}\omega L_2\dot{I}_2+\mathrm{j}\omega M\dot{I}_1 \end{cases}$

（c）$\begin{cases} u_1=-L_1\dfrac{\mathrm{d}i_1}{\mathrm{d}t}-M\dfrac{\mathrm{d}i_2}{\mathrm{d}t} \\ u_2=-L_2\dfrac{\mathrm{d}i_2}{\mathrm{d}t}-M\dfrac{\mathrm{d}i_1}{\mathrm{d}t} \end{cases}$；$\begin{cases} \dot{U}_1=-\mathrm{j}\omega L_1\dot{I}_1-\mathrm{j}\omega M\dot{I}_2 \\ \dot{U}_2=-\mathrm{j}\omega L_2\dot{I}_2-\mathrm{j}\omega M\dot{I}_1 \end{cases}$

（d）$\begin{cases} u_1=-L_1\dfrac{\mathrm{d}i_1}{\mathrm{d}t}+M\dfrac{\mathrm{d}i_2}{\mathrm{d}t} \\ u_2=-L_2\dfrac{\mathrm{d}i_2}{\mathrm{d}t}+M\dfrac{\mathrm{d}i_1}{\mathrm{d}t} \end{cases}$；$\begin{cases} \dot{U}_1=-\mathrm{j}\omega L_1\dot{I}_1+\mathrm{j}\omega M\dot{I}_2 \\ \dot{U}_2=-\mathrm{j}\omega L_2\dot{I}_2+\mathrm{j}\omega M\dot{I}_1 \end{cases}$

7-6 $i=5\cos(2t-45°)$A

7-7 $u=40\cos(2t+45°)$V

7-8 断开时：$\dot{I}_1=5.4\angle-77.5°$，闭合时：$\dot{I}_1=10.4\angle-87.6°$

7-9 K 断开时，$\dot{I}=1.52\angle-76°$A；K 闭合时，$\dot{I}=7.79\angle-52°$A

7-10 $\dot{U}=13.4\angle10.3°$V

7-11 $\dot{I}_1=1\angle-53.1°$A，$\dot{U}_2=4\angle36.2°$V

7-12 （1）略；（2）$i_1=i_3=0.2\sqrt{2}\cos(1000t-84.29°)$A，$i_2=0$A

7-13 （1）略；（2）$i_1=i_3=10\sqrt{2}\cos(10t-53.1°)$A

习题 8

8-1 $u_C(0_+)=u_C(0_-)=0$V，$i_C(0_+)=2.5$A

8-2 $i_L(0_+)=0.8$A，$u_L(0_+)=-12$V

8-3 $u_C(0_+)=6$V、$i_C(0_+)=-1.5$A、$i_1(0_+)=3$A、$i_2(0_+)=1.5$A

8-4 $i_L(0_+)=2$mA、$u_C(0_+)=4$V、$i_1(0_+)=2$mA、$i_2(0_+)=1$mA、$i_C(0_+)=-1$mA、$u_L(0_+)=0$V

8-5 $\left.\dfrac{\mathrm{d}u_C(t)}{\mathrm{d}t}\right|_{t=0_+}=-20(\mathrm{V}\cdot\mathrm{s}^{-1})$；$\left.\dfrac{\mathrm{d}i_L(t)}{\mathrm{d}t}\right|_{t=0_+}=0$

8-6 $u_C=30\mathrm{e}^{-10^4t}$V，$i_C=3\mathrm{e}^{-10^4t}$A

8-7 $u_C=50\ (1-\mathrm{e}^{-12.5t})$ V，$i=\ (10+0.25\mathrm{e}^{-12.5t})$ mA

8-8 $u_C(t)=100\mathrm{e}^{-\frac{t}{1.5\times10-3}}$V，$t\geqslant0$

8-9 $i(t)=1.5\mathrm{e}^{-4\times10^4t}$A，$t\geqslant0$；$u_L=L\dfrac{\mathrm{d}i}{\mathrm{d}t}=3\mathrm{e}^{-4\times10^4t}$mV，$t\geqslant0$

8-10 $i_L(t)=\mathrm{e}^{-10t}$A　$u_L=L\dfrac{\mathrm{d}i}{\mathrm{d}t}=-10\mathrm{e}^{-10t}$V

8-11 $u_C(t)=8(1-\mathrm{e}^{-25t})$V，$t\geqslant0$

8-12 $9(1-\mathrm{e}^{-\frac{t}{3\times10^{-3}}})$V

8-13 $t=2.77$s

8-14 $i_L(t)=i_L(\infty)(1-\mathrm{e}^{-\frac{t}{\tau}})=3(1-\mathrm{e}^{-0.5t})$A

8-15 (1)$i_1=2(1-e^{-100t})$A;(2)$i_1=3-e^{-200t}$(A),$i_2=2e^{-50t}$(A)

8-16 $u_C=(18+36e^{-250t})$V

8-17 (1) $i_L=2(1-e^{-0.5t})$A, $u_C=2e^{-2t}$V, $i=2(1-e^{-0.5t})+2e^{-2t}$(A);(2) 略

8-18 $u_C(t)=8+(4-8)e^{-\frac{t}{\tau}}=8-4e^{-37.5t}$(V)

8-19 $u_C(t)=8+(2-8)e^{-\frac{t}{\tau_2}}=8-6e^{-\frac{1}{3}\times 10^8 t}$V; $i_L(t)=e^{-t/\tau_1}=e^{-4t}$A

8-20 $u_C=(6-2e^{-2\times 103'})$V

8-21 当 $u_C(0_-)=0$ 时,$u_C=3(1+e^{-500t})$ V;当 $u_C(0_-)=3$V 时,$u_c=3$V;当 $u_C(0_-)=6$V 时,$u_c=3(1-e^{-500t})$V

8-22 $i=\frac{9}{5}-\frac{8}{5}e^{-\frac{5}{9}t}$A

8-23 (1) $i_L(t)=\frac{1}{2}(1-e^{-t})\varepsilon(t)$A, $i(t)=\left(\frac{1}{2}-\frac{1}{4}e^{-t}\right)\varepsilon(t)$A

(2) $i_L(t)=\frac{1}{2}\left(1+\frac{3}{2}e^{-t}\right)\varepsilon(t)$A, $i(t)=\left(\frac{1}{2}+e^{-t}\right)\varepsilon(t)$A

8-24 $i(t)=(0.2+0.15e^{-10^4 t})\varepsilon(t)$A

8-25 $i(t)=4(1-e^{-100t})\varepsilon(t)$A,$i_L(t)=\left(2-\frac{8}{3}e^{-100t}\right)\varepsilon(t)$A

8-26 $u_C(t)=1.155e^{-0.5t}\sin(0.866t+60°)$V,$i(t)=1.155e^{-0.5t}\sin(0.866t)$A

8-27 $u_C=(320e^{-200t}-20e^{-800t})$V,$u_L=80(-e^{-200t}+e^{-800t})$V;
$i_C=(-1.6e^{-200t}+0.4e^{-800t})$A,$i_L=(1.6e^{-200t}-0.4e^{-800t})$A

习题 9

9-1 (1) $3e^{-s}$;(2) $\frac{s+3\alpha}{s(s+\alpha)}$;(3) $\frac{1}{s}e^{-4s}$;(4) $\frac{s}{(s+2)^2}$

9-2 (1) $\frac{s\cos\varphi-\omega\sin\varphi}{s^2+\omega^2}$;(2) $\frac{1}{s}+\frac{1}{s+3}$;(3) $\frac{4}{(s+2)^2+4^2}$;(4) $\frac{4(s+1)}{[(s+1)^2+2^2]^2}$;

(5) $\frac{2}{s}-\frac{2}{s}e^{-s}$;(6) $\frac{s+1}{s^2}e^{-s}$

9-3 (a) $\frac{6}{s^2}-\frac{12}{s^2}e^{-s}+\frac{6}{s^2}e^{-2S}$;(b) $\frac{10}{s}-\frac{20}{s}e^{-s}+\frac{10}{s}e^{-2S}$

9-4 (1) $f(t)=2-3e^{-t}+e^{-2t}$ $(t>0)$;(2) $f(t)=1+e^{-2t}-2e^{-3t}$;

(3) $f(t)=\frac{1}{6}+\frac{5}{6}e^{-3t}$;(4) $f(t)=(t^2-t+1)e^{-t}-e^{-2t}$ $(t>0)$;

(5) $f(t)=1.118e^{-t}\sin(2t+63.4°)$;

(6) $f(t)=2\delta(t)+e^{-t}\cos t+e^{-t}\sin t=2\delta(t)+\sqrt{2}e^{-t}\cos(t-45°)$ $(t>0)$

9-5 (a) $\frac{R_1+R_2+R_1R_2sC}{1+R_2sC}$;(b) $\frac{R_1LCs^2+(R_1R_2C+L)s+(R_1+R_2)}{sC(R_1+R_2+sL)}$;

(c) $\frac{2(s^2+1)}{(s+1)^2}$

9-6 $u_C(t)=2e^{-2t}+3te^{-2t}(t\geqslant 0)$

9-7 $u_C(t)=3(1-e^{-2t})-6te^{-2t}(t\geqslant 0)$

9-8 (2) $\frac{4s+20}{(s+2)(s+8)}$;(3)$2e^{-2t}$V$+2e^{-8t}$V

9-9 (2) $i_1(t)=\varepsilon(t)$A,$u_1(t)=-0.5\delta(t)$V

9-10 (2) $i(t)=6e^{-250000t}$A,$t\geqslant 0$;(3)$i(t=2\mu s)\approx 3.64$A

9-11 (2)$i(t)=(0.29e^{-5.6t}-0.036e^{-44.4t})$A,$t>0$

9-12 (2) $i_L(t)=(8e^{-50t}-4e^{-100t})A$，$t\geqslant 0$；$u_C$ $(t)=(32+56e^{-50t}-68e^{-100t})V$，$t\geqslant 0$

9-13 $i_L(t)=(18e^{-2t}-e^{-3t})A$，$t\geqslant 0$

9-14 $i(t)=1.2e^{-5t}A$

习题 10

10-3 (a) $Y=\begin{bmatrix} j\omega C_1-\dfrac{1}{\omega L} & j\dfrac{1}{\omega L} \\ j\dfrac{1}{\omega L} & j\omega C_2-\dfrac{1}{\omega L}+\dfrac{1}{R} \end{bmatrix}S$；(b) $Y=\begin{bmatrix} \dfrac{1}{R}+j\omega C & -j\omega C \\ \beta-j\omega C & j\omega C \end{bmatrix}S$

10−4 $Y=\begin{bmatrix} \dfrac{3}{2} & -\dfrac{1}{2} \\ -\dfrac{1}{2} & \dfrac{5}{6} \end{bmatrix}S$；$Z=\begin{bmatrix} \dfrac{5}{6} & \dfrac{1}{2} \\ \dfrac{1}{2} & \dfrac{3}{2} \end{bmatrix}\Omega$

10-5 $Y=\begin{bmatrix} \dfrac{1}{Z} & -\dfrac{1}{Z} \\ -\dfrac{1}{Z} & \dfrac{1}{Z} \end{bmatrix}$；$T=\begin{bmatrix} 1 & Z \\ 0 & 1 \end{bmatrix}$

10-6 (a) $T=\begin{bmatrix} 2 & 1\Omega \\ 3S & 2 \end{bmatrix}$；(b) $T=\begin{bmatrix} -1 & 0\Omega \\ 0S & -1 \end{bmatrix}$

10-7 $H=\begin{bmatrix} 2\Omega & 0 \\ -2 & 0S \end{bmatrix}$

10-8 $Y=\begin{bmatrix} 1 & -3 \\ -1 & 3 \end{bmatrix}S$；Z 参数不存在；$H=\begin{bmatrix} 1\Omega & 3 \\ -1 & 0S \end{bmatrix}$；$T=\begin{bmatrix} 3 & 1\Omega \\ 0S & 1 \end{bmatrix}$

10-9 $Y=\begin{bmatrix} \dfrac{16+j11}{44} & -\dfrac{4+j11}{44} \\ -\dfrac{4+j11}{44} & \dfrac{12+j11}{44} \end{bmatrix}S$

10-10 $I_1=\dfrac{5}{3}A$，$U_2=\dfrac{10}{9}V$

10-11 3W

10-12 10V

10-13 $Z=\begin{bmatrix} 3k\Omega & 10\Omega \\ 2M\Omega & 20k\Omega \end{bmatrix}$

10-14 $Z_1=(1.51-j0.32)\Omega$，$Z_2=(5.09+j4.72)\Omega$，$Z_3=(j1.89)\Omega$

10-15 $Z_{\pi A}=j5\Omega$，$Z_{\pi B}=-j5\Omega$，$Z_{\pi C}=25\Omega$

习题 11

11-3 $\Phi=1.26\times 10^{-4}Wb$

11-4 (1) $\Phi_m=1.35\times 10^{-3}Wb$，$B_m=1.04T$；(2) $U=18V$。

11-5 (1) $P_{Cu}=120W$，$P_{Fe}=0$；(2) $P_{Cu}=10.8W$，$P_{Fe}=89.2W$，$\cos\varphi=0.15$。

11-6 (1) $\cos\varphi=0.11$；(2) $R=6.25\Omega$，$X_L=54.6\Omega$

参 考 文 献

[1] 邱关源，罗先觉．电路 [M]. 第5版．北京：高等教育出版社，2006.
[2] 李瀚荪．电路分析基础 [M]. 第3版．北京：高等教育出版社，1993.
[3] 王慧玲．电路基础 [M]. 北京：高等教育出版社，2004.
[4] 石生．电路分析基础 [M]. 第2版．北京：高等教育出版社，2003.
[5] 周围．电路分析基础 [M]. 北京：人民邮电出版社，2003.
[6] 祁鸿芳．电路分析基础 [M]. 北京：清华大学出版社，2006.
[7] 贺洪江，王振涛．电路基础 [M]. 第2版．北京：高等教育出版社，2011.
[8] 孙雨耕．电路基础理论 [M]. 北京：高等教育出版社，2011.
[9] 孙玉坤，陈晓平．电路原理 [M]. 北京：机械工业出版社，2006.
[10] 陈希有．电路理论教程 [M]. 北京：高等教育出版社，2013.
[11] 刘长林，李永泉．电路原理 [M]. 北京：国防工业出版社，2009.
[12] 曾令琴．电路分析基础 [M]. 北京：化学工业出版社，2013.